本书受教育部人文社会科学重点研究基地山西大学科学技术哲学研究中心基金资助

科学技术哲学文库

丛书主编／郭贵春

科学哲学问题研究

第二辑

郭贵春◎主编

科学出版社
北京

图书在版编目(CIP)数据

科学哲学问题研究·第二辑／郭贵春主编.—北京：科学出版社，2013.11

(科学技术哲学文库)

ISBN 978-7-03-039079-0

Ⅰ.①科… Ⅱ.①郭… Ⅲ.①科学哲学-研究 Ⅳ.①N02

中国版本图书馆CIP数据核字（2013）第263440号

丛书策划：孔国平

责任编辑：郭勇斌 卜 新／责任校对：邹慧卿

责任印制：李 彤／封面设计：黄华斌

编辑部电话：010-64035853

E-mail：houjunlin@mail.sciencep.com

科学出版社 出版

北京东黄城根北街16号

邮政编码：100717

http://www.sciencep.com

北京凌奇印刷有限责任公司 印刷

科学出版社发行 各地新华书店经销

*

2014年1月第 一 版 开本：720×1000 1/16

2023年2月第四次印刷 印张：25 1/4

字数：495 000

定价：135.00元

（如有印装质量问题，我社负责调换）

总 序

怎样认识、理解和分析当代科学哲学的现状，是我们把握当代科学哲学面临的主要矛盾和问题、推进它在可能发展趋势上获得进步的重大课题，有必要将其澄清。

如何理解当代科学哲学的现状，仁者见仁，智者见智。明尼苏达科学哲学研究中心于2000年出了一部书 Minnesota Studies in the Philosophy of Science，书中有作者明确地讲："科学哲学不是当代学术界的领导领域，甚至不是一个在成长的领域。在整体的文化范围内，科学哲学现时甚至不是最宽广地反映科学的令人尊敬的领域。其他科学研究的分支，诸如科学社会学、科学社会史及科学文化的研究等，成了作为人类实践的科学研究中更为有意义的问题、更为广泛地被人们阅读和争论的对象。那么，也许这导源于那种不景气的前景，即某些科学哲学家正在向外探求新的论题、方法、工具和技巧，并且探求那些在哲学中关爱科学的历史人物。"① 从这里，我们可以感觉到科学哲学在某种程度上或某种视角上地位的衰落。而且关键的是，科学哲学家们无论是研究历史人物，还是探求现实的科学哲学的出路，都被看做是一种不景气的、无奈的表现。尽管这是一种极端的看法。

那么，为什么会造成这种现象呢？主要的原因就在于，科学哲学在近30年的发展中，失去了能够影响自己同时也能够影响相关研究领域发展的研究范式。因为，一个学科一旦缺少了范式，就缺少了纲领；而没有了范式和纲领，当然也就失去了凝聚自身学科，同时能够带动相关学科发展的能力，所以它的示范作用和地位就必然地要降低。因而，努力地构建一种新的范式去发展科学哲学，在这个范式的基底上去重建科学哲学的大厦，去总结历史和重塑它的未来，就是相当重要的了。

换句话说，当今科学哲学是在总体上处于一种"非突破"的时期，即没有重大的突破性的理论出现。目前我们看到最多的是，欧洲大陆哲学与大西洋哲学之间的相互渗透与融合；自然科学哲学与社会科学哲学之间的彼此借鉴与交融；常规科学的进展与一般哲学解释之间的碰撞与分析。这是科学哲学发展过程中历史地、必然地要出现的一种现象，其原因就在于：第一，从20世纪的后历史主义出现以来，科学哲学在元理论的研究方面没有重大的突破，缺乏创造性的新视角和新方法。第二，对自然科学哲学问题的研究越来越困难，无论是什么样的知

① Gary L. Hardcastle, Alan W. Richardson, eds. Minnesota Studies in the Philosophy of Science. Volume XVIII. Logical Empiricism in North America. University of Minnesota Press, 2000: 6.

识背景出身的科学哲学家，对新的科学发现和科学理论的解释都存在着把握本质的困难，它所要求的背景训练和知识储备都愈加严苛。第三，纯分析哲学的研究方法确实有它局限的一面，需要从不同的研究领域中汲取和借鉴更多的方法论的视角；但同时也存在着对分析哲学研究方法的忽略的一面，轻视了它所具有的本质的内在功能，需要对分析哲学研究方法在新的层面上进行发扬光大。第四，试图从知识论的角度综合各种流派、各种传统去进行科学哲学的研究，或许是一个有意义的发展趋势，在某种程度上可以避免任一种单纯思维趋势的片面性，但是这确是一条极易走向“泛文化主义”的路子，从而易于将科学哲学引向歧途。第五，由于科学哲学研究范式的淡化及研究纲领的游移，导致了科学哲学主题的边缘化倾向；更为重要的是，人们试图用从各种视角对科学哲学的解读来取代科学哲学自身的研究，或者说把这种解读误认为是对科学哲学的主题研究，从而造成了对科学哲学主题的消解。

然而，无论科学哲学如何发展，它的科学方法论的内核不能变。这就是：第一，科学理性不能被消解，科学哲学应永远高举科学理性的旗帜；第二，自然科学的哲学问题不能被消解，它从来就是科学哲学赖以存在的基础；第三，语言哲学的分析方法及其语境论的基础不能被消解，因为它是统一科学哲学各种流派及其传统方法论的基底；第四，科学的主题不能被消解，不能用社会的、知识论的、心理的东西取代科学的提问方式，否则科学哲学就失去了它自身存在的前提。

在这里，我们必须强调指出的是，不弘扬科学理性就不叫“科学哲学”，既然是“科学哲学”就必须弘扬科学理性。当然，这并不排斥理性与非理性、形式与非形式、规范与非规范研究方法之间的相互渗透、相互融合和统一。我们所要避免的只是“泛文化主义”的暗流，而且无论是相对的还是绝对的“泛文化主义”，都不可能指向科学哲学的“正途”。这就是说，科学哲学的发展不是要不要科学理性的问题，而是如何弘扬科学理性的问题，以什么样的方式加以弘扬的问题。中国当下人文主义的盛行与泛扬，并不证明科学理性的不重要，而是在科学发展的水平上，由社会发展的现实矛盾激发了人们更期望从现实的矛盾中，通过人文主义的解读，去探求新的解释。但反过来讲，越是如此，科学理性的核心价值地位就越显得重要。人文主义的发展，如果没有科学理性作基础，那就会走向它关怀的反面。这种教训在中国的社会发展中是很多的，比如有人在批评马寅初的人口论时，曾以“人是第一可宝贵的”为理由。在这个问题上，人本主义肯定是没错的，但缺乏科学理性的人本主义，就必然地走向它的反面。在这里，我们需要明确的是，科学理性与人文理性是统一的、一致的，是人类认识世界的两个不同的视角，并不存在矛盾。在某种意义上讲，正是人文理性拓展和延伸了科学理性的边界。但是人文理性不等同于人文主义，这正像科学理性不等同于科学主义一样。坚持科学理性反对科学主义，坚持人文理性反对人文主义，应当是当代科学哲学所要坚守的目标。

我们还需要特别注意的是，当前存在的某种科学哲学研究的多元论与20世纪后半叶历史主义的多元论有着根本的区别。历史主义是站在科学理性的立场上，去诉求科学理论进步纲领的多元性；而现今的多元论，是站在文化分析的立场上，去诉求对科学发展的文化解释。这种解释虽然在一定层面上扩张了科学哲学研究的视角和范围，但它却存在着文化主义的倾向，存在着消解科学理性的倾向性。在这里，我们千万不要把科学哲学与技术哲学混为一谈。这二者之间有着重要的区别。因为技术哲学自身本质地赋有着更多的文化特质，这些文化特质决定了它不是以单纯科学理性的要求为基底的。

在世纪之交的后历史主义的环境中，人们在不断地反思20世纪科学哲学的历史和历程。一方面，人们重新解读过去的各种流派和观点，以适应现实的要求；另一方面，试图通过这种重新解读，找出今后科学哲学发展的新的进路，尤其是科学哲学研究的方法论的走向。有的科学哲学家在反思20世纪的逻辑哲学、数学哲学及科学哲学的发展即“广义科学哲学”的发展中提出了存在着五个“引导性难题”（leading problems）：

第一，什么是逻辑的本质和逻辑真理的本质？

第二，什么是数学的本质？这包括：什么是数学命题的本质、数学猜想的本质和数学证明的本质？

第三，什么是形式体系的本质？什么是形式体系与希尔伯特称之为“理解活动”（the activity of understanding）的东西之间的关联？

第四，什么是语言的本质？这包括：什么是意义、指称和真理的本质？

第五，什么是理解的本质？这包括：什么是感觉、心理状态及心理过程的本质？[①]

这五个“引导性难题”概括了整个20世纪科学哲学探索所要求解的对象及21世纪自然要面对的问题，有着十分重要的意义。从另一个更具体的角度来讲，在20世纪科学哲学的发展中，理论模型与实验测量、模型解释与案例说明、科学证明与语言分析等，它们结合在一起作为科学方法论的整体，或者说整体性的科学方法论，整体地推动了科学哲学的发展。所以，从广义的科学哲学来讲，在20世纪的科学哲学发展中，逻辑哲学、数学哲学、语言哲学与科学哲学是联结在一起的。同样，在21世纪的科学哲学进程中，这几个方面也必然会内在地联结在一起，只是各自的研究层面和角度会不同而已。所以，逻辑的方法、数学的方法、语言学的方法都是整个科学哲学研究方法中不可或缺的部分，它们在求解科学哲学的难题中是统一的和一致的。这种统一和一致恰恰是科学理性的统一和一致。必须看到，认知科学的发展正是对这种科学理性的一致性的捍卫，而不是

① S. G. Shauker. Philosophy of Science, Logic and Mathematics in 20th Century. London: Routledge, 1996: 7.

相反。我们可以这样讲，20 世纪对这些问题的认识、理解和探索，是一个从自然到必然的过程；它们之间的融合与相互渗透是一个由不自觉到自觉的过程。而 21 世纪，则是一个“自主”的过程，一个统一的动力学的发展过程。

那么，通过对 20 世纪科学哲学的发展历程的反思，当代科学哲学面向 21 世纪的发展，近期的主要目标是什么？最大的“引导性难题”又是什么？

第一，重铸科学哲学发展的新的逻辑起点。这个起点要超越逻辑经验主义、历史主义、后历史主义的范式。我们可以肯定地说，一个没有明确逻辑起点的学科肯定是不完备的。

第二，构建科学实在论与反实在论各个流派之间相互对话、交流、渗透与融合的新平台。在这个平台上，彼此可以真正地相互交流和共同促进，从而使它成为科学哲学生长的舞台。

第三，探索各种科学方法论相互借鉴、相互补充、相互交叉的新基底。在这个基底上，获得科学哲学方法论的有效统一，从而锻造出富有生命力的创新理论与发展方向。

第四，坚持科学理性的本质，面对前所未有的消解科学理性的围剿，要持续地弘扬科学理性的精神。这一点，应当是当代科学哲学发展的一个极关键的东西。同时只有在这个基础上，才能去谈科学理性与非理性的统一，去谈科学哲学与科学社会学、科学知识论、科学史学及科学文化哲学等流派或学科之间的关联。否则的话，一个被消解了科学理性的科学哲学还有什么资格去谈论与其他学派或学科之间的关联？

总之，这四个从宏观上提出的“引导性难题”既包容了 20 世纪的五个“引导性难题”，同时也表明了当代科学哲学的发展特征就在于：一方面，科学哲学的进步越来越多元化。现在的科学哲学比之过去任何时候，都有着更多的立场、观点和方法；另一方面，这些多元的立场、观点和方法又在一个新的层面上展开，愈加本质地相互渗透、吸收与融合。所以，多元化和整体性是当代科学哲学发展中一个问题的两个方面。它将在这两个方面的交错和叠加中，寻找自己全新的出路。这就是为什么当代科学哲学拥有它强大生命力的根源。正是在这个意义上，经历了语言学转向、解释学转向和修辞学转向这“三大转向”的科学哲学，而今走向语境论的研究趋向就是一种逻辑的必然，成为了科学哲学研究的必然取向之一。

我们山西大学的科学哲学学科，这些年来就是围绕着这四个面向 21 世纪的“引导性难题”，试图在语境的基底上从科学哲学的元理论、数学哲学、物理哲学、社会科学哲学等各个方面，探索科学哲学发展的路径。我希望我们的研究能对中国科学哲学事业的发展有所贡献！

郭贵春
2007 年 6 月 1 日

目　　录

一般科学哲学

自然科学哲学与数学哲学

认知与心理学哲学

社会科学哲学

一般科学哲学

博弈论语义学的方法论特征及其意义*

郭贵春　刘伟伟

现代博弈论语义学最早由欣蒂卡（J. Hintikka）提出，但其作为一种相对成熟的语义分析手段和工具的确立，却是缘于20世纪70年代以后数理逻辑和信息理论的迅速扩展。从理论方法的横向比较来看，它与当代若干重要的语义学理论具有内在的关联，如它与可能世界语义学、语境语义学在理论思维上的内在关联和相互借鉴。博弈论语义学建构的多维理论背景和应用的多学科性特征充分展现出语义分析方法在科学研究和理论分析中的重要意义。总体来说，博弈论语义学研究为意义理解提供了新的解读方式，并为考察主体认知过程提供了新的思路。

一、博弈、逻辑与语义分析的路径突破

博弈论语义学迎合了20世纪哲学转向（语言学转向）的趋势，其兴起和发展与20世纪以来现代科学革命和理性思维方式的进步具有密切关联。通过对博弈论语义学思想基础和动力来源的考察以及对博弈论语义学形成的基本脉络和理论特征的分析，有助于我们充分地理解博弈论语义学在当代哲学研究与科学理论分析中的重要意义，更加合理地把握其方法论体系。

1. 博弈与逻辑的紧密关联是博弈论语义学及其理论后续发展的内在动力来源

在现代数理逻辑兴起之前，逻辑博弈概念与对话、辩论的含义相近。例如，亚里士多德的逻辑推理就可以视为一种简单的对话博弈理论。19世纪中期以后，罗宾森（J. Robinson）和斯图尔特（F. Stewart）研究了集合理论与博弈之间的关联，亨金（L. A. Henkin）结合博弈的基本思想对于无穷语言的意义进行了阐释。总体来看，这些研究工作都为博弈论语义学的理论建构提供了重要动力。

事实上，对于博弈和逻辑的关联特性进行研究的真正先驱者是皮尔斯（C. S. Peirce）。从理论特征来看，逻辑与博弈之间的关联性不仅体现在对逻辑概念进行博弈解释的性质上，而且表现在采用逻辑方法对博弈现象进行分析的研究策略中。伯奇（R. W. Burch）曾经刻画了皮尔斯的这种虚拟存在者之间的博弈活

---

* 郭贵春，山西大学科学技术哲学研究中心教授、博导，主要研究方向为科学哲学；刘伟伟，山西大学哲学社会学学院讲师、山西大学科学技术哲学研究中心博士研究生，主要研究方向为科学哲学。

动：Grapheus 作为完整宇宙体的创造者能够决定原子命题的真值，而 Graphist 则作为完整宇宙体中的个体试图依据句法形式对 Grapheus 的特征进行描述。在这个过程中，双方就描述图表的真实性展开论辩。[①] 因此，就皮尔斯对“图式逻辑”系统进行刻画的目标而言，我们认为，他在一阶逻辑及其存在量词理论中针对两个虚拟存在者所展开的博弈论证是有意义的。很显然，上述对话关联的典型特征就表现为语义博弈中各个环节的相互制约性，而命题的真值则表现为博弈获胜方反驳的有效性，这种关联性特征使得逻辑命题意义的表述能够更为清晰。根据现代逻辑符号理论，我们可以假设存在博弈者∀和∃，其中双方在集合 Ω 中进行要素选择，并在选择过程中建立起 a_0，a_1，a_2，…的顺序，一个函项 τ 采取了对于∀和∃而言的 a 立场，如果 τ（a）= ∃，就表明博弈活动处于 a 的博弈回合中，博弈者∃接着做出下一个选择，由此规则就可以界定 $W_\forall$ 和 $W_\exists$ 的集合。[②] 通过比较可以看出，皮尔斯的思想类似于博弈论语义学的量词解释，这种解释意味着句子真值的充要条件在于博弈参与者能够具有取胜的策略。

我们认为，皮尔斯借助于认识论的概念把习惯性机制作为指导行动的策略规则，这种思路是合理的。一般而言，意义体现在符号与阐释者的关联活动中，由于在行动当中的操作和计算具有一种认识论层面的博弈策略功能，所以博弈活动才能够为系统的结构赋予意义。实际上，皮尔斯的习惯概念就类似于当代博弈论语义学中的策略概念，这能够使得非确定性所指概念获得更加明确而清晰的意义。

20 世纪后期以来，博弈论语义学逐渐在数理逻辑和计算机科学元理论研究中展示出其独有的功能。其中，最具有代表性的研究是洛伦岑（P. Lorenzen）和洛伦茨（K. Lorenz）等在直觉逻辑中对博弈论对话语义思想的应用和为数理逻辑引入博弈语义分析模型的尝试以及布拉斯（A. R. Blass）等对博弈论语义学和线性逻辑之间关联性特征的深入拓展。[③] 目前，博弈论语义学已经在计算机语言的模型建构和线性逻辑难题的求解中具有越来越重要的地位和应用价值。

2. 经典博弈论语义学建构的基础是维特根斯坦的语言哲学理论和现代博弈论思想

20 世纪五六十年代由欣蒂卡始创的博弈论语义学被公认为现代语义博弈论

---

① 参见：R. W. Burch. Game- Theoretical Semantics for Peirce's Existential Graphs. Synthese，1994，99（3）：361.

② 参见：S. K. Neogy，R. B. Bapat，A. K. Das，et al. Mathematical Programming and Game Theory for Decision Making. Singapore：World Scientific Publishing Co. Pte. Ltd.，2008：433.

③ 参见：J. Van Benthem，A. Meulen：Handbook of Logic and Language. Amsterdam：Elsevier Science BV，1997：402-407.

的经典思想。它以虚拟博弈者的存在及其互动关系作为分析对象，以规则性集合的策略选择对于博弈活动的刻画作为展开过程，以胜负作为取信的结果，其主要工作就是对维特根斯坦思想的改造、利用以及对博弈论思维的引入和借鉴。

首先，博弈论语义学理论批判的对象和思想来源在于维特根斯坦的图像论及其语言游戏思想。与维特根斯坦的后期思想相对应，博弈论语义学明确否定了把规则与句法分析相等同的简单做法，强调意义的实现就存在于规则制约的语用活动中，从而摒弃了狭隘的语义对应论和逻辑还原论思想。具体来看，语言博弈活动特别强调语用规则和具体语境，并且立足于博弈活动参加者的文化和历史背景。就语言规则而言，由于规则本身就存在于语用的实践活动中，因此，起决定作用的是语用而非语形。在命题的真值判断方面，博弈论语义学借鉴了维特根斯坦后期哲学中语用活动的规则语言思想，由此使得逻辑真假判断的标准与命题意义的确定能够关联起来。因此，我们认为，欣蒂卡将博弈论语义学的任务明确为“我自己”（myself）和“自然”（nature）在规定界域内寻找个例来证实或者证伪命题的逻辑方法具有重要意义。欣蒂卡指出：“前者试图最终得出一个为真的原子句，后者则相反。”① “如果最终的句子为真，则‘我自己’获胜，‘自然’失败；如果最终的句子为假，则结果正好相反。”② 在这里，命题与世界的逻辑关联中介就是博弈活动。可见，博弈论语义学与维特根斯坦的语言游戏思想在理论分析的基本模式和语义分析的倾向性等方面都具有一脉相承的逻辑关联。

其次，始于20世纪前期并在20世纪得以发展的博弈理论推动了博弈论语义学的形成。其中，发挥主要作用的包括20世纪二三十年代策墨洛（Zermelo）和博雷尔（Borel）在集合理论的研究中所提出的博弈论基本构想③、40年代冯·诺伊曼（von Neumann）和奥斯卡·摩根斯坦（Morgenstern）对博弈论结构的系统化和形式化④。在博弈理论的应用研究方面，纳什（J. F. Nash）利用不动点定理证明了存在着博弈均衡点。⑤ 奥曼（R. J. Aumann）首次定义协作型博弈中的相关均衡概念，并提出了重复博弈的连续交互模型。⑥ 可以说，博弈理论的自身完善与发展推进了博弈论语义学的形成，也为博弈语义分析方法的多学科应用与

① J. Hintikka. Quantifiers vs. Quantification Theory. Linguistic Inquiry，1974，5（2）：156.

② J. Hintikka. Quantifiers vs. Quantification Theory. Linguistic Inquiry，1974，5（2）：156.

③ E. Zermelo. Collected Works：Gesammelte Werke. Volume I. Heidelberg：Springer-Verlag，2010：267-272.

④ J. von Neumann，O. Morgenstern. Theory of Games and Economic Behavior. Princeton：Princeton University Press，1953：73-83.

⑤ J. F. Nash Jr. Essays on Game Theory. Cheltenham：Edward Elgar Publishing Limited，1997：104.

⑥ R. J. Aumann，M. H. Wooders. Topics in Mathematical Economics and Game Theory. American Mathematical Society，1999：1-11，23-26.

扩展提供了基本保证。

3. 博弈论语义学形成与应用的理论必然性

首先，自然语言语义学研究的复杂性和模糊性是博弈论语义学理论建构的起点。自然语言语义学试图在认识论层面上建立一种关于世界的图式结构，其实质是强调真理作为语言与世界图式的一致性，并将其图式看做以命题为基础的实在模型。尽管维特根斯坦的语言游戏理论对于后来的规范语义学和知识表征理论的发展产生了很大影响，但是由于只有对应于对象的游戏才能在逻辑哲学论中得到解释，因此其后期哲学不可避免地面临着自然语言的复杂性问题。也就是说，维特根斯坦的语言游戏理论已经蕴涵语言的具体活动方式，并且将意义划入了语用的范畴。由于早期计算语义学和句法语义学等理论的研究并没有对语词的内在活动类型进行深入探讨，20 世纪严格规范语义学的发展从理论上提出了新的要求，即完善的语义表征必须能够反映不同类型的文化和社会语境特征以及各种不同层次的科学语言类型。因此，有必要澄清语词存在的活动类型。

其次，博弈论语义学为规范语言语义学和自然语言语义学建立了两者之间可供沟通的桥梁和渠道。就方法论特征而言，博弈论语义学相对于规范语言语义学和自然语言语义学具有较大的包容性和理论优势。规范语言语义学强调形式系统的建构和逻辑分析的功能，如塔尔斯基将语义学限定于规范语言和模型结构之间的关系，蒙塔古认为只有规范语言才能为真理赋予意义。因此，规范语言语义学实际上提出了语义和语形关联结构的处理问题。与之相反，自然语言语义学则强调语境解释的系统性和整体性，它蕴涵语用分析和语义分析的关联，如维特根斯坦的后期语言哲学就关注语言存在的生活形态和为世界赋予意义的人类活动。就理论特征而言，我们可以在一种开放系统中将语言博弈形式化，从而体现出语义和语用的内在融合特征。由于规范语言语义学具有意义表征和理论解释的要求，在方法论上它力图在整体性和意向性上进行扩张；而自然语言语义学进一步试图在语境实在的基础上实现语形、语义和语用的统一。相对而言，博弈的意义理解过程对逻辑结构的表征和语用分析的整体背景提出了双重要求。例如，欣蒂卡将可观察事实的分析纳入表层模型理论的处理方式就已经体现了语形、语义和语用分析的某种融合。具体来看，语言博弈通过欣蒂卡所谓的“算子结构”可以建立起与事实的关联，在这一点上，欣蒂卡指出：“表层模型具有有限性……表层模型作为世界的集合，是对于世界的模拟与近似……这种表层模型可以表征对话中的个体和关系。”① 我们认为，这种语言博弈的隐喻分析对于命题理解和真值

① J. F. Sowa. Language Games, A Foundation for Semantics and Ontology (Preprint) //Ahti-Verikko Pietarinen, ed. Game Theory and Linguistic Meaning. San Diego: Elsevier, 2007: 17-37.

判断具有重要意义，这也是博弈论语义学要求在规范语义学中进行范式转换，并将逻辑的表征在对话和博弈中加以扩展的根本原因。

20世纪以后，语言哲学和分析哲学的发展如日中天，而博弈论语义学对于实现规范语言语义学和自然语言语义学的内在融合以及建构语义学分析的可靠平台起到了重要作用，为语言哲学的进一步发展提供了支持。博弈论语义学在其产生和演变的过程中，广泛融入了现代科学分析的理性思维，并与当代科学哲学和语言哲学对于意义与真理、意义与心理以及意义与表征系统关系的反思紧密相关，因而呈现出多样的发展形态。随着博弈论语义分析方法与语言表征的动态解释和整体性原则的更深入结合，它在语义学研究的统一纲领中的地位将更加凸显。

二、可能世界、进化论思想与语义分析方法的创新

语义分析方法具有自我完善和理论建构的特征，而博弈论语义学作为一种语义分析的有效工具和手段，在其演变过程中也不断对其理论本身进行修正和补充，它所具有的可能世界语义学基本背景和进化博弈的策略性选择为语义分析方法的丰富和完善提供了有益的思路。

（1）博弈论语义学引入可能世界语义学的意义整体论，摒弃了逻辑万能论和意义决定论，使逻辑认识论的研究域面得以扩展。事实上，无论是在欣蒂卡初创的经典博弈论语义学中，还是在其他博弈论语义学中，都蕴涵可能世界的思想。博弈论语义学研究中存在的最主要问题，是如何才能在多重的界域之中去把握世界中个体因素的信息。就博弈者把握的信息而言，它并不能成为所有可能世界的全集，而这种在确定选择域中进行寻找的思路与现实世界和可能世界的模态概念具有很大关联，因此，正如欣蒂卡所说："博弈论语义学的范畴可以借助于可能世界语义学，从认识论和模态概念方面进行扩展。"① 在规定界域之中的个体与可能世界之中的对象所具有的映射和对应关系，能够使得通过博弈规则规范化处理的句子——原子句实现与具体世界的关联，从而体现出真假的赋值。

这充分地说明了，在语言分析过程中，博弈论语义学能够深入到知识和理论概念构造的微观活动中，全面把握理论的整体结构。同时，博弈论语义学与博弈过程中的信息网络结构也具有密切关系，只有在博弈者信息集的基础上，博弈的认识论结构和语义结构才能够获得统一。对作为博弈重要基础的信息集而言，博弈者在语义分析中能够根据自身背景形成必要的选择空间，而这里的背景就隐含

① J. Hintikka. Quantifiers vs. Quantification Theory. Linguistic Inquiry，1974，5（2）：160.

着“意向语境”的存在，正是这种意向语境决定了模态逻辑结构在对象上具有极大的灵活性和适应性。

博弈论语义学对于可能世界模型系统进行引入分析的原因一方面与逻辑概念对于必然和偶然等模态分析思维的内在需要密切相关，另一方面与博弈论语义学、可能世界语义学在结构特征和方法论趋向上存在着诸多交集具有很大关联。事实上，早在皮尔斯以博弈论思想作为分析工具的存在图系统理论中，就已经包含着对于量化模态逻辑进行可能世界语义学研究的初步探讨。与可能世界理论的思路类似，博弈论语义学也使用了模型集的方式对可能性特征进行刻画。我们认为，这种可能性作为一种逻辑的可能性，能够使其中的量词和命题联结词的真值条件对模型集合进行充分表征。其中，具体事件可以表征为世界状态之中的独立子集，当博弈者在身处现实状态的时候，对于可能世界的状态就处于非完全信息状态。因此，对于博弈者可能的信息状态 W 而言，其个体的信息知识并非是独立存在的，而是具有亚集合（W_1，W_2，W_3，…）内部的关联性，亦即在特定的信息集合 W 中的任何认识论选择，都具有逻辑的可能性。

就存在与事实对应关系的问题而言，博弈论语义学要求对于存在概念的类型能够在语义层面上做出解释，并且能通过具体的语用语境确定命题的意义，亦即采用适当的博弈规则以完善与指称要素相对应的命题内容，而这一点正体现在博弈论语义学的操作性过程中。我们认为，这种通过采用可能世界的模态方法对存在概念进行扩展的基本思路是合理的。因为，通常情况下，规定的定义域中既包含实指对象也包含非实指对象，我们可以把自然语言的指称对象区分为可能存在的对象和现实存在的对象，这样博弈论语义学中可能状态的语义分析便具有了实在性的特征，它不仅使得逻辑结构和语义空间具有了系统性，而且进一步展示了博弈的逻辑结构对于语形、语义和语用的统一性特征。

（2）博弈论语义学吸纳了进化论思想，将语义分析导向了文化和历史语境研究的广阔领域，为意义理解开辟了新的维度。20 世纪 70 年代以后，基于对经典博弈论语义学的全面反思和对进化论思想的重新阐释，人们逐渐意识到在自然语言的演变和规范语言的逻辑化过程中，有必要将达尔文的进化论理念与博弈论语义学结合起来，分析结构性的语言表征过程。而鲁宾斯坦（A. Rubinstein）将进化论思维与语义博弈进行结合分析的思路正体现了进化博弈论语义学的研究旨趣。为此，鲁宾斯坦指出：“（博弈的）进化动力能够解释自然语言中语词的产生。”[①] 我们认为，正是通过进化过程中具有语言博弈性质的复杂机制和内部作用，语言的稳定性意义才能够得以形成，也就是说在这种进化过程中形成了语言

① Ariel Rubinstein. Economics and Language：Five Essays. Cambridge：Cambridge University Press，2000：29.

和人的思维结构的线性优化特征。可见，以语言的动态化和结构化分析为特征的进化博弈论语义学有助于理解语言和人的思维结构中的最优二元线性关系。

此外，进化博弈论语义学在理论生物学的研究中也具有重要解释功能。例如，在自然选择的进化模型理论中，生物体之间的作用关系可以被看做博弈交往活动，每个个体之间的交往既存在收益也存在损益，结果取决于其他行动者的活动。从理论生物学这种进化收益或损益的角度来看，其表征就是种群的规模或者繁衍的数量。又如，西蒙（H. A. Simon）对于博弈理论中博弈者群体作用的动力因素颇具建树。他采用进化的博弈理论来模拟达尔文进化论意义上的自然选择，不再将语言及其意义看做是一种确定的现实存在，而把它当成一种处于不断进化过程中的存在①。

语义博弈作为一种文化现象的语用过程，群体交往在其中发挥了重要作用，这意味着语义能够在语用规则系统和具有多重信息的语境中发生各种变化。从理论特征的比较来看，传统博弈论思想的基本立足点是将个体的博弈者看做具有完全理性和充分信息条件的主体，而进化博弈论语义学则依据对个体感知能力的有限性和语言表述先天缺陷性的认识否定了博弈个体完全理性的假设。例如，纳什的"群体性行为解释"就强调博弈者在语言的交往和演化过程中通过策略结果的信息扩展就可以达到纳什均衡②。

实际上，纳什的群体性解释正是迎合了日常语言面向交流和生活的本质，将语言的意义定位在人类生存和发展的世界之中，源自于不断变化的世界当中的历史条件和经验知识，促使主体自觉地对于应对世界状态的策略做出调整。同时，在语言交往的反复博弈中，既存在着博弈策略选择的随机性，同时也在群体的长期活动中呈现出博弈的规律性。出于对这种规律性特征的把握，我们很自然地可以为策略选择引入概率分布的解决方式，而这也是进化博弈论语义学的优化选择，这样我们就可以通过群体交流中博弈者的平均收益状态来表征博弈收益的概率函数。

在对进化博弈论语义学内涵特征的进一步研究中，我们有必要对其核心概念即进化稳定策略（ESS）展开分析。从进化稳定策略的概念本质和目标来看，它试图改变博弈者完全理性的博弈假设，同时也希望能够对意义的表征情态进行更加精准的理解。在这方面，史密斯（J. M. Smith）和普瑞斯（G. R. Price）将进化稳定策略与语义博弈理论的展开过程进行结合分析，对此理论路径做出了重要贡献。具体来看，进化稳定策略的逻辑陈述可概括为：①存在策略 x；②存在 $y \neq x$ 的策略集；③对于 $y \neq x$ 的策略集具有 $\bar{\varepsilon}=\bar{\varepsilon}(y) \in (0, 1)$ 的约束；④$z=(1+$

① H. A. 西蒙. 人工科学. 武夷山译. 北京：商务印书馆，1987：79-83.

② John Nash. Non-Cooperative Games. The Annals of Mathematics，1951，54（2）：290-295.

ε) $x+\varepsilon y$；⑤ $0<\varepsilon\leqslant\bar{\varepsilon}$，且 $u(x, z)>u(y, z)$。其中，y 为策略变换，εy 为与 y 相关的恒值，而 $(1+\varepsilon)x+\varepsilon y$ 指进化稳定策略与变换策略组的共同作用[①]。理论上，这种进化稳定策略肯定了博弈选择过程的动态均衡性，并且将这种均衡的状态作为理性主体在进化过程中不断寻求最佳选择策略的结果。为此，史密斯和普瑞斯也认为："进化稳定策略基于博弈理论……大多数群体成员接受了这种策略，并且在其中任何突变（mutant）策略都不能增益于繁衍适度。"[②] 可以看出，这种过程类似于达尔文进化论意义上的淘汰和胜出，并且排斥了博弈者完全理性的最初假设。在系统论研究的视野中，博弈者的策略选择是在其心理和认知基础上对系统中其他博弈者的策略进行观察和思考的结果，并且希望在交互的关系模式中做出最佳的策略判断。因此，我们可以将人群共同体当中的博弈看做一种动态策略选择的模型结构，而这种动态性和不确定性在研究群体活动的意义时，能够使我们对于意义的表征和语词意义的内涵进行更加准确的把握。可以看出，语义的这种进化性特征通过复杂性策略的实施，能够促使语言名称的确定性内涵内在地转变为由文化历史背景中语言使用者之间的博弈活动来确定。

总之，从博弈论语义学分析过程中对于可能世界理论和进化论思想的引入分析来看，这既说明了博弈论语义学理论所具有的兼容性特征，从而使它能够在方法论层面上实现与其他相关科学理论的互通和借鉴，也反映出 20 世纪后期以来人们在对待语义学研究方面的开放性态度，为此人们从多维角度出发推进了博弈论语义学的方法论建构。正是从以上两个层面来说，博弈论语义学方法论的创新意义在这里得到了充分展现。

三、博弈论语义学的逻辑特征与认知模型

不同类型的博弈论语义学类型都具有规范性，是一种立足于博弈理论而对真值和有效性的概念进行界定的形式语义，它强调理性的博弈者之间策略性的交往活动和个体选择的无偏向性，以主体间的互动博弈及策略选择作为核心概念，并且凸显了理解主体和意向思维的存在地位。可以说，博弈论语义学的这种认知模型及其逻辑特征已经超越传统规范语义学的语形系统，力图实现一种规范表征系统的内部扩张，从而极大地扩展了命题动态逻辑的内涵和结构。

（1）传统逻辑的局限性以及博弈论语义学对其内涵的丰富与扩展。通过将博弈论语义学与弗雷格式的逻辑系统进行比较，我们可以发现博弈论语义学从理

---

① P. Bozanis，E. Houstic. Advances in Informatics. 10th Panhellenic Conference on Informatics，PCI. Heidelberg：Springer Publishing，2005：107-108.

② J. M. Smith，G. R. Price. The Logic of Animal Conflict. Nature，1973，246：15.

论上否定了一阶逻辑作为符号绝对标准的狭隘思维，批判了采用形式化手段进行语义解释的生成语法理论，扩展了逻辑形式建构的方法论视角。对此，欣蒂卡也认为："（这种博弈的语义分析路径）相比于传统一阶逻辑而言，具有哲学的、语言学的和解释学的方法论优势。"① 在分析哲学的历史传统中，弗雷格对实施严格定义极限概念的数学语言（epsilon-delta）方法中量词的作用没有给予足够重视，而早期的皮尔斯博弈理论也主要涉及符号学，在理论内核上并没有与逻辑真正结合起来。事实上，在逻辑学层面上博弈理论被引入语义分析的原因在于传统的过程性真值定义在命题证明过程中出现了某种失效，而博弈论语义学则深化和扩展了一阶逻辑，并且对于一阶逻辑具有很大的包容性。在这里，我们如果反观塔尔斯基所谓真理的不可能性公理定义中存在的说谎者困境，就可以发现其根源在于塔尔斯基过于强调命题的强规范性而忽视了量词之间多重信息的选择和主体的心理态度因素。对于语义分析而言，其意义就在于对科学命题和科学理论的语义图景进行合理解释，而博弈论语义学则通过语义相对性概念的树立和一阶逻辑内涵的拓展使这种解释效力得到了极大的提升。

从量词与联结词的关联特性来说，在传统的一阶逻辑中这种特性并不能得到合理的表征，而博弈论语义学则将博弈者在博弈过程中所采取的策略规则作为一种类似逻辑联结词的存在。我们知道，斯科伦函数（Skolem function）的证明是量词逻辑中的重要内容，而这种竞争性的策略规则能够通过高阶形态的规范表征为斯科伦函项的存在提供证明，在这方面，欣蒂卡指出："斯科伦函数的使用能够借助于博弈论语义学得到阐释，并且这种博弈论语义学可以作为斯科伦函数概念的系统化和抽象化体现。"② 事实上，就存在的信息状态而言，我们可以把传统一阶逻辑中"我自己"和"自然"的命题博弈看做一种完全信息的博弈。在博弈论语义学中，博弈者的策略选择则表现为一种非完全信息的选择。以表达公式而论，两者的区别在于博弈论语义学具有非依赖性信息的一阶量词（$\exists x/\forall x$）和命题联结词（$v/\forall x$），从而使得博弈者能够信息独立地对公式进行证明。因此，博弈论语义学不仅没有否定了演绎逻辑的表达效力，其语义的不完整性反而更加凸显出了语境分析中演绎逻辑的重要性。其意义在于它不仅为量词理解赋予了博弈理论的解释，并且有效地实现了一阶逻辑和二阶逻辑的贯通，从而极大地拓展了量词逻辑的发展空间，使得我们对于数学理论的分析可以由语义博弈中逻辑的公式合法性来表征。就此而论，博弈论语义学为认知逻辑和数理逻辑的发展奠定了坚实的基础。

（2）博弈论语义学凸显了对于真值判断结构性和系统性的诠释。就语义学

① J. Hintikka. Quantifiers vs. Quantification Theory. Linguistic Inquiry，1974，5（2）：332.

② J. Hintikka. Quantifiers vs. Quantification Theory. Linguistic Inquiry，1974，5（2）：334.

与真值理论分析的关系而言，语义构成了句子真值理解的基础和分析的有效手段，而博弈论语义学与塔尔斯基语义学在语义理解和真值定义方面具有很大不同。在语义类型及效力方面，塔尔斯基语义学只是一种严格语义学类型，在自然语言语义学的应用当中其有效性受到了很大制约，而博弈论语义学则力图为真值理解开辟新的分析路径。欣蒂卡认为："（博弈论语义学）将真值概念从原子句型中进行扩展……在博弈中其中一方试图得出正确的原子句型，另一方则相反。"① 我们知道，真理概念是语义分析的核心概念之一，而博弈论语义学的分析模型为揭示科学理论的真理性条件提供了有效工具。这种模型集合的建构与语言博弈活动之间具有类似性，亦即，只有在语言博弈过程中才能把被解释的语言和相关联的世界联系起来。

通过真值判断的比较分析，可以发现博弈论语义学与斯科伦函数、赫尔伯特（Herbert）的数学理论具有关系，因为在逻辑上句子的真假是以证实性的策略来表征的，而语义博弈就类似于科学实验的证明，其中不同类型的获胜策略明显反映出命题系统的不同特征。鲁宾斯坦也主张研究"命题程序的类博弈结构……确定真值寻找的经验现象"②，而"有效的结论意味着在某个断言中博弈者总是具有获胜的策略……博弈相关于逻辑效度。"③ 换言之，在这里命题公式的有效性意味着在博弈函数 $G(s)$ 中无论由博弈者做出任何选择，其结果都能够获胜，因此语义博弈实际上就是一种证实或者证伪博弈中语义赋值的过程。正是由于命题与世界之间的意义关联表现为表达者和解释者在博弈活动中二值选择的结果，才使得语言的语义结构与最优化选择的法则密切关联。

在量词短语的结构性分析方面，博弈论语义学对量化句的真值条件确定起到了重要作用。就策略的有效性而言，它与真值的定义具有等同关系，通过真值判断和分析，我们可以对策略的有效和无效做出区分，由此形成语义结构中语义真的公式集，即欣蒂卡所说："量化句子的真值定义就表示为相关博弈活动中的获胜策略的存在。"④ 从形式表征来看，博弈进行的过程可以表示为 $G(S:M)$。其中，M 为博弈者"我自己"或"自然"，S 为语句，语句 S 的真值在博弈论语义学中（GTS）可以解释为：$G(S)$ 中博弈者一方恒态地具有获胜的策略，而与博弈另一方的策略选择完全无关，表示为 $M \models_{GTS} S^{+}$，这意味着句子 S 在 GTS 的解释中为真。博弈论语义学正是由于对真理的定义策略在本质上采取了博弈理论

① J. Hintikka. Quantifiers vs. Quantification Theory. Linguistic Inquiry，1974，5（2）：331.

② Ariel Rubinstein. Economics and Language：Five Essays. Cambridge：Cambridge University Press，2000：29.

③ Ariel Rubinstein. Economics and Language：Five Essays. Cambridge：Cambridge University Press，2000：29.

④ J. Hintikka. Quantifiers vs. Quantification Theory. Linguistic Inquiry，1974，5（2）：175.

的概念，因此才能够系统化地对于数学中的 epsilon- delta 极限问题做出处理。塔尔斯基曾认为真值的基本条件在于保证规范语言理论中的句子为真，这种条件性要求考虑了从句法到集合理论的概念①。然而，在博弈论语义学对于真值解释的视野中，塔尔斯基的这种方法类似于采用了非决定性的策略，由此使得语义为真的公式集能够具备合理的证明程序。因此，相对于塔尔斯基的语义方法而言，博弈论语义学的这种将真值定义与非决定性策略进行关联分析的思路是非常有价值的。

（3）博弈论语义学随其理论的创新与发展，越来越强调主体认知过程中理性博弈者的知识逻辑性和逻辑结果的非确定性，并且把主体对于语境因素的把握和意向性的选择活动纳入逻辑结果的推断过程。作为一种有效的解释性工具，理性思维和逻辑知识是重要基础，而博弈论语义学正是在这一点上超越了纯粹数理逻辑中策略概念的狭隘性，为意义理解赋予了全新的解读方式。语言博弈能够对于人类的认知活动进行合理模拟，而身在其中的博弈者的演绎推理也能够提供博弈者理性知识的来源，这与命题演算的形式化展开过程在很大程度上是一致的。从规范性的博弈过程来看，博弈者具有自身固有的信息集，而博弈者在信息集中的选择对应于博弈的逻辑结局，为此，博弈者只有在各自的理解模式中尽力掌握更多的语境信息并具备更强的解读能力，才能使双方取得良好的交往成效。

我们认为，博弈者策略性的选择行为内在地蕴涵“形成主体态度个体的、心理的、规范的和社会的背景，从而体现为不同心理意向的趋向性。”② 也就是说，语言博弈活动中的策略性选择奠基于博弈主体的语言行为理解中，这种语义理解活动不仅关注主体策略选择的认知态度，而且在整体论的视野中将不同主体间意向性的命题理解扩展到语言使用的界域中，将其作为一种涉及文化社会因素的语境之中的语言现象，从而为命题意义的理解提供了广阔的空间。

需要指出的是，站在理性人的立场上，博弈者应该在博弈活动中出于效益的考量而改进自己的策略，并通过竞争或者合作的策略实现效益的最大化，这正是博弈论语义学结构性特征的体现。因此，正是在理性博弈的效益目标层面上，博弈者策略性的选择不仅取决于自身掌握的认知信息，而且必须依赖于对他人认知信息的掌握和判断。在这里，我们可以把这种信息博弈看做博弈两者之间互为假想敌的对抗形式。其中，双方需要依据自己的认知能力和信息资料形成最优化的选择策略。这一点与历史上冯·诺伊曼的数学博弈理论中关于“最大解”的二人零和博弈具有很大关联。也就是说，在线性逻辑演算中，只要博弈双方以概率

① 塔尔斯基．逻辑与演绎科学方法论导论．周礼全，吴允曾，晏成书译．北京：商务印书馆，1963：35-39.

② 郭贵春．科学实在论教程．北京：高等教育出版社，2001：366.

分布的形式遵循最优策略中的具体步骤，就能够实现效益的最大化。为此，我们应该重视这种典型的博弈过程性特征，正是由于与量词相关的语义博弈就存在于“寻找”和“找到”的活动中，博弈者互动性的判断与认知对于博弈最终结果的确定才能够发挥重要作用。

概言之，20 世纪以来的现代逻辑学理论为语义分析方法的进步提供了有力的支撑。博弈论语义学超越了严格逻辑语义分析的狭隘性，从情境表征和态度选择以及动态性和认知特征等方面为传统逻辑语义学研究注入了新鲜的血液，符合当代科学逻辑的发展趋向。

四、语言的博弈分析及其语境关联

在对语言与世界的关系解释上，传统逻辑语义学由于过分强调概念分析基础上的抽象模型结构，与现实的语用实践存在着较大差异。实际上，在语言与世界之间的关联中，语言作为一种工具使得人们获取了关于世界的知识，其操作和使用的方式决定了人们知识的构造。因此，博弈论语义学的运行思路典型地体现了人们力图寻求意义理解基础的心理期望，其最终归宿就是将意义的分析置于语用语境的背景之中进行考察。

(1) 博弈论语义学为语言意义的解释提供了新思路。如前所述，博弈论语义学将其策略确立为对于量词短语及其存在的语言博弈活动进行关联分析，以便对于量词使用的逻辑条件进行合理解释。欣蒂卡认为：“量词在本质上存在于寻找且找到的语言博弈活动中。”① 进而由这种寻找且找到的活动对量词使用的逻辑条件进行合理解释。在博弈活动的进行过程中，博弈者策略选择表现为将“自我”选择替换存在量词的约束变元而形成的量词顺序。应该指出，这种具有过程性内涵的量词顺序非常重要，在其中存在量词的表征就是“自我”的策略选择，而全称量词的表征就是“自然”的策略选择。因此，从博弈双方活动的内在结构来说，“自我”与“自然”形成了一种互动的制约关系。

我们认为，这里所涉及的“自我”和“自然”的关系问题具有很大的隐喻含义，它意味着内在的自我本身和外在的自然或世界之间存在着一种对抗活动，自我要在与世界的博弈中获胜，就必须掌握世界的潜在规律和更多信息，以便做出更合理的行为选择。从自然或者世界与自我的关系来看，自然或者世界本身具有一种潜在的惰性，其意义的“产出”依赖于主体的能力和自然的关系。与此相关，在科学理论的分析和命题研究中，博弈双方的活动也内在地契合零和博弈

---

① J. Hintikka. Logic, Language Game and Information. Oxford: Oxford University Press, 1973: 59.

的规则，其中存在命题能够表示为可证实性，而全称命题则能够表示为被证伪性，这样，通过有效的博弈过程和策略选择为命题的经验证明奠定基础。

语言意义的本质是通过博弈参与者之间的语言博弈得到表征的，同时语言博弈也可以对理论论证的结构进行解释。应当指出的是，语言博弈与直觉逻辑相互关联，其内在的基本结构与科学理论和逻辑命题的系统表征紧密相关，它可以通过博弈的证明程序最终实现语言博弈的目标。从语言博弈的总体程序来看，论题的博弈过程具有明显的规律性特征，而最后的获胜就以其中一方中止论辩的过程作为结果，并且在排中律的基础上判定胜负和确定博弈的结局。这种排中律的有效性可以表示如下①。

O	P	回合
	$p \vee -p$	0
?	$-p$	1
p		2
	p	3

其中，O 和 P 为博弈者，（0，1，2，3）为不断地反驳和对抗，p 的反复对抗对于这种结构中排中律法则的有效性是有效的。就逻辑命题而言，这种对抗性的二人零和博弈基础就是语言活动展开的结构过程和证明程序，语言博弈过程中的博弈者个体认知可以转换，而语言活动的证明程序则能够以一种具体的约束性规定保证博弈的语言论证合理运行。

就语言的内涵而言，我们应当明确逻辑程序及语法规则中符号系统建构的重要性，因为其内在特征就表现为这种确定性结构的规范性。在此，也可以基于语言博弈而实现对理论命题的解释，进而通过程序性的论证而展开命题的证明，这在很大程度上说明了语言活动的博弈结构在科学语言研究中的重要功能。此外，与存在量词相关的命题的论证规则表明语言活动的博弈结构具有较强的规范性，它在某种程度上决定着真值判断的条件。因此，相对于命题演算而言，语言博弈在表征结构上是一种逻辑演算的模拟，其论证过程与经验事实无关，这与命题演算要求进行逻辑经验的证明过程具有很大差异。

（2）在博弈论语义学的展开过程中，规范的博弈规则具有重要意义。众所周知，对于语义规则的本质和特征进行合理定位，是语义学理论研究的主要工作之一。维特根斯坦对于与意义相关联的语用规则非常重视，他充分肯定了语言的运用需要遵守特定的规则，也就是说，理解意义就是理解它们在各种语用活动中

① E. Saarinen. Dialogue Semantics *versus* Game—Theoretical Semantics, Proceedings of the Biennial Meeting of the Philosophy of Science Association. Vol. 2. Chicago: The University of Chicago Press, 1978: 45.

的用法规则。同样，语义博弈规则也构成了博弈论语义学研究的重要内容。从逻辑上来看，它类似于真值联结词，能够有效确立逻辑常项的意义，而逻辑常项和量词联结词正是在规则约束下才能够在博弈的语义过程中得到表征。在方法论层面上，博弈论语义学的博弈展开规则与操作主义也有很大不同，操作主义简单地将科学概念的意义理解与实验操作结合起来，而博弈论语义学则认为在命题集合中对于模型集合既可以采用多维方法加以建构，同时也可以寻找到适当的个体来证实命题，因此萨瑞尼认为："博弈规则本身就具有语境依赖性。"① 在博弈的有限步骤和程序中，"博弈规则对语言中的可能句型进行化归，确定博弈的可能性展开程序……最终得出的就是一个比规则应用之前的句型更为简单的句型。"②在解释性的语言处理过程中，可以通过与世界的关联对原子句的真假进行判断。从理论方法的比较来看，命题的博弈活动所受制约的博弈规则类似于科学命题的规范结构，萨瑞尼认为："博弈规则规定了在博弈过程中，后一阶段的博弈公式总是要比前一阶段的博弈公式更为精练。"③ 它在语言博弈活动中表示为取胜的策略选择，只有在此条件下才能赋予命题陈述的可能性。于是，语言博弈作为一种受规则制约的活动与语言和实在密切关联。

从表征类型来看，博弈论语义学建立在结构性的规则基础上，这种博弈规则可以区分为不同的种类，由此决定了不同逻辑类型的差异。以汉德（M. Hand）在其博弈证明程序中的（G. &）和（G. V）展开规则为例，如果在博弈中某个回合处于 $S_1 \& S_2$ 的形式的句子时，博弈者 F 选择了 S_i（$i=1$，2），博弈的回合紧随 S_i 之后；如果在博弈中某个回合处于 $S_1 \vee S_2$ 的形式的句子时，博弈者 T 选择了 S_i（$i=1$，2），博弈的回合紧随 S_i 之后④。上述这种博弈规则充分说明了，博弈活动的结构规则在某种程度上能够确定博弈者的选择界域，由此形成博弈者活动的规范性。这样，语言活动的规则与逻辑规范形式，规范逻辑与交往博弈中的语言实践才能够建立紧密的关联。

（3）动态的、语用的和语境基础上的语义学研究方法与博弈论语义学的语义分析路径具有内在关联。在语境论的视阈中，博弈论语义学强调具体语境中主体之间有意识的理性交往活动，而博弈者之间的对抗或协作是其选择必要而恰当

① E. Saarinen. Dialogue Semantics *versus* Game—Theoretical Semantics. Proceedings of the Biennial Meeting of the Philosophy of Science Association. Vol. 2. Chicago：The University of Chicago Press，1978：51.

② E. Saarinen. Dialogue Semantics *versus* Game—Theoretical Semantics. Proceedings of the Biennial Meeting of the Philosophy of Science Association. Vol. 2. Chicago：The University of Chicago Press，1978：51.

③ E. Saarinen. Dialogue Semantics *versus* Game—Theoretical Semantics. Proceedings of the Biennial Meeting of the Philosophy of Science Association. Vol. 2. Chicago：The University of Chicago Press，1978：47.

④ Michael Hand，How Game. Theoretical Semantics Works：Classical First-order Logic. Erkenntnis，1988，29（1）：80.

的策略的动力因素。事实上，早在格赖斯（P. Grice）的语义学理论中就已经存在着理性博弈思想的萌芽，斯塔纳科（R. Stalnaker）认为："格赖斯的思想中内在地蕴涵博弈的理性思维，在其说话者意义的讨论中知识和信念类型的博弈思想特别突出，在其交往含义的表述中策略理性也具有重要地位。"[①] 这就意味着，在意义理解的过程中，交流和语用等范畴具有重要作用，而语言的意义并非永恒确定。"博弈者之间的交往活动会影响博弈的结果，交往本身也是一种博弈。"[②] 语言交往的有效性表现为建立在理性策略选择基础上语言的明晰性和确定性。为此，应加强语言内在结构的分析和对于意义的理解。一般意义上，在语言交往活动的现实语境中，参与语言交往和博弈的个体进行有意识的策略选择，旨在取得效益的最优化。对于博弈的系统结构而言，这种博弈者为了实现自身效益的最优化而在策略界域中做出的相应选择，其结果就表现为支付结构（pay- off structure），这成为了博弈论语义学理论解释的重要特征之一。

不可否认的是，博弈论语义学的意义分析过程与展开思路在很大程度上与20世纪后期动态语义学的发展具有内在的关联。20世纪后期的动态语义学包括话语表征理论、动态谓词逻辑和量化动态逻辑等。随着语义学的研究由句法转向语义，由语义的绝对确定性向相对非确定性的转变，博弈论语义学的这种对于博弈效用性的突出实际上是将意义的理解确立在动态的语用基础上，这不仅与"弗雷格-卡尔纳普"的传统语义学形成了鲜明对比，而且逐渐将语义研究从独立的词语分析转变为整体语境的研究，由此这种动态的整体语境基础便使得语言的指称能够获得更加清晰的意义。

通过对20世纪语义学发展所展现出的丰富的理论视阈和不同语义分析方法的梳理、厘定，我们可以看到不同研究领域的语义学家在新的世界观引导下，将各自的语义学研究方法从横向上不断扩展，从纵向上不断延伸，不仅力图实现形式化的符号表征与非形式化的符号表达之间的融合，而且逐步有意识地将语义分析的基础锚定在贯通了科学和人文、统一了科学知识和哲学理性的语境思维基础上。博弈论语义学自身也在其发展的过程中不断完善理论方法和研究策略，这正是其能够应用于不同科学理论的分析和解释的生命力所在。从博弈论语义学所采取的技术方法和手段来看，语境信息的背景和判断在其中具有重要地位，语义博弈作为研究语言与世界关系的重要工具，也恰恰契合了语境系统中关联网络的复杂性和非对称性特征。同时，博弈论语义学作为语义分析方法中的一种独特研究视角和理论，它的发展和创新在当代语义学的整体推进中显示出越来越强烈的理论交叉特性，这种特性所昭示出的具有最大包容性的语义分析的语境平台为博弈

---

① G. Jager. Game Theory in Semantics and Pragmatics. Manuscript. Bielefeld: University of Bielefeld, 2008: 2.

② G. Jager. Game Theory in Semantics and Pragmatics. Manuscript. Bielefeld: University of Bielefeld, 2008: 1.

论语义学理论建构的趋向提供了引导和基础，而博弈论语义学也只有在语境论的背景中才能使其方法论的完善具备坚实的支撑，从而在未来的语义学发展道路上开创更加广阔的空间。

诠释学视野下的现代科学研究*

殷　杰　杨秀菊

当代诠释学-现象学科学哲学（Hermeneutic and Phenomenological Philosophy of Science）的先驱者之一希兰（Patrick A. Heelan，1926～　），引入现象学“生活世界”观念，注重主体与客观研究对象之间的关联性，采用诠释学强调自然科学研究的主体性，其科学哲学思想融入了现象学与诠释学的诸多因素，形成了诠释学-现象学的科学哲学，并促成了西方20世纪80年代以来科学哲学的“诠释学转向”。希兰的科学诠释学思想就是建立在现象学基础上，从胡塞尔、海德格尔及梅洛-庞蒂的现象学角度出发阐述生活世界，借鉴了海德格尔的经验的诠释描述理论，强调了实践在科学研究过程中所扮演的不同的角色。本文以希兰诠释学科学哲学为理路，从科学概念、研究方法与科学实验等方面，揭示出诠释学之于科学研究和科学理解的意义。

一、希兰诠释学-现象学科学哲学思想

1. 自然科学的现象学维度

19世纪末，柏格森与狄尔泰推进了现代哲学的主体性转向，哲学由此面临的任务成为了在作为生命体悟的体验中，通过“自身思义”去揭示科学的客观主义背后的生命关联[1]。胡塞尔对欧洲近代科学危机的分析与对“我们的生活世界”的阐明，力图用超验现象学的视角来取代当代科学对客观生活世界的全视。在他看来，生活世界是通过知觉被给予的、能够被直观经验且可以被经验到的自然，是“在我们的具体世界中不断作为实际的东西给予我们的世界”，而科学家称之为“客观存在”的真实世界，其实是一个“通过公式规定的自身数学化的自然”[2]，是理念和理想化的世界。之后的海德格尔认为，要完成对此在的现象学分析，使显露其原初所是，就必须使用诠释的方式。

---

* 本文发表于《山西大学学报》2012年第1期。

本文为“教育部人文社会科学重点研究基地重大项目”（2009JJD720017）和“山西省软科学研究项目”（2011041050-01）阶段研究成果。

殷杰，山西大学科学技术哲学研究中心教授、博导，主要研究方向为科学哲学；杨秀菊，山西大学科学技术哲学研究中心博士研究生、太原科技大学哲学研究所讲师，主要研究方向为科学哲学。

希兰诠释学–现象学科学哲学思想就渊源于胡塞尔的现象学与海德格尔的本体论诠释学。他把对自然科学的现象学解读建立在“生活世界”概念基础上，“生活世界”是属于人类理解的哲学“领域”，以人与人、人与环境在文化关系条件背景下相互交流的具体行为为特征。生活世界中的人类个体接受了某种语言、文化、群落等一系列事物，这些事物赋予生活世界意义、结构与目的——它们或多或少地渗透到人们的生活经验中——尽管生活世界不是由个体创造或选择的。生活世界应该说是一种展现人类在历史条件下实际日常实践中的理解或存在，由于它不能够通过抽象的方式具体一一枚举，所以它既不是对日常生活简单陈述与说明，也不是关于日常生活世界的模型和理论，是充斥着具有目的性社会活动的日常生活世界的映射[3]。这种生活世界才是科学研究活动的客观外部条件。

以 16 世纪、17 世纪的科学为例，当时的科学研究活动并不关心人类本身的实践兴趣，而更多关注的是造物主的智慧，那个时代的科学著述通常都以第一人称写就。牛顿和波义耳就明确表示他们的科学研究由神学问题开始，开普勒与吉尔伯特的很多研究也是用生活语言来描述的（直到 19 世纪初期，科学著述才具有了现代的模式，更倾向于基于研究过程本身来进行客观的科学报道）[4]。在希兰看来，伽利略科学探索的努力是对上帝之书——自然的注解。我们之所以对伽利略当时所经验的东西一无所知，是因为我们与他处于不同的时代环境之下，我们被“抛置”于另外一种历史进行之中，所经验着的生活世界已经有别于伽利略的生活世界。为了跳出前科学时代“理想化”的理念世界，我们有且仅有一种办法，那便是借助于历史的条件性来理解和获得认知。因为我们所处的自然“不是科学家所独有的，而是所有体验着的公众创造出来的一种社会结构”[4]。

2. 自然科学的诠释学维度

从诠释学的意义来看，对文本意义的寻求、理解与重构，是为了“避免误解”而更好地体会作者本意。海德格尔从更深刻的角度提出了前理解的存在——即我思之所思的“事情本身”的诠释学前理解维度。希兰在阐明他的科学诠释学的观点上沿袭了胡塞尔现象学与海德格尔后期的诠释学思想。他的这种分析旨在为说明性理论指明一个新的意会方向，剖析说明性理论与生活世界的关联，特别是指出逻辑经验主义与诠释学在科学的说明性目的上和在宏观的知识的角度上如何关涉，意在将历史性、文化、传统等这些在理论与说明的分析中缺失的因素引入科学哲学。希兰指出，说明性理论在自然科学的研究过程中发挥了很好的预见作用，属于自然科学方法论层面。在欧洲大陆哲学传统中，诠释学是与英美分析哲学所谓“科学”的说明性方法相对而言的。我们既不能说人文科学应完全理解为是诠释性的，也不能把自然科学完全归入说明性。以历史计量学为例，它就是依靠经济理论研究计量对象，通过经济理论指导间接计量中数据转化与换算的问题，是一门将经济学、统计学或计算机学等定量分析方法，运用于历史或经济史研究的交叉学科。实际上，希兰已经意识到，人文社会科学在某些方面中已经有明显的说明性趋向[5]。

由此，在对待科学知识与意义的寻求中，希兰认为意义是人类理解的产物，属于公众领域的概念。生活世界首先是意义流传的载体，意义依靠语言、文化与知识相互交流形成，通过语言或类似语言的媒介传承下来，并不可避免地受语言、文化、历史间性等一些因素的影响。意义中客观性因素的渗入不经意间充斥和改造人们的生活经验，并且影响我们对流传下来的事物的理解与诠释。在以意义为主导的主体性研究中，自然科学与社会科学、人类学是类似的[6]。他认为，意义是由行为、理论与语言所构成的，理论意义形成抽象的概念，行为构成文化或实践的部分。诠释学方法是一个过程，是当前条件下的研究者试着给先前事件构造现代意义的过程。公众经验的意义不仅是个体的精神表现，而且是公众的经验表现。这意味着，无论我们获得什么样的经验，客体总是与人类生活文化息息相关。

以著名的伦敦塔灵异事件为例。在进入伦敦塔的一些参观者会出现程度不一的幻听幻觉。在人们当下无法用理性来解释所发生的事情的时候，通常都会用文化渗入的方式来对其进行描述。环境因素在描述者的描述过程中至关重要，这里包括建筑结构、地理位置、磁场、寒冷气流、昏暗及变换的光线等客观因素，特别是受描述者知识背景、文化历史的熏染，这就说明了为什么熟知英国历史的参观者更容易受到潜意识的影响而做出判断。这是当时所产生的较为“科学”的论断。近年来，更多的建筑学家与物理学家通过进一步的测试发现，伦敦塔的建筑用料为坚硬的大理石，这种石料极容易产生次声波。当人们处于次声波干扰的环境下，极容易做出错误的主观判断。这就为这种现象赋予了科学事实，这种说法相对来说更加“科学”和容易使人接受。

3. 隐喻的力量

希兰认识到了隐喻在自然科学发展中的重要作用。尽管希兰最初赞同海森伯用数学方式来诠释量子力学，认为要比玻尔用波和粒子互补的图景隐喻方式要“科学”得多[7]。因此他倾向于排斥用隐喻的方式描述科学现象。但后来希兰认识到科学发现的过程是诠释学的，隐喻在发现的过程必不可少，并开始关注科学研究发现过程中隐喻的作用[8]。从科学观察开始，囿于人类认知、文化水平、实验设备、宗教及社会背景的限制，初始的科学概念大多使用隐喻的方式做出，许多科学发现的成果和理论的说明与推广，都不约而同使用了隐喻的方式，来向公众传达科学理论所要表达的意义。诠释学的方法所要做的就是将隐含在文字（文本）中的意义“读出”。正如保罗·利科尔所言，意义的变化（需要借助于语境的充分帮助）影响了语词。我们能够把语词描述为一种“隐喻的用法”或“无文字的意义”一样，语词始终是特殊的语境所赋予的“突然出现的意义”的载体[9]。隐喻的意义是在语词中体现出来的，而发生的背景是在语境关联的动作之下的。隐喻不仅是一种语言表达形式，而且指人类思维和行为的方式。隐喻无所不在，人类的整个概念系统都是建立在隐喻基础之上的。同样，现代物理学、生物学等学科往往也是通过隐喻的方式来获得公众的理解。隐喻的意义是通过一定的背景才得以读出，在人们认识客观世界中起着决定性的作用，自然科学正是通过这种“翻译”获得普遍性与社会意义。

二、科学研究过程与诠释学分析

希兰对生活世界、科学的意义与诠释、测量与数据、科学技术的论证，开拓了科学研究过程的诠释学分析。我们据此从诠释学视角来理解当代科学研究过程。

首先，科学研究作为人类的主要活动之一，在不同阶段有不同的研究基础和目标。科学事实不是客观给出的，有其起源与发展的过程。它通常都由历史条件下的人类语言与文化所决定，所蕴涵的意义体现在语言中的社会实体，所以，我们只能依靠公众社会经验来尽可能地了解意义的各个方面。科学事实具有一般化的思维模式和外部扩张，形成一个非个体化的思维系统。思维模式化的产品经过社会强化被公众所接受的结果就是科学事实的形成过程[10]。在自然科学发展的每一发展阶段上，人们总认为已经拥有一种完全正确的方法和已经排除了“错误”的理论[11]，但事实上，科学研究无法预知未来。正如希兰所指出的：“科学一直处于文化的诠释学保护伞之下，它有着自身的历史、交流与灵活性，仅凭借理论的解释是不能够完全领会的。”[12]

其次，科学概念的界定与变更受多方面因素的制约。概念是意义的载体，是认识主体对一个认识对象的界定，确定事物在综合分类系统中的位置和界限，是使事物得以彰显的认识行为。它在不同的语言环境中具有不同的词性、含义和语法功能。在新旧科学变换时期，涌现了各种新概念，人类对于认识的概念界定发生了许多变化。例如，2006 年 8 月，国际天文学联合会重新界定“行星”，据此定义将冥王星排除在太阳系行星系列之外。可见，概念的界定体现出部分的意向性。又如英国数学家贝叶斯提出将未知参数的先验信息与样本信息综合，根据贝叶斯定理得出后验信息并推断未知参数。这里的先验信息一般认为来源于经验和历史材料。

最后，科学实验绝非完全客观，而是部分创造的。神经生理学家克里斯（R. P. Crease）在对实验现象结果的客观性进行研究时指出，整个实验过程是在“执行与操控”之中的，要想更好地理解科学的客观性，必须首先考虑到这种执行与操控的优先性。在科学实验中，无论是准备实验设备还是选择研究对象，都要尽量确保实验过程的正确有效性。但这个准备过程中既没有数据采集、观察与测量，也没有可验证的假设。科学观察包括实验仪器（设备）的采选与使用具有主观性。这就是为什么克里斯将其称为“制造出来的客观性”[13]。科学实验与实践离不开实验者所处的外围环境与设备使用，特别是新科学理论的产生，往往不能忽视在此之前众多的科学理论与实验的支撑。

随着人类认识领域的扩大，人们逐渐意识到主观因素不能完全被忽略。自然科学实验中，仪器数据的读取依赖于一定的“设备语境”。比如在微观领域，科学理论就具有多种理解方式，数据的采集会受客观性之外的因素影响，人们经常会做出与宏观领域相悖的理论假设与推定。这方面，新概念的应用往往通过隐喻或修辞的方式向公众进行诠释，以便公众能够更好地理解新概念的形成与意义，可见语言在科学观察与科学实验中的动态因素作用不能忽视。所以，人们对实验中的随机性的描述总是不完备的，自然科学并不能完全依靠实验数据和理性演算。

三、现代科学研究的多元理解特征

美国当代哲学家唐·伊德（Don Ihde）运用现象学的变更概念，分析图形的多元化视觉，他对图形变形所看到的不同视觉图像做出文字说明[14]，由此观察者很好地观察到了二维图像在三维空间中的倒转现象，这种经验成为观察者之后的前见。图1（a）是纳克方块（Necker cube），我们在观察它的时候，不自觉地对这个图形所表现出来的放置位置做出判断。我们首先会把它想象为图1（b）的形状，之后经过仔细观察，方块也可以图1（c）的形状显现出来。这种情况的出现是因为我们对平放着的方块更加熟悉。由于三维空间中先验知识的存在，我们对纳克方块的放置方式做出二义甚至多义的三维文字描述，这是一种视觉翻转效果。当人们认识到这是一种视觉翻转效果之后，这种认知马上得到提升，并与当代的技术建立起联系。

比如，现代医学核磁共振研究中已经使用纳克方块的知觉翻转观点。运用触觉错觉可以更好地揭示感官认知的内部机制，并且，触觉感觉的研究开发与人们的生活密切相关，触感技术屏幕在电话、液晶显示屏幕的应用就非常普遍。

这种情况出现的原因之一就是由于前见的适存。前见在诠释学的理解中具有重要的意义。海德格尔认为为了确保论题的科学性，要从事情本身出发来处理前有、前见和前把握。他基于本体论的目的对诠释学循环进行分析，从而推进理解前结构的发展。伽达默尔则通过对启蒙运动对前见贬斥的批判，指出前见是理解的条件，一切理解必然包含某种前见。由此可见，人类在日常生活中所体会到的经验现象的组成因素，都与现象的其他表象相关联，每一部分具有的特性总是与

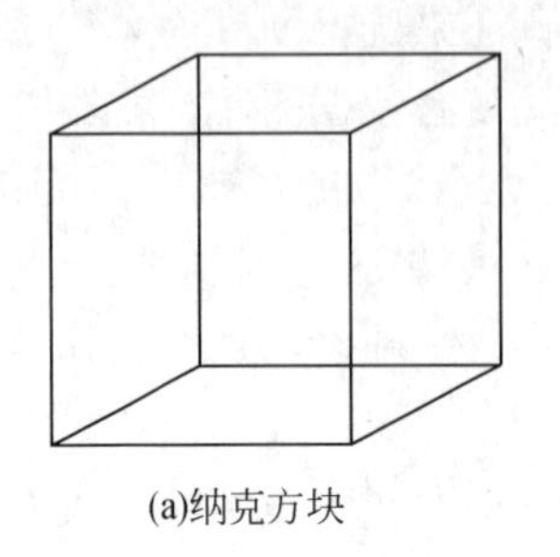

(a)纳克方块

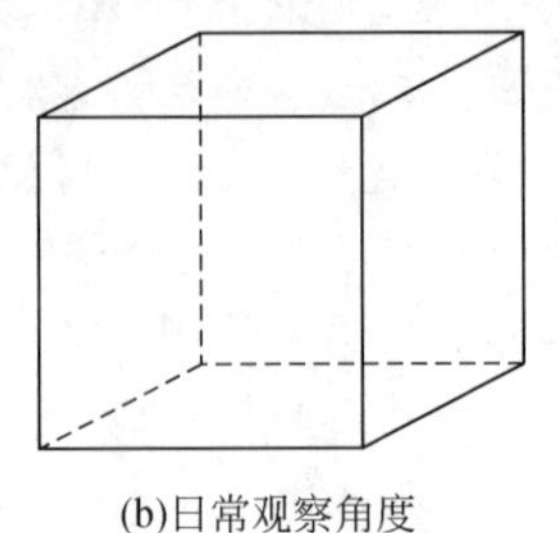

(b)日常观察角度

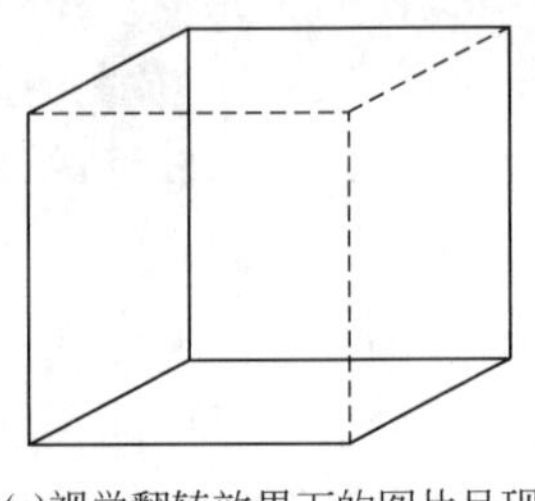

(c)视觉翻转效果下的图片呈现

图 1　纳克方块三维图

整体和其他部分相关。

基于这样的认识，希兰提出了多元化的视觉空间，从新颖的几何学角度来理解前见。希兰指出，人们对空间中的图形的描述经常与在经验中体现的图形不同。他认为日常生活经验中的空间知觉结构是有限的双曲空间，并据此论证了视觉空间的双曲模型。人类感知是二元甚至是多元化的。人类可以从两种不同的维度去观察；一种是科学的/欧氏空间的角度，另一种是日常的/非欧空间的。“科学的”观测角度是关于科学几何学测量基础上的，它更注重测量过程的客观表述，关注几何学的数字符号与概念，是欧氏几何学的潜在论证。日常的观测角度，一般是受文化影响的，是无意识状态下直觉观察的结果，它的描述注重意义的表达，更注重生活世界中的观察对象如何达到艺术感染的方式。两种观测方式都具有不同的前见，产生不同的语言表述方式。我们可以用诠释学的方式来对待这种先前判断。两种维度下的观测结果是文化与实践荷载的。

比如，我们用传统的欧氏平面几何视角来观看图 2，按照以往我们获得的知识，两条直线在不远处将汇于一点，直线之间的平行线平行而不等长；在日常生活的可视空间来讲，就像站在笔直铁轨的中央眺望远处，我们清楚地知道，两条铁轨是平行不交错的，而枕木的位置关系是平行的，且等长。这种现象说明，欧氏空间与非欧空间的观察研究角度有各自的成形背景，并且前见作为不能摒除的因素被带入观察，得到的经验知识会影响后来的判断。希兰指出，非科学的前见（人类生命文化的因素）和科学的前见（测量设备的具体条件）通常在经验中互相干涉，“回到事情本身”的观点就是双重性的，就像量子物理中的不确定性原则与互补性原理一样。[15] 从存在论角度上，是指人类经验者与环境或世界的关联，而发生内在关系的双方都在这种相关性中得到了转化。[16]

绝对中立的观察与实验在现实的生活世界中几乎不存在。在图 3（a）中，我们可以看到一个凸起的点和五个凹陷的点，而图 3（b）则相反。其实，图 3（b）只是将图 3（a）倒置而得到的图像。为什么会出现这种现象？人们往往通过阴影部分的位置做出判断。这是由于数百万年来，人们只有一个来自上方的光

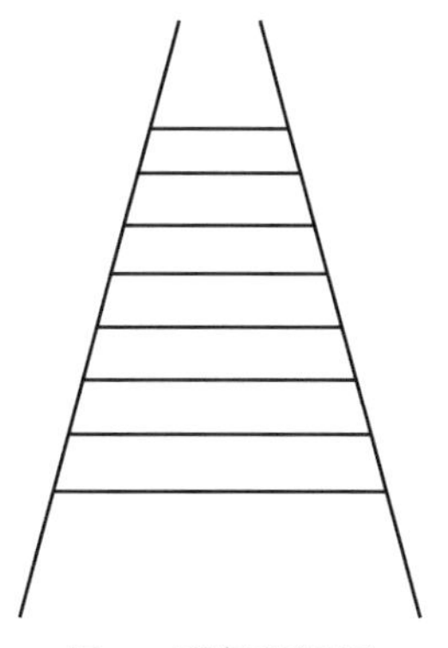

图 2　平行透视图

源——太阳，于是人们自然而然地认为阴影部分应该在下方。光源在上即知觉的先验知识，它的形成是由大脑经历数年的进化固化下来的。那么，“光源来自上方”便成为我们不可避免的知觉之先验条件，是一种知觉的“前见”，而影响主观判断。这种前见是人类观察的基础且无法剔除，但我们通常却不会意识到[17]。

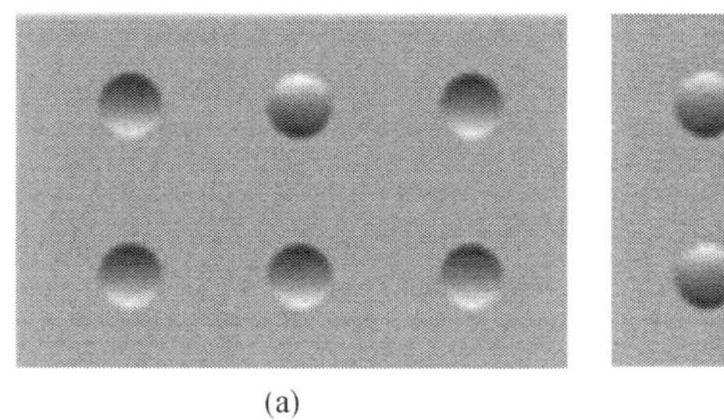

(a)

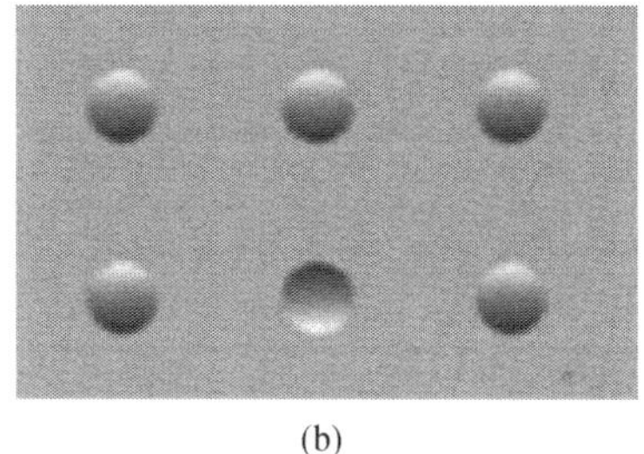

(b)

图 3　多米诺错觉图

由此可见，自然科学理论具有双面性。一方面指对隶属于多元实践的计算与技术的操控，另一方面指对构成本体论科学知识的人类文化。希兰的这样一种科学诠释学思想揭示出了现代科学研究发生的重大变化，伽利略时代起所构建的“物理世界”已经满足不了当代科学发展空间的需要，科学研究必须考虑到复杂性技术、权力旨趣等因素的影响。诠释学把科学视为通过研究寻求意义的人类文化形式。从认识论的角度来看，科学研究都受到多方面因素的影响。特别是跨学科的科学研究深受学科间不同原则难以融合的困扰。科学诠释学恰好可以从后现代生活世界角度阐明学科间原则的特质，从而弥合这种分裂。正是在这个意义上，希兰指出，成功的科学实践并不是完全取决于哲学，科学不断地抛出形而上学的问题，把科学共同体的研究局限在资源有限的世界里。必须同时考虑到理论解释与文化科学实践的关系，才会得出正确的理解。科学事实作为事实的属性是寓于它作为诠释的属性之中的，正由于科学事实是一种基于特定概念框架或理论背景的诠释，它才可能成为一种不仅具有客观意义，而且能被看做科学的经验基础的事实。“事实性”揭示了科学事实的价值和地位，“诠释学的”研究背景则蕴涵着科学事实的可能性条件。

从诠释学-现象学的视角上来理解科学，已经引起越来越多的关注。如基西尔（Theodore J. Kisel）指出排斥科学诠释学的论点中的缺陷，科学的“诠释”包含海德格尔的实践诠释学的作用。科克尔曼斯（J. Kockelmans）则认为科学研究依赖于一种先在的意义结构中，这些意义结构并非完全依靠研究者自身的观察。科学的前见总是在无意识地指引与影响着人们的研究和实践。应该说，这种全新的方法对于更全面地认识科学研究的本质，无疑具有重要的理论意义。

参考文献

[1] 汉斯-赫尔姆特·纲德．生活世界现象学——胡塞尔与海德格尔．中国现象学网：http：//www. cnphenomenology. com/modules/article/view. article. php/1286/c7.

[2] 胡塞尔．欧洲科学危机和超验现象学．张庆熊译．上海：上海译文出版社，1988：61.

[3] Heelan P A. The Scope of Hermeneutics in Natural Science. Studies in the History and Philosophy of Science，29，1998：274.

[4] Babich B. Hermeneutic Philosophy of Science，Van Gogh's Eyes，and God. Netherlands：Kluwer Academic Publishers，2002：220.

[5] 同［3］.

[6] Fehér M，Kiss O，Ropolyi L. Hermeneutics and Science. Dordrecht：Kluwer Academic Publishers，1999：298.

[7] 同［4］：34.

[8] Crease R P. Hermeneutics and the Natural Sciences. Dordrecht：Kluwer Academic Publishers，1997：289.

[9] 保罗·利科尔．解释学与人文科学．陶远华，袁耀东，等译．石家庄：河北人民出版社，1987：170-171.

[10] 张成岗．弗莱克学术形象初探．自然辩证法研究，1998，(8)：19.

[11] 同［2］：63.

[12] 同［4］：446.

[13] 同［6］：26.

[14] 唐·伊德．让事物“说话”：后现象学与技术科学．韩连庆译．北京：北京大学出版社，2008：29.

[15] 同［8］：288.

[16] 同［14］.

[17] Frith C. Making up the Mind：How the Brain Creates Our Mental World. Malden，USA：Blackwell Pub，2007：129.

马丁·埃杰的科学诠释学思想*

殷　杰　杨秀菊

美国当代哲学家马丁·埃杰（Martin Eger，1936～2002）的科学诠释学观点主要体现在：一是通过玛丽·海西（Mary Hesse）对自然科学与社会科学的对照定义，在双重诠释争论的基础上阐述自然科学与社会科学中“解释”（interpretation）的不同阶段，并从科学教育的角度，将传统诠释学研究对象的自然之书演变为自然之书与科学之书（book of science）两种域面；二是通过对当代介入科学理解的两种重要思潮——诠释学和建构论的比较，指出两者在对待科学的态度上，相互借鉴并朝共同的方向发展，但建构论混淆了实验室生产过程与实验操作经验，诠释学的概念与理论则在运用于理解科学研究中要更为优越。

一、科学研究中的解释阶段

玛丽·海西在1980年出版的《科学革命的结构和重建》中对自然科学与社会科学进行了比照，认为自然科学与人文社会科学之间并没有质的区别，而只是程度上的不同。如同人类学家试着理解远古时代文化中的人类行为并做出解释，物理学家则尝试着理解众多自然现象并做出解释。解释作为诠释学的核心问题一直是人们关注的焦点，在对待解释的问题上，吉登斯（Anthony Giddens）与哈贝马斯（Jürgen Habermas）曾有过双重解释的争论。尽管二者观点存有分歧，但却并不否认自然科学的诠释学因素。

吉登斯认为：“就像存在于其他意义结构类型中的冲突一样，在科学中，范例的调解或理论规划的广泛不一致都是诠释学的对象。但社会学不像自然科学，它所处理的是一个前解释的世界。在这一世界中，意义的创造和再生产都是力图分析人类社会的冲突。这正是社会科学存在着多重解释的原因。”[1]因为早在理论形成的过程中，社会科学就已出现了理解问题。

---

* 本文发表于《科学技术哲学研究》2012年第2期。

本文为教育部人文社会科学重点研究基地重大项目（2009JJD720017）和山西省软科学研究项目（2011041050-01）阶段研究成果。

殷杰，山西大学科学技术哲学研究中心教授、博导，主要研究方向为科学哲学；杨秀菊，山西大学科学技术哲学研究中心博士研究生、太原科技大学哲学研究所讲师，主要研究方向为科学哲学。

哈贝马斯则认为，尽管依靠范式对数据进行理论描述需要第一阶段的解释，但对于社会科学而言，解释首先与观察者所直接使用的语言相关。这种前理论知识是未作为客体而直接使用的。所以，社会科学中解释行为的初级阶段是必要的。对于所有科学来讲，都存在一个依赖语言学习的解释的初级阶段。社会科学的观察者必须也不可避免地要使用客观得到的语言。

埃杰没有否认自然科学与人文社会科学之间的区别，他反思吉登斯与哈贝马斯关于双重诠释的观点及之间的分歧，并列出了科学诠释学中三个阶段的解释：

（1）初级阶段（stage 0）：阅读“自然之书”与履行日常科学实践的数据获得初级阶段。

（2）第一阶段（stage 1）：是解释数据、构建吻合数据的理论构建阶段。

（3）第二阶段（stage 2）：以他种方式解释高阶理论。

首先，埃杰认为，人类学家对待传统时，他们对先前世界有一个整体的把握：他们在进入场景的同时，就会找到前解释的世界和语言。在自然科学中，如果某人想参与到一项前沿科学或特殊学科的研究中去，最重要的前提，就是要充分了解该项学科的常用术语及专业性概念，包括掌握其科学模型与研究成果。在进入任何一个新领域时，任何人都归入初学者的行列。每当面对新的研究领域时，科学家经常发现没有自己更专业的说明性语言，研究现象的出现也必须依靠语言来解说，从而达到对该现象的把握。

现象与语言同作为客体密不可分，语言作为交流中介首先应该被当做客体来对待。埃杰认为除了把语言作为认识主体的一部分而存在双重诠释的观点之外，哈贝马斯的双重结构的研究范式，忽略了人作为主体进入了科学研究，因为有参与者的意愿。在研究者进入研究领域之前，他必须具有“主观意向”，通过不断努力而成为“局内人”（go native）——这可以用具身化理论来做出诠释，通过对该学科的基本理论、概念、发展历史、常用术语的学习掌握基础信息。埃杰借用迈克尔·波兰尼（Michael Polanyi）那个著名的例子对其进行了简单阐述：医学专业学生在有经验的医生的教诲下，领会了X光片中影像的含义。之后，这个学生便拥有了独自阅读X光片的技能，这种技能成为他自身的经验应用到今后的X光片判断中。这样，他掌握的医学知识的意义才真正地显露出来。以概念的意义为例。在他作为初学者的学习中，医学概念作为客体，它本身的意义对于主体来说是晦涩难懂的，类似读者对一句话的每一个词单独进行分析一样，他不会把握整个句子的意义。只有减少对概念本身的关注度，使其从关注中心转移之后，概念的意义才发挥出来。

其次，埃杰关于科学之书的论证表现了他的多重诠释的观点。即科学文化领域构成了科学之书的一部分，这在语言的学习之前已经进入研习者的研究。埃杰将传统自然之书扩展到了“两本书”。[2]一本是对自然之书的阅读。例如，医生通过辅助设备亲自检查身体结构并直接获得X光片。另一本是科学之书，好比医学者根据以往经验与学识所著的论文与著作——这与波普尔的“第三世界”理论极为相似，它记录着理论、实验报告、问题与解决方式等内容，是“客观思想内容、特别是科学思想和诗歌思想，以及艺术作品的世界”[3]。自然之书面向“真实的”对象；科学之书面对的是科学语言描述下的自然，它包含着科学家自身。对科学修辞学的关注也体现出科学之书理应得到更多的分析，分析不仅局限于科学之书是如何形成的，而应该关注“科学的文献”[4]。科学的研究工作可以是一个实验、一种规则、一个模型或理论，它构成了科学之书的某个章节，科学家不可能完全展示科学研究活动的所有部分，因为它涉及科学研究的本体论问题。科学家“撰写的”科学之书有着自身特殊的解释，并且在一定的语境之下，它不能穷尽所有科学研究活动的条件与环境。[5]埃杰认为科学的诠释学所要面对的是科学之书而不再是自然之书，诠释学中的解释行为建立在科学之书的构成而非阅读之上。也就是说，科学知识通过研究而产生，并以文字形式记录下来，再通过传授者的社会化普及，最终被研习者接受。在这个过程中，传授者承担着传播、复述的任务，研习者成为了科学认知产物的受益者。之后，他们又成为相关科学的“局外人”，介入该项科学本体。[6]

二、社会建构论的协商思想

社会建构论观点中有科学诠释学因素的体现，尽管诠释学与社会建构论都强调科学研究中建构的作用，但二者之间的区别仍不容小觑。埃杰以对比的方式论述其科学诠释学思想，一方面展示了诠释学与社会建构论观点的关联与差异；另一方面指明了诠释学的概念与理论在科学研究中的运用优于社会建构论。

社会建构论在推进知识的社会性研究的过程中，否定了自然界对科学知识形成的影响，特别是强调人工环境和非自然因素在知识生产中的绝对作用。认为知识的建构与社会文化密不可分，是人类社会实践和社会制度的产物，或者相关的社会群体互动和协商的结果。[7]社会建构论者将托马斯·库恩（Thomas Kuhn）的《科学革命的结构》作为先声：在库恩看来，社会共识（consensus）决定了“自然”而不是自然决定了科学共识。[8]据此，社会建构论者提出了“协商”（negotiation）理论。

“协商”（又称协定、磋商）原指人们为达成一致而进行的正式谈判。通常被认为是指不同团体为获得经济或政治利益的目的而达成的一致。协商在社会建构论者那里得到了广泛的使用，它将所有活动都与社会兴趣关联起来，这样的结果就是同化了不同种类的活动，并将其全部冠以“社会的”标签。社会建构论的代表柯林斯（H. Collins）所强调的协商的受益者，包括了科学家群体及广泛的社会集团。他认为:“只有通过社会构造,科学争论的‘逻辑’才能得到支持。几乎没有科学家真正深入观察过争论过程中的其他观点——都是协定。”[9]

社会建构论者引以为荣的成功协商的范例之一是布鲁诺·拉图尔(Bruno Latour)在《科学在行动》一书中提出的:20世纪初期,美国海军建造吨位更大、作战能力更强的战舰却时常在海上迷路。原因是由于传统的磁性罗盘由于处在四周都是钢铁的环境里而失去指南效果。斯佩里(Elmer Sperry)建议海军放弃磁性罗盘而改用陀螺罗盘。他在美国海军的资金资助下,成功地改进了陀螺罗盘并应用于海军战舰。美国海军重新获得了海上霸权的能力,斯佩里的陀螺罗盘也成为轮船与飞机的重要仪器之一。

此外,社会建构论者认为任何科学研究中都存在着协商,即便在数学与逻辑中也不例外。大卫·布鲁尔(David Bloor)1976年出版的《知识与社会意向》一书便对数学与逻辑学中的协商做了论述。当一般性概括出现与随后出现的一反例冲突的时候,就必须经过协商重新定义或者对其加以限制条件。例如,拓扑学的多面体欧拉公式:P是一个多面体,V是多面体的顶点个数,F是多面体的面数,E是多面体的棱数,$X(P)$是多面体的欧拉示性数,则满足$V+F-E=X(P)$,当且仅当在简单多面体中,$X(P)$为2,如果多面体同胚于一个接有h个环柄的球面,那么$X(P)=2-2h$。欧拉示性数是拓扑不变量,多面体的定义就是在这样的协商中完成的。这种协商局限于对多面体欧拉公式使用的恰当性的争论,通过协商过程完善欧拉多面体公式的适用条件。

“协商”理论在英美国家获得的广泛认可已经不言而喻,而埃杰真正关注的是“协商”理论如何应对科学工作中的分歧、处理理论之间关系中所起到的作用,以及在科学诠释学中对类似的情况如何做出阐释。与社会建构主义所使用的“协商”一词不同,在上述多面体定义的例子中,科学诠释学用“对话”来替代“协商”,用以阐明前理解的存在及数学家与传统的遭遇及数学家们之间相互的交流。

除此之外,在太阳中微子研究的过程中,社会建构主义的协商也显露出其弱点。20世纪60年代,科学家就开始测量抵达地球的中微子,然而有关结果仅为根据太阳活动理论算出的几分之一,探测结果与理论不符意味着当前的太阳活动理论或中微子理论至少有一个存在问题。那么按照社会建构主义的协商理论,这个问题完全可以避免,只要通过协商来协调、平衡结果与理论之间的关系,但事实远不止这么简单。

首先,社会建构论者过分强调实验本身是解决争议、达成共识的过程,实验结果是协商出的结果。那么,按照他们的说法:巴赫恰勒曾说服戴维斯加入太阳中微子的研究,这是一种协商,这种协商是针对太阳中微子研究的实验结果的;而在戴维斯加入实验研究后,听取他人建议研究中微子而进行的协商是针对实验过程的，科学实验的结果与复杂的实验过程是两码事，社会建构论将这两种性质的协商混为一谈。

其次，虽然“科学活动中存在着‘磋商’这种社会过程，但这并不意味着科学知识是由社会条件决定的，而可能是由科学家认识战略失误导致的”[10]。并且由于社会建构论者刻意强调社会性因素对知识形成的制约，使他们意识不到科学家长时间不间断的努力、探测与观察设备改进、新数据的获得等非社会因素对科学研究本身所形成的影响。

埃杰对社会建构论“协商”理论普适性的扩张持批判的态度，并认为在复杂实验中，协商的作用仅限于科学家之间的配合与协作，整个实验的操演——包括实作的程序与实验结果——则不能依靠社会建构主义的协商理论。虽然科学工作“始于与某种具体情境关联及对此情景的深刻理解”[11]。但协商理论把任何活动都与社会因素牵系在一起并冠以“社会”之名，则过分地强调了非科学因素在科学研究中所起的作用，使人们把协商的结果当做唯一的、客观性的科学解释，使“真相变得模糊，把科学神秘化”[12]，成为人们认识和评价错综复杂的科学进程的绊脚石。

三、“实验者回归”与“诠释学循环”

让我们返回埃杰列举的太阳中微子研究的例子中。人们把中微子作为承载着信息的中介，所有的理解都是通过设备与对这些粒子的前期研究所得出的。但是在实际的研究过程中却发现，中微子有时作为研究客体进入研究过程。这样就陷入了一种循环：要想了解太阳核心必须通过中微子，但是要了解中微子，似乎必须要研究太阳核心——因为我们必须要知道太阳产生的中微子及解开中微子是否转化成为其他物质之谜。这就是处在主体的所有前理解与客体的回馈之间，并且可以影响主体前理解的循环，反之亦然。[13]

社会建构论将此过程描述为“实验者的回归”。在其《改变秩序》一书中，柯林斯通过对韦伯引力波探测的实验的思考，提出“实验者的回归”（the experimenter's regress）概念，即“一个原始实验是否成立取决于实验结果 r 是否为真，r 是否为真需要通过重复实验的检验者用适当的仪器来加以检验，而检验者的能力和仪器的适当性需要用其实验结果 r' 是否为真来衡量，但是我们又不知道这个检验的测量结果是否是真的，r' 是否为真取决于 r 是否被相信为真……如此无限回归循环”[14]。正如柯林斯在跟踪引力波实验时所发现的那样：科学家要探测引力波，首先要知道引力波是否存在；要知道引力波是否存在，就要知道实验操作是否得当；要知道实验操作是否得当，就得看实验是否得到了正确的结果；然而，结果是否正确又要取决于引力波是否存在。[15]

夏平（Steven Shapin）在《利维坦与空气泵》中对实验者重复实验实作的分析再度诠释了实验者的回归。中微子研究过程按照这种方式可以表述为实验客体与仪器设备之间的互存关系。即：为了获得实验的正确数据，我们必须适当地使用仪器、操作得当；为了检验是否正确使用仪器并操作得当，就需要根据实验是否得到了正确的数据。那么，那些持传统科学观的人主张用可重复性实验来确定科学知识的观点，就得不到有效的结果。无论是柯林斯还是夏平都认为，只有依靠社会协商机制等非科学因素进入整个过程，才会打破这种回归。

希兰（P. A. Heelan）从科学诠释学维度进行了分析。由于关涉到仪器（或设备）使用，这种主/客体之间的相互牵制作用，导致了主/客体划分界限的改变。他提出"具身"理论，即人们融入环境或"参与"世界的方式，来讨论人工物或技术的应用。他认为，人们通过仪器（或设备）观察某些现象，一旦这些仪器（或设备）成为主体的一部分，便形成主体知觉器官的延展。在这种过程中形成了一种具身关系，即人们与环境之间的关系。物质化的技术或人工物就包含在这种关系中，它融入人们的身体经验。现代科学的研究离不开科学家对具身的依赖，具身已经成为科学家存在的方式。埃杰接受了这种理论并举例说：就像宇航员一样，他们需要穿着特殊制作的航天服，这种独特的服饰可以帮助宇航员从容地在异己的环境中继续他的研究或活动，它已经成为宇航员身体的一部分，是肢体的一种拓展。航天服是人工技术的体现，它经受各种条件与环境下的测试、并根据使用者的反馈来提升。但是航天服的穿着与使用是一个学习过程，那么，自然科学是否是诠释学的，深入学习过程本身是否属于科学的一部分。也就是说，学习的过程与学习对象相关联，这里涉及主体/客体的划界问题。装备完毕的宇航员是属于主体，还是属于客体，模糊不清。于是，我们联想到，当我们谈及科学的语言、实验的设备与仪器的操作时，是针对研究者本身，还是针对整个研究过程？如果航天服只是为了提供一种在外界环境下进行科研的条件，就忽视了这样一种事实，即航天服本身已经"具身"到我们的科研过程中。比如，登月航天服要适应月球引力、压力、辐射及月球温度变化，在整个科研过程中，航天服首先是作为客体进入研究过程的核心，一旦研制成功并装备到航天员身上形成一种具身关系时，便被当做主体的一部分或多或少地忽略掉了。[16]

埃杰注意到，越来越多的仪器（或设备）被当做主体的一部分，这样，主体被明显地扩大了。而只有产生争论或出现质疑的时候，这些仪器才作为认识客体而重新拾获被独立对待的权利。它被去语境化（decontextualized）的同时，在一种新的理论框架内，作为一个实体被重新语境化（recontextualize）成为新的研究对象。这样的结果就是模糊了主客体之间的界限，使一些客体纳入主体的工具范围，成为主体的一部分往往被人们忽略。

除此之外，实验中的众多仪器的读数是作为"中间数据"而存在的，如温度计、记录指针、计时器等人们常见的仪器，尽管它们在实验中都取得了对实验有意义的数据读数，但却因为“它们并不构成被最终使用在文章里的可见显示”[17]，而作为一个阶段性的辅助数据，失去了其作为客观事物的必然属性。

所以，科学研究中的主体/客体分界并非一成不变，它在日常实验者的具体实践中会发生移动。仍旧以太阳中微子研究为例，埃杰把主体、客体的多元划分以图1[18]方式呈现：我们可以看到，传统的主体、客体的二元划分已经被多元划分所取代。不同的观察设备进入主体，成为观察主体的一部分，形成了不同的观察角度，得到不同的观察结果。人们可以通过这种改善的设备不断进行观察，拓展观察主体，不断得出新的结论。

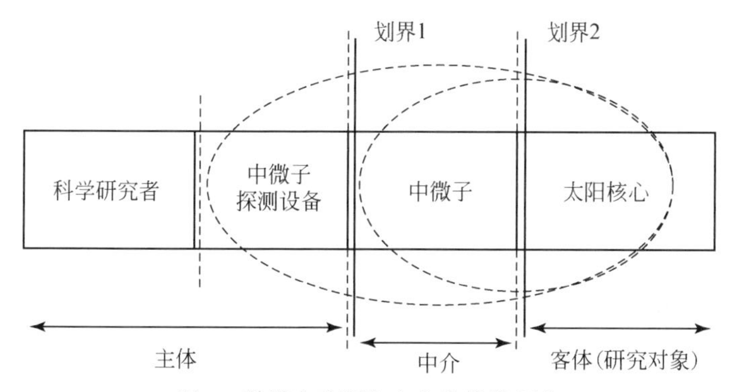

图1 科学实验研究中主客体的划分

关于“实验者的回归”观点，持科学诠释学观点的学者们认为，由于存在意义的理解，这种“回归”或“循环”必定存在，因为理论和实验是诠释世界最科学的方式，这种循环证明了前见所在。太阳中微子的整个研究过程被当做是科学家与传统（理论）或是历史之间的对话。当理论与实验数据吻合的时候，旧的循环被打破，但是作为存在意义基础上的诠释学循环却仍在继续。当某个新假设出现且无法用原有理论论证的时候，会出现新的对话过程。直到科学家找到这种下一个突破点之前，这种由核物理到太阳模型再到中微子理论之间的循环必将一直存在下去。

埃杰把这种前科学与传统之间的互涉视做诠释学研究科学的重点。无论面对任何诘难，诠释学始终关注前理解问题。我们知道，在量子力学的表述方式中，矩阵力学与波动力学是完全等价的，它们只应用了经典力学中的哈密尔顿函数。狄拉克提出并由费曼建立了路径积分的第三种表述——它使用了经典力学的拉格朗日函数。在建立路径积分的过程中，费曼必须充分了解狄拉克关于量子力学中拉格朗日函数的思想，并设想其是正确的，通过从拉格朗日函数推导出薛定谔方程的办法，来佐证路径积分的方式适合对作用量原理的表述以及对量子力学的诠释。所以，“科学工作总是得益于前有、前见与前概念的把握”[19]。从科学诠释学角度来看，即“预设了关于初始检验条件的陈述，这种理论假设是不可以用来预测实验结果的。这些初始条件的确定反过来又依赖于受理论支持的类似规律的法则，这些法则的证据也同样取决于不断扩大的理论假设”[20]。虽然在对科学的描述上，社会建构论者使用与诠释学循环相平行的词汇，且他们的观点也对公众产生了重大的影响。但埃杰仍然主张，在中微子研究例子里，通过对社会建构论与现象学词汇并行比较，还是坚持使用诠释学词汇更适合一些，在自然科学描述中，它更具有前瞻性。[21]

概而言之，马丁·埃杰的科学诠释学思想是以科学教育中的诠释学分析为筑基、通过诠释学与社会建构论关于解释自然科学现象所使用不同方式的对比建立起来的。他告诫人们必须清楚地知晓社会建构论与科学诠释学之间根本性的差异，包括某些社会建构论观点对科学的误读给科学诠释学研究带来的困扰，同时也提醒人们必须注意到诠释学解读科学所存在的弱点以及如何与社会建构论的观点相辅相成。埃杰致力于诠释学与社会建构论之间的研究，在二者关乎解释、客观性与普遍性的基础问题上做出巨大的贡献，以此视作自己毕生的事业。除此之外，博学、睿智的埃杰成功地将诠释学从人文社会研究触及自然科学研究，通过对海德格尔、伽达默尔以及哈贝马斯的诠释学观点中科学诠释学维度的思考，他指出在某种程度上，诠释学哲学在对待科学的态度上与后经验主义——例如，托马斯·库恩等关于科学的诠释学维度的观点——不谋而合，这种与后经验主义观点的融合，弱化了后经验主义者在理想化的客观真理上对科学诠释学的攻讦。由此，埃杰的科学诠释学观点开阔了自然科学研究的视野，推进了诠释学向自然科学研究的进发，指明了诠释学的概念与理论在科学研究中的运用，优于社会建构论及其他社会科学。当然，如他所言，对科学本身来说，任何探究方法都不是完美无缺的，诠释学接近科学的最好的方式就是科学与其传统间的交互作用。

参 考 文 献

[1] 哈贝马斯．哈贝马斯精粹．曹卫东选译．南京：南京大学出版社，2004：176.

[2] Fehér M，Kiss O，Ropolyi L. Hermeneutics and Science. Dordrecht：Kluwer Academic Publishers，1999：270.

[3] 洪汉鼎．诠释学——它的历史和当代发展．北京：人民出版社，2001：282.

[4] Eger M. Hermeneutics as an Approach to Science：Part Ⅱ. Science & Education 2. Netherlands：Kluwer Academic Publishers，1993：309.

[5] 同［4］：318-319.

[6] 同［4］：323.

[7] Audi R. Cambridge Dictionary of Philosophy. Cambridge：Cambridge University Press，1999：855.

[8] 史蒂芬·科尔．巫毒社会学：科学社会学的最近发展．刘华杰译．哲学译丛，2000，(2)：22.
[9] 成素梅，张帆．柯林斯的科学争论研究述评．沧桑，2007，(2)：133.
[10] 胡杨．强纲领的建构与解构（上）——兼论SSK研究纲领的转向．哲学动态，2003，(10)：30.
[11] Crease R P. Hermeneutics and the Natural Sciences. Dordrecht：Kluwer Academic Publishers，1997：259.
[12] 同[11]：8.
[13] 同[11]：97.
[14] 何华青，吴彤．实验的可重复性研究．自然辩证法通讯，2008，(4)：44.
[15] Collins H. Changing Order. Chicago：The University of Chicago Press，1992：84.
[16] 同[4]：303-328.
[17] 布鲁诺·拉图尔．科学在行动——怎样在社会中跟随科学家和工程师．刘文旋，郑开译．北京：东方出版社，2005：114.
[18] 同[11]：98.
[19] 同[11]：54.
[20] 约瑟夫·劳斯．知识与权力：走向科学的政治哲学．盛晓明，邱慧，孟强译．北京：北京大学出版社，2004：55.
[21] 同[11]：100.

科学诠释学初探（上）*

殷　杰　杨秀菊

本质上，大陆传统中的科学是一个广义概念，如德语中“科学”（Wissenschaft）一词的词根正是“知识”（Wissen）。我们目前所指的科学概念，是在近代各门自然科学及其于经济与技术的运用中形成的。古希腊时期的哲学与科学并不能区分，哲学包含了科学，指的是各种理论知识。康德认为：“每一种学问，如其按照一定原则建立了一个完整的知识系统，都可以被称为科学。”[1]海德格尔则认为就科学本性而言，没有任何优于其他领域的东西，自然与历史一样，并不具备任何优先性。数学知识的精确性也不意味着它具有比其他学科更高的严格性。科学与世界之间的关联促使科学去寻找它们自身的存在，同时使存在者按照其自身的存在方式成为研究与论证的对象。据此，科学研究就是对存在本质的寻求。[2]由此，海德格尔基于本体论的维度，认为对存在所做的思考的优先性，高于任何认识论与方法论基础的反思，从而使诠释学上升到本体论的高度。

另一方面，伽达默尔使得先前作为精神科学独立的方法论基础的诠释学，开始介入科学的研究和理解。伽达默尔对诠释学普遍性的分析恰恰道明，诠释学绝不应局限于审美意识与历史意识的反思中，而是应该能够提供一种弥补基础理论缺憾并能处理当代科学与技术应用问题的方法。通过诠释学的反思，不仅能获得与知识相携的研究兴趣，而且能获得人们对阻碍研究的习惯与偏见得到自明性的把握。本文正是要在探析诠释学介入科学研究的基础上，认识科学诠释学的理论框架和方法论特征，及其对于理解科学的意义。

一、科学诠释学的理论溯源

自然科学本身需要对科学预设和科学界限等做出反思。诠释学反思的普遍存在，不只是通过社会批判揭露意识形态这样特殊的问题，还涉及科学方法论的自

* 本文发表于《科学技术哲学研究》2012年第6期。

本文为“国家社会科学基金重点项目”（12AZX004）和“教育部人文社会科学重点研究基地重大项目”（2009JJD720017）阶段研究成果。

殷杰，山西大学科学技术哲学研究中心教授、博导，主要研究方向为科学哲学；杨秀菊，山西大学科学技术哲学研究中心博士研究生、太原科技大学哲学研究所讲师，主要研究方向为科学哲学。

我启蒙，诠释学包含了理解、解释与应用的统一。

（一）自然科学方法论的侵袭

从启蒙运动以来，特别是康德之后，自然科学被看做知识的范式，它可以用来衡量其他文化。进入20世纪，受维特根斯坦与罗素影响而形成的逻辑经验主义为主流的科学哲学蓬勃发展，逻辑实证主义特别是维也纳学派强调知识客观性，把哲学的任务归结为对语言进行逻辑分析，进而拒斥无意义的形而上学，主张用逻辑分析的方式划分科学与非科学，并有把所有科学还原为物理主义从而形成统一科学的主张。这种思想成为西方科学哲学的主流，这时的科学哲学家很少会赋予自然科学之外的其他知识领域科学的地位。

对此，库恩认识到这种思想只注重“科学的逻辑”而忽视科学赖以生存的社会背景的偏颇与缺陷，并站在历史的角度上，用范式的更替来对科学进步的方式做出描述。亨普尔（Carl Hempe）也认识到，在历史学和各门自然科学中，普遍规律具有非常相似的作用，它们成了历史研究的一个必不可少的工具，甚至构成了常被认为是与各门自然科学不同的具有社会科学特点的各种研究方法的共同基础。将“理解”与“移情”等同起来，将方法论诠释学的理解看做是一种助发现法，而科学的解释，不论是自然科学中的解释还是社会科学中的解释，毫无例外的具有覆盖率的本质。[3]亨普尔对科学做出的具体分类，把不同分支的科学分为经验科学与非经验科学。经验科学又分为自然科学与社会科学，他试图将自然科学解释的D-N模型（演绎规律解释模型）延伸至社会科学，并将自己对科学解释的哲学分析推广至包括社会、历史在内的一切领域。亨普尔的解释模型涵盖了所有的科学，用亨普尔的观点，类似于历史学等其他自然科学之外的学科，都可以像物理学一样遵循还原法则的模式，尽管到目前仅能提供“解释的纲领”——即解释和预测相称性的应用。

传统上对自然科学与社会科学做出的严格区分形成这样一种观点，即自然科学重在因果说明，社会科学则是意义理解，并且一直将社会科学看做社会关系中涉及个体的自然科学，自然科学的方法论完全可以通过类比拓展到社会科学中。传统认识论的缺憾在于所设置的真理图像模型把理论看做其研究对象的真实图像，并试图清理其理论中那些尚不足以适应其世界的图像。它把对象预设为康德所称的“自在之物”，完全独立于它是否被认知主体所认识。[4]另外，亨普尔的科学解释的D-N模型的三类标准反例的出现也凸显了D-N模型的纰漏。正是由于这种真理图像模型缺陷的错误，受到了主张恢复主体性因素的观点的批判。

（二）社会科学的境遇与狄尔泰的功勋

意大利人维科（Giovanni Battista Vico）在18世纪就雄心勃勃创建人类社会

的科学，并要使这种科学可以做出与伽利略、牛顿等在“自然世界”同样的成绩。[5]他创建“民族世界”的本意是用来区分与自然科学所不同的学问，这可算做最早的社会科学的雏形。关于“社会科学”一词本身在历史上的用法有很多：最早法国人叫做“道德科学”，德文中一般用与自然科学（Naturwissenschaft）相对立的精神科学（Geisteswissenschaften）来表述，也叫做“历史科学”或“价值科学”。之后，人们更多地倾向于将有别于自然科学的学科称为“社会科学”或“人文社会科学”。[6]伯恩斯坦（Richard Bernstein）比较详细地阐述了英美国家与德国关于社会科学的属性的不同理解，前者将科学严密地分为自然科学、社会科学与人文科学（humanities），后者把穆勒（John Stuart Mill）口中的“道德科学”（moral science）的概念转译为精神科学。[7]

为了确保社会科学的独立性，威廉姆·狄尔泰（Wilhelm Dilthey）毕生都专注于一项工作，即按照康德对纯粹理性的反思模式，建立一种历史理性的批判，想通过对历史认识何以成为可能的问题，为一般的精神科学找寻认识论基础。[8]也就是说狄尔泰在施莱尔马赫（Schleiermacher）普遍诠释学的基础上把诠释学确立为精神科学的普遍方法论，把精神科学塑造成严格的科学。在《真理与方法》中，伽达默尔指出：“J. G. 德罗伊森在他的《历史学》中概述了一种很有影响的历史科学方法论，它与康德哲学的任务相同；而自发展出了适合历史学派哲学的狄尔泰开始，就意识到将历史理性的批判作为探寻的任务。由此，他的自我理解仍是一种认识论的理解。正如我们已经知道的，他根据一种摆脱了自然科学过多影响的‘描述的和分析的’心理学，来看待所谓精神科学的认识论基础。”[9]伽达默尔肯定了狄尔泰在历史理性批判的基础上所做的诠释学的工作，但是在他看来，正是狄尔泰为了急切地获取精神科学的“客观性”而使其成为与自然科学不分伯仲的科学，接受了笛卡儿“方法”与“客观知识”的观点，而这一点恰巧也是诠释学对笛卡儿式论证的批判。于是，关于狄尔泰对自然科学与人文科学之间所做的显著的区分就存有质疑。特别是近些年来影响较为广泛的英美科学哲学对待科学的态度，明显带有方法上极端的形式主义，他们过分关注科学狭隘的思想方面，包括科学理论及其思维方式，忽略了其实践的本质。而大陆哲学则过分偏执于意识形态的东西。所以，对科学的理解不能简单地将英美和欧洲大陆两种进路罗列起来对科学进行剖析，而要从科学的系统分析开始，弥合狄尔泰等对自然科学与人文科学所进行的严格区分。

（三）科学哲学与诠释学的融汇

自然演进过程中人与自然关系的重建是当代的一个重要议题。伯格森“超越理智的”生命哲学观点反对把自然看做静态的，而是一种“绵延”，是一个永不停止的创造过程。[10]杜威对哲学中二元对立的改造，致力于“建立一种以人的生活、行动、实践为核心而贯通心物主客的新哲学。他提出的经验自然主义不把经验当做知识或主观对客观的反应，也不把经验当做独立的精神（意识）存在，而当做主体和对象即有机体和环境之间的相互作用"[11]。这种以人为本的思想，转变为有利于反思科学研究活动中非客观性因素的功用、为各学科之间的交流提供了很好的平台。

从沟通英美哲学与欧洲大陆哲学的视野上，对自然科学进行诠释学的解读，也为建立科学的诠释学奠定了理论基础。诠释学最初涉猎自然科学是在历史主义对科学的反思中得到阐释的。历史主义科学哲学的分析推进了科学活动中强调主观性思想的转变，强调历史因素等在哲学反思中的重要地位。特别是库恩《科学革命的结构》的出版，启发了致力于朝向理解科学的多元化发展。该书批判了占主流思想的分析的科学哲学赋予科学理性重构的观点，恢复了科学活动中的主体，提出了科学革命与范式理论，并阐明了科学史与科学哲学之间的紧密关系，冲击了自然科学与社会科学僵化的分界。特别是，库恩对逻辑实证主义试图建立统一的科学的主张提出挑战，他明晰地讨论了理性在科学革命结构中的"无用"，否定了科学客观主义，并指出没有中性的理论选择规律系统。库恩把发现归为两类，一类发现是理论事先没有预见的；例如氧气与X射线的发现；另一类发现是理论预知其存在并预先进入人们研究渴望与预期结果的，如中微子与元素周期表空缺位置元素的填补。其实，"每一项科学发现过程的开始都有两种正常的必要因素存在"，一是发现反常问题的能力，库恩将其归结为个人的技巧与天赋；二是科学发现的外部因素，即实验者对仪器的选择使用与实验者本身对整个实验过程的思考必须达到一定水准，才"足以使它们（它们指科学发现过程中出现的反常问题）有可能出现，使它们作为与预先期望相背谬的结果而被认识到"[12]。库恩认为科学哲学并不一定能够为众多理论的选择制定一套规则，这使他的人们更加怀疑自然科学的认识论是否可以推广到其他的文化中去。[13]

而且，库恩首度承认历史主义学者使用了诠释学的方法。他从科学的实际历史出发描绘新的科学形象，"发展了不同于纯粹理性的实践理性，强调逻辑经验之外的社会历史、主体心理在评判理论合理性中的作用，强调科学工作者共同体的价值及主体间性的作用"[14]。其实，"即使是自然科学的方法，也不会具有超历史的妥善性和'价值中立'的客观性，而是受历史和社会限制、由一定'认识兴趣'引导的行为。且这种行为就是科学哲学新潮流所主张的把基础建立在特定时代科学家共同体的一致上"[15]。事实上，康德早就提出：为了避免在对科学研究的独断论和怀疑主义，必须超越方法论问题而现行对主体认识能力进行理性批判，以回答科学史怎样成为可能这个先于方法论的问题。[16]

随着逻辑实证主义的衰退与历史主义的兴起，后经验主义的科学哲学观点逐渐弥合了自然科学与社会科学之间的鸿沟，人们开始注重理论与观察经验之间的关系。波普尔提出的科学活动中理论与观察的关系，也逐步转向科学的诠释学维度。他认为，科学活动中的观察并非中立，科学研究不仅是在观察和经验描述结果的意义上需要理论，理论指引与指导科学实验活动。科学理论是科学观察的基础，它不作为科学观察活动的结果而是解决问题的假设与猜想。波普尔科学哲学思想的诠释学维度，体现在科学理解与解释活动中主观性因素存在的合理性上，理解主体的主观性在科学理解和解释中存在有其必然性与合理性。由于观察渗透理论，科学活动中主观性因素对科学活动的观察以及陈述势必造成两方面的影响。其一，科学观察对象的选定有主观性的制约；其二，观察陈述由于涉及语言的使用也会受到主观性因素的制约。[17]科学的客观性是建立在科学事业的公众性和竞争性，因此建立在它的社会层次的基础上。[18]

之后，越来越多的人对自然科学的诠释学解读产生兴趣，也逐渐产生关于自然科学与其他学科之间方法论的交流。保罗·利科尔（Paul Ricoeur）所寻求的反思的哲学思想，引导着他试图在伽达默尔诠释学与英美的分析哲学之间做出连通。伯恩斯坦对库恩科学诠释学观点进行了推进。对库恩的激进思想，伯恩斯坦并没有直接站在批判者的阵营中，反而坦言："对《科学革命的结构》更公允、更宽宏地进行阅读，就会认识到他的意图从来不是去宣称科学探索是非理性的，而是要展现一种把科学探索作为理性活动的更开放、更灵活并以历史为定位来理解的方式。"[19]约瑟夫·劳斯（Joseph Rouse）也对两种科学严格划分进行了批判。欧洲大陆哲学与后经验主义科学哲学对实证主义与新实证主义的批判态度，为诠释学在科学哲学中的运用指明了一种新的方向。

为了减少英美分析的科学哲学与欧洲科学之间的对立，科学诠释学的萌生是在尊重逻辑分析的基础上去掉"科学主义"的意识形态。[20]"从内容来看，诠释学和科学哲学都探讨了人的理解和解释的问题；从走向来看，它们都经历了研究重心从注重理解和解释的客观性向强化理解和解释的主观性转移的进程。"[21]

诠释学涉猎自然科学领域的滞后，对于伽达默尔最原初的目的来说，不得不算是一种遗憾。从某种程度来说，伽达默尔的诠释学思想涵盖了自然科学领域。秉承了海德格尔本体论转向的伽达默尔，关注的是先于主体性的理解行为。他在诠释学与科学哲学的交叉与冲突中，意识到理解是普遍性的，涉及人类世界一切方面，并在科学范围内有独立的有效性，不能将其归为某种特殊的科学方法。20世纪这种诠释学转向及其引发的诠释学方法论，扩展到整个认识论领域，使诠释学方法脱离了狭隘的思辨域面，进入广阔的与社会历史相关的新境界。不仅如此，诠释学在方法论上多元性的开拓，也"推进了整个西方人文主义思潮与科学主义思潮之间在方法论上相互渗透和融合的可能趋势"[22]。分析的科学哲学与诠释学之间逐渐沟通，并注重与现象学、结构主义等学派之间的借鉴与融合，削弱了学派之间的尖锐对立。

当代西方科学哲学观点也转而倾向于表明，科学是一种假设与说明，科学与社会科学的认识活动一样，包含着理解、解释与应用，科学家决定着有待说明的事实及他们的科学意义，并通过解释或说明的方式表述出来。人类所处的世界充满着科学文化与人类实践，自然之书富含意义。这是自奥古斯丁以来从未间断的“自然科学诠释学”的扩张最有力的一面。之前，之所以没有形成普遍识知的局面，是由于“近代对自然界的非意义化，大自然不再被视为神的意义的表达和显露了，而是作为无意义的实在领域来与有意义的文化和精神现象领域区分开来”[23]。自此，诠释学不再囿于传统的哲学诠释学的意义基础，而是在更宽泛的域面，作为一种中介、因素、或是分析的工具出现。[24]这种新的转向（指科学哲学诠释学转向），朝自然科学的社会科学化方向迈进。这是在分离了几个世纪之后，自然科学首次明确地向社会科学抛出了橄榄枝。

二、科学诠释学的产生发展

（一）科学诠释学的理论基础

关于科学诠释学概念的前身，很多受过现象学与诠释学训练的哲学家们都把目光投向库恩。“在科学哲学界，正是库恩的《科学革命的结构》在20世纪60年代初鲜明地展示出了自然科学的诠释学性质，虽然他在这本著作中没有提到‘科学诠释学’这个术语。”[25]连库恩本人也认为，他的范式理论在某种程度上与诠释学基础比较相似。但是，库恩提出的诠释学是从历史主义的角度分析而得出的，至于诠释学的历史方法没有运用在科学中，从他自身的角度来讲，在很长一段时间里他的确没有意识到诠释学的功用。[26]但基西尔（T. Kisiel）认为，恰是库恩的范式理论，最先影射了自然科学诠释学的可能性，在硬科学与软人类学之间架设了一座桥梁。[27]伊斯特凡·费赫（István M. Fehér）也指出，库恩的范式理论不仅吸收了伽达默尔的诠释学思想，也包含了海德格尔后期的本体论的哲学诠释学思想。

其实，早在库恩之前，波兰尼（Michael Polanyi）就已经意识到，人类主体活动的重要性以及主体活动技能，在人类知识形成过程中的必要性。波兰尼对客观主义进行了批判，他认为传统的主客观相分离的知识观，把个人因素完全排斥在知识之外并不合适。因为人是作为认识主体参与到科学活动中，最接近于完全超脱的自然科学领域的最精密的科学知识的获得，也要求参与者的热情与能动性，并且依赖参与者的技能与个人判断，科学客观主义实证观有使真正主体在科学中消弭殆尽的危险。而科学本身与艺术一样，都是一种主体性的创造活动，科学研究过程中的主体都是自然人，而只有自然人的认知活动才可以作为科学活动的始基。

除此之外，科学诠释学的理论基础，也要归功于伽达默尔对逻辑实证主义关于知识基础的评判，以及对诠释学普遍性的推崇。逻辑经验主义关于科学观点的教条在于，对感知与观察等所有知识基础的论述具有独断论的性质，认为科学理论之所以获得意义与有效性是通过经验的证实。库恩对科学线性发展的批判及库恩科学革命范式的转换的观点——伽达默尔持肯定的态度——科学的进步并非按照线性与累积性的模式，它需要考虑科学革命发生时所处于的既定的历史性因素与环境因素。伽达默尔认为，维特根斯坦的自我批判与后期的语言游戏观点表现了这样一种观点，即意义明确的统一语言被言说的实践所替代，这把原初关于知识的逻辑性工作变成一种语言分析。从维护科学知识客观性的观点来看，任何有意义的言语可以被转译为某种统一科学的语言。但在语言学家眼中，命题理论性言述的优先原则受到了限定，这种限定归属于诠释学原则，任何既定的话语、著述或文本的理解，都取决于其特定的环境或视角。换言之，如果得到正确的理解，就必须理解它的视界。[28]

伽达默尔对诠释学普遍性的分析表明，诠释学绝不应局限于审美意识与历史意识的反思中，而是应该能够提供一种弥补基础理论缺憾并能处理当代科学与技术应用问题的方法。当代科学的成功，往往依靠对方法论之外出现的问题与程序的回避，但是却有这样一种事实，即为获得无先决条件的知识，并达到科学的客观性时，某些已被证实了的科学方法会延伸至社会理论中使用。通过诠释学的反思，不仅能获得与知识相携的研究兴趣，而且能获得人们对阻碍研究的习惯与偏见得到自明性的把握。

由此看来，伽达默尔的哲学诠释学思想逐渐偏向了普遍诠释学的考虑，尽管早期他对自然科学的诠释学论述比较隐含，但却坚持认为诠释学为科学研究提供基础并优先于科学研究。在所有的学科中，伽达默尔认为都可以发现这种诠释学的特性。但是，伽达默尔无意对诠释学概念及其适用于自然科学的客观性提出刻意要求，而是用援引自亚里士多德的实践智慧与实践理性的方式，来对科学的诠释学可能性做出客观分析。这是除对理解的领悟之外，伽达默尔建立科学诠释学的贡献之二，即作为理论和应用双重任务的实践诠释学。伽达默尔后期著述包括《科学时代的理性》中，明确了他的关于实践的科学诠释学观点。科学诠释学是通过对范式的理解、对整个与科学相关机制的研究体现在自然科学中，通过对创造者的自我转化过程的把握体现在社会科学中，通过对过去、现在与未来之间连续不断的协调而体现在历史科学中。[29]

以海德格尔、伽达默尔为代表的传统大陆哲学观点，对待科学诠释学的态度，多少受思辨哲学的影响而对哲学诠释学做出推演，无论是作为方法论的诠释学普遍观点还是关于此在的本体论维度，都是对诠释学向自然领域或整体科学的扩张进行铺垫。凡是抱有从诠释学维度对自然进行研究的人们总有这样一种紧张，即担心若对物理世界运用诠释学的分析，会由于联想到传统诠释学而被当做一种精神的活动，而不被认为是发现自然实存的反映机能的活动。关于这种焦虑，我们可以采用英美新实用主义代表罗蒂的观点，他的诠释学维度解读科学的态度是：关于理解与解释的争论，无非基于理解与解释的优先性问题，无论是支持解释以理解为前提这一观点，还是支持理解是进行说明的能力观点，二者没有根本性的错误。关于理解与解释的诠释学除适用在精神科学或社会科学之外，在“客观的”“实证的”科学方面也适合于“自然”，若非要把传统认识论与诠释学强加界限，显然双方并不彼此对抗，反而相互增益。[30]

由此引申出查尔斯·泰勒（Charles Taylor）与魏海默（Joel C. Weinsheimer）对伽达默尔诠释学的解读：诠释学不应被局限于人类学的范畴，所有的科学都是诠释学的。[31]泰勒的科学诠释学思想恢复了人的概念，他认为人是自我界定（self-definition）的动物，由于理解的境况不同，或是找到了更合适的描述、预见与解释说明的方式，人的自我界定也在发生变化，并彻底改变自身；相反，作为自在存在的人类之外的事物并不能主动做出这样的改变，而只能被动地接受人们用更恰当的词语对其做出的描述与说明。泰勒采用的这种方式，巧妙地化解了科学诠释学无法建立在像逻辑经验主义那样，将对意义的理解建立在预测活动的精确性上的责问，并以此阐发了精确预测活动不可靠的最重要原因即人的自我界定。

（二）科学诠释学的意义基础

诠释学旨在对意义的追求，而意义在分析的科学哲学中，由于超出了纯粹客观事实的范畴，而不作为自然科学所研究的对象。正是这种由于对客体意义由主体赋予的忽视，导致了自然科学研究原初错误意义基础的建立。自从胡塞尔（Edmund Husserl）《欧洲科学的危机与超验现象学》出版以来，关于“生活世界”讨论的热情就从未减退。胡塞尔认为，伽利略将自然数学化，导致了纯几何学和数学等关于“纯粹的观念存有”的科学，被运用到感性经验的世界中。“早在伽利略那里就以数学的方式构成的理念存有的世界开始偷偷摸摸地取代了作为唯一实在的、通过知觉实际地被给予的、被经验到并能被经验到的世界，即我们的日常生活世界。”[32]而这种数学化了的自然仅是科学研究领域的一小部分，科学真正的研究是囊括于整个自然世界之中——“生活世界是被自然科学遗忘了的意义基础”[33]。

科学诠释学的意义基础从胡塞尔对生活世界的描述中得到了援助：自伽利略时代起，科学家称为“客观存在”的世界，其实是一个“通过公式规定的自身数学化的自然”，是理念和理想化的世界。胡塞尔所描述的生活世界，应该是通过知觉被给予的、能够被直观经验且可以被经验到的自然，是“在我们的具体世界中不断作为实际的东西给予我们的世界”[34]。胡塞尔认为，从文艺复兴时期开始的物理主义与客观主义，对欧洲科学的危机产生了重大影响：伽利略通过数学化的自然，用创造出来的科学世界掩盖了生活世界，使得人们把科学世界作为真实的研究对象，从而落入实证主义的视阈。实证主义对科学研究中主体性与主观性因素的排斥，使其忽略了主、客体之间的统一，加之其对意义的不屑，忘却了客体的意义是由主体所赋予的。胡塞尔从现象学的观点出发，极力地想把科学世界从实际的生活世界中剥离出来。他批判了实证主义的科学观是关于事实科学的观点，认为实证主义的科学观曲解了科学研究的意义基础，同时他坚持，意义与价值和理性的问题是科学研究的对象，强调科学应不能将主观领域的事物排斥在科学研究之外，应以全部的存在者作为研究对象。胡塞尔的现象学批判指明，现象学与诠释学在某种层面的同质，与二者之间关于意义的追求与意义优先于语言的探讨，使诠释学从本体论的层次逐步复还到方法论层面。正是由于众多有着现象学研究背景的哲学家们的不懈努力，我们得到了关于诠释学研究背景的意义基础，所以很多学者也将自己的科学诠释学观点谦逊地称为现象学——诠释学的科学哲学。

由此可以看出，科学诠释学的意义基础，应该是饱含意义的生活世界(lifeworld)。生活世界的哲学概念是日常生活世界的映射，人们在这个世界中相互交流、实践社会活动并用理论及经验的技能来解决问题。它不是对日常生活的简单说明，也不是反应日常生活的模型或理论，因为它不能把日常生活中的所有事件用抽象的方式一一归列出来。[35]

另外，生活世界是语言与文化实践的产生者和传承者，它不可避免地受语言、文化与知识的相互交流的影响。这些不可抗因素的渗入，不经意间充斥与改造人们的生活经验。人们由于对这种理论与经验的熟知，使人们忘却了区分感性与数学中的时空。不仅如此，自然科学与社会科学之间的不同，也源于这种熟知性，罗蒂在《哲学与自然之镜》中提到：认识论与诠释学之间的分界并非强调自然科学与社会科学的区别，也不是对事实与真理、理论与实践之间的区别，也不是对只有自然科学能形成客观性知识观点的固守，而只是一种熟知性。二者之间的区别，仅是因为诠释学对研究对象的阐释，是我们所不熟知的，相反认识论的阐释对象是我们所熟知的事物。[36]换一种角度，从海德格尔本体论诠释学观点上看，这是由于人们被“抛置”于另外一种无法对其进行选择和控制的历史进行之中。人类从中得到关于经验的语言、文化、交流等一系列的影响。尽管生活世界并非主体能够选择与创造，但却有意无意地影响着人类作为主体的生活经验，它是以先验于认识论的人类经验的本体论角度来展现的，是“存在”的方式。

参考文献

[1] Kant I. Metaphysical Foundations of Natural Science. Cambridge: Cambridge University Press, 2004: 3.

[2] Heidegger M. Pathmarks. Cambridge: Cambridge University Press, 1998: 83.

[3] 曹志平. 理解与科学解释. 北京：社会科学文献出版社，2005：16-26.

[4] 鲁茨·盖尔德赛泽. 解释学中的真、假和逼真性. 胡新和译，自然辩证法通讯，1997，(2)：2.

[5] 维科. 新科学. 朱光潜译. 北京：商务印书馆，1989：35.

[6] 吴晓明. 社会科学方法论创新的核心. 浙江社会科学，2007，(4)：7-8.

[7] Bernstein R J. Beyond Objectivism and Relativism: Science, Hermeneutics, and Praxis. University of Pennsylvania Press, 1983, 35.

[8] 洪汉鼎. 诠释学：它的历史和当代发展. 北京：人民出版社，2001：100.

[9] Gadamer H-G. Truth and Method. London: Continuum Publishing Group, 2004: 507.

[10] 莫伟民，姜宇辉，王礼平. 二十世纪法国哲学. 北京：人民出版社，2008：72.

[11] 刘放桐，等. 新编现代西方哲学. 北京：人民出版社，2000：206-207.

[12] 库恩，等. 必要的张力. 范岱年，纪树立译. 北京：北京大学出版社，2004：172.

[13] Rorty R. Philosophy and the Mirror of Nature. Princeton: Princeton University Press, 1979: 322-323.

[14] 李红. 当代西方分析哲学与诠释学的融合. 北京：中国社会科学出版社，2002：4.

[15] 野家启一. 试论“科学的解释学”——科学哲学. 何培忠译. 国外社会科学，1984，(8)：33.

[16] 康德. 纯粹理性批判. 韦卓民译. 武汉：华中师范大学出版社，2000：52.

[17] 彭启福. 波普尔科学哲学思想的诠释学维度. 安徽师范大学学报，2004，(4)：405.

[18] 波普尔. 走向进化的知识论. 李本正，范景中译. 杭州：中国美术学院出版社，2001：20.

[19] 同 [7]：23.

[20] 同 [15]：31.

[21] 同 [17]：73.

[22] 郭贵春，殷杰. 在“转向”中运动——20世纪科学哲学的演变及其走向. 哲学动态，2000，(8)：30.

[23] 格尔德塞策尔 L. 解释学的系统、循环与辩证法. 王彤译. 哲学译丛，1988，(6)：61.

[24] Fehér M, Kiss O, Ropolyi L. Hermeneutics and Science. Dordrecht: Kluwer Academic Publishers, 1999: 2.

[25] 洪汉鼎，傅永军. 中国诠释学（第三辑）. 济南：山东人民出版社，2006：287.

[26] Kuhn T. The Essential Tension. Chicago: The University of Chicago, 1977: Preface xv.

[27] Crease R P. Hermeneutics and the Natural Sciences. Dordrecht: Kluwer Academic Publishers, 1997: 329.

[28] Gadamer H. Reason in the Age of Science. The MIT Press, 1981: 164-165.
[29] 同 [28]: 166.
[30] 同 [13]: 344-346.
[31] 同 [24]: 8.
[32] 胡塞尔. 欧洲科学危机和超验现象学. 张庆熊译. 上海: 上海译文出版社, 1988: 58.
[33] 同 [32].
[34] 同 [32]: 81-82.
[35] Heelan P A. The Scope of Hermeneutics in Natural Science. Amsterdam: Elsevier Science Ltd, 1998: 278.
[36] 同 [13]: 321.

科学诠释学初探（下）*

殷 杰 杨秀菊

早期的诠释学是单一的关于理解与解释的学科，它有相对独立的研究对象，如文学诠释学、神学诠释学、历史诠释学与艺术诠释学等，这个时期的诠释学研究对象比较特定，诠释的技艺也一度被归结到逻辑学的范围，成为逻辑学的组成部分，直到19世纪中叶诠释学才作为自然科学相对立的人文科学的独立的方法论，后经过本体论转向、作为理论与实践双重任务的诠释学之后，这时的诠释学不仅囊括一般的理论知识，还包括理论与实践的双重结合，因此，诠释学的研究对象逐渐进入科学诠释学的研究视阈。

一、科学诠释学的研究对象

作为涉及科学分析的科学诠释学概念的提出，意味着诠释学方法论在自然科学与社会科学同样的适用。按照这种划分，科学诠释学的研究对象可以分为两种：在自然科学领域中，科学诠释学研究对象体现为自然科学研究——科学理论（命题）研究与科学实验；在社会科学领域中，表现为历史动因条件下富有意义的人类行为——人类活动。

（一）科学研究与人类活动

科学是寻找意义与价值基础的社会、历史和文化的人类活动，科学研究与人类活动之间的关系即人们运用范畴、定理、定律等思维形式反映现实世界各种现象的本质和规律的研究、实验、试制等一系列有目的的科学行为，可以理解为人类在科学理论的指导下所进行的实践活动。

1. 科学研究——科学理论（命题）研究与科学实验

科学理论（命题）可以概括为对科学现象与事实的科学解释，由概念、原

---

* 本文发表于《科学技术哲学研究》2013年第1期。

本文为“国家社会科学基金重点项目”（12AZX004）和“教育部人文社会科学重点研究基地自选项目”（201202026）阶段研究成果。

殷杰，山西大学科学技术哲学研究中心教授、博导，主要研究方向为科学哲学；杨秀菊，山西大学科学技术哲学研究中心博士研究生、太原科技大学哲学研究所讲师，主要研究方向为科学哲学。

理（命题）以及对其进行论证所构成的知识体系，是科学研究的软工具，这种以理论为主导的科学哲学观点揭示了自然科学中理论的形成与理解方式，分析了科学理论理解的基础，它们具有以下特征：①科学研究有一定的理论预设，从而对科学活动中概念表达、理论意义、构成及理论的应用于论证形成一定的影响；②科学研究以理论获得为中心，观察陈述与实验操作从属于某种理论背景之下，是获得理论的手段；③科学研究中没有纯粹的脱离理论的行为，任何有意义的科学活动都有其特定的理论背景；④科学研究主体是具体的，不能将科学研究主体看成是抽象的、绝对独立于研究对象的客观存在。[1]

再来回顾20世纪科学哲学研究的着眼点。按照经验主义以往的划界标准，富有意义的科学理论（命题）可以通过直接或间接的检验得到确证或反证。逻辑经验主义的证实原则就是建立在归纳法的基础之上，但正如休谟认为的那样：归纳得不到必然性知识，因果规律无非是一种习惯性的联想，休谟问题成为逻辑实验主义证实原则最大的威胁，人们意识到这个问题并转而开始关注科学进步的模式。20世纪60年代之后历史主义学派的兴起将人们的注意力吸引至科学的发展模式结构，拉卡托斯的科学研究纲领模式通过建立理论硬核与保护带的方式来说明科学知识的增长，以此修正波普尔提出的证伪主义。劳丹进而提出科学进步的合理性模式，在这个模式中，科学的进步在于理论的增长，人们通过增强理论的协调力而逐步靠近真理。费耶阿本德“怎么都行”的科学方法论促进了科学哲学非理性主义的发展，他提出的科学理论不可公约性表现出科学理论优劣判断的标准的失误——由于任何理论都无法完全符合所研究的事实，所以不存在判定真理优劣的标准。另外，他指出理论与证据相矛盾的原因并非一定由于理论本身，因此对竞争理论进行评价，必须考虑除了竞争理论和证据之外的背景理论与其他因素；再加上后经验主义对思维的发散性、创新与多元性的重视。我们可以看出，包括后经验主义在内的20世纪中期的科学哲学思想将研究重心放到科学理论上来。

20世纪中期形成的以理论为主导地位的科学哲学观点是对主体性的恢复，强调科学研究主体主观因素在世纪过程中所起的重要作用，“观察渗透理论”及观察陈述与理论不可分的主张都是当时科学哲学的写照。到了20世纪末期，由于受现象学、后经验主义以及社会建构主义观点的影响，加之以科学理论为主导的科学哲学只强调观察与理论之间的关系而忽视了科学实验本身的诠释学分析。以哈金、沃罗、阿克曼与富兰克林为代表的实验哲学家的实验认识论观点认为科学活动可以替代传统观察与理论之间的逻辑关系，这种科学活动囊括科学发现、推测、演算和操作。

而理论是通过仪器为中介来描述人与自然的融合，是对实验现象的一种表述，这种实验科学现象学表现出自然科学强诠释学的观点，它着重强调不同环境与历史条件下的实验对现象的表述，特别是对实验室的诸多因素与实验室设备的关注更偏向于实在论的思考。由于关涉到设备的使用，主、客体之间的相互牵制作用导致了传统的主客体划分界限的改变。由于对人工物或物质化的技术的应用，人们融入环境或“参与”世界的方式发生改变。人们通过仪器（或设备）观察某些现象，一旦这些仪器（或设备）成为主体的一部分失去了作为其自身的客观性属性，便形成主体知觉器官的延展，这种具身化过程中形成的具身就是指人们与环境之间的关系。这个过程中存在两种诠释学循环。实验数据的获得与设备使用之间的循环检验，成为实验内部的诠释学循环；外部的循环过程是这样发生的：实验过程需要理论的设计与指导，但更多的实验被执行是由于对现有理论的怀疑。对原有理论的冲击按照诠释学的分析则表现在：理论并不能完全决定实验结果，而是为了获得新的理论。[2]由于对原有文本（科学理论）的质疑，又会产生验证原有理论或产生新理论的实验过程。

再者，科学研究的地域性限制也可反映出科学理论的得出处于一定的社会条件背景之下，因为科学实验或实践涉及科学共同体的协作与交流，这种交流包括科学共同体内部交流、科学共同体与其他共同体之间的外部交流，而科学研究的产出总是要推放至社会，所以，科学研究成果总是具有社会实践的目的。

除了科学理论（命题）之外，当代前沿学科的实验室文化也成为科学诠释学的基本研究对象之一。这表现在赫尔曼·亥姆霍茨（Hermann Helmholtz）与马库斯（Gyorgy Markus）对自然科学与社会科学尖锐对立的消解之上。亥姆霍茨认为在科学发现的萌芽阶段，科学与艺术极为相似，都表现一种突然萌发出的洞察力，这种洞察力不能通过合理性的反思而获得。他对社会科学所使用的归纳法与心理状态联系起来，认为这种心理状态与“艺术的直觉”相似，逻辑归纳法是“准美学”的。而马库斯则从科学文化的诠释学角度论证自然科学家在撰写实验报告时的去语境化，认为科学知识的产生与积累不仅表现在文本客观化的形式，还离不开实验室活动的参与。自然科学观察方式的意义就在于特殊的行为环境与行为导向之间不可分割的关联。尽管马库斯对自然科学诠释学的认识论上的排斥，人们还是可以领略其科学文化诠释学思想中实践观点的耀点。[3]

除了持有科学诠释学思想的学者之外，社会建构主义者也强调主观因素对科学研究特别是实验结果所造成的影响。但与社会建构主义者观点所不同的是，科学诠释学的观点认为，与实验室产出的科学文本相比，实验具体操作的优先性更应该备受关注。实验产出（科学文本）的客观性是一种“制造出的客观性”，因为实验执行需要庞大的预备系统，这种情况类似于录音室中表演者为获得更好的出场效果进行调音、灯光、与合奏者及音响师相互交流的行为。科学的实验如上述的演出一般，为求得与理论一致的实验结果，科学家必须尽可能地考虑到所有实验能够顺利进行的一切因素。那么，实验前的准备工作，实验设备的操作，数据的读出、记录，科学家之间相互交流，及实验结果的产出等一系列活动全部依赖实验的执行过程。这些执行活动是已被塑造了的，是在实验未执行之前就具有的属性。

2. 人类活动

什么是人类活动？理解与解释的统一如何在人类活动中得到阐释？按照马克斯·韦伯（Max Weber）的定义，“活动”（action）是指行动者达到主体意旨的行为（behavior）。只有行动者赋予主观意义的行为才可以称为活动。社会科学之所以将人类活动作为研究对象也是由于人类活动是由富有意义的行为所构成的。当行为者在融入自然的、社会的环境中时根据自己的意旨赋予行为意义，这是一个复杂的过程——包括有意或无意识对符号的使用，尽管这并不需要。[4]长久以来，对人类行为意义的追求一直被看做是人文社会科学研究的主题。伽达默尔沿着海德格尔的本体论诠释学思路，认为存在论诠释学把理解、解释、保存和运用“存在的意义”作为人生存的本质，从人生存的整体角度去揭示人追求存在的意义。也就是说，人类把追求存在的意义作为生存的本质是体现在人类活动中，不仅体现在人类面对自然世界的认知活动中，还体现在人与人之间建立起的社会关系所形成的社会活动或实践活动中，这才可以表现出诠释学理解、解释与应用的统一关系。若要理解行为的意义必须首先找到该行为的动机，人类活动的意义只有在行为本身的意向性确定之后才能获得理解，而意向性受行动者的信仰、欲望等因素的影响，关于意向性的研究可以从丹尼特（Daniel Dennett）的意向系统理论的阐述中获得明知。英美分析哲学家也通过心灵哲学等研究揭示思想与外部因素之间的关系，通过对意向性的研究来说明人类可以把一切心理状态和属性归为意向活动的结果，而达到这样的目的必须记住对意向性属性的在先认识与前把握。[5]特别是近些年美国神经学家达马西奥（Antonio R. Damasio）通过对记忆、语言、情绪和决策的神经机制的研究，单纯地将精神或情感的因素与客观认知相分离的观点在神经学的发展下显得不堪一击。情感与认知系统尽管在原则上是独立的，在神经生理学上有明显的区分，但是二者的确时刻地相互影响。

（二）科学诠释学的文本

1. 基础文本

文本与文本意义的追索一直是诠释学任务的核心。在面对广阔的科学研究对象时，科学文本界域面向整个生活世界，得到了广泛的含义，它的概念范围就不仅仅局限于早期诠释学中由书写而固定下来的话语了。科学文本成为科学活动的核心，它的重要性体现在：“①科学思想、科学观念和科学知识的载体，因而它常常被等同于科学理论本身。②科学文本内在地蕴含着科学的语境及背景，反映和表征了科学语言体系和学科的不同，因而它是科学分类和科学划界的直接对象。③科学文本是科学理解与解释的客观方面，是科学解释客观化的重要因素……总体来说，科学文本可以归结为生活世界中一切对象，包括科学理论、科学概念、科学的数学形式、科学的实验现象以及被称作‘科学事实’的东西，乃至科学活动（如观察）中人的行为，都可看做是理解与科学解释的文本。”[6]而科学诠释学的文本概念脱离了古代诠释学文本范围的局限，不仅包括语言、文字性的叙述与留传物，而且拓展到行为本身、物质化文本、后现代的影像视觉文本等。

2. 广延文本

除上述的科学基础文本之外，在科学研究中还存在一种广延的——扩展的科学诠释学文本。这种文本的确立使文本概念逸离了诠释学最初的文本概念而得到了扩展化，形成了独特的实验室文本与物质化的科学诠释学文本。

（1）实验室文本。

我们首先需要了解实验室文本的产生。拉图尔指出，当人们对实验结果或是科学文字性文本产生怀疑的时候，并非直接从这样的科学文本直接面对自然本身，而是将注意力投放在科学文本生成的实验室中。正是由于拉图尔对科学文本是基于知识建构的阐述过程里，我们将兴趣由文字性文本转向了产生或提供科学文本的实验室——实验室是聚集仪器的地方。通常来说，仪器（或称为记录设备（inscription device））可以被定义为在科学文本里提供任何可见显示的装置或装配（set-up）。按照拉图尔的思路，只有作为最终读数而用来作为技术性论文的最后层次的装置才是仪器，类似温度计等提供中间数据读出的设备则不被称为仪器，因为它们并不构成科学研究成果文章中的可见显示。[7]既然我们要从仪器中获得产生科学文本的数据，实验室就成为了“科学的创作间”[8]。所有的可见显示都是在实验室中所形成的，正是由于实验室生产出对可见显示的描述，在实验室中这种眼见为实的彻悟完成了格式塔转换。这种描述与传统文本所不同，它的描述仅能通过受专业性训练后才可以阅读。[9]实验室通过仪器产生的文本承载了大部分人类科学实验活动，自然科学通过实验才获得面对“物自体”的机会。因此，实验室文本是通过仪器在标准化的环境中得到的，仪器由于去语境化的同时被重新语境化，它所产出的科学文本的结构与意义要受到新语境下理论和法则的制约，所以说，科学的文本是科学文化和人实践的产物，是在被控制的科学环境中承载到科学仪器上的自然。对这种文本的阅读，语言性的符号标记对于读者来说从对象转变为读者本身的一部分，这里面包含一种实践，即读者必须把理论性知识与具体实验操作结合起来。自然科学中的文本是人工制造物，它借用仪器来得以表现自己，就像在对待文本理解没有唯一的、最终的意义一样，科学研究中同样不存在唯一的、最终的知觉与科学世界。[10]

除此之外，人们对科学文本的客观性分析是在科学家在实验室中文本形成的工作之后，即实验室的行为与文本本身并不是直接的关联。科学文本的产生一部分来自先验文本，另一部分来自实验室里的执行过程。所以，实验室中产生的科学文本的客观性是制造出来的。这种科学文本制造出的客观性可以促使人们对实验室过程的充分了解，并且让人们观察到随时间推移科学现象的不同表象。这样，人们大可不必直接面对自然本身而从实验室中对科学现象达到共时与历时客观性的把握。

(2) 物质化文本。

文本概念经历了某种程度的扩张——它从最古老的经文、法律、语文学等记录并保存流传下来的符号或文字文本拓展到了物质性的文本。特殊的科学研究对象有涉及无文字文本，特别是某些学科中存在着使用物质性的文本作为研究对象。当面对自然领域时，科学家们所需要寻求理解的自然世界也是一种文本。例如，不同文化背景下视觉主义的他显、成像技术展示的结果与转译等所造就的正是一种视觉诠释学文本。这种诠释学是对知觉的解释，它所关注的文本与传统诠释学文字文本不一样，是非言述或文字形式的。例如，20 世纪末兴起的观念摄影中的错觉摄影，就是为寻求视觉语言的可能性而采用格式塔、错觉心理学等原理进行的创作。唐·伊德（Don Ihde）在论述沉默的研究对象时采用了物质性的诠释学这一说法，这种物质化的文本状态通过分析可以转化为人类的科学实践。除此之外，科学诠释学还应注意到行为作为文本的特殊性。利科尔对文本的阐释延伸到了富有意义的人类行为——人类行为是一个有意义的实体，与文学文本一样，表现出某种意义以及具有某种指谓。当行为在其体现四种间距化形式的范围内便可以被当成文本。行为本身作为文本指谓的对象，与文本一样，“表现出某种意义以及具有某种指谓，它也拥有内在结构以及某种可能的世界，即人类存在的某种潜在方式，这种潜在方式能通过解释过程得以阐明”[11]。也就是说，行为与文本一样，是具有意义的实体，这个实体是作为一个整体来构造的。

科学文本作为整体的概念具有其客观性与历史性，它们体现在文本结构上的统一与客观存在上。文本的历史性特征也表明了文本在漫长的历史繁衍中由于受到文化、政治、科技、经济及社会变迁等因素的影响会发生本质的变化，特别是文化结构的改变，对诠释学系统文本认识上的变化也会对诠释学文本的理解形成推进或后撤。

二、科学诠释学的目标

（一）意义的追求

科学最初的研究对象是整个自然界，一切围绕大自然这本“自然之书”进行读解。而长期以来，随着近代科学对自然界的非意义化，大自然不再被视为神旨意的表达与显露，而是作为无意义的实在领域区别于有意义的文化与精神现象领域。[12]

诠释学最初的任务是对意义的追求，抛弃了对意义的追求就相当于放弃了研究对象。近代物理学的成功在于对意义的忽视，在实证主义者眼中意义由于超出了纯粹客观事实的范畴而逃离了自然科学的研究对象。正是由于自然科学的非意义化造成了科学诠释学研究的逶迤进程。直到20世纪普遍诠释学的发展，关于理解与解释的诠释学方法论才重新拓展到了自然科学领域。劳斯鲜明地指出，物理学常把教科书当做简单的物理对象而不是饱含意义的文本；人类活动被描述成为动作而非根据情境做出的有意义的反应；生命只是一种生理过程而非生活历程。外界对逻辑经验主义的证实原则以及证实原则本身的不可靠性的批判，使得后期逻辑经验主义者开始将研究重心倾向于对语言本身的研究，即从语言的分析着手，开始讨论意义问题。

从科学诠释学角度分析，自然本身作为科学家的观察对象总是充斥着意义，这当中不仅包括科学家对自然的描述，而且自然本身也富有意义。[13]当自然科学的数据与事实作为对大自然的人为干预的结果的时候，它们便饱含了意义。[14]科学事实通常都是历史条件下的人类语言与文化所决定的，它蕴涵的意义是体现在语言中的社会实体，所以，我们只能依靠公众社会经验来尽可能地了解意义的各个方面。

充满着意义的自然对理解诠释学与自然科学间的关系非常重要，它能更好地从诠释学维度来研究自然。这需要人们对意义的结构做出细致思量，探讨整体与部分之间的相互关系，领会到富含意义的自然并非独立个体的产物，而是社会条件下众多个体通过理论与实践的方式而形成的互存关系[15]。在对待意义的问题上，科学诠释学分为两种观点，我们姑且把其称为科学诠释学强观点与弱观点。强观点认为，世界的主题就是意义的关联，世界上的任何探求都是为了寻找意义。就连自然科学描述因果关系也是为了寻找意义的联结，旨在研究因果关系的自然科学知识并无用武之地，因为它们并不能提供任何有关意义联结的信息，这些意义的联结对构成世界是如此的重要[16]。这种观点拥护海德格尔与伽达默尔本体论的观点，即把确定意义的理解作为一种存在方式而不是心理活动。弱观点则在方法论基础上强调理解是为了确定意义的活动，但是即使科学诠释学弱观点也认为自然科学的因果关系的研究及自然科学方法很难把握社会科学的要旨。

（二）理解、解释与应用的统一

理解与解释一直作为对立的方法论基础横亘于自然科学与社会科学之间。这种严格的区分从狄尔泰的支持者那里就得到坚决的拥护。为了抵制自然科学方法论的侵袭，狄尔泰的拥护者们曾一度坚决捍卫其“自然需要说明，精神需要理解”的警句。海德格尔则将科学研究与科学活动当做人类在世的方式，这种本体论的分析就不会将理解与说明分离开来；伽达默尔认为近代科学所承担的工作，对事物的分析与重建与世界构架的发展脉络相比，只是一种特殊展开的领域，这种展开的领域又受制于整个世界构架机制，所以科学不可否认地包含着理解的过程。贝蒂对诠释中主体、客体原则的阐述，解释被刻画为面向理解的过程；而按照威廉·冯·洪堡的观点，解释是为了解决理解问题的过程；利科尔的诠释学思想则为诠释学恢复了作为方法论的基础，重新探讨了理解与解释（说明）之间的互补关系，为消解理解与解释（说明）之间的对立起了极大的作用。后经现象学——诠释学的科学哲学家们不懈的努力，“一个以理解与解释为中心，以解释学现象学为哲学背景理解自然科学的研究中心正在形成”[17]。

越来越多的科学哲学家意识到将理解与解释割裂开来的谬误，转而采用辩证的方式来对待理解与解释之间的关系。既然解释的任务旨在让某物得到理解，对有意义的行为的把握也需要理解，为了把握理解与解释之间的统一，可以将理解通过语言的中介而实现。正因为科学面对的是广泛的领域，所以人类可以通过语言或类似语言的中介来表达对意义的理解。

诠释学自始至终都把语言看做是一切解释活动的基础，从施莱尔马赫的浪漫主义诠释学开始直至20世纪后期诠释学作为普遍的方法论的提出，诠释学已经从狭义文本的“弱诠释学”走向了“强诠释学”。这种情况下，语言不再作为交流工具而作为人类交流的一种技能体现在人类对语言的反思和批判中。对语言意义的理解不仅是诠释学者所做的努力，也是英美分析的科学哲学家所关注的事情。他们意识到了早期分析的科学哲学忽视了对有意义的事物的理解，所以更多地采用了维特根斯坦后期的观点，不再把对语言的研究当做纯粹形式的研究而是通过对语言的理解达到对思想的把握。英美分析哲学逐渐形成了把语言看做是理解思想与世界的主要对象的观点。之后哲学的语言学转向所产生的新的语义分析的方法“作为一种内在的语言哲学的研究方法，具有统一整个科学知识和哲学理性的功能，使得本体论与认识论、现实世界与可能世界、直观经验与模型重建、指称概念与实在意义在语义分析的过程中内在地联结为一体，形成了把握科学世界观和方法论的新视角”[18]。

海德格尔曾说“一切解释都奠基于领会”。从科学诠释学角度来分析，所有科学与学术研究不外乎关于理论的各种理解，理论与实践是相关的。因为事物具有文化实践负载的意义与理论荷载的意义。所以，对事物的把握有实践负载的文化视角与理论负载的视角，不同的视角理解了事物的不同剖面，不同的理解造成不同的解释原则与解释方式，两种视角是相互补充的。解释以理解为前提基础，解释依靠理解与实践而提升。

纵观诠释学发展的历史，从古代神学诠释学与法学诠释学的普遍发展，到语文学方法论的诠释学，延伸至普遍诠释学的应用为止，诠释学一直在强调“应用”。在早期诠释学领域中，应用是指将普遍的原则、理论恰当地运用在诠释者所处的具体情境中，并且与理解和解释一样构成诠释学过程不可或缺的部分。所以，诠释学从词源上来讲并行包括理解、解释与应用三个要素，特别是在当代科学诠释学的产生与发展中，诠释学的应用日益凸显出“实践智慧”的概念，这在伽达默尔后期的诠释学观点中得到过明确的阐述，他受分析亚里士多德实践哲学的启发，重新注解了亚里士多德的实践智慧，并把其关联至当今社会科学理论与实践研究之中，这种实践智慧的提出与倡导，会在自然科学与人文社会科学的共同演进中发挥重要的作用。

（三）解释方法论原则的重提与衍化

既然科学诠释学关涉理解、解释与应用的统一，那么，科学的诠释学的基本原则理应吻合埃米利奥·贝蒂（Emilio Betti）提出的解释的方法论原则。

埃米利奥·贝蒂从精神的客观化物概念出发，强调诠释对象的客观性离不开解释者的主观性参与，并且主观性可以深入诠释对象的整体性与客观性。他认为诠释学规则的标准和指导原则有些关涉解释主体与解释对象，据此提出了诠释学标准原则——解释的方法论原则。

属于解释对象的两条原则分别为：①诠释学对象自主性规则；②诠释学评价的整体性和融贯性规则。诠释学对象自主性规则是指“富有意义的形式是独立自主的，并且必须按照它们自身的发展逻辑，它们所具有的联系在它们的必然性、融贯性和结论性里被理解”；诠释学评价的整体性和融贯性规则即诠释学循环，我们可以从规则中了解整体与其部分之间的关系。“正是元素之间的这种元素关系以及元素与其共同整体的关系才允许了富有意义形式在整体与个别或个别与其整体的关系里得以相互阐明和解释。”[19] 即整体的意义可以从部分中推出，部分必须依靠整体来理解。

按照上述诠释学关于解释对象的两条原则，我们分析其在科学诠释学中的适用。朱作言院士指出，科学的自主性含义一是体现科学及外部环境关系。也就是说，科学并不是独立存在的，它作为一个整体同政治、经济等社会建制一样具有不取决于科学之外的独立的价值。二是体现科学共同体成员之间独特关系的内部科学的自主性。但科学的自主性“并不意味着科学完全是一个与外部世界隔绝的、自给自足的‘社会’，而是说科学同社会其他方面的关系是良性互动的”[20]。另外，科学研究中很容易发现诠释学循环。例如，关于感知与观察等科学理论的基础陈述具有独特的确定属性，这些属性只能从理论内部才会获得，由于整体是由局部构成的，若想了解局部事物必须通过整体的了解来把握。具体到科学研究中，表现为从事物的表象出发，通过对表象背后规律的摸索认识事物的本质与事物出现所形成的辩证关系。人类在日常生活中所体会到的经验现象的组成因素都与现象的其他表象相关联，每一部分具有的特性总是与整体和其他部分相关。这种诠释学循环有助于理解："为何定量研究方法能够赋予经验内容意义，为何负载着理论的数据要依赖于作为公众文化实体的测量实体向公众的自我显现，特别是为何观测仪器具有既创造、改进理论意义，同时又能创造、改进文化意义这样一种双重的作用。"[21]由于存在意义的理解必定存在一种"循环"，即使旧的循环被打破，作为存在意义上的循环势必永久地持续下去。

诠释学循环证明了前见存在的合理性。"科学工作总是得益于前有、前见与前概念的把握。"[22]即"预设了关于初始检验条件的陈述，这种理论假设是不可以用来预测实验结果的。这些初始条件的确定反过来又依赖于受理论支持的类似规律的法则，这些法则的证据也同样取决于不断扩大的理论假设"[23]。前见在诠释学的理解中具有重要的意义。伽达默尔赞同前见的合理性，他认为理解的基础就是前见的存在，他对待前见的态度是从理解的历史性开始的，即科学的进步并非按照线性与累积性的模式，需要考虑科学革命发生时所处于的既定的历史性因素与环境因素。

属于解释主体的两条原则分别为：①理解的现实性规则；②理解的意义正确性规则。关于解释主体的理解现实性规则是指解释按照解释者的兴趣、态度和现实问题进行调整的可能性，任何原来的经验都要相对于这种新解释的改变而发生变化。这一点在哈贝马斯批判的诠释学观点中圆满地体现出来，即自然科学同样以特定的人类旨趣为指导，纯粹去情景化的、无旨趣的科学认知是不存在的。自然科学反映出人们对技术性地控制周围事物的旨趣。自然科学研究是在一定的技能、设备与物质基础的条件下发生的，除了材料或技能的缺失之外，科学研究的重心与方向发生变迁，科学在司法体系的地位、科学家与科学机构享有的政治权利等传统政治性因素也会对科学实践造成影响。当科学纳入政治实践的范畴，科学知识的发展置于现象的建构和操纵，这种建构和操纵也会发展出新境况下的新技能，那么"通过科学技术和设备的标准化，通过对非科学的实践和情境的调整以适应科学材料和科学实践的应用"的这些发展在科学政治学的范围下扩展到了实验之外的社会生活中来。因此，"世界成了一个被构造的世界，因为它反映了技术能力、工具设备及其所揭示的现象的系统化拓展"[24]。

理解的正确性规则可以简单归结为进行共鸣的过程。这种"将自己生动的现实性带入与他从对象所接受的刺激的紧密和谐之中"[25]，类似于施莱尔马赫的"心理移情"观点。按狄尔泰的分析心理移情可以理解为解释者把他自己的生命性置于历史背景之中，从而引起心理过程的重塑而在自身中引起的对陌生生命的模仿过程。

此外，从利科尔的“占有”概念出发也可以把握理解的正确性原则在科学诠释学表现方式。在科学文本的研究中，为了融入实验室情境，“占有”科学文本是指科学家在进入科学活动中，完全被“交付”给科学研究的文本了，实验室研究则体现了这种“自我剥夺”的过程。这种占有并不是传统意义之上把文本交付给读者，而是占有者进入文本世界而丧失自己的过程，占有不再表现为一种拥有，而是体现了一种自我丧失。“直接自我的自我理解被由文本的世界所中介的自我反思所代替。”[26]

三、科学诠释学的应用域面

伽达默尔从亚里士多德道德行为现象中的实践智慧角度出发分析了适合于科学的诠释学之实践智慧与实践理性。他更倾向于把诠释学理解为人的自然能力而非一种科学的方法，并把实践哲学当成赋予精神科学转向的合理性因素。正是由于亚里士多德没有对普遍的知识和具体应用做出明显的区分，理论与实践之间对创生之始关联间的对立使伽达默尔感到困惑，也由此催生了他对理论与实践之间的关系做出诠释学的反思。

从原初亚里士多德“理论本身也就是一种实践”的观点来看，实践本不应该成为理论的对立物，实践本身具有广泛的意义，实践科学不是数学形式上的理论科学而是特殊类型的科学，为了把握“实践”的概念，必须从与科学完全对立的语境中脱离出来。这种科学必须出自实践本身，并且通过意义的概括得到的意识再重返实践中去。[27]伽达默尔阐述：“实践哲学的对象就不只是那些永恒变化的情境以及行为模式，它们仅凭其规则性和普遍性就提升成了知识。反之，这种典型结构的可教授的知识，仅因它可以被反复转换进具体的情境之中（技能或能知的情况也总是如此），就具有真正知识的特征。因此，实践哲学当然是‘科学’：一种可教授的普遍知识。但它又是一种需要特定条件才可实现的科学。它要求学习者和教授者都与实践有着同样不可分割的关系。”[28]

早期的诠释学是人类关于理解、解释与应用的实践活动，神学与法学领域的应用都是实践的具体化。实践不仅是诠释学的纯粹方法论范式还是它的实际根据，人们理解实践就需要依靠诠释学的理解原则。近代的诠释学发展不同于古代诠释学单纯关于技术技能，而把实践哲学确切当做一种科学，是一种可传授的普遍性的知识，并且需要满足某些特定的条件。这种特性与技术领域专业性知识相像，都是需要研习者、传授者与实践保持着稳定的关系。稍有不同的是，技术领域的知识要由成果应用决定，而实践科学比起这种仅仅为了掌握一种技能要宽泛得多。[29]伽达默尔的实践诠释学包括了对实践以及文本的诠释过程。在他看来，由于实践诠释学的存在，诠释学的科学尽管在兴趣角度与研究程序上与自然科学不同，但也被划归为批判理性的同一标准之下。实践诠释学的任务不仅要解释适用科学的程序，还要在科学应用之前提供一种合理的说明。[30]《真理与方法》中的科学的诠释学维度的反思也是从科学的具体实践中归结出来，依靠实践哲学的协助人们可以免受近代科学概念的技术自我理解的困扰。

实践的科学诠释学思想还得归功于劳斯实践诠释学的提出，劳斯认为，科学概念和科学理论只有作为社会实践和物质实践的组成部分才是可理解的。而人们经常忘却科学研究的实质上是一种实践活动，这种实践活动是指："实践的技能和操作对于其自身所实现的成果而言是决定性的。"[31]与理论的诠释学思想相比，科学诠释学基本观点突出表现为对科学实践的重视，它将科学活动视做人类实践活动；科学研究总是在一定的社会条件或环境下进行的，日常生活实践是科学理论与科学实验的基本条件，科学研究背景预设是科学活动的基本要素，科学活动依靠科学共同体的实践智慧从而合理地实现科学研究。[32]

诠释学思想确定了诠释学是理解、解释与应用的综合，当代科学诠释学的发展方向体现了理论与实践的统一。当亚里士多德区分科学时就已经将实践科学融入其中，科学的诠释学思想进而成为对综合理论与实践认知的双重分析，它理应通过其理解、解释与应用的统一达到对当代科学做出批判与反思。正是由于诠释学与实践的交织使科学、诠释学与实践之间的关系明朗化，对自然科学与社会科学进行整体研究已经表现出诠释学维度的恢复与传统诠释学的汇合。[33]

总之，科学真理的获得既不是逻辑上前后相关的系统，也不是作为因果关系线性发展的成果，而是物质与认识的实践相结合。科学实践也表现为理性与非理性的统一。科学理性的分析只有从科学理论的逻辑结构转向一种实践结构，才能在协调理性与非理性因素关系的基础上，获得知识的进步与飞跃。[34]无论自然科学方法论获得多么大的成功，统一科学的思想仍旧不能覆盖整个科学。例如，复杂的生物学概念无论如何不能够还原至物理主义所提供的描述上，而诠释学强调自我理解的必要性刚好可以提供一种更好的理解域面。把科学作为一种文化与历史现象，在科学历史与科学社会学角度做诠释学的分析、关于知觉本身的诠释学特质的研究、人脑作为诠释学"工具"的研究及科学诠释学本体论角度的争论等对科学进行诠释学的阐述仍旧留有很大发展空间。科学诠释学就是在历史和社会等多重分析角度下对科学主义绝对真理的批驳，从而把科学认识置于人类活动的基础之上，以此来"努力恢复至今被忽略了的科学哲学的'规范'功能"[35]。

参考文献

[1] 施雁飞．科学解释学．长沙：湖南出版社，1991：143.

[2] Fehér M，Kiss O，Ropolyi L. Hermeneutics and Science. Dordrecht：Kluwer Academic Publish-

ers, 1999: 75.
[3] Crease R P. Hermeneutics and the Natural Sciences. Dordrecht: Kluwer Academic Publishers, 1997: 75.
[4] Mantzavinos C. Naturalistic Hermeneutics. Cambridge: Cambridge University Press, 2005: 87.
[5] 江怡．分析哲学与诠释学的共同话题．山东大学学报，2007，(1): 28.
[6] 曹志平．理解与科学解释．北京：社会科学文献出版社，2005: 153-154.
[7] Latour B. Science in Action: How to Follow Scientists and Engineers through Society. Harvard University Press, 1987: 67-68.
[8] 同[3]: 116.
[9] 同[3]: 119.
[10] 张汝伦．意义的探究——当代西方释义学．沈阳：辽宁人民出版社，1986: 362-369.
[11] 保罗·利科尔．解释学与人文科学．陶远华，袁耀东，等译．石家庄：河北人民出版社，1987: 17.
[12] 格尔德塞策尔 L. 解释学的系统、循环与辩证法．王彤译．哲学译丛，1988，(6): 61.
[13] 同[2]: 296.
[14] 同[10]: 61.
[15] 同[2]: 296.
[16] 同[4]: 74.
[17] 陈其荣，曹志平．自然科学与人文社会科学方法论中的“理解与解释”．浙江大学学报，2004，(2): 25.
[18] 殷杰，郭贵春．哲学对话的新平台——科学语用学的元理论研究．太原：山西科学技术出版社，2000: 32.
[19] 洪汉鼎．理解与解释——诠释学经典文选．北京：东方出版社，2001: 130-135.
[20] 朱作言．同行评议与科学自主性．中国科学基金，2004，(5): 257.
[21] Heelan P A. The Scope of Hermeneutics in Natural Science. Studies in History and Philosophy of Science, 1998, (2): 281.
[22] 同[3]: 54.
[23] 约瑟夫·劳斯．知识与权力：走向科学的政治哲学．盛晓明，邱慧，孟强译．北京：北京大学出版社，2004: 55.
[24] 同[23]: 226.
[25] 同[19]: 265.
[26] 同[19]: 303.
[27] Gadamer H-G. Reason in the Age of Science. Cambridge: The MIT Press, 1981: 92.
[28] 同[27]: 92-93.
[29] 同[27]: 93.
[30] 同[27]: 137.
[31] 同[23]: Ⅳ.
[32] 同[1]: 169.
[33] Bernstein R J. Beyond Objectivism and Relativism: Science, Hermeneutics, and Praxis. Phila-

delphia: University of Pennsylvania Press, 1983: 40.
[34] 同 [18]: 35.
[35] 野家启一. 试论“科学的解释学”——科学哲学. 何培忠译. 国外社会科学, 1984, (8): 35.

语言与理解

——伽达默尔诠释学的“语言转向”及其对实用主义哲学的影响*

殷 杰 何 华

伽达默尔的《真理与方法》(1960) 中第三部分的标题是“由语言引导的诠释学的本体论转折”。语言在此是讨论的主题。不仅诠释学的对象、过程和人类世界经验被认为是语言性的，而且通过揭示语言与语词的特质，诠释学的普遍性得到证明；之前讨论的经验结构、问答结构、视阈融合等内容在对语言的分析中被具体化。《真理与方法》发表以后，伽达默尔认为语言问题是哲学的中心问题，并开始关注分析哲学宣称的“语言学转向”①。他十分重视维特根斯坦的观点，承认自己的一些观点与之有相近之处。[1] 在与杜特（C. Dutt）的一次谈话中，当被问道：“您的论题，‘在理解中所发生的视阈融合是语言的伟大成就’适用于‘生活共同体的一切形式’。是什么样的语言能有这样的作用?”伽达默尔问答说：“我只能这样回答，我是完全同意维特根斯坦的著名观点‘没有私人语言’。”[2] 因此，我们把伽达默尔对使理解成为可能的一般语言的关注称为“语言转向”。他通过对语言的分析完成了诠释学的普遍化。这种分析可能被认为有相对主义和主观主义的倾向，本文试图分析得出这种倾向并不存在。伽达默尔诠释学的这种语言转向对当代美国实用主义哲学产生了影响，特别是罗蒂（R. Rorty）对伽达默尔的哲学做出了积极的回应，而伽达默尔的诠释学直接参与到麦克道尔（J. McDowell）哲学思想的发展中。本文要对这些哲学事实做初步评述。

一

《真理与方法》的一个目标是要揭示诠释学的普遍性。“通过把语言性认作这种中介的普遍媒介，我们的探究就从审美意识和历史意识的批判以及在此基础

---

* 本文发表于《山西大学学报》2012 年第 3 期。

殷杰，山西大学科学技术哲学研究中心教授、博导，主要研究方向为科学哲学；何华，山西大学科学技术哲学研究中心博士研究生，主要研究方向为科学哲学。

① 写作《真理与方法》的时候，伽达默尔并不知道这一转向。他曾说：“‘语言学转向’（linguistic turn）——我在 20 世纪 50 年代对此尚未认识。”这是该专著再版时的补注。（参见：伽达默尔．真理与方法．洪汉鼎译．上海：上海译文出版社，2004：541.）

上设立的诠释学这种具体的出发点扩展到一种普遍的探究。因为人的世界关系绝对是语言性的并因而是可理解性的。正如我们所见，诠释学因此就是哲学的一个普遍方面，而并非只是所谓精神科学的方法论基础。"[3]诠释学的普遍性是指，诠释学所谈的理解，解释，是人类的普遍经验，是人与世界遭遇的普遍方式，而不仅仅发生于精神科学。《真理与方法》之后，伽达默尔有意识地重申他这方面的认识，在文章《诠释学问题的普遍性》（1966）中谈道："解释学问题，如同我已经加以阐明的那样，并不局限于我开始自己研究的领域。我真正关心的是拯救一种理论基础，从而使我们能够处理当代文化的基本事实，亦即科学及其工业的、技术的利用。"[4]由于诠释学的基础地位，它可以纠正人们对自身经验的认识。在《汉斯–格奥尔格 · 加达默尔自述》（1975）中，他更清晰地指出："在所有的世界认识和世界定向中都可以找出理解的因素——并且这样诠释学的普遍性就可以得到证明。"[5]那里有东西被经验，不可信的东西被抛弃，或者彰明、领会和掌握被产生，那里就会有引入语词的共同意识的诠释学过程在发生。即使是现代科学的独白式的语言也只是以这种途径才获得其社会现实性。

可以看出，伽达默尔所说的诠释学的普遍化与语言的特殊地位、作用联系在一起。语言是联系自我和世界的中介，是意识借以同存在物联系的媒介。借用亚里士多德的话说，人是具有逻各斯的生物，逻各斯的主要意思就是语言。人能思维，能说话，能通过话语表达出当下未出现的东西并使他人知道。总之，人是一种具有语言的生物。世界是对于人而存在的世界，而不是对于其他生物而存在的世界，人作为此在是通过语言表述世界的。语言不是世界的一种存在物，是人的本质结构，而且语言相对于它所表述的世界并没有它独立的此在，语言的原始人类性同时也意味着人类在世存在的原始语言性。这并不是说除了语言所表述的世界，还存在一个自在的世界。世界自身所是的东西根本不可能与它在各种世界观中所显示的东西有别。世界本身是在语言中得到表现的。这就是语言的世界经验，它超越了一切存在状态的相对性，因为它包容了一切自在存在。这种世界经验的语言性相对于被作为存在物所认识和看待的一切都是先行的。因此，伽达默尔说："'语言与世界'的关系并不意味着世界变成了语言的对象。"[6]

语言是属人的语言，语言与人最密切的关系表现在语言与思维的关系。我们在语词中思想，思想就是自己思想某物，而对自己思想某物就是对自己言说某物。思想的本质就是灵魂与自己的内在对话。伽达默尔把思维和语词的关系与"三位一体，道成肉身"相类比以说明思维与语词本质上一致。说出事物本身如何的语词并没有自为的成分。语词是在它的显示中有其存在。因此，并不是语词表达思想，语词表达的是事物。思想过程就是语词形成的过程。语言是思想工作的产物。语词是认识得以完成的场所，亦即使事物得以完全思考的场所。他用镜子比喻来进一步说明这一点。语词是一面镜子，在镜子中可以看到事物。此比喻的深刻之处在于，镜子表达的是事物，而不是思想，虽然语词的存在源于思维活动。这主要是反对工具性语言把语词看成是表达思维的工具，思维先在于语词。

语言表达事物，并非事物是语言的对象，二者也是统一的。伽达默尔对之引用托马斯·阿奎那关于光的比喻做了更形象的说明。语词是光，没有光就没有可见之物，同时它唯有通过使他物成为可见的途径才能使自己成为可见的。事物在语词中显现，称为“来到语言表达”。这并不意味着一个自在的物和表现出来的物。某物表现为自身的东西都属于其自身的存在。因此存在和表现的区别是物自身的区别，但这种区别恰又不是区别。伽达默尔的这种统一性是思辨的统一性，语言的这种结构是思辨结构。这里包含了一层意思，语词表达的内容与语词本身是统一的。语词只是通过它所表达的东西才成其为语词，语言表达的东西是在语词中才获得规定性。甚至可以说，语词消失在被说的东西中，语词才有其自身或意义的存在。这事实上就是他在《人和语言》（1966）中所说的：“语言所具有的本质上的自我遗忘性”的表现。“语言越生动，我们就越不能意识到语言。这样，从语言的自我遗忘性中引出的结论是，语言的实际存在就在它所说的东西里面。”[7]

以上语言与世界、思维和事物的关系是对语言普遍性地位的描述。诠释学是普遍的是因为，诠释学所描述的理解和解释与文本的关系和人与世界通过语言发生的关系一样。理解属于被理解的东西而存在，理解已参与了意义的形成。语言中同样的事情也在发生。

语言的一个特质是，语言是事件。语言的事件性质就是概念的构成过程。概念不是演绎而成，因为演绎解释不了新概念如何产生；概念也不是通过归纳产生，因为人事实上不需要用抽象就可以得到新的语词和概念来表达共同经验的相似性。因此概念不是逻辑地构成的，而是自然地构成的。人的经验自己扩展，这种经验发觉相似性，而不是普遍性；语言知道如何表达相似性，从而新的概念形成，伽达默尔称这是语言意识的天才性表现。语言的这种表达被称为“彻底的隐喻性”[8]。经验的特殊性就是在语词转义的用法中找到它的表达的。伽达默尔数次用亚里士多德的例子“一支部队是怎样停住的”来说明经验中一般或相似性是如何形成的。这支部队是怎样开始停步的，这种停步的行动怎样扩展，最后直到整个部队完全停止，这一切都不能或有计划地掌握或精确地了解。然而这个过程无可怀疑地发生着。关于一般知识的情况也是如此。[9]一般知识进入语言的是由于我们表达事物时与自己的一种无定局的对话形成的。表达相似性的概念语词也不能用逻辑的方式。这也表现了语言的创造性。人不可能一次把握思想的整体，因此需要不断地进行，需要语词不断创新。语词的不受限制的产生，正反映了思想意义展开的无限性。也就是说，物在词中显现总是有限的，而物向我们不断的言说却是无限的。物在语言中显现是物在自我言说，而说出的总是有限的，有限的内容总是和未说出的无限性联结在一起。因此需要不断地言说。这是物自身的运动。伽达默尔称为“隶属”。语言是这种隶属的场所，是调解有限与无限的中介。由此，“语言是中心（mitte），不是目的（telos）。是中介（mitte），不是基础（arche）”[10]。如果语言是目的或基础，便成为控制意义和世界的绝对性的东西。因此，就语词是不断自然生成的过程来说，语言是事件，就它作为事物不断言说的场所来说，语言是中心、中介。语言所起的事件和中心的作用是理解和解释的具体化，而语言的普遍性直接促成了诠释学的普遍性。

二

由于伽达默尔承认理解者的偏见，传统，历史境遇以及时间距离是理解的条件，并且认为不可能纯粹地认识理解对象，在《真理与方法》出版后以贝蒂（E. Betti）和赫斯（E. Hirsch）为代表的哲学家们指责伽达默尔的理解历史性观点中存在主观主义和相对主义以维护理解的客观性。

伽达默尔的诠释学中的确有理解意义多元化的内容。对文本或历史的理解中，并不是理解和解释对象本身，而是把它作为一个“你”而与之进行对话。理解者“我”与“你”彼此开放，不断形成视域融合，而理解的意义获得就是“你”“我”在视域融合中形成的共识。这一内容在伽达默尔诠释学中地位特殊。他在《真理与方法》第二版序言中说：“本书中关于经验的那一章占据了一个具有纲领性的关键地位。在那里从‘你’的经验出发，效果历史的概念经验也得到了阐明。”[11]正是在此伽达默尔有信心应对关于指责他的诠释学为“主观主义”和“相对主义”的说法。

伽达默尔探究的是，“理解怎样得以可能？”或我们在理解时什么同时发生，或人的理解的结构，以说明“……理解从来不是一种对于某个被给定的‘对象’的主观行为，而是属于效果历史，这就是说，理解是属于被理解的东西的存在”[12]。对文本意义的理解以及做出的所有解释都是文本自己的表现，并非解释者的主观臆想。所有的解释都是对文本的解释，统一于文本。

语言是理解本身得以进行的媒介，解释就是理解进行的方式，因此理解和解释是统一的。理解文本与文本对话首先是重新唤起文本的意义，在这过程中解释者自己的思想已经参与了进去。这一步伽达默尔与贝蒂和赫斯有根本的区别。贝蒂认为，解释的对象是“富有意义的形式”，解释是重新认识“富有意义的形式”中包含的意义，理解则是对意义的重新创造。[13]这里虽有主观创造，但依然是以恢复本来意义为目的。赫斯则认为文本的“含意是可复制的”[14]。他们都认为可以通过各种技术方法来获得文本作者的“原意”。伽达默尔认为，文本作为文字流传物是记忆的持续，它超越它那个过去世界赋予的有限的和暂时的规定性。使文本能这样超越的是语词的观念性（Idealität）。我们可以借用利科（P. Ricoeur）的观点来理解伽达默尔的这一术语。利科尔说："书写使文本对于作者意图的自主性成为了可能。"[15]也就是所谓作者的死亡、文本的诞生。这样文本就打破了作者的语境而获得自己的语境。文本作为语词在我们的世界中以我们的语言与解释者形成对话，文本的语词自身的这种言说性，就是伽达默尔所说的语词的观念性。这样，"……通过记忆的持续流传物才成为我们世界的一部分，并使所传介的内容直接地表达出来"[16]。这是我们一开始不直接理解和解释对象本身的原因。

伽达默尔说："理解通过解释而获得的语言表达性并没有在被理解和被解释的对象之外再造出第二种意义。"[17]这是因为理解是对话、交流，意义在其中得以显现，这表现为一个语言性过程，语言与其所表达的思想是统一的。我们还是引用"道成肉身"的比喻来说明这一点。文本与解释者对话，使双方的思想在语言中体现出来，语词表达意义，但并不是语词作为形式反映意义，而是意义的形成就是语词形成的过程。更进一步说，意义"来到语言表达"并不意味着获得第二种存在。意义在语词中的显现属于文本自身。这样语词意义和文本是统一的。因此，理解是属于被理解的东西的存在。伽达默尔多次用游戏来类比语言。"当游戏者本人全神贯注地参加到游戏中，这个游戏就在进行了，也就是说，如果游戏者不再把自己当做一个仅仅在做游戏的人，而是全身心投入游戏，游戏就在进行了。因为那些为游戏而游戏的人并不把游戏当真。"[18]这里面的关键内容是：①游戏不是单纯的客体，人参加而使之有其此在；②游戏的行为不能被理解为主观的行为，因为游戏就是进行游戏的东西。游戏的真正主体是游戏本身；③参与者的完全投入。语言是游戏。在这里就去除了自我意识的幻觉和认为对话是纯主观内容的观点。

三

伽达默尔《真理与方法》第三部分关于语言的讨论得到麦克道尔的关注。麦克道尔说，他自己概括伽达默尔关于语言的思想希望能去除使分析哲学家们看不到《真理与方法》中丰富洞见的障碍。[19]

麦克道尔对伽达默尔的理解主要体现在《伽达默尔和戴维森论理解与相对主义》（2002）一文中。下面首先简要概述他对伽达默尔的理解。

麦克道尔赞同伽达默尔的观点，人的在世（being-in-the-world）具有原始语言性[20]。任何人的在世都由一种或另一种语言形成，也可以说一个人的生活方式是由语言形成的。人们使用共同的语言，进入语言游戏，它包括了非语言学的实践以及人的习俗等，在其中语言行为被整合入一种生活形式。人们在传统中成长，就是要学会说一种语言，学会用词来回应眼前的过往事物，学会言说关于世界的普遍特征，更重要的是首先要符合“我们”（We）的言说。

关于使用一种共同语言方面的认识，可能会有一种倾向，就是认为是对这种语言进行控制，依据精确的语法和语义规则来控制语言行为；成功的语词交流依赖于说话人和听话人共有这种控制能力。这就是说，好像有一种机械的装置可以做出任意一个语句的意义。从上文伽达默尔的语言观中可以看出，这种按规则预先设定的对谈根本算不上真正地使用语言。更需要注意的是，从这种观点可能得出，用同样的词去意谓同样的事。无论是伽达默尔的语言观还是弗雷格（G. Frege）式的意义理论都不会同意这种观点。如果人们使用共同的语言，还可能有所谓的“正确用词”的要求，即在语言实践中共同遵守一些规则，以保证共享语言的人相互理解。这里有一个问题，就是规则的产生的来源。如果是来源于某个权威，比如语法学家，他可能具有某种特权，被塑造成某种超级个体。因此戴维森（D. Davidson）据此认为人与人在语言中的相互理解并不需要共同语言。布兰顿（R. Brandom）则认为，共同语言是需要的，但是为避免产生超级个体，应该保证语言游戏参与者相互间责任义务地位的界线，这就是语言社会性中的“我-你”（I-Thou）图景。[21]但是界线的保持使“我—你”双方的行为相互延伸到对方受到限制，共同语言的存在也就没有意义，这样布兰顿的观点与戴维森的没有实质性的区别。

伽达默尔共同语言图景可称为“我-我们”（I-We）式的。一种共同的自然语言是“我们”（We）的所有物，是共有的传统内容，在此语言的形式与传统内容是不可分的。它是我们生活世界的一种规范形式，这种形式并不能被还原为主体的活动，因为它是语言游戏参与者世界观不断融合的结果，它不是固定的，于是不能归于超级个体。

麦克道尔这样来概括伽达默尔的语言观，首先可以看成是对他在《心灵与世界》(1994 年）中的一些观点的补充说明。他说：“我写道，由概念中介的［心灵］向世界的敞开，部分是由对传统的继承构成的。我是受伽达默尔的启发而援引传统。”[22]引入传统的原因是要说明概念能力可被引入主体控制之外的感性运行中。受主体控制的概念能力是自觉的，而在感性活动中的概念参与是自发的。要使这种自发的理性概念活动看成是合理的，就有必要把它界定为人的自然属性。麦克道尔称为“第二自然”，即理性概念能力是第二性的，是人在共同体中通过语言学习从传统中习得的。这样当人的眼睛向世界敞开时，世界作为维特根斯坦式的情况的总和，在经验中出现在固定信念的理性背景中，也就是说感性的作用对我们信念的形成产生理性影响。这一观点不仅被批评为是唯心主义的，而且更主要的是常被指出会陷入相对主义。这是麦克道尔概括伽达默尔语言观要考虑的第二方面。

如果感性的活动中参与了概念或已有信念的内容，看起来很难说世界观客观地描述了世界。每个人从自己的传统中获得概念理性能力，因此人们对同一世界有了不同的世界观。相对主义特征在此是十分明显的。如果像戴维森认为的那样，感性活动只从概念范围之外对信念的形成起初级的因果影响，就能免去相对主义的嫌疑。麦克道尔认为，一方面自己不排除世界对心灵的因果作用（戴维森意义上的）；另一方面这种因果作用不在理性之外。人们没有必要赋予物理科学透彻到事物的真实关联性的独特能力，其他因果性思维活动没有必要以可用物理词汇描述的因果联系为基础。[23]概念没有边界的意思是，只要人在最初的感性活动接触世界，就有概念活动的参与，但是主体与对象之间是有区分的。所以这里我们看到，批评麦克道尔的哲学陷入唯心主义，是把认识论问题混淆为本体论的。于是，如伽达默尔所说，没有人怀疑，世界可在没有人的情况下存在并且也许将会存在。这是如下意义的一部分，即所有人在语言中形成世界观而存在。[24]没有人怀疑世界大部分存在于一条界线之外，这条界线环绕意向性的领域。但是，我们可以把世界对信念的形成的影响理解成为已经在概念范围之内，并不是来自外界的冲击。如果外界的影响直接对信念起确证作用，这就是“所予神话”。这样世界就是世界观的主题（topic），不同的语言能表达不同的甚至是截然相反的思维方式，用伽达默尔的术语说是不同的世界对应不同的视阈；正是因为这种不同“世界”的谈论进入一个语境，在其中伽达默尔坚持认为这些世界观的多样性并不包括任何关于世界的多样性。这是麦克道尔为自己的哲学不存在相对主义的阴影这一观点给出的论证。

四

通过以上分析可以发现，伽达默尔的诠释学之所以被分析传统中的哲学家关注，是因为其诠释学与实用主义哲学有相近之处。虽然伽达默尔著作的名称是《真理与方法》，但是他并没有在其中说真理在诠释学中的含义。我们可以推断，他的真理观一定不是符合论，因为伽达默尔并不主张通过主观与客观相符合来理解世界，他认为对世界的理解是一个无尽的不可预期的过程。普特南（H. Putnam）这样批评真理符合论：一种信念对于现实的任何一种这样的符合，都只能是对于在某种特定描述之下的现实的符合，而这样的描述没有一种是在存在论和认识论上具有特权地位的[25]。换成伽达默尔的话，就是人在某一处境中形成视阈，又在不同的处境中进行着视阈融合。这暗示了不同的视阈之间地位平等，没有哪一个视阈具有特殊的地位。这正好与罗蒂哲学中的对话理论、反表象主义观点相近。特别是伽达默尔的诠释学进行语言转向之后，诠释学成为哲学的一个方面，“能被理解的存在是语言”[26]作为其标志性的论断在罗蒂那里得到积极的回应。罗蒂认为伽达默尔的这一观点对唯名论做了最好的概括。这里的唯名论主张一切本质都是名义上的。[27]理解一个对象的本质，只能是重述那一对象的概念史；更好地理解某种东西就是对它有更多的可说的东西，就是以新的方式把以前说过的东西整合在一起。西方哲学中从古希腊起认为对事物理解越深离实在越近；唯名论认为可利用的描述越多，描述间结合越紧密，我们对这些描述所表征的对象的理解就越好，或者说我们理解的就是描述。这些描述中没有一种有特权可以达到自在的对象，或者说“自在”本身也只是一种描述词汇。因此描述任何事物没有终点，其过程是伽达默尔式的视阈融合，罗蒂称为“再语境化”[28]。我们可以看出，罗蒂对伽达默尔的解读经过了实用主义滤过，过滤掉了伽达默尔诠释学中关于理解和语言的本体论内容，只省下方法论层面上的内容。麦克道尔正是在这一背景下理解伽达默尔的诠释学，在理解与真理的联系、语言意义和客观实在的把握、意义和思想的社会本质方面对伽达默尔重新解读，形成自己独特的关于知识、心灵与世界关系方面问题的分析理路，对笛卡儿开启的现代哲学传统在这些方面的观点进行了批判。

参考文献

[1] 伽达默尔．哲学解释学．夏镇平，宋建平译．上海：上海译文出版社，2004：127-128.

[2] Gadamer H-G, Dutt C, Most G W, et al. Gadamer in Conversation: Reflections and Commentary. Edited and translated by Palmer R E. New Haven: Yale University Press, 2001: 56.

[3] 伽达默尔．真理与方法．洪汉鼎译．上海：上海译文出版社，2004：616.

[4] 同 [1]：10

[5] 同 [3]：806.

[6] 同 [3]：584.

[7] 同 [1]：66.

[8] 同 [3]：557.

[9] 同 [1]：65.

[10] Wachterhauser B R. Hermeneutics and Modern Philosophy. New York: State University of New York Press, 1986: 204.

[11] 同 [3]：11.

[12] 同 [3]：6.

[13] 伽达默尔．理解与解释——诠释学经典文选．北京：东方出版社，2001：126-128

[14] 赫斯．解释的有效性．王才勇译．北京：生活·读书·新知三联书店，1991：56.

[15] 保罗·利科尔．解释学与人文科学．陶远华，袁耀东，等译．石家庄：河北人民出版社，1987：142.

[16] 同 [3]：504.

[17] 同 [3]：514.

[18] 同 [1]：67.

[19] McDowell J. The Engaged Intellect. London: Harvard University Press, 2009: 151.
[20] 同 [3]: 575.
[21] Brandom R B. Making It Explicit: Reasoning, Representing, & Discursive Commitment. London: Harvard University Press, 1994: 38-39.
[22] 同 [19]: 134.
[23] 同 [19]: 139.
[24] 同 [3]: 580.
[25] 罗蒂. 实用主义哲学. 林南译. 上海: 上海译文出版社, 2009: 8.
[26] 同 [3]: 615.
[27] Krajewski B. Gadamer's Repercussions: Reconsidering Philosophical Hermeneutics. London: University of California Press, 2003: 22-23.
[28] 同 [27]: 27.

并行程序表征的语义发展趋势探析*

殷　杰　边旭兴

当前，基于串行理论（serial theory）的计算机技术似乎已经走到尽头，无论硬件还是程序软件的发展，都出现某种程度的停滞。而并行理论（concurrent theory）成为计算能力得以突破的重要途径。尤其是在程序设计领域，发挥着主要作用的串行程序设计为主的编程技术，其局限性随着网络技术和大规模计算的发展日益凸显。因此，发展并行程序成为解决各类瓶颈的重要途径。

对于程序设计而言，表征和计算从不同侧面刻画了程序可以实现的智能功能。就像计算机必须基于二进制这种表征方式去设计计算方式一样，程序设计中的计算方式也必须基于特定表征方式之上。也就是说，表征方式决定了可以采取的计算方式。在并行程序中，基于不同表征方式的软件决定了该种软件可以实现的特定功能。研究并行程序的表征方式及其发展趋势，是并行程序设计发展的关键前提所在。

一、并行程序表征问题产生的原因

随着人工智能、操作系统、语言开发、编译技术、通信技术、大规模数据库、多处理机等应用技术的发展，并行处理的重要性日益显现出来。当前，并行处理主要纠结于算法问题，用并行语言作为描述手段，同时受到软硬件及通信环境的制约。因此，并行程序设计中的首要事务，不仅仅是程序设计本身，还需要多层次全面考虑。尤其是并行程序的表征问题的重要性随着并行程序的广泛应用而逐渐凸显出来。

并行程序的发展受到两个方面的驱动：一方面是计算机硬件技术的发展；另一方面是计算机软件的发展。

---

* 本文发表于《科学技术哲学研究》2012 年第 4 期。

本文为“国家社会科学基金重点项目”（12AZX004）阶段研究成果。

殷杰，山西大学科学技术哲学研究中心教授、博导，主要研究方向为科学哲学；边旭兴，山西大学科学技术哲学研究中心博士研究生，主要研究方向为科学哲学。

1. 计算机硬件

早期计算机是串行的。随着现代计算机技术的发展，在不同程度上都具有了并行性。当前的并行计算机主要分为单中央处理器和多处理器两种。随着大规模计算和网络发展的需求，多处理器成为应用的主流。

然而，单个 CPU 上晶体管集成技术的发展逐步背离摩尔定律而趋近极限，依靠增加晶体管数目来提升 CPU 性能变得不可行；而主频之路似乎也已经走到了拐点。处理器的主频在 2002 年达到 3GHz 之后，就没有看到 4GHz 处理器的出现，因为处理器产生的热量很快就会超过太阳表面。这表明电压和发热量，成为提高单核芯片速度的最主要障碍。人们已无法再通过简单提升时钟频率就设计出下一代的新 CPU。

在主频之路走到尽头之后，人们希望摩尔定律可以继续有效。在提升处理器性能上，最具实际意义的方式，便是增加 CPU 内核的数量，即研发多内核处理器。多核处理器的开发，实际上采取的是“横向扩展”的方法去提高性能，CPU 的更新换代将具有更多的内核。人们希望将来的中央处理器可以拥有几百个内核。然而，每一个内核的计算能力将不会比之前的内核有本质上的提高。

多核处理器的实现，从根本上讲，还得依靠具有多个可以在系统中共享存储器的情况下，独自运行各自程序的分离的子处理器。多核处理器与多 CPU 之间的本质区别在于，前者在缓存中实现数据共享，而后者在主存中实现数据的共享。缓存级的数据共享大大缩短了资源竞争所浪费的时间，改进了主存级数据共享的那种资源竞争时间，远远多于程序运行时间的问题。

对于并行软件设计而言，硬件的并行结构决定了编译程序的表征形式，而算法体现出的并行度与基于硬件的表征形式越一致，并行程序的处理效率就会越高。也就是说，并行程序设计的并行度，必须与相应的硬件结构相一致。未来多核处理器这种并行硬件结构，给未来软件编程提出了新的要求。“未来的程序如果要利用未来 CPU 的计算能力，它们将不得不并行地运行，并且程序语言系统也将不得不为此而发生改变。”[1]

然而，并行计算机的硬件结构并没有形成一个相对统一的模型。不像串行计算机拥有冯 · 诺伊曼结构，并行计算机的拓扑结构、耦合程度、计算模型等都不确定。因此，要发展与硬件结构相一致的并行程序将非常困难。

目前，并行程序主要应用于基于单处理机的多种并行措施的并行处理系统，以及基于多处理机的不同耦合度的多指令流多数据流计算机系统。人们从不同的层次采取不同的措施来实现并行计算，这表明并行程序的发展还很不成熟。

2. 计算机软件

并行软件从抽象层次上大致可分为两个领域：用于操控和协调并行系统各软、硬件资源的系统软件和针对各应用领域开发的各种软件工具和应用软件包。由于短期内很难在硬件方面取得质的突破，按照当前的技术水平，从硬件角度构建并行处理结构并不存在困难，真正的困难存在于并行程序的软件方面。在串行系统中，由于串行程序的好坏导致的速度差至多不超过十倍，而并行系统中，由于并行程序设计差异而导致的速度差甚至可以达到近百倍。并行软件开发应用的滞后，没有相对成熟的理论成果，使得并行计算机系统硬件性能的大幅提升没有多少实际意义。无论是大规模并行处理机还是多核处理器，没有相应并行程序的支持，是这些系统性能难以充分发挥的根本原因。

随着大规模并行处理机和网络的发展，对于程序并行度的要求不断提高。与串行程序不同的是，并行程序不仅要考虑并行算法本身，而且要考虑相应的并行计算机数量及其拓扑结构。由于并行程序的根本特征在于多线程的并发执行，能否充分利用共享资源、实现通信优化、减少程序中的不确定性、逻辑错误和死锁等问题，就成了并行程序设计中必须面临的难题。由于并行性自下而上涉及硬件层、操作系统层、通信层以及应用层等多个层次[2]，而并行程序设计作为计算机硬件和软件之间的桥梁，实现了从硬件实现到高层软件之间的转换功能。这种转换更多涉及的是通信层和应用层。理论上，CPU 的数量与计算速度成正比，由此涉及的多 CPU 之间的通信问题比具体的算法步骤更为重要。因此，并行程序设计首先需要考虑的是模型问题，合理的结构安排不仅决定了程序开发的难易程度，并直接关涉到并行性所带来的加速比。

并行程序设计主要采用数据并行和功能并行的方式。数据并行可以采用隐式或显式的说明语句来表征数据结构的分解，程序高度一致，用户不需要管理各进程之间的通信和同步问题，也较为容易获得好的并行度。但由于这种方式的通用性相对较差，难以表征需要并构处理的任务。而功能并行的各子任务之间通过显式方式来协调，进程间的同步和通信也是显式的。这对程序设计人员的要求非常高。一旦程序的结构划分不合理，就会产生通信时延甚至通信拥堵，从而无法发挥并行程序应有的速度优势。实际运用中，人们最容易忽略的问题就是共享数据，这会使程序运行很快陷入困境。而减小数据共享范围以及采用显式方法，可以在一定程度上规避这个问题。

当前并行程序设计中的主要问题有：

其一，串行程序并行化的问题。

现有软件大都是串行程序，其应用已相当广泛，并行机上需要大量用到已有的串行程序。因此，存在于应用领域的大部分并行程序，都是利用适当的算法把串行程序转换而来的。人们希望设计相应的编译程序，可以在不对现有程序做改动的情况下，由编译系统自动完成串行程序的并行化。这是一种隐式的并行策略，在编译系统层面实现程序表征和计算的并行性。然而，现有的算法难以有效处理如此复杂的应用需求。并且，这种并行程序生成方式难以摆脱串行思维的制约，实现最优的并行性。所以，该方法难以适应现代并行计算机硬件发展的需求。

这类软件中 FORTRAN 语言①最具代表性。它利用智能编译程序，在原有的顺序程序中挖掘并行性，并自动将其转换为并行程序代码。问题是，这类程序要求程序员用串行软件编写并行程序，而智能编译程序的智能程度相对较低，在遇到复杂程序时常常难以有效发掘出程序的并行性，这使得这类软件的并行效果常常不尽如人意。

其二，扩充串行语言的问题。

这种方案利用在现有的串行语言中增加库函数，来实现并行进程的功能，"在语法上增加新的数据类型及相关操作，扩大描述问题的范围；在语义上扩展原操作符、操作对象范围和表达式语句的含义"。这种功能的扩充需要同时引进同步通信机制，用于表征语句操作步骤间的并行性。[3] 例如，可以用 FORK 和 JOIN 语句来实现，这也是开发动态并行性的一般方法。FORK 用于派生一个子进程，而 JOIN 则强制父进程等待子进程。这种方式的问题在于程序的可移植性很差。当其运行的计算机结构发生改变时，就必须重新编程。常见的有 Ada 语言②。

其三，根据并行任务的性质直接设计并行算法的问题。

这是一种显式的并行策略。通过设计一种全新的并行程序语言，尤其是数千个线程的高并发软件，直接根据并行任务的性质去设计程序结构。众多线程通过共享内存等进程级的资源，以更为密集的方式改进了进程间粗粒度的运行手段，大大提高了运行效率。这里最为核心的问题就是，如何将并行程序分解到大小合适的粒度，真正让多个线程在多核系统中并发地执行。要合理控制线程之间的数据共享，因为这会造成两个线程不断进行互斥修改，产生更多的信息交换，这将大大增加软件层面的复杂度从而降低并行程序的运行效率。

计算机硬件的发展速度远远快于编程软件，快速增长的 CPU 数目对于并行

---

① FORTRAN 语言是第一个面向过程的高级语言，是科学计算领域最主要的编程语言。1956 年面世以来经过不断完善，逐步加入面向对象等现代语言特征，可与 Visual C++联合使用。1997 年公布的 FORTRAN 95 标准主要加强了对并行计算的支持。

② Ada 语言是第四代计算机程序设计语言，以历史上第一位程序员的名字命名。Ada 语言编程具有高度可靠性，支持实时系统和并发程序设计。Ada 95 版还加入了面向对象的设计。

程序而言是最大的挑战。当前，大多数并行程序在同时处理几十个线程的情况下尚能正常运行，但通常对于上百个线程的并行任务还应付不来。为了解决阻塞问题，人们尝试表征在硬件层次上的原子操作，直接从硬件中挖掘并发性，从而可以更好地体现并发硬件的特性。

此外，多线程需要正确的存储模型。强存储模型和弱存储模型对于线程数据的读取方式影响很大，直接影响到数据读取的正确性。为了得到正确的语义，必须设置相关属性。否则，当程序从强存储模型移植到弱存储模型中时，就很可能会产生错误的运算结果。在这方面，Java 做了有益的尝试。

由于受到特定并行计算机以及网络服务器的制约，这类并行程序语言通常每一种只能用于一种类型的并行计算，通用性较差。并且，这种编程方式对于并发错误很难识别，程序运行的不确定性也最大。此外，这种编程方式难度较大，出现较晚，因而也最不成熟。这类软件中最为著名的是 Occam 语言①。

无论是哪种方式，缺乏通用的设计语言是当前面临的最大困境。几种常用的程序语言都是以特定机型为基础的，这导致每种程序语言的表征方式，都有某种程度上的特殊性，用其表征的程序与并行计算机的硬件结构密切相关。离开特定机型，这些程序语言就难以发挥应有的作用。由此，发展更为通用的表征形式，成为并行程序发展过程中面临的核心困境。

二、并行程序表征方式的特征

并行系统不可避免地会受到并行性、通信、不确定性、系统死锁、系统的拓扑结构、验证等问题的困扰，而这些问题都与程序语言的表征方式相关。程序语法、语义的复杂，是当前程序语言难以被推广接受的一个主要因素。用户需要自行解决任务和程序的划分、数据交换、同步和互斥以及性能平衡等各种问题。以冯·诺伊曼机为基础的计算机系统，决定了运行在其上的并行语言是非自然的，程序的表征方式必须反映其硬件基础的特征。

以 Ada、Occam、Petri 这三种最具特色的并行程序语言为例，可以看到，不同的并行实现方式导致了相应软件的特性。对这些软件表征方式的特征进行分析，有助于我们认识并行软件的关键所在，并客观判断并行程序的发展前景。

---

① Occam 语言是以 14 世纪哲学家 William of Occam 的著名公设奥卡姆剃刀（“如无必要，勿增实体”）命名，是包含串行处理、通道通信的并行程序语言。PAR 结构，即多个串行进程同时执行，是 Occam 语言的最大特征。

1. Ada 程序的表征特征

Ada 是美国国防部为克服软件开发危机、耗时近 20 年开发出的大型编程语言。它利用最新的软件开发原理，在一定程度上突破了冯·诺伊曼机的桎梏，与其支持环境一起形成了所谓的 Ada 文化。Ada 程序的通用性很强，其复杂性和完备性也堪称所有开发软件之最。比如，C 语言和 C++所具有的功能在 Ada 语言中都可以更方便地实现。并且，Ada 可与 C、C++、COBOL、FORTRAN 等其他语言联合使用。[4] 与其他并行程序不同的是，军用目的使 Ada 程序设计追求高度的实时性和可靠性。为此，Ada 对于数据类型、对象、操作和程序包的定义提供了一系列的功能实现，还为实时控制和并发能力提供相当复杂的功能，并于 1995 年开始支持面向对象的功能。

本质上，Ada 属于串行程序并行化的编程语言，采用自底向上和自顶向下的分级开发模式，具有很强的逻辑性。为了提高程序的可移植性和可靠性，Ada 将数据表征与数据操作相分离，并采取了"强类型"设置，不允许在不同的数据类型之间进行混合运算。这就防止了在不同的概念之间产生逻辑混淆的可能性。Ada 也几乎不允许任何隐式转换，违反类型匹配要求的部分都会在编译和运行阶段被发现，这就避免了子程序调用的多义性，从而增强了程序的可靠性。也就是说，对于一段看上去没有表达错误和逻辑错误的程序，如果它没有定义数据类型，或者对不同类型的数据进行数值运算，都将不能通过编译程序的检验。对于不同类型的派生数据，即使其母类型相同也不能通过编译。此外，Ada 提供的类型限制还可用于精确表明数据类型，以解决程序中存在的各种歧义。[5] 例如：

```
type primary is (triangle, trapezia, hexagon);
type polygon is (triangle, quadrangle, pentagon, hexagon, heptagon);
...
for i in triangle... hexagon loop
...
```

上述语句中存在明显的歧义，编译器无法自动判断 triangle 和 hexagon 是 primary 还是 polygon 中的元素，这就需要用类型限制去表明：

```
for i in polygon, (triangle)... polygon, (hexagon) loop
for i in polygon, (triangle)... hexagon loop—
for i in primary, (triangle)... hexagon loop
```

这种表征方式只是告诉编译器确切的数据类型，并没有改变值的类型就解决了歧义问题。可以说，明确的表征方式是 Ada 语言的一大优势。

对于现代软件设计而言，软件的维护费用往往超过其开发费用。因此，可读性是降低软件后期维护费用的关键性能之一。为了增强可读性和可维护性，Ada

采用接近于英语结构的语法形式，具有很强的表征能力，便于程序的开发和维护。

Ada95 中规定的基本字符分为图形字符、格式控制符和其他控制符等三类，其书写格式尽量接近英语书写的习惯。对于数字，Ada 支持二进制到十六进制之间所有实数型和整数型的任何进制的数字表征，其格式为：Base#Number#，Base 表示指定的进制，Number 为该进制所表示的数字。

在控制指令（Statement）方面，相比别的程序语言，Ada95 只是增强了其可读性。总之，Ada 避免过多使用复杂句型，并以较少的底层概念来实现程序的简便性。

以程序包为例，Ada 将对象模块的语法定义为：

packagePKG-NAME is

<私有数据，操作声明>

<共有数据，操作声明>

<保护数据，操作声明>

end PKG-NAME

为了便于生成大型复杂程序，Ada 对模块实行分别编译。但 Ada 对于可靠性和可读性的要求，使得其在编译过程十分注重静态检验，从而导致程序代码较长且执行速度减慢。[6]

作为并行软件，Ada 把任务作为最小单元，每个任务中的语句采取串行表征方式，任务间通过共享变量来实现并发性。这种结构适用于多处理机系统的程序设计。此外，Ada 提供基于硬件的低级输入/输出程序包，通过共享变量来实现嵌入式编程，可用于所有的嵌入式计算机系统。

2. Occam 程序的表征特征

并行语言最大的特点，就是采用了不同于串行语言的用于表征进程和线程的功能。由于并行系统建模的相关数学基础理论问题还没有解决，Occam 语言的通信理论是建立在通信系统演算（CCS）和通信顺序进程（CSP）之上的。[7] Occam 的并行关系主要体现为多个进程之间的并行执行，利用关键字 PAR 来描述进程之间的同时性。进程之间的通信不同于 Ada，Occam 不允许通过共享变量来实现进程之间的通信，而是采用通道通信的方式。这是一种单向自同步的通信方式，当发送方和接收方都准备好时，才在进程之间单向传递信息，不能既发送信息又接收信息。因此，通信在 Occam 中是同步的。但两个进程不能同时处于等待对方发送信息或接收信息的状态，否则就会出现死锁。

Occam 语言最大的特点在于真正与硬件相匹配的并行程序，可以直接控制各处理器对并行进程的执行，还专门针对硬件定位设计了 PLACED 语句。根据程序运行的硬件基础，Occam 中的多个进程有可能是运行在一个处理器上的软件模拟，也可能真正运行在多个处理器上。因此，Occam 语言中区分并发（concurrency）和并行（parallel）的概念。前者意指有可能是并行的，而后者则强调真正的硬件层面上的并行。

同所有的高级语言一样，Occam 需要对程序中用到的数据类型、表达式、操作运算符、数组、字符串等各种表征方式进行事先约定，此外，还要对并行通信的表征方式进行说明。

Occam 在原处理的基础上构建程序结构和流程，最终形成完整的程序。原处理是 Occam 程序中最简单的可执行动作。与其他程序语言不同的是，原处理只有赋值、输入、输出三种，用以表征其在整个程序结构中是并行还是串行。

原处理的赋值表征形式为

变量 ：= 表达式

原处理的输入表征形式为

通道名 ？变量名

原处理的输出表征形式为

通道名 ！表达式

Occam 程序的基本结构分为串行结构和并行结构两种。串行结构用 SEQ 表示，并行结构用 PAR 表示。PAR 结构由 SEQ 结构组成，PAR 中 SEQ 的表征顺序无关紧要。并行结构中的所有进程将同时开始执行，当所有进程结束时，该并行程序才能结束。例如：

```
PAR
    INT fred:
    SEQ
        chan 2 ? fred
        fred: =fred+1
    INTfred:
    SEQ
        chan 3 ? fred
        fred: =fred+2
```

Occam 中，变量名和通道等名称的命名和赋值都是局部的，仅在其所在的进程内有效。因此，上述两个 SEQ 中的 fred 之间没有任何关系。每一个 fred 只在其局部范围内有效。

作为实时软件，Occam 用定时器以及优先级来实现实时处理。其中，定时器的表征形式为：

TIMER 定时器名：

使用时，用 INT 数型给定时器变量赋值，例如：

```
TIMER clock：
INT time：
clock ? time
```

当一个结构中有两个进程同时准备好输入时，就需要通过优先级 PRI 来决定执行的先后顺序。

此外，Occam 是与硬件匹配度很高的并行程序语言，可以直接对硬件层次进行操作。这就必然涉及与外部硬件以及并行硬件处理的相关表征问题。比如说，在控制外部硬件设备方面，Occam 可直接对键盘、显示器等终端设备上的信息进行表征。例如，用 PLACE…AT…将通道与显示器或键盘联系起来：

```
PLACE screen AT1：
PLACE keyboard AT 2：
```

或者，用

```
keyboard ? x
```

语句实现用键盘输入为变量 x 赋值。

又如，Occam 可用 PAR 结构直接将进程定位到各个处理器上，其表征形式为：

```
PLACED PAR
  PROCESSOR 1
    P1
  PROCESSOR 2
    P2
  …
```

上述代码表示，让处理器 PROCESSOR 1 处理进程 P1，处理器 PROCESSOR 2 处理进程 P2。[8]

3. Petri 网的表征特征

Petri 网是佩特里（Carl Adam Petri）提出的一种网状结构模型理论，并逐步发展出以并发论、同步论、网逻辑、网拓扑为主要内容的通用网论（general net theory）理论体系。Petri 网的革命性在于，它摒弃了基于冯·诺伊曼机的全局控制流，更关注过程管理，因而没有中央控制，也不存在固有的控制流。全局控制的问题在于，在系统相对复杂的情况下全局状态不仅实时不可知，甚至连某个瞬间状态也不可知。因此，Petri 网用局部确定的方式来表征客观实在。[9]

Petri 网适用于描述分布式系统中进程的顺序、并发、冲突、同步等关系，尤其在真并发方面具有独特优势。作为建模和分析工具，Petri 网擅长用网状图形表征离散的并行系统的结构及其动态行为，其最大的表征特征是既可以使用严格的数学表征方式，也可以使用图形表征方式。尤其是独特的图形表征方式，可以形象地描述异步并发事件，这来源于其独特的网状结构。“Petri 网以尊重自然规律为第一要义，以确保其描述的系统都是可以实现的”。[10]

作为网状信息流模型，Petri 网主要用于表征网系统。长久以来，Petri 网一直尝试寻找一种基于某种公认交换格式（interchange format）的协议，提供可以在 Petri 网模型之间进行明确交流的方式。然而，人们很快便认识到，如果这种协议遵从一种公认的 Petri 网形式定义，将会取得更好的效果。而 Petri 网的明确表述，必然是形式定义中抽象句法被精确定义后的具体语法。研究者们公认，提出这样一个标准规范的好的方式，就是建立一套定义标准规范的标准化过程。Petri 网标记语言（Petri Net Markup Language，PNML）便是这样一种被认可的规范协议，它的制定促进了 Petri 网的快速发展以及大规模的应用需求。Petri 网标记语言是一种基于可扩展标记语言（Extensible Markup Language，XML）的交换格式。作为国际标准，Petri 网标记语言在其第一部分就定义了 Petri 网的语义模型（semantic model），并给出了相应的数学定义。[11]当前，经过扩充的 Petri 网成为系统规范和程序系统语义描述的工具。

Petri 网表征的优势在于对复杂系统并发过程的精确描述，而缺点也恰恰在于此。如果对细节的描述过于精确，系统的烦琐程度会呈指数级剧增，即出现所谓的“节点爆炸”。因此，必须要恰当地屏蔽细节。

如今，基于 Petri 网的应用已遍布计算机的各个领域，其模拟能力已被证明与图灵机是等价的。由于 Petri 网的类型非常丰富，不同类型的 Petri 网以及建模工具之间的信息交换成为 Petri 网标记语言标准化过程中的首要因素。而工作流网（WF_ net）以及诸多技术层面的研究则成为 Petri 网 20 年来取得的最主要成就。

三、并行程序表征的语义发展趋势

事实上，计算机学界对与并发（concurrent）和并行（parallel）这两个概念并没有明确区分，常常在同一个意义上使用。对于并发的理解，需要强调的是，并发不是同时发生，而是没有秩序（disorder）。比如说，在 Petri 网中没有全局时间概念，每个进程依照各自的时间顺序执行。对 Petri 网来说，讨论进程之间执行的先后顺序没有意义，因为没有可参照的全局概念去确定进程执行的次序。同一个程序运行多次，对于相同的输入，不仅每一次的运行次序不确定，每一次的运行结果也不确定。也就是说，并行程序的运行结果由其具体运行的语境决定。这就使得并行程序的语义具有了不确定性。为了使并行程序在执行过程中能产生与程序语义相符合的效果，就必须弄清楚程序语言各成分的含义。因此，在语境中考察并行程序的语义问题就成为并发研究不可或缺的内容。

符号主义者认为，符号算法实现“从符号到符号的转换，给定这些符号的意义，这样的转换就具有意义”。形式步骤和算法是保真的：“如果我们从真符号开始，算法只会将我们带向真符号”，而且算法可以通过符号的形式性质保持其语义性质。[12]这似乎表明，形式系统由于我们的规定而获得意义。塞尔的“中文屋”表明：“符号的语义性质并不附随于它们的句法关系。”[13]经过形式计算和逻辑推理之后，这种基于分解的形式语义能否保真？尤其是在过程和结果都不确定的并行计算中，我们应如何确保语义信息的真？

计算机形式系统中，数据都是结构化了的信息。也就是说，所有的数据都具有特定的表征形式，并且数据之间有一定的关系。当大量数据进入并行程序处理系统之后，数据必定会发生形式变化。这种变化过程中，数据所蕴涵的语义信息是如何转换的，这种转换能否确保大量数据信息被具有高度不确定性的并行程序处理后语义信息实现正确转换，是并行程序研究的重点。并行系统已不是图灵机意义上的计算系统。对并行表征的语义考察也不能局限在语义分解的层面。对并行程序表征语义的研究，应该考虑表征系统与特定的硬件结构、具体并行计算过程的运行特征等因素，区别对待不同并行模式中的语义表征的模糊性和歧义性问题，尤其是程序运行中整体语义的保真问题。

从20世纪50年代起，程序语言的形式语法研究取得了较大发展，而在形式语义方面一直没有取得较为理想的成果。表征如何获得意义是并行形式系统面临的首要难题。近年来，并行程序的形式语义研究越来越受到重视。对于并发过程的不同理解产生不同的并发计算范式，不同的并行程序语言就是基于这些范式开发出来的。对于并行程序语言的开发者而言，不仅要为不同的应用目标设计该语言的基本结构，还必须定义其语法形式和语义。为了适应不同的计算机硬件体系和开发需求，并行程序语言往往在语法上并不规范。通常，并行程序设计在局部语法即上下文无关语法层面存在较少歧义，而在涉及上下文相关语法即静态语义关系甚至更深层次问题时，则存在诸多问题。对程序语义进行定义，不仅要定义所有基本元素的意义，还要赋予语法结构以明确的意义。

已有的操作语义学、指称语义学、公理语义学分别从程序的执行过程、数学语义、逻辑正确性角度形成了研究程序语言语义的主线，但一直不能很好地融合，从而也无法体现在具体的程序语言中。理论界通常认为，这三种类型的语义彼此之间是相对独立的。但温斯克尔（Glynn Winskel）认为，这三种类型的形式语义之间是高度依赖的，它们之间很有可能实现统一，并给出了操作语义和指称语义等价的完整证明。

程序员编写并行程序，最重要的就是通过程序建立关于现实世界的模型。现实世界的并行性往往体现在过程而非结果中，对并行过程的模拟与控制是并行程序应用的价值所在。并行程序语言的表征力直接决定了所构造的模型对事件过程的模拟能力。语义是程序赋予的，程序的一个主要作用就是表征分解的语义及其集合。[14] Ada 语言、Occam 语言和 Petri 网作为并行程序语言，首先应具有对某个特定应用领域的并行问题进行形式表征的能力，因而必然要具有特定的句法和语义。其句法不仅要适合相应的并行硬件执行系统指令，而且要具有恰当表征分解语义和程序整体语义的表征力。尤其是对各并行事件的状态和过程的准确描述、事件发生条件及其相互联系的描述，是研究并行表征语义的难点所在。

程序语义学研究形式表征与意义的关系以及形式系统与命题真值之间的关系问题。但他同时指出，语义网格、语义分解等理论只是在符号层面以及词与词的关系层面探讨意义问题，并不设计语言与世界的关系这一层面。因而不是真正的语义学。[15] 而 Petri 网的语义基底正是语义网格理论，并且，几乎所有基于形式系统的语义研究都是基于分解的。也就是说，无论是基于冯·诺伊曼机的串行计算系统还是基于非冯·诺伊曼机的并行计算系统，都是离散的自动形式系统，它们按算法规则操作带有语义信息的符号。可采取的算法由形式系统地表征性质决定。给定形式系统的符号语义，相应的算法要保证经过一系列转换之后的符号依然具有可操作层面的意义。而这种形式语义并不是真正意义上的语义学，它最多涉及表征与心理的关系，但无法关涉语言与世界的层面。

程序语义学研究的关键问题没有涉及意义问题，而意义问题才是语义学的核心问题。[16] 显然，按照这个标准，现阶段的并行程序设计语言研究才刚刚涉及表征的形式语义问题，离整个程序的语义研究还有很大距离。过去的研究大都关注数据所蕴涵的语义信息，而忽视了程序动态运行过程中的语义传递及转换问题。

计算机作为信息系统，最主要的特征就是信息流动。并行进程中流动的信息主要是各种变量以及变量的值。变量值的变化意味着信息的改变。当一个进程将其变量值传递给另一个变量或进程时，信息流动就产生了。而信息流动也是产生并行程序语义不确定的一个主要原因。

并行进程或线程在运行中，一个非常重要的问题就是进（线）程之间的通信问题。通信是并行程序运行过程中最重要的机制。进（线）程之间通过通信交换信息。信息所传递的语义是如何被表达的以及表达力如何，是当代并行表征需要研究的主要课题。并行系统要确保通信的有效性，必须保证信息表征的一致性。例如，在 Occam 语言中，由于所有的进程都是同时执行，且进程内变量名和通道等名称的命名和赋值具有局部性——即不同的进程可以拥有相同的变量名和通道名，因此，为了保证通信过程中语义的确定性，Occam 不允许通过共享变量来实现进程之间的通信，而是采用单向自同步的通道通信方式，并要求对并行通信的表征方式进行说明。

此外，并行程序的不确定性以及验证方式也需要形式语义学的介入，而这方面的理论研究还很滞后。“语义信息的概念是基于如下的假设而被考察的，即事实信息是最重要的和最有影响力的概念，在这个意义上信息本身‘能够被表达’”。[17]例如，Petri 网中的工作流语义（workflow semantic）模型，就是利用语义信息去消解冲突。而语义信息的给出与具体处理的任务有关。语义模型的任务只是用于消解冲突，并不考虑工作流任务完成的质量问题。任务完成情况属于工作流管理的范畴。需要注意的是，很多“管理操作都是由语义引起的”[18]，如 skip 和 return。只有明确区分工作流逻辑和工作流语义，才能简化工作流模型。否则，增加模型的复杂程度，甚至无法做出正确的描述，以至当程序出现运行错误时，无法找到错误的原因。

总而言之，与并行程序表征的语法定义相比较，语义定义要复杂得多。尤其是并行程序的不确定性等因素，使得相关研究一直无法取得有效进展，至今没有一种较为公认的定义方式。这是因为，并行程序的语义不仅取决于静态语义表征，更依赖于程序运行的动态环境。而并行程序的不确定性是其语义表征的难点所在。确切地说，并行程序的语义就是程序运行过程中的语义，即语境中的语义。语境不确定，程序表征的语义就无法确定。而这种不确定是不可预测和不可避免的。除了程序自身的不确定性，使用计算机的人和并行程序的互动也是不确定性产生的原因。而如何严格表征这种语境的变化对于程序语义的影响，成为并行程序表征的核心问题。因此，关于并行程序表征的语义理论及应用研究，将成为未来并行程序研究的主要发展趋势。

参考文献

[1] Mycroft A. Programming Language Design and Analysis Motivated by Hardware Evolution. Static Analysis Symposium. Springer-Verlag，2007，18-33.

[2] 刘方爱，乔香珍，刘志勇．并行计算模型的层次分析及性能评价．计算机科学，2000，(8)：1.

[3] 韩卫，郝红宇，代丽．并行程序设计语言发展现状．计算机科学，2003，(11)：129.

[4] The GCC Team. GNAT Reference Manual. http：//gcc. gnu. org/onlinedocs/gnat_ rm/Interfaczhg-to-Other-Languages. html. 2012-06-14.

[5] The GCC Team. GNAT Reference Manual. http：//gcc. gnu. org/onlinedocs/gnat_ rm/Implementation-Defined-Characteristics. html. 2012-06-14.

[6] 邵晖．军用计算机编程语言的选择．电光与控制，1996，(3)：38.

[7] Winskel G. 程序设计语言的形式语义．宋国新，邵志清译．北京：机械工业出版社，2005：258.

[8] 诸昌钤，马永强．并行处理程序设计语言 OCCAM. 西安：西安交通大学出版社，1990：1-26，92-99.

[9] 袁崇义. Petri 网原理与应用. 北京：电子工业出版社，2005：3.
[10] 同 [9]：1.
[11] Pnml. org. Welcome on PNML. org. http：//www. pnml. org. 2012-05-08.
[12] 弗洛里迪 L. 计算与信息哲学导论. 刘钢主译. 北京：商务印书馆，2010：317.
[13] 同 [12]：319.
[14] Joshi A，et al. Elements of Discourse Understanding. Cambridge University Press，1981.
[15] Eco U，et al. Meaning and Mental Representation. Indiana University Press，1988.
[16] Pylyshyn Z，et al. Meaning and Cognitive Structure. Ablex Publishing Corporation，1986：86.
[17] 同 [12]：127.
[18] 同 [9]：249.

英国语义学研究的历史传统与发展趋势（上）

——从经验主义意义理论到逻辑实证主义语义学的演变路径*

刘伟伟　郭贵春

16世纪之后，摆脱了宗教理性主义阴霾的英国语义学研究开始向着科学理性主义路径迅速成长，同时由培根所开创的经验主义理性精神在洛克的语义学研究思想中得到了充分的体现和发挥，由此语义学研究的科学性原则和理性主义思维开始在英国语言哲学领域树立起合法地位。

一、英国语义学研究的早期经验传统与历史特征

文艺复兴运动以后，在英国哲学研究的认识论转向过程中，语言分析的地位开始树立和成长起来，而意义理解的经验主义立场在这一时期的英国语义学思想中也得到了强烈地凸现。17～18世纪，以洛克、贝克莱和休谟为代表的英国经验主义者对于语言和经验的关系以及经验的本质特性等问题进行了深入研究，既立足于意义的感觉经验分析，同时也开始将语词的意义与指称的心理观念紧密结合起来，把语言的意义归结为心理的观念、意象，这种思维倾向成为19世纪末的语义心理主义的思想来源。总体来看，早期英国语义学研究的这些工作和努力作为一种历史传统在后世的英国语义学发展过程中得到了延续和传承。

（1）语义分析与认识论研究的关联。17世纪以降，英国语义学研究在哲学的认识论转向背景下，开始将意义的理解紧密地与知识和认识的本质、特征等问题的研究结合起来，将意义置于认识论的研究过程之中，并且使得语义理解成为了认识论问题研究的重要工具和分析手段。

在认识论研究中，语言意义对于展现思想的本质、特征具有重要作用，这是认识构成的重要基础，其中最具典型特征的就是这一时期意义观念理论的提出与发展。我们知道，对于意义问题的理解，是语义学研究的核心和主题之一，而语词观念、意义等关系的探讨在从洛克、贝克莱到休谟的语义学理论研究中占据了重要地位。历史上，洛克将作为知识表征的符号理论纳入知识研究体系，其原因

---

* 本课题受到山西省留学基金项目支持，项目编号为2011-018。

刘伟伟，山西大学哲学社会学学院讲师、山西大学科学技术哲学研究中心博士研究生，主要研究方向为科学哲学；郭贵春，山西大学科学技术哲学研究中心教授、博导，主要研究方向为科学哲学。

在于语言命题能够用来建构知识，而知识在本质上相对于“观念”。特别是，洛克将语词意义看做心理观念的表征。“语词被用来作为观念的符号，并非作为自然的意义，而是一种主体的倾向性。”① 而观念形成的基础是客观实在的事物。因此，人类的认识系统，即知识的建构就是通过语言和观念实现的，其本质就是对于客观存在世界的理解和建构。同时，与观念相对应，语词的存在目的在于表征观念，由此就形成了实在——语词——观念的关联系统。在这三者之间，观念可以用来表征实在的事物，而语词作为媒介则沟通了实在事物和观念。

就人类语言系统当中的语词而言，与之相对应的是思想之中的观念，尽管在观念中存在着不同的类型和层次，且在程度上具有简单和复杂的理解差异性，但其本质上都是源于主体的感觉与反思。“一切观念都是由感觉或反省来的。”② 洛克认为，观念是私人的，人们要进行思想交流，并且把这种私人的观念传递给他者，语言的使用就成为了必然选择。因此，语词的意义就体现在最大可能的作为主体的观念和思想的表征。“语言固有的、直接的意义，就在于它们所标记的那些观念。”③ 对于思想观念及其相对应的事物、实在而言，语言成为重要的联结渠道和中介，并且承载了观念表征的信息内容。对于贝克莱而言，意义的观念理论更进一步被他推向了极端，其著名论证“物体就是观念的集合”，将观念的内涵之中所包括的感觉材料和实在事物看作是一种主观性的存在和类似于观念的表征。在休谟看来，为了达到对于认识的分析和理解，我们应该对复杂的知觉进行语义分析，并且在知觉基本要素的基础上进行推理、考察，这样就能够实现对于知觉的本质、特征的理解，达到认识的目的。在此，休谟所谓的基本要素就是简单感觉和简单印象，这是我们分析的起点和前提。按照休谟的理解，语词意义建立在印象和观念的基础上，而个体观念以及印象知觉具有经验的个体性，因此在社会性的交往过程中我们就必须把语词意义理解摆在非常重要的位置。

总体来说，英国近代语义学的认识论路径开拓具有重要的历史意义，它充分地认识到了在人类认知与理解过程中语言所发挥的有效作用，并且把语言意义的理解与认识相关的各个层面结合起来。尽管语义学本身在这一时期不可避免地处于认识论问题研究中朦胧和模糊的地位，但它仍然在英国哲学从本体论向认识论的伟大转折历程中扮演了重要角色。同时，语义学思想研究也正是从这一时期开始与科学和理性思维进行联姻和结合，从而使得语义学分析从以往历史上孤立、分散的研究开始逐步成为一种有意识的研究工具，这就潜在地为以后语义学方法

---

① Norman Kretzmann. The Main Thesis of Locker's Semantic Theory. The Philosophical Review，1968，77（2）：195.

② 约翰·洛克．人类理解论．关文运译．北京：商务印书馆，1983：68.

③ 约翰·洛克．人类理解论．关文运译．北京：商务印书馆，1983：386.

论的凝聚和提炼提供了重要铺垫。

(2) 早期经验主义语义分析的本质与特征。经验主义理论将意义理解确立为自己的核心任务之一。我们知道，语义研究的经验主义和理性主义具有很大区别，经验主义反对理性主义语言先验性的假设，同时也拒斥观念逻辑语形建构的绝对性。从观念的起源来说，从洛克、贝克莱到休谟的英国经验主义语义思想的基础是经验感觉，这样语词的意义就形成了与观念的对立态势，而意义的本质就体现在语词、观念和实在之间的关联特征中。就语词与实在、世界的关系而言，正是由于语言本身就建构于实在基础上经验的感觉中，因此在对于事物和真理的认识过程中语言才能够作为意义理解的重要中介。在这里，个人在实践当中获取的经验只是立足于自身的感觉、思维，其公共性的扩展和提升只有依赖于思想当中的语言才能实现，这样语言分析工作就成为了首要任务。也就是说，我们通过对语言的结构、特征进行充分表述，就可以构建起世界的模型结构，由此语言作为一种中介就成为了思维、认识和实在世界沟通的重要桥梁。

对于贝克莱而言，意义理解的经验主义立场被他进一步推向了极端，其主要特征就反映在他关于语言的认识和理解中。“通行概念（抽象概念）的根源，在我看来，正在于语言。”① “人们以为每一个名称都有而且也应有一个唯一确定的意义，于是也就认为一定有一些抽象的、确定的观念，来构成每个普遍观念的真实的、唯一的直接意义。”② 贝克莱反对洛克关于观念内容的客观性认识，他认为普遍而抽象的观念并不存在。“抽象观念的构成既然是很难的，所以它不是传达思想所必需的。”③ 事物在本质上表现为心理、感知当中观念的集合，也就是说观念完全是一种纯主观的心理感觉，因此事物的客观性并不存在于外界，而只可能存在于感觉之中。“普遍的观念只是心灵的虚构和设计。”④ 由此观念与外在事物之间的关系被贝克莱完全否定，所存在的只是观念之间的内部联系。我们可以看出，贝克莱对于观念意义的理解走上了反对天赋观念理论的激进道路，认为：“所谓普遍并不在于任何事物的绝对、积极的本性，只在于它和它所表像的那许多个别事物所有的关系。通过这种途径，本性原为个别的各种事物、名称或概念，就被变成了普遍的。”⑤ 这一理性主义思想反叛的结局就是认识的经验主义得到了更强的坚持，直至陷入主观主义的泥淖之中。

本质上，语义分析是理论和命题解释、构造的重要手段，而语词意义的判断

① 乔治·贝克莱．人类知识原理．关文运译．北京：商务印书馆，1973：14.
② 乔治·贝克莱．人类知识原理．关文运译．北京：商务印书馆，1973：14.
③ 乔治·贝克莱．人类知识原理．关文运译．北京：商务印书馆，1973：11.
④ 乔治·贝克莱．人类知识原理．关文运译．北京：商务印书馆，1973：10.
⑤ 乔治·贝克莱．人类知识原理．关文运译．北京：商务印书馆，1973：12.

依据在经验主义的视阈中被归属于经验的材料、因素，因此分析性的方法在此基础上就被凸现出来。在休谟的认识论研究中，经验论的语义分析思维被融合于其理论的整体框架中，这一点不仅可以从其理论体系的基础——观念的本质、特征中得到表征，而且可以从休谟对于命题概念判断的语义标准中得到反映。本质上来看，休谟所指称的概念具有与观念、思想的内在关联，两者具有对应性，而他所特别强调的“印象”作为观念建构的基础具有明确性、清晰性等特征，这样概念意义的判断就转换为对于观念、印象的考察，命题意义的判断由此也可以通过经验进行验证。在意义的经验判断标准方面，休谟采用概念分析的方法将复杂知觉分解为基本的知觉要素——简单感觉印象。由此，这种简单感觉印象就成为概念的意义判断标准和观念来源。“我们的全面简单观念在初出现时都是来自简单印象，这种简单印象和简单观念相应，而且为简单观念所精确地复现。”① 可以看出，休谟的这种经验的意义理论将感觉置于了认识和理解的基础地位。

（3）语义分析的心理认知、主体性以及语用化的路径趋向。在意义的理解和分析过程中，主体存在和意向态度是构成的基本要素，这种心理内在活动能够容纳语词、行为和思想等重要内容，同时也能够为语义分析赋予相对的非确定性特征。总体而言，从洛克、贝克莱到休谟的经验主义意义理论经历了从客观经验论向主观经验论的内在转变，而这种趋势也内在地符合了19世纪末英国语义心理主义的解释性特征，为此我们有必要对这一趋向的结构特征进行认识和分析。

洛克将观念特征的理解与心理、意识联系起来，他认为观念具有三种必要的特性，即通过意识与心理相关联、作为心理的一部分和依赖心理而存在。② 所谓观念，在洛克看来就是人们思考过程中心理理解的对象，而心理本身是一种建立在简单观念基础上的思维能力。简单观念在逻辑上最先起源于感觉，这是认识展开的第一个环节，随后在外在事物印象的基础上产生了心理观念。本质上来说，观念就是与心理相关的实体，而意义建构的基础就是心理和意识。为此，洛克认为：“对象就是心灵之中的知觉。”③ 这就能够使得我们为语词赋予心理图像的意义或者心理操作类型的意义。从某种程度上来说，意义与观念具有同一性，语词的意义就是观念之间的联系，这种观念就是主体的心理观念。“语词在最初和间接的意义上，代表着使用它们的心理观念。”④ 对于作为符号的语词而言：“语词

① 大卫·休谟．人性论．关文运译．北京：商务印书馆，1996：16.

② Brigitte Nerlich. Semantic Theories in Europe 1830-1930. Benjamins Publication Company，1992：780.

③ Brigitte Nerlich. Semantic Theories in Europe 1830-1930. Benjamins Publication Company，1992：780.

④ Norman Kretzmann. The Main Thesis of Locker's Semantic Theory. The Philosophical Review，1968，77（2）：181.

的意义和使用基础在于心理活动中，观念和符号之间关联。”① 也就是说语词背后所隐含的心理图像表征就是意义。正是从这一点上来说，事物与名称的关联在心理活动中必须具有明确的观念，即思想，这样就形成了事物——心理表征——名称之间的内在结构。

贝克莱对于语言与观念的关系进行了详尽分析，他将观念与感知等同起来。“这个能感知的能动的主体，我们叫它做心灵、精神或灵魂，或自我……一个观念的存在，正在于其被感知。”② 也就是说，贝克莱通过这种语言的认知企图对观念的本质、特征进行说明。“语言可以引起人的情感……使人心发生某种特殊的倾向。”③ 理论上，既然有观念发生，我们就可能追问其感知的主体存在，这种存在就是自我和心灵，它存在于感知的人心之中。更为重要的是，贝克莱提出了语言和意义关联的图像说，他认为：“各种语句在严格的、理论的意义下……刺激起我们的适当情感或意向。”④ 在这里，语词意义的获得应该归属于心理概念，相应的心理概念则通过与实在事物的近似来进行表征。

对于休谟而言，如何从建立在心理基础上的因果和归纳问题出发来对作为意义理解基础的观念结构以及意义的经验性特征进行解释是一项重要任务。为此，休谟认为，我们应该将心理的图像分析作为意义理解的重要基础。“心灵所从事的每一种活动，在那种心理倾向继续期间，也将是较为强烈而生动的。”⑤ 在语义学思想的整体结构中，休谟所关注的是意义和经验层面，而实在则相应地处在被忽略的地位。为此，休谟将信念理解作为他心理主义意义理论的基础，他认为长期的习惯和反复的观察能够在主体心理中产生信念的必然性，而因果观念就建立在这种心理习惯的基础上。对于认识而言，与之密切相关的是心理感觉、情感等因素，因此印象和观念都是建立在感觉基础上的心理习惯性结果。也就是说，观念、印象的理解要与心理意识分析相结合。“凡由任何现前印象而来的信念，都只是由习惯那个根源来的，当我们习惯于看到两个印象结合在一起时，一个印象的出现便立刻把我们的思想转移到另一个印象的观念。”⑥ 在这里休谟强烈地凸现了主体性的地位和价值。可以看出，休谟的这种建立在心理经验和情感构成基础上的意义分析思路反对逻辑理性的归纳推演，其中存在着滑向彻底心理主义意义分析的风险性。

---

① Norman Kretzmann. The Main Thesis of Locker's Semantic Theory. The Philosophical Review，1968，77（2）：189.

② 乔治·贝克莱．人类知识原理．关文运译．北京：商务印书馆，1973：20.

③ 乔治·贝克莱．人类知识原理．关文运译．北京：商务印书馆，1973：15.

④ 乔治·贝克莱．人类知识原理．关文运译．北京：商务印书馆，1973：43.

⑤ 大卫·休谟．人性论．关文运译．北京：商务印书馆，1996：118.

⑥ 大卫·休谟．人性论．关文运译．北京：商务印书馆，1996：103.

从当代语义学方法论的视角来看，休谟的这种将主体性地位纳入意义理解过程中的做法具有其合理性价值，在这种意义理解的心理意识领域当中包含了主体的意向、态度和情感等重要因素。这样，意义理解的基底就从认识表征的客观性层面转换到了主体的心理、知觉层面，并且通过这种潜在的意识、心理实现与经验表征的关联，这是意义实现的重要一环。从这一时期英国经验主义意义理论的整体路径来看，休谟最主要的贡献在于他最大限度地打破了观念——实在这一不可动摇的对立关系，使得意义理解能够通过心理意识得到更加合理的表征。当然，这种观点进一步向前推演的极端就是心理主义意义学说，也就是将意义理解完全置于心理意识的基础之上，这种思想的影响在英国直到19世纪末才得以消除和湮灭，其原因在于休谟视为理论核心的心理主义信念本质并非是牢固而不可破的，一旦将其推向经验证明和解释的境地，这种理论就很难再得以维系其理论的自洽程度。

就语义问题的关联界面而言，在英国早期的经验主义哲学研究也存在着对于与语义问题相关联的语用性特征的强调。洛克对于语言的社会交流功能非常重视，他认为意义在交流过程中的理解是语言存在和建构的前提，为此我们应当把语义分析的语用层面凸显出来，他说："人类有必要寻找一种外部感觉符号，由观念构成，可以被他人感知。"① 也就是说，语词的意义最终是在实践应用当中完成的，虽然语词只能表示使用者自己心中的观念，并且只有当言者的语词意义与他者对于该语词的社会约定性意义理解一致的时候，这种语词的交流才能够实现意义的目标。对于主体之间观念和思想的有效性而言，洛克认为在具体的语词使用过程中，除了保证观念的确定性，观念还应当与语词在对应关系上更加明确。总体上来看，洛克对于语词和观念之间关系的理解还是保持了相当的开放态度，也就是说，语词作为观念之间联系的表征尽管具有重要意义，但是这种意义最终还是要通过语用活动和系统语境的整体建构来加以实现。"行动的规则，一定是可离了各种文字而各自独立的，一定是在我们知道各种名词以前就存在的。"② 本质上，语词与世界的关系研究需要对语用和语境的动态建构进行合理把握，而意义的实现也是一项涉及主体双方交往、理解活动的系统工程，只有对意义的语用规则、特征以及相应的语境系统进行充分了解，才能为意义的准确定位奠定坚实基础。

综上所述，在对英国语义学早期传统的历史考察中，我们可以发现，语义学研究的经验论思维普遍存在于17～18世纪英国哲学研究中，而语义学分析对于

---

① Norman Kretzmann. The Main Thesis of Locker's Semantic Theory. The Philosophical Review, 1968, 77 (2): 181.

② 约翰·洛克. 人类理解论. 关文运译. 北京：商务印书馆，1983：41.

认识论问题的研究具有了重要的工具性意义，在其中也隐含着对于意义理解的心理认知和语用化的解释倾向，这表现为语义学研究对于意义的交往、实践等经验理性精神的推崇和应用。总体上来说，英国经验主义内涵的语义解释方法与同时期欧洲大陆的理性主义观念论形成了鲜明对比，它在意义分析中所强调的对于事实、实证基础的重视和具体、周密分析的理论建构视野等方面符合了现代语义学的方法论趋向，对于之后的英国实证主义、自然语言语义分析乃至于当代的英国语义学研究都产生了广泛而深远的影响。

二、英国语义学的现代转型与表征形态

语义学研究的经验主义传统在19世纪末20世纪前期的英国得到了继承和发展，在反叛以客观经验论为基础的理性传统基础上，英国语义学研究继承了以贝克莱和休谟为代表的主观经验论传统。历史地来看，由斯宾塞（H. Spencer）和穆勒（J. S. Mill）等所开创的对于意义理解的实证主义传统，是对早期经验主义思维的直接传承，而罗素（B. Russell）和艾耶尔（A. J. Ayer）等则将语义分析的基础置于逻辑实证的基础之上，将英国传统的经验论思维推向了极端化。“逻辑实证主义……是传统之中的经验主义认识论的一种变体。”① 在逻辑实证主义的语义分析中，语义学工具的采用在这一时期成为了理论证明和解释的有力手段，这表现为哲学研究采用了“语义上溯”的理性策略，将语义的分析与研究作为解决哲学难题的有效路径。正是从这个时期开始，英国语义学分析方法的地位开始在哲学和相关的科学研究中逐步确立和巩固，这也是英国现代语义学形成和发展的黄金时期。

（1）经验实证、逻辑性与语义分析的本质。19世纪后期英国实证主义与逻辑语义分析在方法论上的借鉴、结合与工业革命和自然科学的突破背景具有很大关系，而休谟经验主义意义理论在这一时期也得到了继承和发展，它所具有的科学主义和实证理性精神对于语义学的研究产生了强烈的影响，而它对于形而上学意义理解方式的拒斥则为英国语义学方法论的现代性建构奠定了重要基础。总体上来说，在英国逻辑实证主义语义学诞生之前，斯宾塞的实证主义传统为意义的经验证实原则奠定了思想基础，而穆勒的经验语义分析理论和罗素的逻辑语义分析体系则为语义学的方法论路径开辟了广阔空间。

19世纪后期，基于科学观察和感觉经验的原则，斯宾塞反对传统形而上学的思维传统，支持休谟关于现象世界和本体世界的区分，认为我们只能对可观察

---

① M. 弗里德曼．重新评价逻辑实证主义．高湘泽．世界哲学，1993，(1)：19.

的现象进行把握，而无法探究世界的本质、本体。“科学的真正含义就是用来理解存在的现象领域秩序中实证和确定的知识。”① 也就是说，我们只能认识现象世界经验范畴之内的东西，而经验范畴是不可超越的。因此，对于本体的实在世界，认识所能理解的范畴只是本体世界的表层现象。“客观的科学证明了这种实体并非是我们想象的样子。”② 我们可以发现，斯宾塞的实证主义思想内核与之后的逻辑语义分析在路径上具有内在的一致性。

穆勒将概念和意义的理解限定在主观经验的范围之内，对于穆勒而言，如何在经验实证的基础上采用逻辑的思维确定名称的意义是认识论的重要任务。以名称而言，在命名活动中和对象最先关联的符号就形成名称的形式，之后再通过群体性的交往过程实现意义的确定。在这里，我们特别需要注意辨别不同类型名词的含义和指称。理论上来说，专名具有指示性特征，本身并无含义，而通名则既有含义也有指称。在这一点上，穆勒反对传统主观经验主义的意义观念理论，认为命题研究的对象并非是心理观念的判断，而是对真实事物和实在的判断，也就是说信念的基本内容是实在、事物，而非事物的心理观念。在概念理解的过程中，我们通常的定义只是名称的定义，而命题的意义说明就是解释名称的意义。“对语词的意义进行分析是对命题的意义进行分析的一个先决条件。”③ 因此，在概念、命题本身及其定义之间，判断与推理的基础并非是简单的定义，而是基于经验事实的理解，命题的意义就是判断名称的属性与经验事实之间的对应关系。这样，我们在观念与经验之间就可以建立起逻辑的实证关系。

罗素的实证主义语义学思想主要体现在其逻辑原子主义的意义理解过程中，其目的在于通过对概念和知识的逻辑分析寻求确定的意义，这种思想成为了随后英国逻辑实证主义语义学研究的理论先声。对于名称的意义，罗素反对洛克将语词意义与观念简单等同的做法，认为观念只是语词和事物的联结者，而语词名称的意义就表现为所指对象。“一个命题并不是一个事实的名称。”④ 站在经验主义和先验逻辑的立场上，罗素认为语言与世界的结构具有一致性和统一性，在世界结构当中具有基础地位的并非是单独的事物，而是包含事物性质和关系的事实。世界的逻辑基础是原子事实，与之相应的命题语言系统则以原子命题为基础，而原子事实就是与命题真假判断相对应的整体事实系统的基本事实成分。“命题对于事实的关系完全不同于名称对于被命名的事物的关系……只要通过检验命题就

① H. Spencer, First Principles. Cambridge: Cambridge University Press, 2009: 102.

② H. Spencer, First Principles. Cambridge: Cambridge University Press, 2009: 99.

③ 奥康诺 D. J. 批评的西方哲学史. 洪汉鼎，等译. 北京：东方出版社，2005：645.

④ 伯特兰·罗素. 逻辑与知识. 苑莉均译. 北京：商务印书馆，1996：225.

能确定关于世界的真理。"① 在这里，事实具有的涵义在于它表示着事物之间的关系结构，而原子事实就最大限度地体现了语义分析的基本原则。"逻辑原子主义意味着我们可以把语词分析为许多相互关联的组成部分。"② 也就是说，逻辑原子作为分析的最基本元素构成了事物的观念，我们可以通过对于语言和逻辑的结构分析而把握世界的本质、特征。为此，罗素反对心理主义的意义理论，他认为我们应该研究语言与外部实在的关系，尽管我们对于意义的理解仍然不可回避其中的心理学色彩，但是采用相对的原则、标准以达到认识的真理，是有可能的。"一种绝对标准的概念虽是幻想，但可以有相对的标准，去增进真理的可能。"③ 总体上，罗素在语义分析过程中力图建构理想逻辑语言以及原子事实推理的思想成为了逻辑实证主义语义学的重要思想基础。

（2）语义分析与逻辑实证主义证实原则的建构。根本上，英国现代语义分析方法的真正确立是由逻辑实证主义实现的，逻辑实证主义不仅从内在特征标示了哲学"语言学"转向的本质、纲领，而且使得语义分析方法普遍地与哲学问题的研究、目标的实现结合起来。"所有的哲学问题都是关于意义的问题。"④ 同时也正是从这个时期开始，语义学的学科地位和研究阵地开始走向成熟和不断巩固。相对于传统的意义问题研究，逻辑实证主义的语义分析试图对传统的认识论思维进行全面反思，同时哲学研究的内容也由此转化为命题语言和经验表述，并且通过真值判断以实现认识的目标，也就是对构成科学系统结构的命题意义进行判断。

从理论内涵来看，英国逻辑实证主义语义学对于逻辑分析性推崇和信奉的典型特征之一就是排斥意义的形而上学背景限定，认为在证实性原则的基础上命题必须以主体经验作为判断的依据，而命题的意义就是逻辑上的证实或证伪性。"经验主义（即哲学）的特点是远避形而上学，其理由是每一个事实命题必须论及感觉经验。"⑤ 这样，通过证实性原则和标准的划界，许多形而上学的命题就被推向了有意义的领域之外。在方法论上，英国逻辑实证主义语义学选择了逻辑语义分析的基本策略，认为概念、语言结构与世界、事实存在之间具有对应关系，为此我们应该借助于自然科学的精确工具特别是数理逻辑以建立科学的语言系统，这样意义的理解就能够通过语言结构的逻辑分析加以实现。对于命题的意义而言，其中的经验内容非常重要，只有被经验证实，命题的意义才能得到承

---

① 伯特兰·罗素．逻辑与知识．苑莉均译．北京：商务印书馆，1996：225.

② Bertrand Russell. The Philosophy of Logical Atomism. Routledge Publication，2009：15.

③ 伯特兰·罗素．心的分析．李季译．北京：商务印书馆，1963：202.

④ 艾耶尔．哲学中的变革．陈少鸣译．上海：上海译文出版社，1985：66.

⑤ 艾耶尔．语言、真理与逻辑．尹大贻译．上海：上海译文出版社，1983：77.

认。“有意义的命题应能为感官观察所确认……从检测过的案例中获得了意义。”① 也就是说命题的意义就体现在证实性的方法中。

维特根斯坦前期的语义学思想主要形成于英国剑桥时期。在划分综合命题与分析命题的基础上，维特根斯坦认为命题从本质上反映了原子事实的存在状态。“命题是对原子事实的一种描述。”② 而科学系统本身就是由有意义的命题——可被经验证实的命题构成的。在综合命题的证实过程中，理论借助于还原方法对基础命题进行观察，因此哲学就是建立在语言基础上的一种动态的逻辑分析活动。在科学命题理解的过程中，维特根斯坦强调意义的图像理论作用。“名字……是互相联系着的，整个就像一幅生动的图画，描画出原子事实。”③ 也就是说命题的意义就是它所表征的一种情态，在其中语言系统的基础就是语词的逻辑联系，因此逻辑结构就应该被看作是语言、世界的基本结构。“命题只是就其在逻辑上有秩序而言才是情况的图画。”④ 在这里，维特根斯坦实际上是强调命题的逻辑结构与世界、事实的结构具有同晶性，而语言命题的意义来源就是存在的逻辑事实。“各种可能的状态之间的内部关系的存在，通过描述这种关系的各命题之间的内部关系用语言表现出来。”⑤ 我们可以看出，维特根斯坦的意义划界理论实际上是从认识论上标示了人类在逻辑语言上有意义的可理解世界和无意义的本体、形而上学世界之间的区分，这就是维特根斯坦前期逻辑语义学构造的根本宗旨所在。

艾耶尔是将欧洲大陆的逻辑实证主义语义分析引入英国的主要代表人物。对于同时期石里克和卡尔纳普等的逻辑实证主义意义理论，艾耶尔表示基本上能够接受。“可证实性原则是一切的基础。”⑥ 他认为，对于命题的形式和结构的研究与经验事实关系密切，因此命题意义的理解必须建立在系统和整体的经验事实观察基础上。本质上来看，这种意义理论对于我们具有重要的哲学价值，在有意义的命题分析过程中，我们应该去除形而上学的伪问题。“许多形而上学的言辞与其说是发表这些言辞的人为了有意识地企图超过经验界限，不如说是他犯了逻辑错误。”⑦ 对于命题意义而言，建立在可证实性原则基础上的命题必须经由经验的逻辑性进行检验。也就是说，真理判断的标准就存在于命题与事实的一致性关系之中。“如果与一个给定的命题相关的观察符合我们的希望，那个命题的真实

---

① 麦基．逻辑实证主义及其遗产．周德明，翁寒松译．国外社会科学，1987，(7)：39.
② 维特根斯坦．逻辑哲学论．郭英译．北京：商务印书馆，1985：40.
③ 维特根斯坦．逻辑哲学论．郭英译．北京：商务印书馆，1985：41.
④ 维特根斯坦．逻辑哲学论．郭英译．北京：商务印书馆，1985：41.
⑤ 维特根斯坦．逻辑哲学论．郭英译．北京：商务印书馆，1985：47.
⑥ 麦基．逻辑实证主义及其遗产．周德明，翁寒松译．国外社会科学，1987，(7)：38.
⑦ 艾耶尔．语言、真理与逻辑．尹大贻译．上海：上海译文出版社，1983：31.

性就被肯定。”① 因此，在这个意义上，逻辑实证主义语义分析的主张具有优越性。“它令人们对精确性更加强调，对模糊性强烈反对。它像一道命令，祈使人们去观察事实，去伪存真。”②

结　语

在理论的推进过程中，逻辑实证主义严格而纯粹的还原论意义理解方式在实践过程中很快就遇到了困难和障碍。对于命题本身而言，很难在经验层面上寻找到对其完备而明确的证明途径，而逻辑实证主义语义学对于逻辑的极端化假设实际上是另一种形式的“形而上学”，其理论分析的基础就是主观经验主义的逻辑本体，因此语义分析的可观察性证实标准本身就是一种不可能性的存在。对于艾耶尔来说，原先所期望的经验命题即观察命题对于理论命题意义的支撑很难实现，其原因在于观察性的经验标准并非在所有情况下都适用。为此，艾耶尔基于对严格逻辑语义分析的反思提出了变通性的解决方案。“‘可证实的’这个词项的‘强意义’与‘弱意义’的区分……如果经验可能使它成为或然的，则它是在弱意义上可证实的。”③ 也就是说我们可以将意义的证实性区分为实在的可证实性和理论上的可证实性，除了经验事实的保证，只要在逻辑层面上命题可被证实，我们就可以断定一个命题有意义。“证实原则本身从未得到适当的阐明……至今仍未得到逻辑上精确的阐明。”④ 可以看出，这种语义分析的路径实际上是对逻辑“强纲领”在策略上某种程度的让步。正是从这一点上来说，艾耶尔声称存在着“强的证实性”和“弱的证实性”原则是有其充分而明确的理论诉求的，在他看来强的证实性决定了命题的意义是否存在，而弱的证实性决定了命题的真假赋值。在这里，艾耶尔实际上是由逻辑的主观经验陈述自发地向约定论倾向进行内在地转换。

纵观英国语义学思想演变、延续的历史进程，我们可以发现无论是 17～18 世纪英国经验主义意义理论的提出与应用，还是 19 世纪至 20 世纪初英国实证主义、逻辑原子主义、逻辑实证主义的语义学研究路径发展，尽管基于不同的时代主题和各具差异的哲学目标使得语义学思想研究呈现出多样的表征形态、面貌，但是各个时期语义分析方法在寻求突破的同时其背后都隐含着科学、理性推动力的整体作用，这充分验证了语义分析方法作为一种人类重要的理性工具在哲学和相关科学研究中的效力、作用。具体来看，经验主义意义理论兴起的时代正是文

---

① 艾耶尔．语言、真理与逻辑．尹大贻译．上海：上海译文出版社，1983：111

② 麦基．逻辑实证主义及其遗产．周德明，翁寒松译．国外社会科学，1987，(7)：43.

③ 艾耶尔．语言、真理与逻辑．尹大贻译．上海：上海译文出版社，1983：35.

④ 麦基．逻辑实证主义及其遗产．周德明，翁寒松译．国外社会科学，1987，(7)：43.

艺复兴运动之后英国自然科学、实验理论和经验理论蓬勃、繁荣的发展阶段，由培根所开创的实验科学理性精神和霍布斯的自然主义物质理论充分展现并影响了英国经验主义哲学研究的态度、方法，因此我们才能在不论是客观经验主义还是主观经验主义的意义理论中发现感性经验、印象对于意义决定标准的基础主义倾向。19 世纪末 20 世纪初，近代科学的发展在作为工业革命策源地的英国取得了新的飞跃，物理学、数学和逻辑学分别在科学主义的基础上克服了自身存在的危机，显示出继续推动人类理性发展的强大力量，而传统的哲学研究在研究对象和领域被相关科学学科剥蚀的同时则面临着自身存在地位的严重挑战，而这也是逻辑实证主义语义学提出的基本时代背景。因此，对于语言问题研究的重视使得英国哲学从传统的认识论研究开始了向语言学转向的伟大变革，而正是从这一时期开始英国语义学开始作为一种方法论强烈地与逻辑实证主义试图完成的哲学使命和目标紧密结合起来。本质上来说，英国逻辑实证主义语义学的缺陷在于其实证原则、标准被无限制地推向了极端，并且将其作为一种绝对的、唯一的和不可动摇的判断标准，以此方式来展开对于命题意义的分析。这种分析倾向的教训在于，语义学的研究不可能脱离主体、意向和直观而独立自存，否则这种实证性的标准同样容易成为逻辑实证主义所批判的形而上学思维方式的“复归”和保留。正是从这个意义上来说，逻辑实证主义语义学在英国的地位确立是 17 ~ 18 世纪英国经验主义、理性主义、科学主义发展的最高成就，同时自其诞生之日起就已经在内部埋下理论崩溃和“被颠覆”的导火索，这就是逻辑实证主义语义学的历史命运。

英国语义学研究的历史传统与发展趋势（下）

——从自然语言语义分析到当代语义学系统方法论的理性建构*

刘伟伟　郭贵春

对于由英国现代哲学的语言学转向在语义学研究方面所产生的两大思潮而言，除了逻辑实证主义的语义分析取向之外，英国日常语言语义学的研究更具重要地位，它所坚持的语义分析原则使得语义分析的经验论传统在这一时期具有了新的表征形态。与此同时，英国语义学研究中一直存在的语用、语境分析路径在这一时期也继续成长和发展，并且从自然语言的结构性和系统性分析等方面为语义学方法的丰富和完善做出了贡献。

一、英国自然语言语义学研究的路径与特征

相对于逻辑实证主义语义学，英国的日常语言语义分析立足于生活语言本身的结构与特性，并且兼顾了语义学研究的自然性特征和结构属性，从而为语义学解释的一致性和完备性提供了重要启示。

（1）日常语言语义学的方法论转向及其内涵特征。英国的日常语言语义学从一开始就反感于逻辑实证主义对于意义的“理想状态”处理方式，认为这种态度并不合乎语言的自然性特征。“哲学家对于句法结构不能完全反映逻辑关系所表示的不满促使语言学家去寻找更深一层的描写……以解释句子的意义以及语义和形式之间的关系。”[1]而这种特征内在地包含了语义、语用以及概念结构的意向性等方面特征。为此，英国的日常语言语义学研究虽然也秉承了语义分析的基本方法，把对于世界和事实的理解限定于语言实体范畴，但是在语义分析路径上则推翻了逻辑实证主义关于命题意义的经验证明方案，将与语义相关的语用、实践和语境等因素纳入语义学方法论的系统框架，从而在整体上树立了语义学研究的崭新路径。

作为英国日常语言语义学的早期奠基者，摩尔（G. Moore）的语义学研究倾向于从“常识”的角度对日常语言进行细致的语义分析，期望从日常语言的

---

* 本课题受到山西省留学基金项目支持，项目编号为2011-018。

刘伟伟，山西大学哲学社会学学院讲师、山西大学科学技术哲学研究中心博士研究生，主要研究方向为科学哲学；郭贵春，山西大学科学技术哲学研究中心教授、博导，主要研究方向为科学哲学。

"表象"背后揭示意义的本质和内涵。摩尔认为，观念即思维中与语词相对应的概念就是语词的意义，而命题则从总体上表征了句子的意义。也就是说，意义可以被看做一种实体性的存在。"摩尔把他想加以分析的东西（即被分析者）说成是表达式的意义或表达式所代表的概念。"[2]后期的维特根斯坦则否定了其前期《逻辑哲学论》所坚持的语词意义与事实指称严格对应的做法，认为语词的意义存在于我们对其应用和实践的理解过程中，也就是说语词只有在一种类似"游戏"的生活状态中才能实现其意义。"一个字词的意义是它在语言中的用法。"[3]我们可以看出，这种语义分析态度直接地体现为对于逻辑实证主义语义学的"反叛"，这既是维特根斯坦在后逻辑实证主义时代对于语义学研究路径反思的结晶，同时也在另一个维度上又开启了日常语言语义学研究的崭新征途。

对于牛津学派的日常语言语义分析而言，奥斯汀（J. Austin）和赖尔（G. Ryle）等将语义分析的技术工作推向了极致。奥斯汀认为意义和真理等语义学问题只有在言语行为的基础上才能得到真正解决，因此意义的理解本质上就是对于我们存在的事实和世界状态的反应。因此，奥斯汀的语义分析实际上已经从语用化倾向出发走向了社会约定论的道路。赖尔对于语义分析方法的理解同样立足于概念、范畴的解释、澄清，并且深入语词、句型的具体使用习惯、心理类型。"它是一个范畴错误……实际上它们属于另一种逻辑类型或逻辑范畴。"[4]在赖尔看来，逻辑的语形与世界的事实并不具有对应关系，因此对于意义本身而言，它既不是一种抽象的存在，也并不存在于语词的外延形态中，而真正具有重要地位的是语词的内涵。这种内涵的刻画、描述与语言的实践、主体的意向以及情境特征具有很大关系，在此基础上我们就可以达到语言逻辑的"纯粹"状态。

整体上来看，在英国以前期的剑桥为中心和在后期以牛津为中心的日常语言学派坚持了语义学研究的自然化趋向，其目的在于通过日常语言的分析建立起可靠、完善的意义理论。"这种自然性恰恰通过具体的、独立的语用环境及其意义的自主建构来得以实现。"[5]因此，日常语言语义学的研究并没有否认语义分析的经验主义基础，而只是将希望寄予对形态多样、具有丰富内涵的自然语言本身进行理解、分析，以消除哲学的疑惑，达到真理性的认识，这就是日常语言语义学与逻辑实证主义语义分析的根本区别所在。

（2）自然语言语义学研究的语境内涵与特征。语义学分析的语境基础是包括了语形、语义和语用在内的系统背景，如果我们把语境区分为内涵语境和外延语境，逻辑实证主义语义分析的句法和语义规则也可以被看做是语词意义的逻辑句法语境，例如罗素摹状词的特征性家族就可以被看作是语词的内涵语境。尽管如此，对于英国语义学研究中一直存在的"语境"概念的内涵而言，如同对于"意义"概念的多维解读一样，历史上不同时期的哲学和语言学对其理解存在着较大的差异，但是总体上来说，语义学分析的"语境"内涵潜在地蕴涵了语词外延存在的情态、环境以及主体的心理、意向等相关因素。斯特劳森（Strawson）认为意义与指称表达的语境基础具有重要意义。“表征的意义类型在语境中使用，给出特别的指称……语境条件一般作为指称正确使用的基础。”[6]也就是说，意义的理解应该立足于生活世界和语用实践，因为命题陈述本身并不具有真理性特征，只有在动态的语境之中才能把握语言与实在的关联性、确定指称的精确对象，并且实现意义与真值的有效结合。

马林诺夫斯基（B. Malinowski）较早地将意义理论的研究带入了语用、交流和朴素的语境分析层面，他认为我们对于语言的理解必须在人类社会的复杂系统中进行展开，而意义取决于语境功能的要求，也就是说：“把语言看作行动的方式，而不是思维的工具，比较合适。”[7]因此，意义的基本元素是句子而非语词，它本身并非是一种固定的实体，而是一种语境的存在。奥格登（K. Ogden）和理查德（I. A. Richards）则认为，在语言功能的实施过程中，意义解释和指称理解包含了意向、态度等语境因素。在语境的基础上，符号、意义与实在三者之间处于一种关联和制约的体系之中。“语境包括了符号和对象，为不同实体之间提供了意义关联，而内在心理语境在符号与指称之间建立了关联。”[8]因此符号的意义表现为多种复杂的形态，其中就包含了意义实现的语用语境基础。

20 世纪上半期，伦敦学派语义学从自然语言研究的背景出发，在文化和社会历史的视阈之中对语言的本质、语义理解等问题进行了探索。受到英国日常语言学派的影响，伦敦学派的主要代表人物如弗思（J. R. Firth）、罗宾斯（R. H. Robins）、哈利迪（M. Halliday）等采用语义分析技术对语言的概念和范畴以及语境因素等问题进行了研究，其共同特征就是强调语境因素与意义的对应性和关联性。例如，弗思的语义学思想具有“泛意义论”的色彩，他在经验研究的基础上将意义看作是言语行为活动的主要特征。罗宾斯则认为，作为意义基本单元的是句子而非语词，语言是一种活动的模式，而并非只是一种思想的表现，因此意义也并非是语词及其所指物之间的关联，而是语词与其所处语境的关联。在这里，语词的意义取决于语境的功能。“情境语境成为了意义理论的基础和语言理论的重要部分。”[9]

总体来看，日常语言语义学以及进行自然语言分析的伦敦学派语义学所强调的语境分析原则强烈地突出了意义存在的复杂性特征，并且将外延语境因素引入语义问题的处理过程，在一定程度上认识到将语形、语义和语用分析相结合的语境分析原则的重要性，这对于语义学认识域的拓宽是具有重要意义的。

（3）自然语言结构语义分析的旨趣与特征。受到同时期欧洲大陆语义学的影响，20 世纪 30 年代至 20 世纪中期，英国语义学研究中一直存在的结构分析思维在语言学和哲学领域得到了很大程度的扩散与传播。事实上，早在英国的弗雷泽（J. G. Frazer）关于社会结构关系的探索中就认为心理意识与社会结构之间的意义关系表现在两者之间结构性的特征之中，而随后英国的阿当森（R. Adamson）乃至于罗素都主张在逻辑基础上对命题进行结构性的分析，这样就能够使得作为分析基础的原子命题能够对事实的本质结构进行澄清。从方法论上来说，结构语义学在本质上与逻辑实证主义具有很大不同，这表现为结构语义分析强调对于实在、事实的隐含意义研究，而非直接指向实在本身。从结构语义分析的视角来看，语言本质上就是“客观的”、系统的整体结构。其中，意义的产生与表征就是各种结构、要素之间的关联活动。“自然语言的语义层有其本身与句法结构相对应的部分。”[10]也就是说，意义就存在于语词之间的关联以及系统和结构的关系之中，并且是作为一种系统和结构的“凸现”。

对于弗思而言，在语言的基本结构之中系统性的特征存在非常重要，语言的各种要素要求能够在关系的联结中形成特定的结构，这表现在语词与句子以及语境的内在构成等方面。“分析的首要原则就是区分结构和系统……意义是系统和结构相互作用的产物……系统为结构要素赋予了价值”。[11]也就是说，在意义实现的过程和层次之中都普遍存在着结构和系统的组合特征。乌尔曼（S. Ullmann）则强调在语言符号分析过程中的内部结构和系统功能，认为由符号所指示的语词意义在历时性上具有系统性的特征。韩礼德则认为“语义是一种网络的结构”[12]，而意义就是语言系统不同层次或类型的表征形态，它表现为语言系统和语境之间的一种结构性“产出”。

从英国结构语义分析的本质和特征研究中，我们可以看出，结构语义学否定了经验主义将语词意义与指称对象相等同的简单做法，将意义确定在了语词和句法所构成的网络结构中，其中结构性要素的关联即意义的产出并不依赖于指称的对象。也就是说，结构语义分析的前提是承认语言符号的社会约定性特征，在语言形态的多样性基础上力图寻求意义的确定性存在。实际上，这种结构语义学的分析方法在内涵语境的基础上赋予了语义分析以动态性和灵活性，这种分析倾向尽管存在着很大的缺陷和不足，但仍然对于英国后来的整体主义语义学、动态语义学和语义学分析中语境思维的应用提供了某种适当的契机。

二、当代英国语义学的方法论建构与发展

20世纪后期以来，随着世界科学的全面突破和飞速跃进，英国语义学研究在计算机科学、认知科学等相关学科的持续推动下，呈现出多学科、跨领域和综合应用的发展趋向。在继承传统、反思历史的基础上，英国语义学研究不仅保持了与欧洲大陆语义学沟通、融合的开放态度，实现了逻辑语义分析和日常语言语义分析的有效贯通，而且力图在全新的背景、平台基础上构建科学语义学方法论的系统结构。

(1) 整体的和动态的语义学研究倾向得到了全面扩张和展开。20 世纪后期，基于对实证的逻辑语义分析的反思和受到语义学语用化研究倾向的影响，英国语义学开始逐渐从传统的微观语义分析向整体、系统的语义分析进行转变，而这一点也符合了当代语言哲学的内在转变趋势。

从理论特征上来看，传统的微观语义学在与形而上学论题划清界限的同时又极端、绝对地把语言、逻辑树立为形而上学不可动摇的背景。对于英国的逻辑实证主义语义学而言，这种衍生于经验主义内核的语义还原论思维不可避免地走向了没落的厄运。正是在此基础上，整体主义语义学的提出鲜明地把意义理解的基础置于整体语境的分析视阈之中，它从根本上要求命题理解在相关的语境因素和语义分析之间保持适度的平衡。为此，达米特在语义学方法论的建构过程中树立了系统整体的理论思想，在对于意义和真理等语义学问题的分析、处理过程中，语义分析的系统性、结构性和语用特征等多维界面被纳入进来，这成为达米特语义学思想结构的重要组成部分，而在这种整体结构之中意义的表达、实践必须遵循科学的有效性和协调性等一般性特征。

在动态语义学研究方面，波普尔的语义学思想本质上是基于英国语义学研究中一直存在的经验主义基础而对真理和知识等概念、范畴进行反思的结果，其思想的动态性特征主要体现在其理论、命题的经验证伪性基本原则之中。波普尔认为，理论的真理性本身就是一个不断被检验、不断被证伪的过程，真实性特征是暂时的，而被证伪是一直存在的。“客观真理观念，它是一个我们可能永远也达不到的标准。正是在这个意义上，真理观念是一种调节的观念。”[13] 对于认识论的研究而言，真理是一种永远处在“被逼进”状态的存在，科学的探索能够不断地向真理的“本质”进发，但是这种“本质”永远都是一种相对性的存在。因此，面对这种理论命题的“逼真度”，科学的研究唯有不断地提升和进步才能为命题的意义赋予新的内涵。

总体来说，在意义的动态理解过程中，“语义结构的语境独立性和语用结构的语境特殊性之间存在着内在的关联性”[14]。也就是说，语义分析的动态化倾向充分专注到了语义内涵的语境转换特征，从而为语义学研究的自然性扩张奠定了基础，这也是当代英国语义学研究从相对的动态性和系统的整体性趋向扩张的动力所在。

(2) 意向和认知语义分析在英国语义学研究中得到广泛应用和普及。认知、意向语义学反对客观主义的语义分析趋向，同时基于经验论的研究背景，认为语言、概念结构与主体思维结构具有很大关系，这种语义分析的意向和认知特征反映了“心理现象与物理现象之间的关联”[15]。也就是说，意向、认知语义解释为心理表征奠定了重要基础。“对语义特征的分析和把握，正是对命题态度及其意义分析和把握的前提和基础。”[16] 例如，格莱斯将交际参与者的意向性表达与意义的分析紧密结合起来，他认为语言交流的有效性依赖于对符号意向性的理解、分析，也就是说在语言交往过程中双方需要对说话者的意图进行推理、判断。在作为言语的非自然意义中最关键的就是意向性的意义内涵，这样意向性就成为了语言意义实现的重要工具和手段。在格莱斯之后，威尔逊（D. Wilson）认为说话者的意向性包括信息和交流两个层面：信息意向即言语的表层含义，而交流意向则是语言的隐性含义。因此语言的交往实际上是在这两种含义的共同作用下进行的推理、判断和分析。

从认知语义学的立场上来说，我们应该将与语言相关的知识结构、认知过程和隐喻含义等相关界面进行整合，对文化、社会的语境信息进行认知处理。在这方面，达米特语义学研究的认知取向则在很大程度上代表了当代英国语义学实现“认知语义”转向的重要特征。达米特否定了实证主义将意义与指称简单等同的做法，认为必须将语义真理的确定根基于主体的内在理性，这样我们就可以通过理解语言形式的意向性表征来实现对于真理的把握。实际上，传统的思想将真理作为一个不可动摇的初始性存在，从而在某种程度上忽视或有意回避了真理分析中主体的能力和意向性地位的存在。为此，达米特强调我们必须了解语言的运行机制和交流双方所使用语言的意图、目的等背景知识。也就是说：“意义理论是理解理论……本质要求……促进了意义理论的认知转向。”[17]这样才能够实现意义与真理的有机结合。

从理论的目标指向性来说，认知、意向语义分析肯定了人们在语言使用背后所具有的思维、心理作用，将意义作为命题形式在心理当中的整体反映，也就是说语义潜在地包含了心理认知图景。因此，相对于逻辑实证主义在意义理解中强调真值条件的狭隘做法，当代英国语义学试图从脱离主客观二元对立的基本背景出发，将意义的理解置于整体的认知结构、模式之中，强调人的思维、心理和大脑反应机制对于意义理解的重要作用，并且在此过程中将主体的情绪、态度和意向等因素涵盖进来。总体上，这种语义分析路径对于实现语义学方法论的科学性建构目标而言是值得肯定的。

（3）计算、信息语义学和语义的规范性研究得到了普遍重视。20世纪后期以来，计算机科学和信息科学等新兴学科在英国迅速兴起，机器语言翻译和人工智能研究开始逐渐成为英国前沿科学领域探索的“显学”。正是在这种时代背景下，当代英国语义学的分析触角广泛地渗透到了计算机科学语言的语义研究当中，并且通过相关路径的开拓为语义学研究开辟了广阔的空间。

就计算语义学处理的规范性本质而言，自然语言的语义分析模式势必与语言、心理等计算信息处理实现跨领域的结合，而在信息科学方面基于哲学语言分析和逻辑计算处理的英国计算语义学一直走在世界前列。从内在特征上来看，计算语义学实现了语义和语形的内在关联，因此能够从结构上展开对于算法结构的理论分析。从信息和计算语义的视阈出发，当代英国计算、信息语义学研究中存在着以下一些研究路径，这些路径从语义和计算的关联特征、结构等方面表达了对于规范语言语义学计算化处理的态度和方向：第一，语义学的公式化处理（axiomatic semantics）。公理语义学对于意义的理解侧重于表达计算的程序状态对于命题的影响，同时也希望将对于程序的理解形式化，通过对于语言组成结构的语义分析建立公理系统，在这方面霍尔（C. A. R. Hoare）采用公理系统对语义进行了程序化的处理，并且强调了程序处理的严格性和规范性。第二，语义学的代数式处理（algebraic semantics）。皮茨（M. Pitts）、林克（G. Link）和安德鲁（Andrew）等用代数方法对计算语言的语义进行分析，他们将计算语言的语形看作是抽象的代数结构，并且立足于数据类型的科学理解，用代数结构对于数据类型的语义进行研究。第三，语义学的操作化处理（operational semantics）。这种语义方法采用虚拟的计算模型和条件性约束来对计算元语言进行定义，并且通过程序规范的语言对语义加以确定。英国的兰丁（P. J. Landi）和温斯克（G. Winskel）采用抽象模型的标准实施表述了计算式的语义，其本质就是用语言结构的计算操作来界定语义，从而建立起逻辑的解释系统。第四，指称语义学（denotational semantics）的程序化语言分析。例如，斯特雷奇（C. Strachey）将计算语言作为计算程序设计的结果，尽管计算系统自身存在差异性，但计算指令的执行方式并不影响输出的结果，因此语义的分析与计算程序的语言处理过程是无关的。

总体上，英国计算语义学的应用和发展，以及语义分析、处理的不同路径典型地反映了语义和语形之间的内在关联，也就说它首先要处理的就是语形和语义的“纠缠”关系。在实践过程中，它力图通过算法和集合的规定为意义表征赋予全新的解读方式，同时也希望能够通过语义信息的有效处理而实现对于对象意义的理性分析。也就是说，在计算语义学的系统研究中，语义分析和语形构造紧密地结合在了一起，这对于语词意义的理解和概念的深入分析具有重要意义。

（4）语境论语义学的方法论研究成为了当代英国语义学科学性内涵建构的合理趋向。20 世纪后期以来，英国的语义学研究在对语形、语义和语用相结合进行分析的背景基础上，充分认识到作为意义理解整体基础的语境论能够作为一种本体论实在对命题意义进行判断，同时它也全面兼顾了多种形态的语境因素及其关联特性，为意义理解赋予了完备性和系统性。因此，从某种程度上来说，英国语义学的这种研究旨趣为当代世界语义学的发展指出了可资借鉴的崭新路径。

历史地来看，利奇虽然对于语境论语义学的现状、进展表示了极大地不满，但他对于语境论语义学建构的系统性、结构性和科学性还是寄予了很大期望。他敏锐地意识到了导致语义学自诞生以来地位模糊、界限不清的主要原因在于对语义学方法论的科学性结构、领域没有建立一种统一而明确的认识，特别是在自然语言、规范语言之间以及与语义相关的逻辑性、意向心理等相关问题、特性的研究中没有实现科学的归纳和整合，而这一任务最终还是需要通过语境论语义学的继续完善、丰富来加以实现。也就是说，语境论语义学的方法论建构应该满足基本的科学性条件和要求。“语义学和下面几种知识划清界限的问题，这几种知识分别为：①真实世界的知识；②句法；③情景知识；④一般人类语言的语义学。”[18]这实际上是指出了语境论语义学建构的基本界面和需要系统化处理的几个重要方面。

站在语境论语义学的立场上，英国的逻辑实证主义语义学和日常语言语义学，以及当代英国的认知语义学和计算语义学研究实际上是从语境系统的不同界面出发所展开的语义分析路径，而语境论语义学分析的“语境”界面与语言构造本身以及心理状态和事实存在等因素密切相关。因此，达米特认为我们必须将意义的真值分析置于动态的语境之中加以理解，而句法形式、文化和意向特性等相关界面在整体上决定了真理的特征。也就是说，我们需要对真理概念进行系统和完整的解释。“语境框架的变动规约了真理的形态。”[19]

从利奇和达米特等英国当代语境论语义学研究的核心思想来看，语义分析实际上是被要求恰当地处理语义表征的语形体系，而正是在这种语形体系的规定范围内语义的功能和作用才能够得以充分发挥，同时在自然语言的规范化和规范语言的自然化处理中理论和命题解释的语境平台被整体地凸现出来，从而在意义和语境之间建立起了动态的和结构性的关联。

结　语

纵观英国语义学发展的历史趋势与时代特征，我们可以发现英国语义学研究的传统、特征与英国哲学思辨的理性精神、语言学分析的浓厚氛围具有深刻的内在关联，这表现为哲学研究重视语言学分析视角、方法，而语言学研究中强烈渗透着哲学基本问题的反思，从而在边缘交际的研究领域中孕育出崭新的思维趋向。在长期探索的历史进程中，语义学分析与哲学本体论诉求、认识论理解和方法论探索相互交织、互相推动，从而使得语义学研究不仅在英国历史上呈现出多样的发展形态和表征类型，而且在当代从系统方法论的建构方面体现出重要的哲学意义和价值。因此，从语义学研究的历史定位、横向比较来说，当代英国语义学研究繁荣、多姿的延续历程充分展示出了英国语义学在世界语义学研究的历史格局中所具有的重要地位，其成就不仅代表了当代世界语义学研究的潮流和趋势，而且必将继续引领未来语义学发展的时代旗帜，从而为科学语义学的方法论建构做出更大的贡献。

参考文献

[1] 杰弗里·利奇．语义学．李瑞华，等译．上海：上海外语教育出版社，1987：215.
[2] 奥康诺 D J. 批评的西方哲学史．洪汉鼎，等译．北京：东方出版社，2005：881.
[3] 维特根斯坦．哲学研究．汤潮，范光棣译．北京：三联书店出版社，1992：31.
[4] 吉尔伯特·赖尔．心的概念．徐大建译．北京：商务印书馆，2005：10.
[5] 郭贵春．语义学研究的方法论意义．中国社会科学，2007，(3)：83.
[6] Strawson P F. On Referring. Mind，1950，59（235）：336.
[7] 同［1］：88.
[8] 同［1］：9.
[9] Ardener E. Social Anthropology and Language. London：Routledge Press，2004：33.
[10] 同［1］：15.
[11] Halliday M，Webster J. Continuum companion to systemic functional linguistics. London：Continuum International Publishing Group，2009：64.
[12] Halliday M，Webster J. On language and linguistics. London：Continuum international publishing group，2003：346.
[13] 卡尔·波普尔．猜想与反驳．傅季重，等译．上海：上海译文出版社，1987：328.
[14] 郭贵春．科学实在论教程．北京：高等教育出版社，2001：245.
[15] 同［14］：350.
[16] 同［5］：84.
[17] 张燕京，李颖新．当代意义理论如何可能．学术研究，2007，(2)：30.
[18] 同［1］：124.
[19] 郭贵春，王航赞：达米特的语境真理论．学术论坛，2003，(1)：23.

认识的语境论蕴涵的五大问题*

魏屹东

认识的语境论（epistemic/epistemological contextualism，EC）是20世纪80年代以来兴起的一种新的认识论。它主张由特定知识语句表达的命题依赖于说出这个句子的语境。具体地讲，由给定的知识语句如“*S*知道*P*”或“*S*不知道*P*”依赖于产生它们的语境，也即知识的形成与理解是语境依赖的。在某个语境中，*S*知道*P*；而在另一个语境中，*S*不知道*P*。这两个陈述在各自的语境中都是正确的。语境不同，认识标准的高低程度不同，在不同的语境中进行对话、行动就会产生争论或冲突。不同的语境设置了不同的认识标准，而且这些认识标准随着语境的变化而变化。语境论者坚信：EC是对我们认识判断的最佳解释，能够回答怀疑论的问题，比如，为什么在大多数语境中我们能够判断我们拥有知识，而在一些语境中我们不能判断我们拥有知识。EC既有不少支持者，也受到许多人的质疑和批判。本文专门就EC产生的五个问题进行分析与讨论。

一、怀疑论难题解决的有效性问题

对于某个陈述我们“知道”还是“不知道”，怀疑论主张在严格标准条件下我们不知道，语境论认为，“知道”还是“不知道”在各自的语境中是明确的。为此怀疑论者提出如下难题：

前提1：我不知道非*h*（*h*为某些怀疑的假设，比如我是一个无身体的缸中之脑，受刺激而具有那些我曾经有的经验，如我不是一个“缸中之脑”）。

前提2：如果我不知道非*h*，那么我不知道*p*（*p*是一个常识命题，通常我们都知道它的意义，比如我有手）。

结论：所以，我不知道*p*。

常见的例子是：

（1）我知道我有手。

---

* 本文发表于《哲学动态》2012年第4期。

魏屹东，山西大学科学技术哲学研究中心、哲学社会学学院教授，博导，哲学博士。

(2) 如果我不知道我不是“缸中之脑”(BIV)，那么我不知道我有手。

(3) 我不知道我有手。

对于这个难题，语境论者认为认识的语境论能够解决，而怀疑论者认为认识的语境论不能解决。虽然质疑的观点不少，但是它们都认为认识的语境论是一种语义学的或元语言学论点，不能成功地对付并回答怀疑论难题。也就是说，认识的语境论对于怀疑论难题是无效的。

科尼（Conee）[1]和费尔德曼（Feldman）[2]是这种观点的代表。他们认为，认识的语境本身不能产生对语境论解决方案非常重要的结果。比如，在日常语境中，由知识语句这种表达方式表达的命题的为真不是通过认识的语境论本身获得的。有些反驳观点认为，认识的语境论根本不能正确地描述怀疑论立场。认识的语境论认为，怀疑论的主张仅是相对于非常高的认识标准来表达真理的。但是，怀疑论的确提出一个具有历史重要性和哲学意义的问题——怀疑论和非怀疑论之间的争论的问题就是我们是否对我们的日常认识标准满意。[3]怀疑论难题是一个纯粹的知识论问题，而不仅仅是知识判断的高标准问题。“关于怀疑论的争论既不是作为一个我们的证据资格被认可的争论，也不是产生于关于知识标准是什么的不同观点的争论。相反，它是一个关于我们的证据如何充分的争论。如果这样去理解它，在任何一个具体语境中，判断关于那些标准与词‘知道’相联系以确定认识论意义是困难的。从这个视角看，语境论是中立的怀疑论，因为它没有说明这个问题的这一部分。”[4]由于认识的语境论的“不谨慎和错误的表述”，它就是一种有限的关联认识论。[5]也就是说，认识的语境论被限制于某种元语言观点，它对于怀疑论仅具有有限的意义。在非怀疑的语境中，从我们能够使用“S知道P”表达真实命题这个事实可以得出：我们不能推知我们是否知道任何东西——一个我们能够在哲学语境中考虑的问题。事实上，如果它被规定为某些无语境答案的问题，人们会以为认识的语境论者不承认这个问题的意义。

针对认识的语境论没有完全描述或回答怀疑论提出的问题这种指责，认识的语境论者做出了回应。内塔认为，怀疑论者“没有提出我们不能满足非常严格的知识标准这种无趣的主张。相反，他声称我们没有满足日常的知识标准”[6]。反对者则认为，怀疑论者能够做到这一点，仅仅因为他不能把某些心理状态看作证据。这造成了我们被迫接受非常高的认识标准的，即使这些标准不能直接控制“知道”本身的适当使用。

怀疑论的麻烦在于：“当说‘*S*知道*P*’这种形式时，我们自始至终都在进行虚假的表达。”[7]认识的语境论的要旨不是要表明我们知道什么，或我们日常的知识主张表达真命题，而是要表明这些主张的假定真要与怀疑论难题的前提的表面真一致，而且认识的语境论教给我们如何可能做到这一点。[8]索瓦不赞成这种看法，认为非怀疑论者希望保持“摩尔立场”并为其辩护，“摩尔立场”不是这样一个元语言主张——在日常情景中普通人声称“知道”某些事实，他们通常表达了真实情况。相反，“它是这样一个立场，它在哲学语境中被使用，是关于通过某人所知道的，扩展到人们通常所知道的。在最低程度上，它是关于人们在他们日常声称知道时是否是正确的。这与在日常表达方式‘我知道P’中他们是否是正确的则是非常不同的”[9]。一旦我们放弃了元语言观点，我们也因此放弃了摩尔立场。

索瓦关于怀疑论的这一主张是在哲学语境中形成的。这自然会导致一个相关的、截然不同的语境论回应。似乎有充分的理由说明，当认识论者认真考虑我们知识的范围、不同于怀疑论证的说服力等问题时，他们就拥有单一的、共享的语境。[10]在这个语境中，一些有怀疑倾向的人拒绝承认我们知道，而反怀疑论者坚持宣称我们知道。争论仍然在继续。认识的语境论者提出的解决方案意味着，在这个语境中，怀疑论主张是正确的观点得不到认识的语境论者的认可。也就是说，由知识语句表达的命题以语境论者宣称的方式语境地变化。但是这并没有告诉我们这些语句的哪些具体方面是正确的，哪些具体方面是错误的。语境论者则反驳说，事实上不存在单一的、共享的语境来控制严格的认识论讨论。这意味着，在不同语境中，知识标准是变化的，而在同一个语境中，知识标准是不变的。这是同一个问题的两个方面。语境论者强调的是语境的不同而不是相同。完全相同的两个语境是不存在的，正如世界上没有完全相同的两片叶子一样。一些认识的语境论者如柯恩认为，语境论者没有强迫任何一种观点主张在何种环境或条件下怀疑论的主张表达了真实情况，而是坚持认为认识的语境论至少是提供了一种解决怀疑论难题的方案，或者说是一种更可取的竞争性解释而已。[11]在我看来，认识的语境论的确是一种解决怀疑论难题的适当路径，但不是唯一的路径。很显然，认识的语境论在解决怀疑论难题方面远没有那么有效。人们对待它的态度取决于它解决怀疑论难题的效力以及它提供证据的能力。

二、误差理论问题

认识的语境论之所以能够吸引人，原因在于它能够在一组似真的主张中解决某些明显的冲突，而不用强迫我们拒绝这些主张中的任何一个假的主张。赖特（C. Wright）指出，认识的语境论之所以有诱惑力，在很大程度上它能导致某一“（潜在）不妥协‘非假’观点的争论，在争论中，我们不得不提供更多事实的未形成的概念，使得一方的正确是以另一方的错误为代价的”[12]。不过，无论语境论多么诱人，对解决怀疑论难题多么有力，它注定是要面对“误差理论”的。所谓误差理论是说，在特定语境中表达的命题的意义不完全是明确无误的，人们往往会被其词语所误导。也就是说，认识的语境论的语义观不是完全正确的，毕竟其正确性被认为是最近的发现。而且在那些情形中，言说者关于谁知道或不知道的主张根据语境论者的说法是不冲突的。但是许多语境论者坚持一种信念，即两种说法不可能都是正确的。

例如，我们日常知道不同事情的主张似乎与怀疑论者否定我们知道任何这类事情的观点冲突。这就是为什么怀疑论者一直以来提出的一个问题，这个问题对语境论者来说就构成了一个新的解决方案。语境论者寻求解释我们为什么思考这个问题，更一般地说，我们为什么认为在高标准情形中所说的事实上与低标准情形中所说的是相容的。[13]这意味着我们不能完全理解语境论的语义学，也不能真正地追踪语境中的转换。

怀疑论者认为，误差理论是成问题的。沈福反驳说，以语境论者宣称的方式说“我们被我们的词语所迷惑”是难以置信的。因为“如果知识语句以语境论者所要求的方式被索引，言说者知道他们所说的是什么”[14]。从表面上判断，这个反驳是没有多少分量的。回到上述的怀疑论难题，两个前提均被认为是非常似真的，论证也似乎是有效的，而结论似乎难以置信。因此，“某种似真的东西一定发生了”[15]。这样，认识的语境论不是一个完全“无错”的观点，说语境论本身是可错的并不意味着可以原谅它的错误。

那么，为什么说语境论的误差理论是有问题的？柯恩对这个理论做了分析，他认为语境论的唯一错误在于涉及言说者的“元判断”（meta-judgments）[16]，但是巴赫认为，这种错误在对象层次与错误隔离的情况下存在是难以置信的[17]。德罗斯以几乎同样的方式回应说，如果你把怀疑论难题介绍给一群被试（subject），问他们这个结论是否与日常我们知道这个事情的主张相矛盾，有些人的回答是肯定的，有些人的回答是否定的。换句话说，如果语境论被证明是正确的，会有许多人对此视而不见。因此，无论语境论还是不变论谁被证明是正确的，普通言说者所说语句的实质内容部分会受到“语义学无知”（semantic blindness）的折磨[18]。因此，欺诈是某种我们无法摆脱的东西。

对于以上反驳与回应，我们需要考虑两个问题：其一，从它本身考虑，语境论的误差理论是否似真；其二，这个理论是否形成了内在于语境论的问题。第一个问题的范例是柯恩关于知识归因的“平面怀疑论”，即认为没有什么东西实际上是平的。然而这一切可能发生，因为“虽然平面的归因是语境敏感的，但是有能力的言说者未能认识到这一点。而且由于他们未能认识到这一点，他们可能错误地认为，在极端标准的语境中[19]，他们勉强的平面归因与日常语境中他们的平面归因相冲突”[20]。

然而，某种说出的语句之间明显的不相容性，实际上是由于它们在不同的语境中表达不同的命题。一旦我们看到的情形是这样，任何不相容的现象趋向消失。比如，我们可能不同意“河南是平坦”的这个说法。如果我们清楚地知道你的意思是指河南相对于山西没有多少山，我的意思是指河南没有多少丘陵。这样我们会很快地同意我们自始至终都是对的。但是，在多数情况下，这种情形不会发生，因为在各自语境中，判断命题的标准不同。

认识的语境论者承认在相同的条件下人们对命题的理解也会有差别。比如上述某地平坦的例子。柯恩注意到，我们已经知道存在“变化度，对于它有能力的言说者不清楚语言中的语境敏感性”。索引词如“我”、“明天”等的语境敏感性是容易认出的，而像“平坦”、“圆的”等这些词的语境敏感性是不容易认出的。也就是说，抽象词比形象词的语境敏感性难以辨认。至于“知道”这个词，“认识它的语境敏感性就非常困难了，即使有能力的言说者在大量反思之后接受了语境敏感性。认识它需要进行敏锐的深刻思考，探究解决难题的最佳路径，以便‘看到’‘知道’的语境敏感性”[21]。

霍夫温博（T. Hofweber）提出的“隐藏的相对性”[22]（hidden relativity）观点支持柯恩的主张。在霍夫温博看来，我们说“八月是夏季”意味着我们住在北半球，如果我们说“八月是冬季”意味着我们住在南半球。言说者可能并没有意识到这一点。即使言说者意识到了，当他说出这些语句时，也没有感觉到被强迫使这些特性显性化。语句中隐含的意义就是语句表面意义的“隐藏的相对性”。这个概念与隐喻的特性非常相似，因为隐喻表达的是字面意义背后的含义。比如，“玛丽是天使”的本意是说她美丽、善良，美丽和善良就是“隐藏的相对性”。所以，当沈福说“没有人渴望告诉你他所说的和他隐含地陈述的意思是他相对于如此这般的标准而知道命题P”时[23]，这本身并不说明这样的相对性事实上是不必要的或不适当的。当你问某人他说“八月是夏季”是什么意思时，他可能只是简单地重复他所说的话，并不说明这句话的隐含意义。表面意义通常是常识，而隐含意义通常是专门知识，这种知识需要通过学习才能知晓。比如，当北半球是夏季时，南半球就是冬季。

然而，“隐藏的相对性”这个概念并不是很清楚的。比如这个概念是否真正地提供了一个模型，使我们明白，我们忽视了知识语句的语境敏感性？因为当人们没有意识到“八月是夏季”的相对性时，一旦他们意识到这个相对性，他们就会主动地使这个语句清晰化。但是，当这个所谓的相对化在知识语句内被显性化时，人们可能会更加糊涂了。比如“八月是夏季”在北方是一般人都知道的常识，如果一定要强调其隐含的意义“我们住在北半球”，知道的人会认为这是多此一举，不知道的人会认为是故弄玄虚。因此，认识的语境论常常会遇到抵触，它也因此被认为是强化了争论，而不是消除了争论。其实，“夏季”这个概念是与地理学密切相关的，大多数人在说“八月是夏季”时，并没有相对性这个概念，无论是意识到还是没有意识到“隐含的意义”。对于语境论者来说，证据是必需的。在不同的语言共同体中，判断标准的变化决定了知识语句的真值条件。在我们日常的知识归因行为中，我们由这样的事实引导也是必然的。

这个问题产生了另一个问题——误差理论是否形成了内在于语境论的问题。就相关表达的语境敏感性能够被深深地隐藏而言，即使经过了深思熟虑，这些表达仍然不是很清楚的。比如，是什么驱使我们判断言说者所说的是“正确的和适当的”，也就是语境论者所说的意识到语句的语境敏感性。因此，语境论者必须在相信我们掌握知识语句的语境敏感性和归因于我们未能掌握这些知识语句的语境敏感性之间寻求“一种微妙的平衡”[24]。

内塔注意到，人们忽视的现象是物质世界的事实。“语境论者不应该说我们关于知识归因的语义无知是由我们对知识的真实性质的无知产生的。在某种程度上，它被认为是由于我们对那些归因内容依赖语境因素的方式的无知产生的。”[25]正如我们看到的，语境论者所说的“语境”远非指我们的物质的情景和其中的各种现象的性质，而是指言说者所说的语句的目的、意图、期望、预设等那些东西。这些东西是与心理性质相关的。

瑞修（P. Rysiew）认为，霍夫温博的“隐藏的相对性”和语境论之间的差异强化了人们对语境论的误差理论的关注。[26]这似乎在我们的语义自我知识能力方面隐含了一个相当明确的亏损。说我们“合并语境”（conflate contexts）就等于说，当我们说出知识语句时我们把我们的意图、目的等进行混合。我们的确知道那些已经发生的事情。但是无论是否在语义自我知识方面构成亏损，当其他术语的语境敏感性相当容易被接受的时候，当我们被认为绝对掌握了这个真理的时候，如果我们对为什么许多人很难与语境论的真理达成一致方面做出解释，那也是一件好事。柯恩评价说，我们重视确证和知识，但是语境论原理是紧缩的。关于知识，语境论者认为，我们的“*S* 知道 *P*”形式的大多数日常表达是真实的，即使在那些实例中认识立场的强度没有满足我们的高标准。同样，关于平面，语境论者认为，“*X* 是平的”这种形式的大多数语句的日常表达是真实的，即使 *X* 的表面没有完全达到绝对平。换句话说，语境论是一种“好消息坏消息”理论。好消息是说，我们有许多知识，而且许多表面是平的；坏消息是说，知识和平面不完全是他们吹嘘的那样。我们发现，人们接受平面比接受知识更容易。[27]因为平面归因不需要知识确证和归因所要求的规范力。

概言之，认为的语境论有这样或那样的不足，如“语义无知”、“自我欺骗”等，但是这些缺点不足以抵消它的优点。尽管争论还会继续下去，甚至会更加激烈，但认识的语境论在解释知识归因方面具有相当的解释力。我们不能因为某个理论有某些不足就抛弃它，如果这样，我们就会犯“孩子和洗澡水一起被倒掉”的错误。

三、语言模型问题

根据认识的语境论，“知道”是一个语境敏感的概念。但是，认识的语境论者以怎样的语言模型解释这个事实讨论的并不多。比如，柯恩把知识看作索引对象[28]，哈姆博格（Hambourger）把知识比作巨型库[29]，海勒认为知识是一个模糊术语[30]，德罗斯运用类比说明知识语句某种表达方式之间的冲突[31]，但没有给出‘知道’的适当模型。因此，关于‘知道’的语言模型问题，语境论者还没有提出很好的解决方案。

然而，不管采用哪个模型，围绕“知道”的语言材料如果是真实语境敏感的，那并不是人们所希望的。这种主张一直是遭到反对的。比如斯坦利（J. Stanley）坚决主张，与“平坦”、“高的”这些术语不同，“知道”不是明确地可分类的（gradable），比如知道多少，知道什么程度是很难确定的。我们说某人“非常高”是有意义的，而当说我知道某物“非常好”时，“非常”在这里不是起一个程度修饰词的作用。但是“被确证”（justified）显然是分类的，即使可分类性对于语境敏感是充分的。[32]从知识需要确证这个事实来看，它不意味着“知道”也是语境敏感的。“知道”也不像索引词比如‘我’、“这里”或关系项比如“朋友”那样行动。

霍桑（J. Hawthorne）提出了一个相关论证。他认为运用一个不可思议的语境依赖术语，不如使用他称为“澄清技巧”的方法更好。他举例说明他的观点：我回避你的主张“美国堪萨斯州是平坦的”，并指出在我们前面有一个高岗。与其你承认错误或简单重复你的主张，不如你澄清说：“好的，我的意思是说那里的山很少。”霍桑的意思是在“知道”的情形中我们很少有澄清的技巧，而“只有通过澄清技巧，语境依赖的敏感性才能呈现出来。”[33]卡佩勒（H. Cappelen）和利珀（E. Lepore）[34]根据某一术语的真实语境敏感的测试说明，“知道”这个概念没有通过测试，也就是没有得到令人满意的结果。认识的语境论者对这个问题的回答也因人而异，比如对斯坦利问题，有人提出建议。帕蒂（B. Partee）认为，“知道”的确不同于像“高的”这样的表达，但是它有更好的模型可用。[35]考姆帕（N. Kompa）建议，“知道”的语境敏感性最好被理解为源于一类独特的“不确定性”（unspecificity）。[36]其实，“知道某物”是与知道者的背景相关的，而背景因人而异，从这种意义讲，说“知道”是语境敏感的就具有了某种不确定性，这种不确定性因人而异，因事而异，因时而异，因地而异，因而也就具有了不确定性。如果“知道”本身是一个非语境敏感概念，那么某人说自己知道某事就具有绝对的意义，也就是说它不需要任何判断标准。在语境论者看来，这是很难让人理解的事情。如果“知道”是一个非语境敏感术语，认识的语境论就没有必要存在了。

如果所陈述的或所主张的东西具有确定无疑的决定因素，那么在知识语句的不同使用中所陈述的或所主张的东西在真值条件下不断变化，即使“知道”是非语境敏感的。这里存在着一个认识的语境论与语言哲学的关联问题。认识的语境论主张，“知道”是根据语境的变化而变化的，在不同的语境中，“知道 *P*”和“不知道 *P*”都是对的。怀疑论认为“知道”是非语境敏感的，即使所表达内容在不同使用中变化。在我看来，这里有一个误区，语境的使用环境不同，也就是语境不同；确定无疑的决定因素对于语句而言是确定的语境因素，不确定的因素是潜语境因素。我们不能认为确定的因素就不是语境因素，而潜在的因素才是语境因素。这里的确存在着一个关于“知道”的分类问题，与词相关的就是语境的分类问题。

关于分类问题，勒德洛（P. Ludlow）坚持认为，分类性（gradability）是一个过于粗糙的判断“知道”是否语境敏感的标准。他不赞同霍桑关于“知道”的澄清技巧普遍有效的观点，主张我们有充分的理由认为“知道”的语义学对于认识的语境论主张的知识变化标准来说包括某些占位符（placeholder）。他把认识的语境论看作是一种“普通的语言哲学”，认为我们可以通过“谷歌搜索”出许多如“通过客观标准……”，“通过学术标准……”，“运用某些确定性……”等短语与“知道”同时组合成不同的句子，从而表达不同的内容和意义。这些短语是构成认识的语境论的语言基础的可能材料。[37]

一般而言，在不同领域做出某些可评价的判断过程中，我们会使用不同的标准，甚至明确注意到的标准。这个事实并不必然说明，语境论的语义学的相关术语是正确的。正如这些术语几十年前处于普遍语言哲学之优点的争论中心一样，关于这些材料的适当哲学操作的方法论问题诱发了认识的语境论。正如勒德洛所描述的那样，是否把它们看作语义展示的或语法上误导的东西，相关的表达方式是否必然使知识的语境变化标准更加凸显，或使编制“知道”本身的信息的传输更加有力，是认识的语境论必须面对的。

四、心理预设问题

在“*S* 知道 *P*”的形式中，不仅“知道”是语境敏感的，而且作为主体的 *S* 是有心理预设的，即有信念的。*S* 知道 *P*，是因为 *S* 相信 *P* 的存在为真。如果 *S* 怀疑 *P* 的存在，或 *P* 存在的真假，那么 *S* 就不会相信 *P*，也因此不知道 *P*。当然，*S* 知道 *P* 与 *S* 相信 *P* 是有区别的。因为 *S* 相信 *P*，不必然要求 *S* 知道 *P*。比如某人相信上帝，并不意味着他知道上帝。反过来，*S* 知道 *P*，也不意味着 *S* 相信 *P*。比如，*S* 知道：“发生在美国的 9. 11 事件是恐怖袭击。”但这并不意味着 *S*

相信那是恐怖袭击。9.11事件的确发生在美国，这是事实，有双子楼倒塌为证，但是这并不能一定使 S 相信它是恐怖分子所为。这要看 S 的文化背景和看待这个事件的立场。如果 S 是美国人或欧洲人，他知道就意味着他相信；如果 S 是阿拉伯人，他知道不一定意味着他相信。

一般来说，如果你不相信 P，而且认为它还需要进一步的证实，你就不能前后一致地断言 S 知道 P。例如，在柯恩关于玛丽和约翰乘飞机的例子中[38]，玛丽的确没有说"史密斯知道飞机会在芝加哥停留"，出于她的信念她考虑到相反的情形。因为她不能确定史密斯的时刻表是可靠的。她自己也对飞机在芝加哥停留有疑问。因此，她不能前后一致地把有关航班信息的知识归于史密斯，即使知识包含真相。这就是玛丽为什么不能肯定史密斯知道飞机在芝加哥停留的原因。所以，不仅玛丽不得不否定她知道，因为她认为这没有得到证实，而且由于史密斯没有她要求的任何证据，她也必须否定史密斯知道。上述分析表明，根据 S 关于 P 的降低的信念使得这些例子得到最佳说明，在这里 S 并不缺乏信念。

我们知道，当人们就某个问题发生争论时，常常是因为存在证据的冲突。也就是说，双方都从这个问题的某一方面论证和思考，而任何一方面都不容易被否定。集中于问题的哪一方面会影响人们对这个问题的看法。仍以玛丽和约翰乘飞机为例。如果玛丽和约翰致力于史密斯可能犯错误的各种可能性，比如印刷错误，这可能促使他们考虑史密斯不知道他声称知道的。特别地，如果某人致力于一种可能性，这倾向于使他过高评价它的概率。[39]此时，坚持某一问题的信念这个预设就起了作用。因此，知道与信念之间有密切的关系。可以说，在某种意义上，是某些预设的信念决定了人们对语句的理解或误解。

还有一些认识的语境论者认为[40]，实用主义因素能够解释相关的知识归因行为。比如在玛丽和约翰乘飞机的案例中，他们应该确保他们关于飞行计划的认识立场是非常强烈的，强烈到足以排除印刷错误，这种强烈的认识立场对于知道可能是必须的或是不需要的。这一点对玛丽和约翰是显而易见的。因此，史密斯是否确实知道，即表达"史密斯知道……"的命题是否真正为真，可能与玛丽和约翰所关心的有关或无关。

另外，"S 知道 P"必然推出 S 处于一种合理的认识立场，这就是为什么承认某人知道必然涉及他或她关于知道某事的信念。但是，玛丽和约翰承认史密斯具有这样的资格，即他知道飞机在芝加哥停留，而且如果他们认为他的证据不足以使他们相信的情况下而仍然认为他处于一个合理的认识立场。这就有点奇怪了。不过，通过否定史密斯知道，他们能够表达似乎不相关但是真实的想法，即他的认识立场不充分，以至于使他们不需要进一步的检验。总之，如果我们通过说出句子的相关表达方式理解所表达的内容，知识否定将促使我们去表达真理。

需要指出的是，这里涉及的实用主义因素、心理预设和证据冲突问题似乎与语境论无关，每个立场都可以解释我们为什么知道许多事情。在我看来，这些立场都与语境论相关，因为在低标准语境中，我们相信我们能够表达真理，在高标准语境中，我们可能没有表达真理。不过需要解释的是，为什么同一个主体的知识否定一旦标准被提高时仍然能够是正确的，即使主体的境遇没有任何变化。这就是为什么人们试图引入这些所谓的非语境论因素的原因。

五、语义确证问题

许多哲学家发现，在断言命题 *P* 的过程中，人们常常标榜自己知道 *P*。这是一种似真实的观点，也是语义确证的问题。那么人们凭什么说知道 *P* 的意义？这个观点的理由之一是，如果我们的谈话由“合作原则”支配，那么“说”本身假设了人们力求实现某些可信的认识条件。用格雷斯的话说，就是“尽量使你的陈述为真”，这是他的最高原则——质性原则（quality principle）。他的另外两个原则是：不要说你所相信的为假；不要说你所相信的缺乏证据。[41]然而，即使我们坚持了这两个原则，也不能保证你所陈述的事实为真。如果一味地坚持这两个原则，那么就是自欺欺人。因为我们无法保证我们所相信的为真。

在格雷斯看来，由特征刻画的属性和其他两个原则接近我们通常认为的关于“知道”的首要条件，比如用确证（justification）代替证据（evidence）。这样，情形似乎是，如果我们尽量去遵守合作原则，假如我们以为我们不知道某事，我们就不应该“说”知道某事。因此，如果我们的确说了命题 *P*，我们就使自己陷于无法实现的条件之中，比如实际上处于知道 *P* 的关系之中。这就是威廉森所说的“理解是断言的准则”。威廉森认为，我们所要知道的是作为“断言的知识说明”的，借此我们的语言实践由以下规则支配：仅当你知道 *P* 时，你必须断言 *P*。[42]德罗斯把这两个观点看作“同一枚硬币的两面”，主张如果断言的知识说明是正确的，那么它就为认识的语境论提供了一种辩护。“如果某人处于一种断言命题 *P* 的立场的标准与构成‘我知道 *P*’的真值条件的标准相同，那么如果前者随着语境变化，后者也同样随着语境变化。简言之，断言的知识说明连同断言性的语境敏感性一起产生知识的语境论。”[43]

这一辩护受到了两方面的质疑。一方面，我们需要考虑我们是否不能接受这样的观点，即在断言 *P* 的过程中，当我们运用规则支配断言比如“不要断言你自己不知道”时，我们声称我们知道 *P*。根据维纳[44]（M. Weiner）的看法，知识规则太强，诱发它的案例不能应付除会话规则支配言语行为外所假定的规则——适当的断言是正确的。另一方面，莱特[45]（A. Leite）主张，从断言的知识说明直接为认识的语境论辩护依赖于关于“保证的断言性”概念的模棱两可语言。巴赫也认为，德罗斯的辩护也大量地依赖于第一人称知识要求。[46]布莱克森（T. Blackson）[47]则认为，德罗斯的辩护偏爱认识的语境论，不喜欢另一个最近的观点——“主体敏感不变论”。这种观点与认识的语境论没有多少联系，知识与断言之间的关系是近年来知识论者关注的焦点。由于断言包括了对其语义内容的肯定，因此，命题或陈述的语义内容的确证，就成为认识的语境论研究的内容。

参考文献

[1] Conee E. Contextualism Contested and Contextualism Contested Some More//Steup M, Sosa E, eds. Contemporary Debates in Epistemology. Malden, MA: Blackwell, 2005: 47-56.

[2] Feldman R. Contextualism and Skepticism. Philosophical Perspectives, 1: Epistemology, 1999: 91-114.

[3] Kornblith H. The Contextualist Evasion of Epistemology. Philosophical Issues, 2000, 10: 27.

[4] Feldman R. Comments on DeRose's 'Single Scoreboard Semantics'. Philosophical Studies, 2004, 119 (1-2): 32.

[5] Sosa E. Skepticism and Contextualism. Philosophical Issues, 2000, 10: 9.

[6] Neta R. Contextualism and the Problem of the External World. Philosophy and Phenomenological Research, 2003, 66 (1): 2.

[7] DeRose K. Sosa, Safety, Sensitivity, and Skeptical Hypotheses. In Greco, J. ed. Ernest Sosa and His Critics. Cambridge, MA: Blackwell, 2004: 37.

[8] 著名语境论者柯恩和德罗斯都持这样的观点。

[9] Sosa E. Replies//Greco J, ed. Ernest Sosa and His Critics. Cambridge, MA: Blackwell, 2004: 281.

[10] 同 [1]: 53.

[11] Cohen S. Contextualism Defended and Contextualism Defended Some More//Steup, Sosa, eds. Contemporary Debates in Epistemology. Malden, MA: Blackwell, 2005: 59-60.

[12] Wright C. Contextualism and Skepticism: Even- Handedness, Factivity, and Surreptitiously Raising Standards. The Philosophical Quarterly, 2005, 55 (219): 240.

[13] Cohen S. Contextualism, Skepticism, and the Structure of Reasons//Philosophical Perspectives, 13, Epistemology. Wiley-Blackwell, 1999: 77; DeRose, K. Contextualism: An Explanation and Defense//Greco J, Sosa E, eds. The Blackwell Guide to Epistemology. Malden, MA, 1999: 194.

[14] Schiffer S. Contextualist Solutions to Skepticism. Proceedings of the Aristotelian Society, 1996, 96: 328-329.

[15] DeRose Keith. Solving the Skeptical Problem. The Philosophical Review, 1995, 104 (1): 2.

[16] 同 [11]: 70.

[17] Bach K. The Emperor's New 'Knows' //Preyer G, Peter G, eds. Contextualism in Philosophy: Knowledge, Meaning, and Truth. Oxford: Clarendon Press, 2005: 67.

[18] Hawthorne J. Knowledge and Lotteries. New York, Oxford: Oxford University Press, 2004: 107.

［19］指知识判断的高标准和低标准。在同一个语境中，如果对相同命题的判断标准不同，结论自然会不同。争论也就在所难免了。

［20］Cohen S. Contextualism Defended：Comments on Richard Feldman's ‘Skeptical Problems，Contextualist Solutions’. Philosophical Studies，2001，103：91.

［21］同［11］：61.

［22］Hofweber，T. Contextualism and the Meaning-Intention Problem. //Korta K，Sosa E，Arrazola X，eds. Cognition，Agency and Rationality. Dortrecht，Boston，London：Kluwer，1999：99.

［23］Schiffer S. Contextualist Solutions to Skepticism. Proceedings of the Aristotelian Society，1996，96：326.

［24］同［1］：54-55.

［25］Neta R. Skepticism，Contextualism，and Semantic Self-Knowledge. Philosophy and Phenomenological Research，2003，67（2）：404.

［26］Rysiew P. The Context-Sensitivity of Knowledge Attributions. Noûs，2001，35（4）：477-514.

［27］Cohen，S. Contextualism and Unhappy-Face Solutions：Reply to Schiffer. Philosophical Studies，2004，119：193.

［28］Cohen S. How to Be a Fallibilist. Philosophical Perspectives，1988，2：97.

［29］Hambourger R. Justified Assertion and the Relativity of Knowledge. Philosophical Studies，1987，51：262.

［30］Heller M. Relevant Alternatives and Closure. Australasian Journal of Philosophy，1999，77（2）：206；Heller M. The Proper Role for Contextualism in an Anti-Luck Epistemology//Philosophical Perspectives，13，Epistemology. Wiley-Blackwell，1999：121.

［31］DeRose K. Contextualism and Knowledge Attributions. Philosophy and Phenomenological Research，1992，52（4）：920-921.

［32］Stanley J. On the Linguistic Basis for Contextualism. Philosophical Studies，2004，119（1-2）：119-146.

［33］Hawthorne J. Knowledge and Lotteries. New York and Oxford：Oxford University Press，2004：104-106.

［34］Cappelen H，Lepore E. Context Shifting Arguments//Philosophical Perspectives，17，Language and Philosophical Linguistics. Wiley-Blackwell，2003：25-50.

［35］Partee B. Comments on Jason Stanley's“On the Linguistic Basis for Contextualism”. Philosophical Studies，2004，119（1-2）：147-159.

［36］Kompa N. The Context Sensitivity of Knowledge Ascriptions. Grazer Philosophische Studien，2002，64：11-18.

［37］Ludlow P. Contextualism and the New Linguistic Turn in Epistemology//Preyer，Peter，eds. Contextualism in Philosophy：Knowledge，Meaning，and Truth，Oxford：Clarendon Press，2005：11-50.

［38］玛丽和约翰到达洛杉矶机场准备乘某一航班去芝加哥。他们想知道，航班是否在芝加哥停留。此时，他们偶然听到有人问，乘客史密斯是否知道此航班在芝加哥停留。史密斯翻看从旅行社得到的航班时刻表说：“是的，我知道此航班在芝加哥停留。”由于玛丽和

约翰在芝加哥机场要签订一个重要的商业合同，玛丽格外谨慎地问："这个时刻表可靠吗？它可能有印刷错误。他们可能在最后时刻改变了航班时刻表。"玛丽和约翰一致认为，史密斯的确不知道飞机会在芝加哥停留。他们决定与航空公司代理人联系以确定准确的时间。

[39] Feldman R. Skeptical Problems, Contextualist Solutions. Philosophical Studies, 2001, 103: 74-78.

[40] Blaauw、Black、Brown、Prades、Rysiew 持实用主义语境论的立场。实用主义是语境论的来源之一，运用实用主义解释事件及其行为就是语境论的解决方案之一。参见：Blaauw M. WAMing Away at Contextualism. Nordic Journal of Philosophy, 2003, 4 (1): 88-97; Black T. Classic Invariantism, Relevance, and Warranted Assertability Manoeuvers. The Philosophical Quarterly, 2005, 55 (219): 328-336; Brown J. 2006. Contextualism and Warranted Assertibility Manoeuvres. Philosophical Studies, 130: 407-435; Prades J. 2000. Skepticism, Contextualism and Closure. Philosophical Issues, 10: 121-131; Rysiew P. 2001. The Context-Sensitivity of Knowledge Attributions. Noûs, 35 (4): 477-514.

[41] Grice H P. Studies in the Way of Words. Cambridge, MA: Harvard University Press, 1989: 27.

[42] Williamson T. Knowledge and Its Limits. Oxford University Press, 2000: 243.

[43] DeRose K. Assertion, Knowledge and Context. The Philosophical Review, 2002, 111 (2): 187.

[44] Weiner M. Must We Know What We Say. The Philosophical Review, 2005, 114 (2): 227-251.

[45] Leite A. How to Link Assertion and Knowledge Without Going Contextualist: A Reply to DeRose's "Assertion, Knowledge, and Context". Philosophical Studies, 2007, 134: 111-129.

[46] 同 [17]: 66.

[47] Blackson T. An Invalid Argument for Contextualism. Philosophy and Phenomenological Research, 2004, 68 (2): 344-345.

表征概念的起源、理论演变及本质特征*

魏屹东

一、问题的提出

表征（representation）是认知科学的核心概念之一。它既是心灵把握世界和信息在大脑或计算机中的显现方式，也是人类表达知识的主要形式。认知心理学侧重心灵表征，人工智能侧重知识表征，科学哲学侧重科学表征。不论侧重哪一方面，其本质上都是认知表征。认知科学几乎所有领域都涉及表征，它也因此被认为是关于心智表征的科学。

然而，尽管这个概念被广泛接受，但关于它的含义、类型、特征、功能、内容、感受性、解释力等则始终存在争议。1999 年 8 月，“心灵表征的新理论”高峰论坛在澳大利亚的悉尼大学召开，著名认知科学哲学家克拉克（A. Clark）、卡明斯（R. Cummins）、史密斯、丹尼特、海于格兰（J. Haugeland）参加了讨论。①会议主要讨论了三个问题：认知科学应该如何说明、确定和利用表征？表征内容如何依赖表征本身？表征的形而上学是什么？

克拉克提出认知表征系统的非线性动力理论，认为大多数命题编码的知识是潜在地储存的，或非命题地储存在联结主义的权重矩阵中或行动者（agent）生活的环境中。此理论与联结主义匹配，是非表征的和语境敏感的。卡明斯认为表征是同构（isomorphism）或结构共享（structure-sharing），同构是基于相似性的表征；如果表征 R 与其内容 Y 同构，它就是表征，不管它是否表征了真实事物；表征行为由表征和目标构成；表征力包括表征、应用表征于目标、对应用的态度和态度决定的知识结构。史密斯的情景认知（situated cognition）理论强调了语境决定意义的重要性，认为表征行为使世界的对象和性质成为现实，任何谈论世界的尝试都是建构对象的表征行为，人和机器的表征能力产生了深刻的形而上学和认识论问题。表征的情景强调了认知过程和语境依赖，而同构是具有内容的静态

---

* 本文发表于《哲学分析》2012 年第 3 期。国家社会科学基金项目“科学表征问题研究”（12BZX018）成果之一。

魏屹东，山西大学科学技术哲学研究中心、哲学社会学学院教授，博导，哲学博士。

① H. Clapin. Philosophy of Mental Representation. Clarendon Press, New York: Oxford University Press, 2002.

结构，它必须说明它与产生行为的结构之间的关系。

丹尼特把表征分为显表征和潜表征，主张显表征源于潜表征，潜表征是思维的工具。他的意会表征（tacit representation）包括两方面：一是符号表征程式的语义性归于这个程式的潜结构背景，二是智能系统不用表征而本身含有信息。这样，意会表征就成为符号表征和具身性（embodiment）之间的桥梁，显表征预设了潜表征，而不是相反。他的“绚丽表征”（florid representation）是一种具有自我概括能力的表征，可用以说明行动者如何表征世界；Haugeland 分析了不同表征和不同表征内容，认为表征与对象的结合产生内容，意向性和客观性是“硬币的两面”；逻辑的、图像的和分布式表征的区别是其内容不同所致，不是表征程式不同所致；表征不能解释世界如何有意义，世界本身有意义。这必然涉及本体论和客观性问题。

争论虽然激烈，但关于表征问题并没有达成一致，不同表征及其关系蕴涵的哲学问题还没有澄清。表征是什么？表征什么？表征与意向性是什么关系？内在状态为什么是表征的？内在表征如何有了内容？规则、图式、意象、构架是不是表征？有没有无意识表征？计算表征是否具有语义性？表征怎样才有解释力？这些问题成为了认知科学哲学要研究的重大问题。笔者针对以上问题主要探讨表征概念的起源与理论演变，表征的不同形式，知识表征与智能的关系，表征与意向性、命题态度、感受性、意象和内容决定的关系以及表征的本质特征。

二、表征概念的起源和用法

在西方哲学史和心理学史上，当代计算心灵主义与中世纪经院哲学在表征方面的联系远比其他认知方式多，对它的思考也深入得多①，因此我们有必要对这个概念的起源做深入探讨。

表征这个概念最早可追溯到拉丁词“*repraesentare*”和“*represaesentatio*”，其含义是“再现”。而将这些词与心灵联系起来则要归功于阿拉伯思想家阿维森纳（Avicenna）和阿维罗伊（Averroes）著作的拉丁语翻译工作。② 当时的学者运用这些拉丁词翻译了一些阿拉伯词，创造了内在表征的概念。在他们看来，是内在感觉而不是概念才具有表征特性。现在看来这个观点是有问题的，因为没有概念我们就不能进行知识表征，感觉只是表征的心理和生理基础。

---

① M. M. Tweedale. Mental Representations in Later Medieval Scholasticism//J-C. Smith, ed. Historical Foundations of Cognitive Science. Dordrecht, Boston: Kluwer Academic Publishers, 1990: 35-48.

② 阿拉伯学者继承了古希腊的思想遗产，大量的古希腊思想正是通过这些阿拉伯学者得以保存和留传的。

英语词“representation”经古法语源于拉丁语动词“*repraesentare*”和名词“*represaesentatio*”。但这两个词在拉丁语中并不常用。牛津拉丁词典给出了这个词的三种意义：①现款支付；②将某物呈现于心灵的行动；③艺术中的想象或表达。②和③具有再表现某物的意义，只有②属于内在表征，③属于外在表征。这与现在的用法接近。

古罗马的语言学家昆体良（Quintilian）在②的意义上使用名词“*represaesentatio*”。在他看来，清晰的图解就是表征，它是人们在心中表达事物的重要修辞工具。如果一个讲演者能够通过“*represaesentatio*”说服听众，这个“*represaesentatio*”就是不证自明的。柏拉图和亚里士多德所使用的希腊词“phantasia”（心象）有“表征能力”的含义，而复数词“phantasmata”就是表征。在亚里士多德的用法中，“phantasia”是介于智能活动开始和情感结束之间的东西。这样，“phantasmata”就是外在客体的感觉表征。昆体良把拉丁词“*repraesentare*”与希腊词“phantasia”联系起来。希腊人称“phantasia”的东西，当时的人叫“*repraesentare*”，它们是人们通过眼睛把客体再现于心中的印象。不过，昆体良是在严格的修辞学意义上使用表征的。

中世纪中期，“*repraesentare*”和“*represaesentatio*”仍然是在②的意义上被使用的。神学家则更多是在③的意义上使用这两个词，即把表征作为想象和例子。比如他们相信在基督教圣餐期间，耶稣基督不仅在他们心中，而且就在他们眼前。前者是内在表征，后者是外在表征。

表征概念的这种用法在神学家德尔图良（Tertullian）的著作中频繁出现。他在三种意义上使用“*repraesentare*”一词：①物理表征，与真实表达的事物有关；②心灵表征，与印象中的表征有关；③道德表征，与例子的想象有关。这三种用法与神学的表征建立了联系。在德尔图良之后的中世纪哲学家和神学家的著作中，很少出现表征概念，也没有把这个概念与心灵相联系。

中世纪后期（约12世纪），把表征与心灵结合而形成的表征形式主要有三种：感觉（视觉）表征、内在（感觉）表征和心灵（概念）表征。

12世纪意大利比萨的勃良第奥（Burgundio）可能是第一个提出感觉表征的人。他把希腊语“parhistemi”翻译为“represento”，意思是“置于……前面”。这个词被用以指称心灵对其外部事物的感觉表征。视觉正常时，它能够正确地表征出现在它面前的事物，因为在一定范围和正常条件下，事物就是它们出现的东西。远处的事物并不总是像它们实际呈现的那样，比如在视觉表征中，感觉表征的圆或许就是方的。因此，感觉表征虽然十分重要，但并不可靠。

把“*repraesentare*”和“*represaesentatio*”用作内在表征似乎也始于阿维森纳著作的拉丁语翻译工作。他之前的学者几乎没有人把这些词与内在感觉联系起来。他之后的学者把他的心理学称为官能心理学。他提出的官能有五种：常识、想象力、思考力、判断力和记忆力。[①] 常识接受所有感觉印象，想象力保持印象，思考力连接储存于想象中的形式或图像，判断力使行动者知道如何选择，记忆力保存先前的表征。

阿维森纳所说的表征与这些官能密切相关。在他看来，通过常识接受并储存在 phantasia 中的形式就是表征。想象中的 phantasia 因智能的参与而得到加强。思考力和判断力连接并划分在想象中集中起来的 phantasia 而产生新的表征。这些新产生的表征可能没有相应的实体，但是它们仍然是某种想象。也就是说，想象力表征心灵倾向于选择混合的形式。

在阿维森纳看来，这些感官理解客体的可感觉形式，判断力理解被感知客体的意向。比如人关于狼的意向会使人感到恐惧。所有内在感觉表征包括在这个过程中，表征概念在解释它的发生中起决定性作用。记忆保持客体的表征，并对这个表征做出判断。这样，当某个表征被唤起时，判断便随之发生。由判断产生的记忆表征转化为它的想象中的相应表征，且表征想象中的任何形式。想象中的 phantasia 是智能活动的基础。感觉通过某些形式表征想象，而想象表征智能。阿维森纳还认为，思维总是全称的，但它在想象中表征的任何东西却是单称的，即心灵一次只能表征一个对象（实在或非实在的）。因此，智能必须从任何被表征的对象那里获得意向。如果同一类的形式被表征到智能上，智能显然就不会从它那里获得另一个意向。也就是说，智能中的一种形式与许多形式相关，正是在这种意义上，阿维森纳才说思维是全称的或普遍的。

在这里，阿维森纳实际上描述了这样一个抽象过程：一类特殊事物在想象中的表征如何在智能中是全称的。全称形式是从想象中的表征抽象出来的，并从能动智能（agent intellect）流入被动智能（passive intellect）[②]。由于在智能中没有储存能力，这个过程需要在每个智能活动中得以实现。不过，阿维森纳并没有把表征这个词与智能联系起来。

阿维森纳的表征理论对后来的阿奎那有很大影响。阿奎那在说明心灵的能力时是在 phantasia 的意义上使用表征概念的，没有把它与外在感觉和概念联系起来，但表征总是与内在感觉或抽象全称类相联系。这类表征由于可以不涉及物质条件，因此也被称为感觉和智能类（intellect species）。[③]

关于概念表征，当代表征理论常常是在具有语义功能的词语意义上使用的。而中世纪思想家在逻辑中将表征与概念相联系。格兰德斯·考姆普提斯塔（Garlandus

① 阿维森纳把官能分为外在感觉和内在感觉。外在感觉就是我们熟知的视觉、听觉、嗅觉、味觉和触觉；内在感觉是常识、想象力、思考力、判断力和记忆力，包括智能。

② 能动智能即积极智能，被动智能即可能智能。

③ 表征的这种用法也是由阿维森纳激发的。

Compotista）的《辩证法》和法国中世纪逻辑学家阿伯拉尔（Abelard）的《辩证法》中就区别了词的强迫意义和表征意义①，比如源于名词“白色的”这个词被强迫用来表示一类事物是白色的，而它本来表示的名词“白色”是存在于这个事物中的。也就是说，白色的事物是白色的一个例示，或一个替代。在中世纪后期的逻辑中也有这样的用法。当时的逻辑学家认为，一个名称或术语并不是名义上同时表征了它应该表征的事物及其性质，但它总是命名那种事物，因为它是被强加上去的。然而，性质是非名义地表征的。更准确地说，它是一种事物的一个表征和一个决定，以便与这种事物强加上去的含义一致，这就是为什么每个名称都有两种含义的原因。②

每个名称有两种含义的观点是有争议的。具有两种含义的名称或术语被称为通称术语（appellative term），它应该与物质术语或自然类术语区别开来。这类术语具有强迫接受的含义。奥卡姆把这类术语叫做内涵术语，其意义是通过两种含义——首要含义和次要含义表达的。他说的首要含义是一个物质的名称所指的表面意义，次要含义是那种物质性质的意义。

然而，把表征概念内化于心灵的用法在中世纪后期以及阿维森纳的著作被翻译成拉丁语期间是没有的。这一工作由 14 ~ 15 世纪的唯名论思想家完成。他们对思想语言假设非常感兴趣。奥卡姆和布里丹（J. Buridan）是这一传统的代表。他们认为，概念是作为被思考的东西的记号起作用的。这些记号之所以表征客体，是因为它们由这些客体引起。它们之所以是心灵的仅仅是因为它们在心中。而且，心灵表征之所以表征一个客体，是因为它表示了那个客体，它也因此在心灵语言中是作为那个客体的一个“词”起作用的。应该看到，虽然奥卡姆和布里丹是在与外部客体引起的概念的联系中使用表征概念的，但他们在讨论一个概念的意义时并不常使用这个概念。

三、中世纪的表征理论

金（King）将中世纪哲学家的表征理论概括为四种：表征和被表征的事物有相同的形式（R_1），表征与被表征的事物类似或相像（R_2），表征由被表征的事物引起（R_3），表征意指被表征的事物（R_4）。③ R_1 是表征的同型观，R_2 是相似

① 一个词被强加上去的意义和人主动表达的意义。

② 一个是某种事物被迫接受的含义，另一个是表征这种事物性质的含义。

③ P. King. Rethinking Representation in the Middle Ages: A Vade-Mecum to Mediaeval Theories of Mental Representation. //H. Lagerlund, ed. Representation and Objects of Thought in Medieval Philosophy. Aldershot: Ashgate Publishing Limited, 2007: 81-100.

观，R_3 是表征的发生观，R_4 是指称观。它们构成了表征的正形理论(conformality)、相似理论（likeness）和协变理论（covariance)。这些理论已经成为现代认知科学的思想基础。

1. 正形理论

R_1 是思维理论（theory of thought)[①] 的核心，影响深远。它至少可以追溯到古希腊的亚里士多德和中世纪的阿奎那。R_1 是说，表征（阿奎那称智能类）表示客体，因为它与客体有相同的形式。在阿奎那看来，关于杯子的思想是说杯子和关于它的思想有相同的形式，或者说，心中表征的杯子和实际的杯子是同一个杯子的两类不同存在形式。事实上，心中的杯子并不以实际的杯子相同存在的方式存在。心灵并不因为它思考了杯子而本身成为杯子。

表征的正形说明是一种简单的因果解释，因为外部客体引起了心灵的表征，所以表征的客体与被表征的客体具有相同的形式。在这一过程中，表征是主体与客体之间的中介。这一理论的一个推论是：思维总是普遍的，因为它是从思想客体的物质条件和详细说明抽象而来的。但这产生了一些形而上学问题，比如心灵的个体化原则是什么？关于杯子的思想为什么是关于单个杯子的思想而不是关于一般杯子的思想？阿奎那认为，心中的形式是一般的而不是特殊的，因为心灵是非物质的，而物质不能作为心灵的个体化原则。换句话说，思考单个杯子是通过普遍的杯子形式进行表征的。不过，阿奎那并没有给出思想是如何关于个体事物的满意说明。

另一个问题是关于正形本身性质的问题。心灵之外的杯子为什么不表征关于杯子的思想？心灵内外的形式相同意味着心灵的表征是对称的。阿奎那对这个问题的著名回答是，杯子形式的存在方式使外部的杯子不表征思想。实际杯子的形式真实存在，而心中的杯子是意向地存在。

客体形式的真实存在和意向存在的区别是阿奎那自然哲学的核心，但他对于表征的说明是简单的，因为他并没有把意向性看作心灵的重要标志。斯各脱通过区分表征的事物和被表征的事物发展了阿奎那关于表征的正形理论。阿奎那认为心中的形式既是表征的事物也是被表征的事物。这个假定使他最终在一个形式存在的客体和一个意向模式之间做出区别。当然，断言心灵在表征是因为被表征的客体在心中具有意向存在并不能导致对心灵表征的一个满意说明，但这毕竟是一种解释。

斯各脱把表征的事物看作心灵行为[②]或概念，而把被表征的事物看作被思考

---

① 该理论主张心灵采取思想客体的形式。

② 这是斯各脱提出的关于心灵表征的一个新术语。

事物的形式，而且认为想象中的心象和能动智能以某种方式共同起作用，以便以可能的智能产生一个抽象性质的表征。这种观点仍然是心灵表征的正形说明。从本体论上看，心灵行为是心灵的偶然事件（一个实质形式），它是主观的，而被表征的事物是客观地存在于心中的东西。在他看来，表征客体的存在是与被表征的事物的性质保持一致的，这样可以表达心灵表征的内容方面。

斯各脱实际上提出了一种表达布雷塔诺（F. Brentano）后来叫做意向性（intentionality）的新方法，比如思想客体存在于心中的方式。在他看来，思想客体是客观地存在于心中的，它是真实存在与非真实存在之间的一种状态，这后来被看作心灵的标志。

2. 相似理论

R_2 是说，A 如果与它表征的 B 相似，就说 A 是 B 的表征。这样以来，心灵表征是通过与它所表征东西的相似性进行表征的。这一观点在中世纪非常流行。它至少包括性质相似和图相似两种观点。

中世纪的克拉索恩（W. Crathorn）是性质相似观的代表。他认为表征必须与它表征的东西有相同的性质，因此一个红色物体的表征必须事实上是红色的。如果色彩的相似是真实色彩，那么表征的色彩就是真实色彩。这实际上蕴涵了这样一个假定——表征基于相似性。克拉索恩进一步说明了这种相似必须是自然地相似，如果它们是完全表征的，而且自然相似必须与它们相似的客体有相同的性质。

表征的性质相似观受到图表征观的挑战。图表征观认为，表征通过画图方式进行。其实，画图也是根据相似性进行的，但是中世纪哲学家没有在相似和图之间做出区别。有人主张表征是基于符合（correspondence）的，即表征与被表征的客体一一对应。这种符合表征观应该说是一种进步，因为相似或图像无需看上去像它要表征的客体。比如设计图表征建筑物，但它肯定不像这个建筑物。

根据阿奎那的看法，任何两个事物的相似可以从两方面考虑：根据自然齐一性，表征者和被表征者之间不需要相似；关于表征，二者之间需要相似。按照这种看法，虽然自然相似是对称的，而表征相似则是不对称的。

与 R_1 比较，图表征观在中世纪哲学中占有非常重要的位置。几乎所有哲学家赞成这样的观点——在认识活动中，在心中意向地表达的形式或智能类与表达的客体相似。这个形式的表征能力通过与它表征的客体的相似来解释。这个方法的一个问题是，辩护者没有说明相似由什么构成。他们也没有说明表征与客体的符合，即二者之间的转化规则是什么。没有这些规则，他们就不能清楚地说明表征。这是现代认知科学表征理论和当代科学哲学的科学表征理论要说明的重要问题。

尽管如此，相似观和图表征观还是在某种程度上解释了表征的特性。比如奥卡姆认为图相似不能说明不同人的思想，因为不同人的表征有差别，表征应该有多种方式。他提出的表征协变理论改变了中世纪哲学心理学的进程。

3. 协变理论

R_3 主张如果表征由它表征的客体引起，它就表征了那个客体。这意味着客体和表征是协变的。也就是说，客体和表征中一个变化，另一个也跟着变化。R_4 刻画了表征的语言角色，这意味着表征起着它表征客体的心灵词语的作用，表征它代替的东西。正如 R_1 和 R_2 相关一样，R_3 和 R_4 也是相关的。

奥卡姆是这一理论的代表。他认为一个表征就是一个概念，它由直觉认知产生。直觉认知是认知主体的一个严格条件，不是因为它比别的东西与一个事物更相似，而是因为它由这个事物引起而不是由别的事物引起。在奥卡姆看来，相似是普遍的，它从来不由一个事物引起。世界由一个个人组成，所以一个人在心中产生一个概念时，他产生他自己的一个单称概念。除此，没有什么东西能够产生概念。单称概念是作为那个客体的一个词起作用，而那个客体在思想语言中产生了这个概念。单称概念是原子概念，它们可以彼此组合成复杂概念或句子。这是一种功能主义，因为概念的内容完全由输入（协变）和输出（语言角色）决定。

可以看出，奥卡姆的表征理论不仅包括意义理论，而且包括了逻辑语义特性如内涵和假定，它解释了概念是如何集合成心理语言来描述世界的。① 由 R_1 和 R_2 描述的阿奎那的亚里士多德主义已经由奥卡姆描述的 R_3 和 R_4 理论所取代。两个传统都对 15 ~ 16 世纪以及当代表征理论产生了深刻影响。

概言之，中世纪时期的表征理论主要有两类：一类是亚里士多德式的正形理论，主张心灵呈现客体的形式，并根据它的相似或图像表征它；另一类是非亚里士多德式的内在理论，主张思维仅仅是在心中具有概念，概念由它表征的客体引起，并以思想语句的形式充当它的记号。

四、近现代的表征理论

在近现代心灵哲学中，关于表征已经形成不同的主张——纯的、强的和弱的表征主义（representationalism），窄内容与宽内容的表征主义，还原与非还原表征主义，显在的和潜在的表征主义。

① C. Panaccio. Semantics and Mental Language//P. V. Spade, ed. The Cambridge Companion to Ockham. London: Cambridge University Press, 1999: 53-75.

纯表征主义主张表征完全是人们开始形成感受性（qualia）[①] 的所有东西。劳埃德（Lloyd）认为表征一种确定事物的内容对于感受性来说已经足够了[②]，感受性就是表征。强表征主义主张，表征一类确定事物感受性已够用，通过感受性，被表征对象能够用功能主义或唯物主义术语详细说明，而不用借助任何本体论的“新”种类的特性。弱表征主义假定，只有质性（qualitativeness）状态具有表征内容，这与感受性相容，因为感受性也必然包括本体论上新的特征。[③] 弱表征主义的观点基本上不存在争论，至少反对它的人必须尽量解释我们为什么要区别真实和非真实经验。还有一种被 Block 称为准表征主义的混合的表征功能观[④]，认为一种主张仅仅诉诸功能考虑就能把感受性与其他表征特性分离；另一种更强的主张是使用功能来区别具有相同意向内容的不同经验。

普特南在关于命题态度的讨论中，对窄内容和宽内容表征做了区别。[⑤] 一个态度的表征内容一般被认为是“宽的”，因为它不依附于人头脑中的内容。按照这种观点，两个不能在分子上区别开的人可能具有不同的信念、期望和内容，这部分是由他们各自环境中的客体决定的。根据表征理论，由于感受性本身是真实或不真实环境的属性，这个理论就暗示感受性也是宽的，而且分子上同一的人能够体验不同的感受性。德雷特斯科（Dretske）和莱肯（Lycan）为这种表征外在主义辩护[⑥]，而其他表征主义者[⑦]拒绝这个观点，相信感受性是窄的，它必然是分子上相同的人共享的；人人都有相同的感受性，否则人们就不能交流。

在窄内容或宽内容表征主义中，关于哪种特性被表征也是有争议的。两种表征主义都假定，被公认的表征是环境的特征，比如物质客体的颜色。但伯恩（Byrne）和莱文（Levine）坚持主张感知经验可能不表征感觉材料，而是表征物

---

① 也称现象性质，它最初由 C. I. Lewis 引入，意指“所予的可识别的质性”。

② D. Lloyd. Leaping to Conclusions：Connectionism，Consciousness，and the Computational Mind// T. Horgan，J. Tienson，eds. Connectionism and the Philosophy of Psychology. Kluwer Academic Publishers，1991：444-459.

③ D. Chalmers. The Conscious Mind. New York：Oxford University Press，1996.

④ N. Block. Mental Paint and Mental Latex//E. Villanueva，ed. Philosophical Issues，7：Perception，1996：19-49.

⑤ H. Putnam. The Meaning of ‘Meaning’ //Philosophical Papers. Vol. 2. Cambridge：Cambridge University Press，1975：215-271.

⑥ F. Dretske. Naturalizing the Mind. Cambridge，MA.：The MIT Press，1995；W. G. Lycan. The Case for Phenomenal Externalism//J. E. Tomberlin，ed. Philosophical Perspectives. Vol. 15. Malden：Blackwell Publishers，2001：16-17. Metaphysics.

⑦ T. Horgan. Narrow Content and the Phenomenology of Intentionality，Presidential Address to the Society for Philosophy and Psychology，New York City（June，2000）；U. Kriegel. 2002. PANIC Theory and the Prospects for a Representational Theory of Phenomenal Consciousness，Philosophical Psychology，2000，15：55-64.

理客体实际上不具有的非存在色彩特性。[①] 休梅克（Shoemaker）主张，颜色经验表征倾向性，即倾向性引起那个类型的经验。[②] 托（Thau）认为，一类特殊的准色彩特性存在于心中，不同于实际色彩，但与实际色彩相关。[③] 查默斯（Chalmers）在罗素内容和弗雷格内容之间做出区别，罗素内容可能是单一命题或客体的一个构形（configuration）及其特性，命题可能被认为处于一个表达模式内，但这个模式不是内容本身的一部分；弗雷格内容包括表达模式，但不包括个体客体本身，它是纯形式的。表征主义者通常以罗素术语思考感知内容，但查默斯主张感知经验内容是弗雷格式的，因为它忽视了客体本身，弗雷格的选择引起了窄内容表征主义的说明。[④]

关于表征的还原特性，克兰（Crane）指出，表征主义不必是还原的。[⑤] 一个人可能赞成强表征主义，认为感受性与意向内容同一，但同时也主张如果不涉及感受性，意向内容特性就不能得到描述。尽管二者具有同一性，但没有反馈循环就不能还原。查默斯为非还原表征主义辩护，认为感受性需要表征的一个特殊现象方式，且那种方式不能被还原为功能。表征主义者赞同瑟尔（Searle）和西沃特（Siewert）的观点[⑥]，即意向性既有理由需要意识，也有理由保持非还原性。心理状态的意识存在于这个状态的表征之中，而这个状态本身是不能被还原的。休梅克的观点是非还原的，从根本上讲它是根据表征特性说明经验的量性的。反过来，表征特性又根据经验具有的量性得到描述。然而，许多其他的表征主义者赞成唯物主义，主张把感受性还原为意向性，坚持认为意向性是二者当中更容易用唯物主义说明的。这样，表征主义实际上奉行的是还原战略。

丹尼特是区别显表征和潜表征的第一人。[⑦] 潜表征不同于显表征主要表现在两个方面：其一，被一个能操作显表征的系统具体表达的“知道怎样”（know-how）是一种潜表征；其二，这个系统的某些状态潜在地表征这个世界的这些状态，而且这个系统与其对这个世界关系的某些方面可靠地发生共变。这一区别蕴涵了概念的优先性，即显表征预设了潜表征而不是相反，且涉身的潜内容在认知

---

① A. Byrne. Intentionalism Defended. Philosophical Review, 2001, 110: 199-239; J. Levine. Experience and Representation//Smith, Jokic, eds. Consciosness: New Philosophical Perspectives. New York: Oxford University Press, 2003.

② S. Shoemaker. Phenomenal Character. Noûs, 1994, 28: 21-38.

③ M. Thau. Consciousness and Cognition. Oxford: Oxford University Press, 2002.

④ D. Chalmers. The Representational Character of Experience//B. Leiter, ed. The Future for Philosophy, Oxford: Oxford University Press, 2004: 153-181.

⑤ T. Crane. The Intentional Structure of Consciousness//Smith, A. Jokic, eds. Consciousness: New Philosophical Perspectives, Oxford: Clarendon Press, 2003: 77-96.

⑥ J. R. Searle. The Rediscovery of the Mind. Cambridge, MA.: The MIT Press, 1992; C. Siewert. The Significance of Consciousness. Princeton: Princeton University Press, 1998.

⑦ H. Clapin. Philosophy of Mental Representation. Clarendon Press, Oxford University Press, 2002: 296.

解释方面具有基础作用。

丹尼特不仅区别了这两个表征，而且澄清了两个观点。① 第一个是赖尔的观点。赖尔认为，使用表征系统是一个需要某些知识的技巧，就连计算机为了计算也必须拥有这个“知道怎样”。丹尼特主张计算机使用显符号的技巧物化在它的硬件中，而这正说明了符号的表征能力。第二个是丹尼特探索显符号表征如何从自然地发生的潜表征进化而来。他以两栖动物为例说明了这个观点。这类动物在决定是呆在水里还是陆地时，是根据不同的具身规则或倾向做出的。比如决定“下水”激发了从一套规则转化为另一套规则来改变内在状态。这种情形可能是从复杂而短暂的潜“知道怎样”开始的，显表征可能就是从这种潜“知道怎样”产生的。

显表征预设潜表征的观点在现代计算机中得到验证。冯·诺伊曼构架计算机的 CPU 就是一个电子计算的功能设计，它具有执行程序语言指令的能力。在丹尼特看来，CPU 的硬件物化了“知道怎样”来执行这些指令，这样，显表征如程序指令就使用了“知道怎样”。对于计算机显然是功能构架进行表征。对于人肯定是心灵在表征，而且这种表征是具身的，往往通过知识表征来实现。

赫尔德（Held）不赞成显表征和潜表征的划分，认为这是基于透明-不透明隐喻②而做出的，而这个隐喻是有问题的，因为我们误认为显表征是透明的，潜表征是不透明的。心灵表征其实没有透明和不透明之分，只有有无表征对象之分。他提出对象和非对象表征的概念，并主张以此代替显表征和潜表征。③ 他还以心灵的符号表征和图表征为例，说明对象和非对象表征之间的关系。在他看来，自我归属的命题表征和命题态度既是符号表征也是对象表征，而命题表征既是符号表征又是非对象表征；心理想象和心理模型既是图画表征也是对象表征，而知觉表征既是图画表征也是非对象表征。

五、表征的知识智能行为

认识世界就会产生知识。知识是心灵和世界相互作用的产物，它是通过文字、图像、符号和方程式等可感知的载体表征的，这就是知识表征问题。④ Davis 等概括了知识表征的五个特征：

---

① D. Dennett. Styles of Mental Representation. Proceedings of the Aristotelian Society，1983，83：213-226.

② 心灵表征的透明隐喻是说，认知具有可穿透性，即可以“透过……看”。

③ C. Held. Mental Model as Objectual Representations//Carsten Held，Markus Knauff，Gottfried Voscerau，eds. Mental Models and the Minds. Elsevier，2006：238-239.

④ 意会知识虽然难以言说，但它仍然是显表征，可以通过肢体语言表达，比如一个眼神。

（1）知识表征最基本的意义就是替代（stand-in），它是表达事物本身的一个替代，通过思维而不是行动确定一个实体，比如，通过推理而不是对它采取行动；

（2）它是一套本体论承诺，比如“我们用什么术语来思考世界？”；

（3）它是智能推理的一个组合理论，通过三个组分来表达：表征的智能推理基本概念、表征支持的一套推论和它依托的一套推论；

（4）它是独立有效计算的一个中介，比如思维得以完成的计算环境；

（5）它是人表达的一个中介，比如我们关于这个世界的语言。①

可以看出，知识表征是人为了实现某个目的而认识外部世界的中介。人要认识世界，就必须借助知识表征这个中介来完成。知识表征也因此成为认知科学的核心认识论问题。比如人工智能对知识的表征，它既是认知计算模型的具体化，又是机器进行知识表征的成功典范。那么，知识表征的结构如何？

索娃（Sowa）主张知识表征运用了逻辑、范畴和计算三个领域的理论和技术。② 逻辑提供形式结构和推理规则，范畴限定存在于应用范围事物的种类，计算支持从纯哲学识别知识表征的应用。普尔（Poole）等认为，知识和推理不可分，它们构成一个表征和推理系统（RRS）。③ RRS 是一个由能同计算机对话的语言、把意义赋予这种语言的方式以及用这种语言通过计算确定答案构成的程序。RRS 的一个简单例子是数据库系统（database system）。在这个系统中，人们可以告诉计算机关于一个领域的事实，然后通过提问重新得到这些事实。使数据库系统进入 RRS 的是语义学概念，因为语义学允许我们在知识的基础上讨论关于信息的真理，并使这些信息成为知识而不仅仅成为数据。

美国俄勒冈州大学的计算智能研究实验室对知识表征的研究揭示，知识表征是研究关于世界的知识是如何被表征以及运用哪种知识进行哪种推理的领域。其中的重要问题包括如何在表征适当性、逼真性和计算成本之间保持平衡，如何在动态环境中制订计划、给出解释，如何最好地表征缺省和概率信息。不过，知识表征的实践表明，几乎没有表征知识的最好方法，每个问题需要适当类型的思维和推理以及适当的表征。

相对于人工智能的知识表征，传统知识表征系统是典型地“中央集权的”，要求每个人严格地共享普通概念如“母亲”、“工具”的相同定义。但是，这种

---

① R. Davis, H. Shrobe, P. Szolovits. What is a Knowledge Representation? AI Magazine, 1993, 14 (1): 17-33.

② J. Sowa. Knowledge Representation: Logical, Philosophical, and Computational Foundations. Pacific Grove: Brooks/Cole, from the Preface, 2000.

③ D. Poole, A. Mackworth, R. Goebel. Computational Intelligence: A Logical Approach. New York: Oxford University Press, 1998: 9-10.

控制是低效的，因为迅速增加这种系统的大小和范围是很难控制的。数字计算机系统就是典型代表，它最基本的特性是“真”和“假”，“0”和“1”的表征是作为开或关转化，并使用电子逻辑门做决定，执行算法。这一思想源于申农的信息论。

在我看来，至少在重要性方面，使用语言和使用图表的推理是不同的。这一点在毕达哥拉斯发现无理数时就已经明确了。语言、等式和图表不仅仅是保证从前提到结论的机械推理过程，在它们的日常使用中，其真正重要性在于它们首先有助于我们得出结论。其实，在我们如何看待自然语言在人工智能系统中的作用方面，基于自然语言的知识表征和推理系统研究已经引起了巨大变化。这种传统观不仅在人工智能和计算语言学领域得到广泛认同，而且把自然语言作为一个系统的界面如专家系统。这样，推理和其他信息及知识加工任务就不是自然语言加工的部分。

人工智能的大多数技术是通过使用明晰的表征知识和谨慎设计的搜索算法来实现智能的。一个非同寻常的途径是寻求用模型建立智能程序，或使用在遗传算法和人工生命中建立的进化模式模拟人脑的神经元结构功能。比如爱丁堡大学情报学系的人工智能应用研究所（AIAI）的研究人员专门探索人工智能的知识表征。他们认为，知识表征不仅包括范畴、策划模型和知识管理，而且包括知识工程，包括获得形式模型及检验其结构的工具，甚至包括语义网。

那么，什么是表征和组织常识的好途径？MIT 媒体实验室的研究人员发现，进行知识表征不是要建构一个孤立的、单块集成电路的常识知识库，而是要探索不同途径把问题分为更明确的广谱知识库，他们以语义网、概率图模型和故事脚本的形式表征知识，以开发独立的知识库。在人工智能中，知识表征是数据结构和解释程序的联合。如果以正确的方式使用，这种表征将引起知识行为。为了在计算机程序中储存信息，人工智能中的知识表征工作已经涉及几种数据结构的设计以及程序的开发，这种程序允许这些数据结构的智能操作进行推理。①

可以说，知识表征是理解智能的关键。它的目标是自上而下地理解和建构智能行为，而不是自下而上地理解或建构大脑。因此，人工智能的知识表征应该集中于这样的问题：为了智能地行动，行动者需要知道什么？这个知识如何能够被符号地表征？自动推理程序如何使这个知识按照需要成为可用的？例如，有人提出一种新的表征语言，用于开发多-agent 影响程序（MAID）。② 这个表征把用于

① B. Avron，E. A. Feigenbaum，P R Cohen. The Handbook of Artificial Intelligence. Volume 1. Addison-Wesley，1981：143.

② K. Daphne，B. Milch. Multi-Agent Influence Diagrams for Representing and Solving Games//Proceedings of the 17th International Joint Conference on Artificial Intelligence. Abstract. 2001.

概率分布绘图模型扩展到一个多-agent做决定语境，而游戏程序的传统表征使用了展开型或战略型，这使得在真实世界游戏中表达的大多数结构在游戏程序中不明确。这是语境论在人工智能中的一个典型应用。

六、表征与其他心理现象的关系

表征与意向性、命题态度、感受性、意象和心理内容这些心理现象是什么关系？

第一，基于意向的表达即表征。表征与意向性本质地密切相关，因为意向性就是具有表征特性的关涉（aboutness），表征要具有内容必须是关于某物的。虽然布雷塔诺把意向性作为“心灵的标记”激发了人们探讨意向性的热情，但他没有用表征说明意向性。把二者联系起来的工作是维特根斯坦以后哲学的事情，而且主要是胡塞尔的工作。“胡塞尔终于被认为是现代意向性的先驱——语言哲学和心灵哲学中提出心灵表征理论的第一人。作为把心灵表征置于其哲学核心的第一个思想家，他也开始作为当代认知心理学和人工智能之父。”①

胡塞尔的“现象学还原”方法论主张，心理状态的意向性就是表征特性，它独立于它表征的实在。这样，一个心理状态可以表征一个事实上不存在的客体。即使所表征的东西存在，它的性质不必与实际存在的东西一致。这与福多（Fodor）的方法论的唯我论一致，而与现代计算表征主义不同。胡塞尔的认识论主张，我们所认识的心理状态的实在表征在认识论上先于我们所认识的实在的性质，因为除了我们对它的心灵表征外我们没有通达实在的通道。这样，我们对自然实在之信念的哲学理解最终必须来自对心灵表征的研究。② 尽管Dreyfus认为当代心灵表征概念是胡塞尔意向性概念的升级版，但我认为这两个概念之间还是有差别的，毕竟心灵表征是心的表征理论（RTM）的重要概念，意向性是现象学的重要概念，前者诉诸因果性说明，后者诉诸现象学还原说明，心灵表征具有意向性，而意向性还不是表征。

福多认为，心灵表征依据语言指称的因果理论来说明，按照这个理论，语言和世界的基本关系是因果关系。每个名称（有所指）都有着复杂的因果链，把它的各种用法与世界中的某个事件连接起来，那个事件就是那个名称的所指，其他指称形式源于这样的因果形式。比如，我们关于某物的思想就是我们与这个事物之间的一个因果连接，或者说，一个心理状态“关于”某物仅仅是由于它与

① H. L. Dreyfus. Husserl, Intentionality and Cognitive science. Cambridge: The MIT Press, 1982: 2.

② R. Mcintyre. Husserl and the Representational Theory of Mind//J. -C. Smith, ed. Historical Foundations of Cognitive Science. Dordrecht, Boston: Kluwer Academic Publishers, 1990: 213-214.

一个心灵表征相关，这个心灵表征代表某物本身的一个适当因果关系。这样，Fodor 就把心灵表征的指称特性看作因果关系。胡塞尔认为，一个心理状态的意向性是这个心理状态本身的一个内在特性，独立于它与外部事物的因果关系。意向性不是客体本身，而是一种客体关系，一种体验。

尽管福多和胡塞尔的观点并不完全矛盾，但心灵表征和意向性还是有些模糊。史密斯对心理状态的意向或表征关系及其性质做了分析。① 他举了这样一个例子。你在房间看到一条盘绕的绳子，以为是一条蛇，吓得逃离房间。在这种情形下，你看到了什么？你的视觉表征表达了什么？一方面，你的确看到的是绳子，你的表征也是"关于"绳子的；另一方面，你的经验告诉你，你曾经看到过蛇，也害怕蛇，只是你把绳子误当作蛇。我们如何解释这种"一朝被蛇咬，十年怕井绳"的现象？

从因果理论看，是有关蛇的经验使你把绳子和蛇联系起来，经验中的蛇是原因，害怕蛇是结果。从现象学看，你的视觉经验拥有关于蛇的意向或表征特性。在表征的意义上，胡塞尔似乎是对的，因为心理状态具有那种表征特性，即使你实际上看到的是绳子。也就是说，即使完全没有真实蛇的刺激，心理状态也具有害怕蛇的特性。意向或表征关系涉及心理状态和心灵表征与世界联系的方式。当然，福多认为那些关系与世界是怎样的没有关联也是有道理的，因为看到绳子毕竟不是看到真实的蛇。如果胡塞尔是正确的，心理状态与心灵表征本身具有内在表征特性，这种特性使得那些表征似乎与附加心理事件相关，而不管它们是不是真实的。

对胡塞尔来说，意向性问题不是解释心理状态实际如何与世界相关，而是解释心理状态如何与任何相关事件的内在表征特性相关。胡塞尔诉诸指称语义学解决这个问题，完全不同于因果解释。"客体的指称由意义构成。有意义地使用一个表达和指称一个客体（形成这个客体的一个表征）是一回事。不论这个客体是实际存在的还是虚幻的，甚至是不可能的，这没有任何区别。"② 在他看来，心理状态的意向表征是与被表征物的意义相关的。③ 这样，即使一个心理状态缺乏实际指称物，一个表达的意义不仅使它有意义，而且也使它具有指称特性。

其实，胡塞尔所说的意向表征就是瑟尔所指的心理状态本身。在瑟尔看来，心理状态具有"满意条件"，所以它是意向的，不论事件状态是否实际上满足它们，这是因为意向是心理状态这种实体的一个基本特性。④ 如果心理状态的确具

① D. W. Smith. Content and Context of Perception. Synthese, 1984, 61: 61-87.

② E. Husserl. Logical Investigations. Trans lated by J. N. Findlay. New York: Humanities Press, 1900: 293.

③ 这一观点与弗雷格的"意义决定指称"非常相似。

④ J. R. Searl. Intentionality and its place in nature. Synthese, 1984, 61: 3-16.

有这种内在意向性，那么现代心灵主义者就不能完全把意向性问题交给认知科学。但是我们也应该看到，这个问题仅通过功能主义或者计算表征主义来解决也是困难的。它毕竟与感受性如疼痛这样的问题的功能主义解释不同，因为心理状态的意向性不能简单地还原为因果性或计算性。现代表征主义取消意向性的倾向恐怕是有问题的。

第二，命题态度即认知立场。表征也是心的计算理论（CTM）的一个基本概念。根据这个概念，认知状态和过程由心灵/大脑中的一种或多种信息承载结构——表征的发生、转化和储存构成。CTM 表明，认知状态由不同的心灵表征的计算关系构成，认知过程是这个状态的序列。然而，假设表征是一个具有语义特性（包括内容、指称、真理条件、真值等）的客体，一个心灵表征可能更宽泛地被解释为具有心理特性的心理客体。这样，心灵表征连同包含它们的状态和过程不必仅以计算术语去理解，表征本质上是具身的，大众心理学的术语或许更适合心灵表征。

心的表征理论把常识心理状态如思想、信念、愿望、感知和意象作为它的始点。这些状态不仅具有意向性，而且可以根据一致性、真理性、适当性和精确性进行评价。RTM 把这些意向心理状态定义为对心灵表征的关系，并用后者的语义特性解释前者的意向性。比如，相信某人死亡是适当地与关于某人死亡的命题内容的心灵表征有关。感知苹果就是具有品尝某种苹果的感觉经验，这与苹果适当地相关。RTM 还把思考、推理和想象这些心理过程理解为意向心理状态的序列。例如，想象月亮从山后升起就意味着接受一系列月亮和山的心理意象。从命题 p 推出命题 q，如果 p，那么 q 就是具有形式“p，如果 p，那么 q，q”的思想序列。这是基于逻辑的表征与推理。

当代心灵哲学假定心灵是可以被自然化的，所有心理事实可以根据自然科学得到解释。这个假设在认知科学中同样存在，比如认知科学家试图根据大脑和中枢神经系统的特性解释心理状态和过程。在这个解释过程中，认知科学的不同分支学科如认知计算心理学、认知计算神经学，假定了许多不同类型的结构和过程，其中许多没有直接与心理状态和过程关联。然而，它们有着共同信念——心理状态和过程可以根据心灵表征来解释。

最近几十年，关于心灵表征的争论围绕以下问题展开：命题态度是否存在？如何决定它们的内容，即它们如何获得它们所指的东西？感受性以及它们对思想和感觉经验内容的关系是否存在？在认知科学中，有关哲学争论一直围绕着大脑和中枢神经系统的计算构架、心理性（mentality）的科学和常识说明的兼容性（compatibility）进行。这些问题今天仍然没有得到很好的解决。

我认为命题态度是人们相信和希望的东西。它本身不是表征，而是对所表达的命题的一种认知立场。它加上所要相信或希望的内容就是表征。比如，“我相信雪是白的”就是一种表征。意向实在论者德雷特斯科和福多发现，我们在日常生活中用于预测和说明彼此行为的概括通常是大众心理学的，它既非常成功又绝对必要。① 一个人相信、怀疑、期望、恐惧的东西，是他或她所做的高度可靠的指导。除利用这些状态和应用的相应概括外，我们没有别的方式弄清彼此行为的意义。意向取消主义者丘奇兰德（Churchland）等认为，我们的心理生活和行为的成功说明与预测，根本不涉及命题态度以及它们所依托的表征状态这样的东西。② 丘奇兰德否认命题态度心理学的概括是真实的，认为大众心理学虽然有着悠久的历史，但它拒绝融入现代认知心理学的框架，所以它就像炼金术和燃素说一样被抛弃，它假定的状态和表征并不存在。

丹尼特承认大众心理学的概括是正确的和绝对必要的，但否认这并不是让人相信它所指实体存在的充分理由，对一个系统的行为做意向解释仅仅是对它采用了“意向姿态”。如果给予一个系统以内容状态并预测和说明它的行为的策略是成功的，那么这个系统就是意向的，而且我们应用于它的命题态度概括就是真实的。但是，这并不能说明命题态度是存在的。尽管丹尼特一贯认为意向解释应该是工具分析性的，但是他坚持认为他是关于命题态度的“温和”的实在论者，因为他相信一个系统的行为模式和行为倾向是客观上真实的，在这个系统中，我们的确把意向状态归于这个系统。

戴维森（Davidson）和刘易斯（Lewis）也否认具有命题态度的东西仅仅是以特殊方式被解释的观点。③ 然而，他们关于命题态度的观点是否是非实在论的还是有争议的。认知心理学不是完全以心理状态的语义特性对其进行分类的，因为在科学心理学的语境中，内容对心理状态的归因对产生它的因素是敏感的。认知心理学寻求对行为和认知的因果解释，而且主张心理状态的因果力是由它的内在“结构”和“句法”特性决定的，而心理状态的语义特性是由它的外在特性如它的历史、环境或内在心理关系决定的。因此，这些特性不能纳入行为的因果性解释。

第三，感受性是表征的感觉通道。感受性就是人感觉的特性。它是表征的基础，没有它就不会有表征。实在论关于表征有这样一个流行假定：表征状态以两

---

① F. Dretske. Explaining Behavior: Reasons in a World of Causes. Cambridge. MA.: The MIT Press, 1988; J. A. Fodor. Psychosemantics. Cambridge, MA.: The MIT Press, 1987.

② P. M. Churchland. Eliminative Materialism and the Propositional Attitudes. Journal of Philosophy, 1981, 78: 67-90; D. Dennett. True Believers: The Intentional Strategy and Why it Works//D. Dennett. The Intentional Stance. Cambridge, MA.: The MIT Press, 1987: 13-35; S. Stich. From Folk Psychology to Cognitive Science. Cambridge, MA.: The MIT Press, 1983.

③ D. Davidson. Belief and the Basis of Meaning. Synthese, 1974, 27: 309-323; D. Lewis. Radical Interpretation. Synthese, 1974, 27: 331-344.

种基本变化出现，一种由概念组成比如思想，不具有任何感受性；另一种具有感受性但不具有概念成分比如感觉经验。按照这种分类，心理状态既可以类似自然语言的表达方式表征，也可以类似绘画、制图、地图和照片的方式表征。关于表征特性的一些历史讨论似乎假定：非概念表征如知觉对象（印象）、意象（观念）等，是唯一一种心灵表征，而且心灵根据事物的相似状态表征世界。按照这种看法，所有表征状态依据其感受性具有其内容。这与纯表征主义一致。

关于非概念表征的当代争论涉及感受性的存在和本质，以及它们在决定感觉经验内容中所起的作用。丹尼特完全否认感受性这样的东西，布兰顿（Brandom）等认为，不需要感受性来说明感觉经验的内容。[①] 这是典型的取消主义。他们承认经验具有现象内容，只是有的认为经验可以还原为意向内容，有的则认为不能还原。不少人反对概念表征需要现象学的传统主张[②]，认为纯符号表征状态本身具有现象学特征。如果这一观点是正确的，那么现象学在概念表征决定内容方面起什么作用的问题又出现了。这样，取消主义就会遇到新的挑战。

不过，在实在论阵营中，关于感受性主要是意向论和现象论。意向论主张心理状态的感受性可还原为一类意向内容，即感受性是表征的或意向的，而现象论主张心理状态的感受性不能还原。尽管“意向论”这个术语经常被用于还原主张，但这一陈述在还原和非还原主张之间仍然是不明确的。一方面，它可以意指经验的现象内容是一类意向内容；另一方面，它可意指经验的不可还原感受性决定意向内容。

大多数还原的意向论者坚持这样的信念——意向性的一种或另一种自然主义解释是宽泛的、正确的概括，期望通过把这些理论应用到现象问题完成心理状态的自然化。意向论的辩护主要诉诸经验的可穿透性（transparency）。描述相似的东西具有感知经验的特性是作为感知客体的特性在经验中被表征的。比如在注意一个经验时，你似乎是“透过它看”你经验的客体及其特性。这些客体及其特性不是作为经验本身的特性被表征的。在意向论者看来，经验的感受性应归于它描述的客观的非经验的特性。这样，反省就是间接的感知，也就是说，你开始知道你的经验具有的感受性，是通过知道它表征的客观性进行的。

心灵表征与感受性的关系具体表现为思想和经验的关系。德雷特斯科在探讨经验和思想功能的起源与本性的基础上区别了经验和思想。[③] 一方面，感受性 P

---

① R. B. Brandom. Non- inferential Knowledge, Perceptual Experience, and Secondary Qualities: Placing McDowell's Empiricism//N. H. Smith, ed. Reading McDowell: On Mind and World, London: Routledge, 2002; J. McDowell. Mind and World. Cambridge, MA. : Harvard University Press, 1994.

② 如 Chalmers、Flanagan、Goldman、Jackendoff、Levine、McGinn、Pitt、Searle、Siewert、Strawson。

③ F. Dretske. Naturalizing the Mind. Cambridge, MA. : The MIT Press, 1995.

的经验是系统的一个状态，这个系统的进化功能显示 P 在环境中的存在；另一方面，表征特性 P 的思想是系统的一个状态，这个系统的赋值功能是校正经验系统的输出。泰伊（Tye）根据它们的功能作用和它们的表达工具的内在结构区别思想和经验，在他看来，在类语言中介中，思想是表征，而经验是由符号填充排列构成的类意象表征。[①]

现象论者倾向于利用同类特性（功能、内在结构）解释思想和经验之间的某些直觉差异。但是他们没有假定这些特性穷尽了现象和非现象表征之间的差异。在现象论者看来，正是经验的感受性本身，才构成了经验和思想之间的基本差异。比如，皮科克（Peacocke）发展了知觉"场景"（scenario）[②] 概念，其含义是：在相应的"情景"（scene）中，如果一个语义特性是"正确的"，当它的现象相似物处于场景中时，其特性是分布式的。[③]

现象论者支持的另一类表征是"现象概念"，它是概念和现象的混合物，由现象学的"例子"（意象或正在发生的感觉）构成，这个例子整合了概念成分。现象概念被要求说明显在的事实，比如除非你自己例示这些特性，否则你不能形成意识特性概念。也就是说，你不能拥有感受性 P 的现象概念。因此，关于 P 的现象信念不具有 P 的经验，因为 P 本身在某种程度上由 P 的概念构成。

第四，意象是一种基本心理表征。意象（imagery）是一种心理图像，在心灵哲学史上起重要作用，但关于它的现代重要文献主要是心理学的。20 世纪 70 年代所做的一系列心理学实验表明：在包含被表征特性的心理操作和检验的任务中，被试的反应时间随被表征特性的空间特征（大小、方向等）成比例变化。这些实验结果产生的问题激发了关于意象和想象本性的争论。

科斯林（Kosslyn）主张认知任务是经过具有空间特性的心灵表征的检验和操作得以完成的，如图表征或意象。[④] 佩利申（Pylyshyn）则认为经验事实可以专门按漫述的（discursive）或命题的表征得到解释，认知过程由这些经验事实定义。他把这种表征看作思想语言中的句子，图表征是头脑中的图画。[⑤] 这种观点并不被想象的图画观点的拥护者所支持。相反，他们倒是赞成心理意象是以类似图画表征的方式进行表征的主张。Goodman 认为，我们可以按照类比和数字表征

① M. Tye. Consciousness, Color, and Content. Cambridge, MA.: The MIT Press, 2000.

② 意思是把现象特性分配到一个三维自我中心空间坐标。

③ C. Peacocke. Scenarios, Concepts and Perception//T. Crane, ed. The Contents of Experience. Cambridge: Cambridge University Press, 1992: 105-135.

④ S. M. Kosslyn. Image and Mind. Cambridge, MA.: Harvard University Press, 1980.

⑤ Z. Pylyshyn. The Rate of 'Mental Rotation' of Images: A Test of a Holistic Analogue Hypothesis. Memory and Cognition, 1979: 7: 19-28.

之间的区别对图画和漫述表征的区别进行描述。[①] 也就是说，相对于类比和数字区别的理解，想象表征是类比的，而概念表征是数字的。想象表征根据不断变化的特性进行表征，而概念表征的特性一般保持不变。

当然，我们可以假定图表征和漫述表征最好根据现象/非现象来区别，但情形是不是这样目前并不清楚。首先，可能存在着不断变化的表征的非感受性，而且理解图表征的方式有多种，这种图表征既没有预设现象性（phenomenality），也没有预设类似性（analogicity）。比如，科斯林认为，心灵表征是准图画的，当表征的每一部分符合被表征的客体的部分时，被表征客体部分之间的相对距离被保存在表征部分之中。[②] 泰伊认为，意象是混合表征，由图和漫述因素组成，意象是被解释的符号填充排列，符号漫述地表征，它们在排列中的安排具有表征意义。[③]

在我看来，意象就是一种心灵表征，只是它仅仅是存在于大脑中的图像，至于这种图像是不是世界中实在客体的表征，那就要看表征者对于被表征对象的认知程度和理解程度了。

第五，表征负载语义内容。表征是有语义内容的，其内容是典型的抽象客体。对于自然主义来说，一个紧迫的问题是：心灵表征是如何具有内容的。在这里，问题不是如何自然化内容（抽象客体不能被自然化），而是如何提供关于心灵表征及其表达的抽象客体之间的内容决定关系的自然主义说明。

关于内容决定的当代自然主义理论有两种：因果信息理论和功能理论。因果信息理论[④]主张心灵表征的内容以它携带的、由什么引起或将要发生的信息为基础。然而，普遍一致的看法是，因果信息关系对决定心灵表征的内容是不充分的。这样的关系是常见的而表征不是。详细说明什么使因果信息状态成为心灵表征的观点主要有非对称依赖理论[⑤]和目的论[⑥]。前者在彼此间的高阶关系的基础上把信息关系与表征关系区别开来：信息关系依赖表征关系而不是相反；后者主张表征关系是这样一种关系，即一个表征形成机制具有建模的可选择功能（通过进化或学习），比如斑马引起的马表征不指斑马，因为这种记号被形成的机制具有指示马而不是斑马的选择功能。这种对应于斑马的马表征形成机制是有问题的。

功能理论[⑦]认为，一个心灵表征的内容是建立在它与其他表征关系（因果计

---

① N. Goodman. Languages of Art. 2nd ed. Indianapolis: Hackett, 1976.

② S. M. Kosslyn. The Medium and the Message in Mental Imagery. Block, 1982: 207-246.

③ M. Tye. The Imagery Debate. Cambridge, MA.: The MIT Press, 1991.

④ F. Dretske. Naturalizing the Mind. Cambridge, MA.: The MIT Press, 1995.

⑤ J. A. Fodor. Psychosemantics. Cambridge, MA.: The MIT Press, 1987.

⑥ F. Dretske. Naturalizing the Mind. Cambridge, MA.: The MIT Press, 1995.

⑦ N. Block. Advertisement for a Semantics for Psychology//P. A. French, T. E. Uehling, H. K. Wettstein, eds. Midwest Studies in Philosophy. Vol. X. Minneapolis: University of Minnesota Press, 1986: 615-678.

算的、推论的）基础上的。两种理论的分歧在于，这些关系是否包括所有其他心灵表征或部分表征，是否包括事件的外部状态。一个心灵表征的内容由它与其他所有表征的推论/计算关系决定的观点是整体论（holism）的，而仅由某些其他心理状态关系决定的观点是部分论（localism）或分子论（molecularism）的。不承认内容决定外在关系的功能理论被称为唯我论。有人给出了内在和外在连接的独特作用。内在作用决定类似于感觉的语义特性，外在作用决定类似于指称的语义特性。① 还原的表征主义者通常用其中一个理论提供经验状态的非概念内容的说明，他们因此倾向于关于现象论及概念内容的外在论。现象论者和非还原表征论者承认这种状态的表征内容是由它们的内在感受性决定的。

我们说一个心理客体具有语义特性，就等于说它是关于一个客体的，无论它是真实的还是虚假的。言语行为似乎与心理状态共享这些特性。语言表达的语义特性是这些表征的语义特性，这些表征是它们按照惯例用于表达的状态的心理关系。比如，戴维森主张，没有语言，人类具有思想是不可能的。所以，从属关系可能要倒过来，或者是相互的。② 后来，有人对“基于意向的语义学”的成功感到绝望。③ 被广泛认可的观点是，除具有这样的特性如指称、真理条件和真理外，即所谓的外延特性，自然语言的表达由于表达特性或命题也具有意向性。例如，根据具有意义或感觉，两种表达可能有相同的指称、真理条件或真值，但表达不同的特性或命题。如果自然语言表达的语义特性来自它们表达的思想和概念，或者相反，那么类似的区别可能适合于心灵表征。

七、表征的本质特征

从以上的论述和分析可以看出，表征理论及表征方式有多种，至于哪种更好是有争论的。迪特里赫（Dietrich）按照表征的性质将它分为具有矛盾性的五个特征：持久性与短暂性、离散性与连续性、合成性与非合成性、抽象性与非抽象性、规则支配性与非规则支配性。④

表征的持久性是说它可以长期存在，比如长时记忆。表征的短暂性是指它的易消失性，比如短时记忆。计算机的表征可能是持久的，而人的表征兼有二者。表征的离散性是指它在构成上是可拆分的，比如语言由词和短语组成，词语可以

---

① C. McGinn. The Structure of Content. //A. Woodfield, ed. Thought and Content, Oxford: Oxford University Press, 1982: 207-258; K. Sterelny. Fodor's Nativism. Philosophical Studies, 1989, 55: 119-141.

② D. Davidson. Rational Animals. Dialectica, 1982, 4: 317-327.

③ S. Schiffer. Remnants of Meaning. Cambridge, MA.: The MIT Press, 1987.

④ E. Dietrich. Representation//P. Thagard, ed. Philosophy of Psychology and Cognitive Science. Amsterdam: Elsevier, 2007: 11-25.

不同方式组合。这样的表征通常叫做符号表征，比如特征表表征、语义网表征等。一般来说，计算机的表征是离散的，“一个系统具有离散表征，当且仅当它能够区别它的输入。也就是说，如果一个系统能够进行分类（比如在概念系统层次上区别输入），那么它就是离散表征。”

表征的连续性是指表征没有中断。在认知过程中，表征的这个特征更明显。当然，离散表征也有连续的特点，因为离散的组合构成了连续。一个典型的例子是吸引子状态。吸引子状态在动力系统和迭代联结主义模型中是持久的，但它不是离散表征。这样，不是所有的认知过程都需要表征。动力系统和联结模型使用空间表征，是认知行为的好的模型，因为这些表征过程是语境敏感的，而语境敏感则体现了表征的连续性。

表征的合成性是说，认知过程具有概念组合性。特别是在使用语言中，表征者能够把简单概念组合为复杂概念，用并列的语词描述行为。由于我们能够容易和自由地组合概念，因此说表征具有了组合的或角色论证（role-argument）结构，这种结构能够促进概念的组合。角色论证的认知过程的核心问题是：它需要对组合概念敏感。结构敏感过程比非合成结构（状态）过程更复杂，比如当表征是空间的，处理过程包括测量空间距离。非合成表征常用于认知系统的低层次感知系统，比如视网膜和初期视觉信息处理系统。这种表征也常用于身体协调运动。因此，这种表征是系统整体的或状态的表现。需要指出的是，非合成表征、连续表征及短暂表征能够很好地说明感觉运动相互作用的动力特性。当然，这并不是说合成表征、离散表征及持久表征不能解释认知的动力特性。相反，它们被广泛地用于动力的、高层次的认知活动的说明。

表征的抽象性是说，思想和信息的处理是远离经验的，而且在不同领域交错使用。因为世界本身并没有进入我们的大脑，影响到我们的行为，即使是感觉材料也是到达我们感官的物理刺激经过神经系统传递的结果。因此，我们对世界的表征是抽象思维的结果。非抽象表征就是具体表征。人的许多推理过程就是由具体表征实现的，如简单的算术运算、儿童的想象思维。一般来说，抽象表征往往是语境依赖的或语境限制的，而具体表征往往是无语境的，也即可以脱离语境进行表征。比如执行 2+2 的运算在任何情形中都是如此，不因语境改变而改变。问题是，多少种表征是抽象的，多少是具体的，不同认知过程使用何种程度的抽象。这是认知科学哲学面临的又一个重要问题。

规则支配的表征意指表征过程是基于规则的。传统认知模型都包括了规则，比如皮亚杰的阶段论基于认知发展的最后阶段，是一种形式操作能力的观点。乔姆斯基的语法先天论假定语法包括规则，这些规则能够把深结构转化为浅结构。传统人工智能假定可以通过使用算子解决问题，问题解决是一个通过问题空间的搜索过程，而这个问题空间是把规则应用到当下状态产生的。非规则支配的表征是指认知过程不需要规则。在认知过程中，这样的情形很多。德赖弗斯（Dreyfus）的无表征智能理论①就是典型的例子。他认为新手要学会识别大量技能所涉及对象的客观特征，并接受在相关事实和特征基础上进行行动的规则。新手接着通过处理真实情境获得了大量实际经验，使其技能达到一个新的水平。之后，新手学会制订计划来应付复杂的局面，在熟练后，技能行为开始呈现出无意识，即对于行动的最佳计划的选择已经达到在潜意识就可以做出决断的程度。最后新手成为专家，专家不做有意识的考虑，而是完全投入技能世界，达到“无我之境”。这样，在某情景中，熟练的技巧是不需要规则表征的。也就是说，熟练行为是无表征的潜意识过程，它是情景化的。表征是基于规则的有意识过程，它是去情景化的。

在我看来，任何表征，不论是心灵表征、知识表征还是元表征（metarepresentation）②，都具有五个基本特征：①承载性，即通过某种载体实现表征；②语义性，即具有内容，或表征一个或多个客体；③意向性，即表征是关于外部事物的，具有目的性；④解释性，即能够被解释者解释；⑤中介性，即表征是心灵把握世界的中介。如果我们把心/脑看做计算装置，那么表征的载体就是计算结构或状态。这些结构或状态的特性取决于计算机类型对于心/脑所做的假定。对于基于规则的冯式计算机，表征的载体就是数据结构；对于平行分布式计算机，表征的载体就是连接节点的激活状态，它是一种隐含的表征（储存信息）。

概言之，我们需要许多类的表征来说明心灵是如何工作的，它需要多种表征形式。可以肯定，没有哪一类表征能够解释所有认知现象，但是没有表征我们就不能解释认知现象。这意味着，心灵在反映世界时使用了许多类的表征。

结　语

所有表征，不论是内在的还是外在的，是显在还是潜在的，是文字的还是图像的，是宽内容的还是窄内容的，都不外是心灵与外部世界直接或间接相互作用的产物。因此，心灵就是表征者，外部世界就是被表征对象，表征本身则是心灵通达世界的手段或工具。

作为表征者的心灵，它构造、处理和储存它之外或者之内的事件或事物的表征。一个表征就是一个替代，它表达了两个事物之间的一个关系，其中一个是另一个的替代。心灵本身不能以文字和图像的方式表征它自己，因为它是潜在的，

① 德赖弗斯把新手成为专家必须经过技能接受分为五个阶段：初学者阶段（novice）、高级初学者阶段（advanced beginner）、胜任阶段（competence）、熟练阶段（proficiency）、专家技能阶段（expertise）。

② 也就是把表征本身作为对象，就像元语言和元认知一样，是一种高阶表征。

因而也就具有了神秘性。它表征它外部的事物时，通常是以文字、符号或图像的方式进行的。

表征也是作为某物替代品的表征的一个解释，但解释本身不是表征，表征是一个比解释更基本的概念，它包含信息或内容；表征是一个信息展现的过程，但是信息本身不是表征；一个表征也是一个执行过程，但执行本身不是表征，它是表征的应用；表征也可以是一种计算，但是计算不是表征；表征是一种意向行为，但意向性还不是表征。那么，表征与解释、执行、信息、计算和意向性是什么关系？这些既重要又很难回答的问题，是我们今后要研究的重大问题。

但是，一个至关重要、不可否认的事实是：心灵依赖于大脑，是大脑执行心灵，而不是心灵执行大脑。大脑是心灵运作的载体，没有大脑，就没有心灵。当然，没有人，也就没有大脑，也就没有心灵。对于心灵，人的存在是第一位的，而人的存在又是语境化的。因此，心灵认知肯定是具身的，同时是语境化的。

证实原则与意义标准的语境解释*

魏屹东

语境论（contextualism）作为一种新的世界观①有狭义和广义两种。狭义语境论是不考虑社会、文化、心理因素，只把语言、经验、假设、信念等作为事件的内在关联因素，从而去探究事件意义的主张；广义语境论是把社会、文化、心理等作为背景性关联因素纳入对事件的分析和理解之中，从而探究事件意义的主张。不论是狭义的还是广义的语境论，都主张语境的存在使得理解成为可能，使得事件或行动有了意义。由于语境决定意义，因此无论是词语、文本，还是事件、行动，它们的意义都是由它们的语境决定的；语境发生变化，意义也随之变化，即使是同一命题或事件，在不同的语境中，意义也会不同，意义是相对于语境而言的。笔者运用语境论方法审视逻辑经验主义的证实原则和意义标准，试图挖掘其新的内涵和意义。

一、证实原则：从独断论到语境论

证实原则是逻辑经验主义的核心思想。综观哲学史和科学史，我发现，经验证实标准的发展一般经历了五个阶段：独断论、理性主义、实证主义、逻辑经验主义和语境论。这几个阶段虽然名称不同，但共同点是经验主义特征，即它们依赖一个据称是共享信息的可靠主体来检验任何知识表征。

由于独断论的来源及其合理性，判断一个理论可接受的标准是它与受崇敬的可靠信条的本体一致。任何被显示与这个主体冲突的命题都将遭到拒斥。独断论在中世纪之前的基督教神学、经院哲学中是已经确立的认识论。文艺复兴后，理性主义开始取代独断论，但独断论在一些社会范围比如宪法法理学家、宗教基础主义者、弗洛伊德主义者那里仍有市场。

中世纪哲学家坎特伯雷的安塞姆（Anselm of Canterbury）1077 年在《独白》中从理性原则而不是从经文（scripture）中获得基督教义的主要部分。这是理性

---

* 本文发表于《学术研究》2012 年第 6 期。本文为国家社会科学基金后期项目“科学哲学的语境重建”（9FZX011）和山西省留学基金项目“科学认知的机制与表征模型研究”（0905502）的阶段性成果。

魏屹东，山西大学科学技术哲学研究中心、哲学社会学学院教授，博导，哲学博士。

① 魏屹东．作为世界假设的语境论．自然辩证法通讯，2006，(3)．

主义取代独断论的开始，也是西方世俗社会推进知识的开始。随后，中世纪逻辑学家阿布拉（Peter Abelard）在《关于种和属》中进一步宣称，独断论对于判断知识命题的真理不仅不必要，而且不充分，因为理性分析能够代替经文来获得基督教真理。同时它也不适当，因为独断的主体即使在基本问题上也包括矛盾的陈述，因此不能提供一个判断关于这些问题的可选择明确表达的清晰标准。

在文艺复兴后的几个世纪里，始于公理的演绎理性方法得到充分利用。公理似乎是内在地令人信服的（比如原因比结果更重要），或是由观察归纳建立的（比如所有生命来自生命），通过从可接受的公理分析它的逻辑导出性评价命题，即一切知识由自明的公理推演而来。在阿奎那、斯各脱、奥卡姆、笛卡儿、斯宾诺沙、康德等看来，这个理性主义的标准对知识的进步有重要贡献，知识是运用理性的结果，感觉经验不能达到确定性。

理性主义优于独断论的地方在于：它的初始命题被接受是由于这些命题的实验的或直观的似真性，而不是它们的特设性（given-ness），因为与任何知识表征匹配的检验逻辑上是更形式化的。

从理性主义到实证主义的转变比从独断论到理性主义的转变更为缓慢，但也更深刻。因为从独断论到理性主义的进化一直是一个细化的过程，包括初始条件的更复杂的选择和与新知识匹配的更严格的客观检验。但从理性主义到实证主义的进化相反，因为理性主义演绎地从一般到特殊，而实证主义归纳地从特殊到一般。这种转变经历了14～17世纪，从罗吉尔·培根，经奥卡姆到弗朗西斯·培根。到17世纪，在洛克、伏尔泰、休谟等实证主义者的积极倡导下，随着英国经验主义和法国启蒙运动的发展，实证主义已经成为确定的认识论。直到19世纪孔德的著名的三阶段定律（神学阶段、形而上学阶段和实证阶段）的确立，才获得了“实证主义”的称谓。实证主义主张实证地给予的知识，避免任何给予经验之外的沉思冥想。

20世纪初，逻辑经验主义和与之相关的证伪主义，以非常复杂的方式综合了先前理性主义的演绎观和实证主义的归纳观而推进了经验主义。石里克、卡尔纳普、亨普尔、波普等科学哲学家提出了一个判断科学意义的双重经验标准——演绎先验标准和归纳后验标准。逻辑经验主义者坚持认为，知识表征在先验的意义上应该是从一个更广阔的经验固定的理论正当地被推出的，在后验的意义上，应免于通过一个新经验检验的观察而不能被证实的危险。

20世纪中期，逻辑经验主义已经成为自然科学包括科学心理学占优势的认识论，它规定一个观察者从一个假设-演绎理论开始，这个理论的一般原则从先验的科学工作获得，并包含独立和非独立变量之间的一个新的假设关系，而操作这些变量受到经验检验的支配。如果这个检验结果与假设一致，它与导出它的理论就是更确信的；如果这个假设关系不能被证实，这个假设及其理论就遭到拒绝。比如，在心理学中，几代心理学家已经使他们的研究概念化，以便与这个规定一致。

逻辑经验主义后的科学哲学（历史主义和后历史主义）奉行的是语境论的进路。比如，库恩的“范式”包括了社会的、历史的和心理的因素，劳丹的“研究传统”把“有关该研究领域哪些可以做，哪些不可以做的一套本体论和方法论的信念”这些形而上学的东西作为其中的主要部分。语境论者认为，虽然逻辑经验主义对于演绎和归纳的漂亮综合帮助科学家既探索一个先验的理论，又探索一个后验的可控观察，但是它仍然有缺陷。这些缺陷倾向于日益恶化科学家的行为，并使科学家与他们自己及其工作疏远。语境论者主张知识不仅与逻辑、理性有关，也同样与社会、心理和历史有关，知识的产生和发展是语境依赖和语境限制的。语境论的出现，使得经验证实标准语境化，避免了其过于严格而遭抛弃的危险。

二、实证原则：从单一事实检验到事态语境判断

经验实证和检验是实证原则的核心，其实质是归纳法。它最初来自实证主义。实证主义作为逻辑经验主义的前身，它把经验事实作为判断命题真假的唯一标准，即用过去相信为真的经验事实去确证一个命题或理论，此时的经验就成为判断命题或者理论真假的绝对标准，凡是与经验事实不一致或不符合的命题或理论，就是没有意义的。它因此也是一种典型的经验主义。从语境论的角度看，实证主义的错误不在于把经验事实作为检验标准，而是在于把经验事实作为唯一的标准，而且仅仅是一次经验检验就可以做出真假判断。这显然是有问题的。在语境论者看来，经验作为判断标准是合理的，而且经验是作为语境相关性出现的。此时，经验是一个经验集，而不是一次经验检验，正是这个经验集合才能够构成一个命题的语境。语境论者不否认经验在建构知识中的作用，但它反对把经验作为单一的标准，因为经验也是语境化的。命题的意义是语境化的，经验只是语境因素之一，而不是全部。

在意义问题上，维特根斯坦是一个语境论者，他强调名称和命题的区别。他认为：“只有命题才有意义；只有在命题的前后关系中，名字才有意义。”[①]这个前后关系就是语境。在他看来，某个具体的有意义命题，必须满足两个条件：一是这个命题符合语言的逻辑。我们不能思考任何不合逻辑的事物，可以用语言表达和思考的是那些合乎逻辑的事物；二是命题要与它所描述的事态的存在或不存

① 维特根斯坦．逻辑哲学论．郭英译．北京：商务印书馆，1985：32.

在相一致。也就是说："命题的意义就在于与原子事实存在或不存在的可能性符合或不符合。"① 这样，命题的意义取决于与事态的联系（语境），事态赋予命题以意义。或者说，命题的意义取决于事态的语境。

维特根斯坦进一步认为，对于有意义的命题或假设，总能找出一个可以证实这个命题或假设是真是假的方法，也只有找出某种证实方法，才能确定命题或假设是否与它描述的事态相一致。用他自己的话说："对假设的一切检验，一切验证和否证都已经发生在一个系统之内。这个系统并不是我们一切论证的一个或多或少任意的和可能的的特点，而是属于我们所说的论证的本质。这种系统与其说是出发点，不如说是使论证有生命力的因素。"② 因此，只有那些在一个系统内具有"可证实性"（verifiability）的命题才是有意义的。任何一个有意义的命题，总可以被证实为真或假；反之，如果一个命题既不能被证实为真，也不能被证实为假，则这个命题无意义。因此，命题是否具有可证实性成为命题是否有意义的标准。经验证实标准也因此成为意义标准。维也纳学派完全继承了维特根斯坦的这一思想。艾耶尔评价："维也纳学派的实证主义精神仍然保持下来，它重新调整了哲学与科学之间的关系，发展了一套逻辑技术，坚持了对意义的澄清，清算了哲学中那种被我称为不知所云的夸夸其谈；这一切都为这门科学开辟了一个新的方向，这个方向现在仍然是不可逆转的。"③

石里克认为，一个命题的意义仅存在于该命题对某个经验事实的陈述，当该经验事实被指明后，我们才算给出了该命题的语义。这就是说，一个命题的语义是由与该命题相关的事实给出的。"如果我不能从原则上证实（verify）某个命题，也就是说，如果我绝对不知道应该用什么方法，应该怎样做，从而得知该命题为真还是为假，那么，我显然就完全不知道该命题实际上说什么；因为，如此一来我就不可能理解该命题，不可能通过一系列的定义把该命题所说的条件与可能的实验数据联系起来。如果我能这样做，那么能做的事实就足以指出通向原则上证实该命题的进路（尽管我很可能由于实际原因而常常不能实现所给出的进路）。"④

奎因在《经验论的两个教条》一文中对证实原则进行了批判："现代经验论大部分受两个教条制约。其一是相信在分析的、或以意义为依据而不依赖于事实的真理和综合的、或以事实为根据的真理之间有根本的区别。另一个教条是还原

① 维特根斯坦．逻辑哲学论．郭英译．北京：商务印书馆，1985：50.

② 艾耶尔．二十世纪哲学．李步楼，俞宣孟，苑利均，等译．上海：上海译文出版社，1987：176.

③ 艾耶尔．二十世纪哲学．李步楼，俞宣孟，苑利均，等译．上海：上海译文出版社，1987：160.

④ 刘闯．现代实在论新解（一）．科学文化评论．2010，(7)，27.

论：相信每一个有意义的陈述都等值于某种以指称直接经验的名词为基础的逻辑构造。"① 为了证明第二条教条的无根据性，奎因以整体主义知识观批判了逻辑经验主义对真理的分析。奎因认为："具有经验意义的单位是整个科学"，"科学既依赖于语言，又依赖于经验。"② 无论是处于知识总体边缘的经验科学，还是处于中心的数学逻辑真理，没有一个陈述不是作为科学总体的一部分而与科学总体一起接受经验的检验的。他也否定了以事实作为两种真理划分的依据。"我现在的看法是：谈到在任何个别陈述的真理性中的一个语言成分和一个事实成分，是胡说，而且是许多胡说的根源。"③他还进一步指出："我们所谓的知识或信念的整体，从地理和历史中的最有因果性的问题，到原子物理乃至纯数学和逻辑的最深刻的定律，都是人造的网络，这个网络仅仅沿着边缘与经验相接触。"④ 在这里，奎因不是把个别经验事实作为判断标准，而是把整个科学形成的事实的联系即事态作为判断标准。这样一来，整个科学就成为了判断命题或理论的语境相关性标准。

三、意义标准：从经验检验到语用重建

逻辑经验主义是把逻辑引入经验主义的结果，或者说是经验主义的逻辑化。由于它奉行逻辑主义，主张以逻辑特别是数理逻辑改造哲学，以逻辑强化经验，因此，它反对任何形而上学的东西。虽然它把经验教条化，但是从语境论角度看，它是将语言作为语境相关性，在语言层面用逻辑方法分析科学命题和理论，然后以经验事实给予证明。从这种意义上讲，逻辑经验主义既是经验的语境论，也是语言的语境论。接下来我将进一步分析逻辑经验主义代表人物是如何重建意义标准的。

第一，石里克主张命题的意义就是证实它的方法。

维也纳学派以维特根斯坦的证实原则作为判断命题意义的标准。石里克认为，命题的意义就是它的证实方法，句子意指什么的问题，同这个问题是如何被证实的问题是同一的。至于证实的不可能性，石里克区分了经验的不可能性，就是一个命题是不可能证实的，仅仅是因为缺少决定其或真或假的技术手段。逻辑的不可能性就是一个命题在原则上无论怎么样也不能经验地决定其真假。"准确地说，逻辑经验主义的标准是：一个命题，只有是分析地为真（或是一个矛盾

① 奎因．经验论的两个教条//洪谦．逻辑经验主义（下卷）．北京：商务印书馆，1982：673.
② 奎因．从逻辑的观点看．上海：上海译文出版社，1981：42.
③ 奎因．经验论的两个教条//洪谦．逻辑经验主义（下卷）．北京：商务印书馆，1982：693.
④ 奎因．从逻辑的观点看．上海：上海译文出版社，1981：42.

式）或在经验上可证实（或可否证），才是有意义的。”①

石里克不仅坚持实证原则，而且认为经验证实是依赖语境的，事实的确立也是语境依赖的，即：语境→经验—命题←语境。纯粹的经验和纯粹的事实不存在，因而，“命题与事实一致”在脱离语境的情况下是不能确定的。这样，经验证实就变换为经验语境的寻求。比如，当我们肯定地说“雪是白的”时，是因为我们过去的多次观察的经验事实告诉我们如此。证实“雪是白的”不是要我们当下去验证这个陈述，而是经验已经证明了这个陈述。在语境论者看来，经验证实原则虽然有独断经验主义的嫌疑，但它毕竟是自然科学区别于其他学科的底线。因为自然科学的命题或理论是要有所断言的，而给出断言的最后只能是经验，虽然假设、理论可以给出预言，但预言还不是断言。经验验证了的预言才是断言。

虽然石里克对证实原则做了细致的探讨，但是他对这个问题的处理却引起维也纳学派内部和外部的批判。首先提出反对是卡尔纳普，他认为石里克对可证实性的表述是不完全正确的，因为由于它的简单化导致对科学语言的狭隘限制，这不仅排除了形而上学句子，同时也排除了一些有实际意义的科学句子。在卡尔纳普看来，如果证实的意思是决定性的，那么就绝对没有综合语句是可证实的。我们只能够越来越确定地确证一个语句。因此我们所说的将是确证问题而不是证实问题，我们把一个语句的检验和它的确证区别开来，从而理解一种程序就是实现某些导致对一个语句本身或者它的否定在某种程度上的确认的实验。

第二，卡尔纳普以可“确证”代替“实证”。

尽管卡尔纳普把“证实原则”视为意义的标准，但他认为这一原则有缺陷，需要修正，进而提出了“可确证原则”（the principle of confirmability）。卡尔纳普把证实原则表述为：“仅当一个语句是可证实的，它才是有意义的，而它的意义即它的证实方法。”② 也就是说，只有当一个命题或语句可以还原为表示观察或知觉的基本命题或原子命题时，或者说，当一个命题的真值来自这些观察命题的真值时，它才有意义。

卡尔纳普的意义标准首先预设了分析命题与综合命题的区分。逻辑经验主义者断定经验是一切知识的源泉，是科学的基础；外部世界包括物质、时间和空间是人们通过感觉系统把它们规定为种种感觉材料，然后又通过感觉材料把它们构造出来。然而，根据意义的可证实原则，不仅形而上学命题、价值判断、美学被排除在科学之外，数学和逻辑命题也被排除，因为这类命题也不能被证实。为此，卡尔纳普区分了事实真理和逻辑真理。前者是根据经验证实原则已经被观察

---

① 徐友渔．“哥白尼式”的革命．上海：上海三联书店，1994：72.

② 洪谦．逻辑经验主义（上卷）．北京：商务印书馆，1982：70.

和实验证实的经验和事实命题，后者是符合逻辑句法规则的逻辑陈述。由于形而上学命题无意义，可证实原则只适用于经验和事实命题。

在卡尔纳普看来，“可证实性”就是“证实的可能性”。可证实性并不是实际的可证实，而是原则的可证实，石里克将其称为“逻辑上的可证实”。石里克在回答“语句*S*的可证实”是什么意思时以*S*所描述的事实来代替证实。比如语句“水向高处流”是可证实的，因为这在逻辑上是可能的。卡尔纳普认为语句*S*之所以是可证实的，并不是由于*S*所描述的事实有逻辑的可能性，而是由于这个证实的过程有“物理的可能性”，因为借助于测量仪器来观察水流以证实*S*语句是可能的。其实，卡尔纳普的“物理的可能性”似乎类似于艾耶尔的“原则的可能性”。在表述“原则的可能性”时，艾耶尔指出：“还留下一些有意义的论及事实的命题，即使我们想去证实也不能证实；这只是因为我们缺少一些实际的方法使我们有可能完成那些有关的观察。”① 比如在月亮的背面有一座山脉，根据当时的科学水平，还没有发明一种太空飞船使我们能到达月亮的背面，所以不能用实际的观察去判定这个问题。但是在理论上，我们完全可以想象，一旦我们站在那个可以观察的位置上，我们就可以知道如何去判定。实际上，这种“物理的可能性”是一种理论层面的“可操作性”。

然而，经验和事实命题在无限的时间中不可能得到确切的证实。卡尔纳普也承认：“如果把证实了解为对真理的完全的和确定的公认，那么一个全称语句，例如物理学或生物学的一个所谓规律，绝不能够被证实，这是常常被注意到的事实。”② 科学理论的逻辑形式在时空上是具有无限的、普遍有效性的、严格的全称命题，它们是不可能通过有限的经验事实来证实的。正是由于命题的这一特征，使证实原则遭到许多批判。

面对以上批评，卡尔纳普提出用“可确证性原则”代替“可证实原则”，他说：“如果证实的意思是决定性的、最后的确定为真，那么我们将会看到，从来没有任何（综合）语句是可证实的。我们只能够越来越确实地验证一个语句。因此我们谈的将是确证问题而不是证实问题。”③ 在他看来，如果观察命题能够对一个语句的确证方面做出肯定或否定回答，那么，这个命题就是可确证的。如果对一个命题无法提出任何可以设想的观察结果来做出肯定或否定的回答，那么，这个语句就没有任何意义。这样，卡尔纳普就把命题的确证问题建立在语境条件基础上，只是卡尔纳普更强调语言-逻辑对世界的建构。在语言层次，卡尔纳普并不反对语境论，因为语言和逻辑在建构世界过程中是语境依赖的。

---

① 艾耶尔．语言、真理与逻辑．尹大贻译．上海：上海译文出版社，1981：34.

② 洪谦．逻辑经验主义（上卷）．北京：商务印书馆，1982：69.

③ 洪谦．逻辑经验主义（上卷）．北京：商务印书馆，1982：69.

第三，赖欣巴哈以概率重建意义标准。

在证实的意义上，赖欣巴哈采取了退却策略。他不是坚持绝对的证实标准，而是采取相对的概率标准，以概率意义标准代替实证意义标准。这与语境论的相对主义特征是一致的。

赖欣巴哈以概率思想对证实和意义标准进行修正，主张概率意义是科学理论的本质。他认为，词语无真假，命题是语言的最小单位，有真假；命题包括已证实命题和未证实命题；已证实命题有确定值，未证实命题有不确定值，即概率；已证实命题是真值意义理论，未证实命题是概率意义理论。他的真值意义理论认为，间接命题（不可观察）可还原为直接命题（可观察），这就是他的"复归原则"。他的概率意义理论认为，任何命题只有可能权衡其概率时才有意义，否则没有意义。也就是说，命题的意义和真值是不能绝对地确定的，只能在概率意义上确定。

在语境论者看来，已证实命题之所以有确定的值是因为它们的语境是确定的。比如"水由氢和氧元素组成"这个命题是已证实命题，其语境"发现氢和氧元素，水的分子量和分子式已经确定，氢和氧反应生成水得到实验的检验"是确定的。未证实命题之所以不确定，是因为它们的语境没有确定。比如"月球背面有一座高山"是未证实命题，其语境"月球是地球的卫星，月球背面我们观察不到，人类还没有到达月球背面……"是不确定的。这样，确定意义的过程也就是寻求语境相关性的过程。已证实命题和未证实命题的划分也是语境依赖的。

第四，亨普尔以"验证"代替"确证"。

首先，在逻辑经验主义阵营中，亨普尔放弃了分析-综合命题、有意义与无意义命题的划分，坚持命题和意义的整体意义标准，被认为是修正的逻辑经验主义。在他看来，证实是整体的而不是部分的。这其实就是语境论的整体主义。因为命题及其意义的划分是语境依赖的，同一个命题在这个语境中是综合命题，在另一个语境中可能是分析命题，它们的意义在不同的语境中也不同。例如命题"所有天鹅是白的"，在归纳语境中是综合命题（作为结论），它的确定性是或然的，在演绎语境中是分析的（作为前提），它的确定性是必然的。不过，不论是"验证"还是"确证"，都是以经验事实为基础的，他说："一个陈述或一组陈述，除非它至少'在原则上'经得起客观的经验的检验，否则就不能有意义地被建议为是一种科学的假设或理论。""但是，如果一个陈述或一组陈述并非至少在原则上可检验，这就是说，它完全没有检验蕴涵，则它就是不能作为科学假说或理论有意义地被提出或被接受。因为没有任何可以设想的经验发现能与之符合或与之冲突。在这种情况下，它对于任何经验的现象都毫无所述，或如我们所说，它缺乏经验的含义。”①

其次，亨普尔认为，科学理论是具有结构性的整体语言系统，不是命题的简单集合。单独命题不是观察句子，语句不是基本单元，命题才是基本单元。为此，他提出了一个著名的“完全网”比喻——理论系统＝观察层次+观察语句+语义规则+公理+理论语句。观察层次是基础，观察语句是支撑点，语义规则是支柱，理论语句和公理构成理论系统的网格。在他看来，科学知识是一个整体的语言系统，观察是形成知识的基础，或者说观察是产生知识的起点，命题是基于观察而形成的语句的集合，也即命题不是一个简单的观察语句，而是一个构成完整意义的语句集。这些语句通过语义规则连接起来，形成理论语句和公理，所有这一切才构成科学知识。“总之，我们检验的并不仅仅是一个假说，而是它和其他假说、其他原理的总体。因此，亨普尔的结论是，认识的意义是整个系统承担的。”② 在我看来，这个整个系统是作为语境相关性起作用的。正如徐友渔评价的那样：“亨普尔最后的意义标准是一种经验论、整体论和实用主义的混合物，它主张经验的意义不但是属于整个系统的，而且系统中的意义也是一个程度问题，即一个系统并不是要么全有，要么全无意义。”③ 可以看出，亨普尔是在逐步地修正和调整中走向了意义的整体论。

从语境论的观点看，如果把科学理论看作一个认知结果，则形成这个结果的前提背景是其语境。因为任何结果（含有意义）都有其形成的语境。

语言系统：某科学理论。

语境分析：

人具有观察能力。

获得观察语句。

确定的语义规则。

假定的公理。

明确的理论背景。

正是基于这样的科学观，亨普尔才主张证实是整体的而不是部分的。我们证实了这个系统中的一个或几个，而不是所有语境因素，这个证实就是不完整的，因而也就不能证实这个理论，或者说只能部分地证实这个理论。亨普尔指出：“在判定一个被提出的假说是否有经验含义时，我们必须自问，在给定的语境中，有哪些辅助假说被明确地或暗含地预设了，而给定的假说是否与后者相结合时产

---

① 亨普尔．自然科学的哲学．张华夏译．北京：中国人民大学出版社，2006：46.

② 徐友渔．“哥白尼式”的革命．上海：上海三联书店，1994：79.

③ 徐友渔．“哥白尼式”的革命．上海：上海三联书店，1994：79.

生检验蕴涵（而不是单单从辅助假定中导出这个检验蕴涵）。”[①] 其实，部分证实某理论没有多大意义，因为这个理论的整体意义并不能显现。语境确定的是理论的整体意义，不是部分意义，反过来，确定理论的整体意义就是寻求它的所有语境因素。理解意义的过程就是寻求它的语境相关性的过程。

由于科学理论是语言系统，亨普尔进一步主张科学理论包含内在原理和连接原理。内在原理指基本实体和过程的联系原则如定律，连接原理指定律与经验的联系。内在原理相当于抽象演算，连接原理相当于对应规则。这样，无论是从经验观察到抽象理论的“自下而上”，还是从抽象理论到经验观察的“自上而下”，科学理论作为知识系统都是有结构的。

亨普尔之所以以“验证”（validation）代替“确证”（confirmation）是因为，科学理论不能绝对地证实或证伪，只能相对地验证。具体理由是：①理论是普遍陈述，包含无限个实例，我们无法穷尽所有实例，无法达到未来，无法恢复过去。理论包含一组有限的可观察事实。②不存在判决性实验。因为实验验证的是理论还是实验本身（仪器）是不清楚的。由于理论包括辅助假设，验证的往往是辅助假设，而不是理论的核心部分。

最后，亨普尔提出“乌鸦悖论”（paradox of the ravens）[②] 来说明他的观点。这个悖论是关于确证性质的一个悖论。它的语境相关性条件有三条：①对于“所有 A 都是 B”这一归纳命题，一个“A 是 B”例证提供了确证证据，一个“A 不是 B”提供一个反证据，而某些既非 A 又非 B 的例子则与这个归纳概括无关。[③] ②如果一个证据确证概括 C_1，那么它也构成对另一个与 C_1 逻辑上等价的概括 C_2 的确证证据。这是等价原则。③“所有 A 都是 B”等价于“所有非 A 都是非 B”。这是演绎逻辑原则。亨普尔首次发现，这些标准或原则虽然都是有效的，但如果把它们放在一起考虑，就出现了悖论。例如，“一切乌鸦皆黑”，按照第三个原则，它等价于“一切非黑的都非乌鸦”。非黑的东西包括红的花、白的纸、黄的衣服、绿的叶，等等。按照尼科德原则，红的花和绿的叶等是归纳概括“一切非黑的都非乌鸦”提供证据的确证事例，但这与概括“一切乌鸦皆黑”无关。按照第二个原则，由于这两个概括是逻辑上等价的，因此红的花和绿的叶等也为归纳概括“一切乌鸦皆黑”提供证据的确证事例。这是一个悖论。对于它曾经有过许多尝试，但还没有一个得到普遍的认可。由于亨普尔提出的确证悖论是由三个高度似真的确证原则证明为不相容的这一事实产生的，那么，我可以根据语境分析给出恰当的解决。

---

① 亨普尔．自然科学的哲学．张华夏译．北京：中国人民大学出版社，2006：48.

② 也称“亨普尔悖论”或确证悖论（paradox of confirmation），即“一切乌鸦皆黑”＝“一切非黑的都非乌鸦”。

③ 这由法国哲学家尼科德（Jean Nicod）首先提出，因此称作“尼科德原则”。

我仍以“一切乌鸦皆黑”为例。

命题：一切乌鸦皆黑。

语境分析：

乌鸦是一种鸟。

乌鸦是黑色的。

非乌鸦的鸟有的也是黑的。

非乌鸦的东西（非鸟）有的也是黑的。

逻辑推理与事实推理有时不一致。

非鸟的事物不等价于是鸟的动物。

事实归纳与逻辑演绎不是同一层次的推理。

在这些语境因素限制下，所有乌鸦是黑的才是似真的。第一个原则是归纳原则，在归纳语境中是有效的。第二个原则事实上是归纳和演绎的混合，事实证据与逻辑上等价是两回事。一个“*A* 是 *B*”的事实是“所有 *A* 是 *B*”的证据，但一个“非 *A* 是非 *B*”的事实并不是“所有 *A* 是 *B*”的证据。因为 *A* 和非 *A*，与 *B* 和非 *B* 虽然是逻辑上否定的，但不是语境否定的。也就是说，它们属于不同的语境。第三个原则是逻辑上等价的，但并不是证据事实上等价的。逻辑符号没有内涵，而证据是有内涵的，即有经验意义。比如，所有铜导电，不等价于所有非铜都不导电。非铜的东西还包括其他导电的金属。在这里，非铜概念扩大了铜的外延。这样，由于这三个原则的语境不同，把三个属于不同语境的东西放在一起自然会产生悖论。也就是说，属于不同语境的东西不能放在一起去理解。放在一起比较是可以的，但这就要进行再语境分析，即设置新的语境把不同语境的东西进行整合。设置新的语境就产生了新的意义。上述例子就是设置了新的语境，从而消解了亨普尔悖论。

第五，艾耶尔以语用重建实证原则。

首先，艾耶尔从卡尔纳普的可证实原则中吸收了合理的东西。他主张，如果我们想采取最后的可证实性作为意义的标准，那么我们的论证将会太过头了。为此，他提出一个检验综合命题的意义而不用最后证实的新方法——语用标准。他的策略是，弱化可证实性标准，使得观察证据间接地、部分地去证实命题，而不是直接地、完全地去证实命题。这个策略包含了两个原则：强证实原则和弱证实原则。对于一个命题，如果要求直接地、完全地证实，就是强证实，如果要求间接地、部分地证实，就是弱证实。强证实已经被证明是不可行的，那么弱证实是否就是可行的？我认为还是可行的，因为“间接”意味着可能把抽象的命题还原为具象的命题，即经验上可观察的命题，“部分”意味着非全称，从而摆脱了全部证实的困境，也即归纳悖论的困境。

强证实原则和弱证实原则划分，使得可证实原则提出了一个可用来决定一个语句在字面上有无意义的标准。例如，当且仅当一个语句所表达的命题或是分析的或是在经验上可证实的，这个语句才是字面上有意义的。艾耶尔认为，除非是一个语句在字面上有意义的，不然就不会表达一个命题，因为我们通常认为每一个命题或真或假，就会导致我们说这个语句在字面上是有意义的。因此，如果可证实原则是用这样的方式表述的，那么我们可以论证说，逼近一个意义的标准是不完全的，因为它不包括这种情况，即有一种语句是完全不表达任何命题，那么这个命题就是多余的。原因在于，指定由这个原则去回答的问题，在我们可能应用这个命题之前，这个问题已经就被回答了。

其次，艾耶尔认为，一个陈述要使它在经验上有意义，它就必须是分析的，而且应当是直接或间接证实的。所谓直接可证实是说，一个命题或陈述，其内容是由一个或多个语句构成的；所谓间接证实是指，一个命题或陈述的内容与其前提的合取可产生直接证实的陈述，而其前提是分析的，或者是可直接或间接证实的。从语境论来看，一个命题的直接证实由于与经验观察相联系，不存在什么问题，因为观察是这个命题的语境相关性因素。一个命题的间接证实由于与其前提合取且这个前提可直接或间接可证实的（尽管是分析的），这就构成一个复合的语境相关性，通过语境分析，就可以确定一个命题的意义。例如，“如果这是一朵花（观察语句），那么那就是一个电子（理论语句）”，“如果-那么”这个推理形式没有问题，问题在于这两个语句是不相关的，一个是观察语境中的陈述，可以直接证实，一个是理论语境中的陈述，不可直接证实，二者并没有内在的关联性。这说明语境相关性就可以排除无关的合取语句，因为语境分析本身就是关联分析，相关性本身排斥无关性。又如，“如果雪是白的（观察语句），那么星期五就是黑色的（不可观察语句）”。从表面意义看，两个语句之间没有任何关联，因为我们不能从雪是白的推出星期五是黑色的。“如果狗是哺乳动物，那么鲸就是哺乳动物”，这两个语句也是不相关的，狗与鲸并不属于同一类，虽然它们都是动物。因此，逻辑上的合取、析取用于语句或命题的分析，虽然具有严密性、缜密性，但不一定合乎常理。常理是基于一定的生活常识和一定的专门知识的，也就是具有特定语境的。在艾耶尔看来，有意义的命题必须能用观察语句或经验事实来定义。这一主张在逻辑上证明可能是有问题的或有困难，如果从语境分析入手，就可能解决或避免这个问题。我举一个自然科学中的例子来说明艾耶尔观点的合理性。

命题：食盐是一种可溶于水的物质。

语境分析：

（1）食盐是一种盐类物质（可观察的白色固体）。

（2）其分子式为 NaCl。

（3）溶剂是水（可观察）。

（4）放入水中（而不是其他溶剂，可观察）。

（5）溶于水后固态食盐消失（可观察）。

除语句（2）外，其余语句都是经验上可观察的。通过把一个命题分解为一系列经验上可观察的语句，就可以给出该命题的确切含义。

再次，艾耶尔坚持认为一个命题的意义是与它的证据语境相关的。一个命题，如果它或是一个观察陈述，或是一个从另一个观察陈述导出的观察陈述，它就是直接可证实的，而且这种可导出性不可能单独地从关联的观察陈述产生。一个命题，如果它是间接可证实的，这分两种情形：其一，在与某些其他前提的连接中，它导出一个或多个直接可证实的陈述，而且这些可证实的陈述不是从那些其他前提导出的；其二，那些其他前提"不包括任何既不是分析的，或是不可直接证实的，也不能够作为间接证实的陈述被独立地建立起来"①。这就是艾耶尔的意义证据关联原则，也即他的证实原则。

然而，这个原则受到了多方批评，其中丘奇（Church）的批评最有影响。②他认为这个原则使任何命题都有意义。假设 Q_1，Q_2，Q_3 是逻辑上独立的观察陈述，S 是任何命题，当（1）（$-Q_1 \& Q_2$）V（$Q_3 \& -S$）与 Q_1 推出 Q_3 连接起来时，那么（1）是直接可证实的。当 Q_2 由 S 和（1）推出时，且（1）是直接可证实的，则 S 是间接可证实的。假如 Q_2 仅由（1）推出，那么 Q_2 由 $Q_3 \& -S$ 推出。这意味着 $-S$ 是直接可证实的（Q_2 与 $Q_3 \& -S$ 是逻辑上独立的）。尽管这证明了艾耶尔的证实原则是失败的，但是艾耶尔坚持认为证据与意义之间存在紧密联系，坚持认为在人们能够提供一个合理的经验意义标准前，仍然需要关于证实的一个满意说明。在他看来，对于一个命题而言，不是所有的证据都包括在这个命题的陈述的意义中的。比如，"张三衬衣上有血迹"这个陈述并不必然包括在"张三是杀人犯"这个命题的意义中，也就是说，张三衬衣上有血迹并不能够证明张三一定是杀人犯。这意味着只有当下的证据对于人们形成一个过去的陈述是有用的，而且这样一个陈述的意义对于当下的证据也并不是严格的。总地来说，一个命题的意义是与它的证据语境相关的。

最后，艾耶尔的"语用"就是在语境中使用语言的问题，也是一个经验的和实践的问题。因此，语用标准也就是语境标准。艾耶尔之所以把实证原则放在语境中去考察，目的就是以语境原则消解证实原则遇到的问题。如果我们要弄清命题的字面意义、命题的真假、命题的强弱，离开语境是不可能的。艾耶尔的做法是：①在经验检验的意义上区分强、弱证实，而经验是在语用中体现的；②把命题还原为有字面意义的句子，而句子只有在语境中才能展现其意义；③把命题的范围扩大

---

① A. J. Ayer. Language, Truth, and Logic. London: Gollancz, 1936: 17.

② A. Church. Review of Language, Truth, and Logic. Journal of Symbolic Logic, 1949, 14: 52-53.

以延展到语境中，从而找到命题的意义；④用“观察陈述”代替“经验命题”，因为“观察渗透理论”，也就是理论是作为陈述的语境相关性的。总之，艾耶尔把实证原则建立在语用基础上，从而保证了这个原则的基本可靠性。

比如，在对知识的说明方面，艾耶尔奉行的是基于语境的说明观（context-based account of knowledge）。这种知识观主张知识具有其本质的组成成分，这使得人们普遍认为，一个人 *A* 把命题 *P* 当做知识，当且仅当 *P* 是真实的，*A* 确信 *P*，而且 *A* 在相关语境中有正当理由确信 *P* 的真值。在艾耶尔看来，所谓正当的理由就是特定语境中的各种条件，掌握知识意义的一个途径就在于人们提供相关命题证据的能力。那么相信者如何能够保证他们所确信的是真实的？艾耶尔认为，要做到这一点，就需要寻找各种相关条件。“在这些条件下，感知，记忆或证词，或其他形式的证据就是可靠的。”① 这些条件其实就是语境相关性因素。

结　语

从语境论的视角反思逻辑经验主义的证实原则和意义标准，我发现，这些不同的观点有着共同的关系，这就是“语境”。逻辑经验主义并不反对语境论，不是因为它出现时还没有语境论，而是因为它本身是一种内在的语境论。就逻辑和经验而言，它们是依赖语境的，这里的语境不是“社会的、历史的、文化的和心理的”，而是“逻辑作为形式语言”，“经验作为语境因素”，进而“语言经验作为语境因素”。也就是说，不论哪个学派，都自觉或不自觉地在运用语境论的观点和方法，都是不同程度的语境论，或在某层次上与语境论“不谋而合”。正如人人都是常识实在论者，他或她并不否认其生活的环境事物不存在一样，人人也是语境论者，因为他或她都是某一语言的运用者和社会、文化中的行动者，人的言语、行动都受到语言和社会文化环境的制约。任何概念、命题、理论都是语境依赖的和语境敏感的，因为没有语境我们就无法理解它们的意义。

由于语境的普遍存在和人们对它的习以为常，在行动中人们常常会省略或忽视他或她所在的语境。这好比人生活在空气中而往往不考虑它的存在一样。语境由于或作为前提，或作为背景，或作为基础，常常被忽视或省却。然而，这些作为前提、背景、基础的东西，往往是最重要的，没有它们，人们就无法理解事件或行动的意义，也就根本谈不上科学研究和认知。因此，无论我们如何强调语境对于意义的重要性都不会过分。在更广泛的意义上，可以说，在语言世界中，一切都是语境化的，语境的界限就是我们认识的界限，语境标准就是意义在语境中展现。

① A. J. Ayer. The Problem of Knowledge. London：Macmillan，1956：32.

语境论的自然进化观*

魏屹东

语境论作为一种新的哲学世界观，由于它继承并发展了生物进化论，其实质是一种进化的语境论。哈恩把这种语境论哲学的核心思想概括为两点：一是变化与处理变化的方式，二是根据经验的生物学基旨（matrix）建构的自然主义方法。[1]依据这种变化观，语境论完全接受达尔文的生物进化思想，主张生物进化是自然选择的结果。根据语境论，最重要的事实莫过于变化，语境论者发现，大到广阔的宇宙，中到人类社会，小到原子的构成，无一例外地充满变化。每个存在都是一个事件或历史，有自己的始点、质变和终点；宇宙中的每一事物都经历了一个生成、质变和灭亡的过程，然后让位于其他事物；一个静止事物的固定世界不再适合语境论的和后达尔文主义的观点。本文将从本体论、认识论和方法论角度探讨语境论的自然进化观。

一、自然作为有层次的本体

在本体论的意义上，语境论把自然看作是有层次、有结构并不断进化的复杂实体，其要点可以概括为以下三点：

第一，自然是一个由事态（affair）、事项（transaction）和历史构成的，并以持续不断的开始和结束为标志的复杂体。在我们这个不断变化的世界里，我们期望着不可预测的新奇事物、新质事物、正在生成的不完整事物、真实偶然发生的事物和不确定不稳定境遇以及相对稳定事物的境遇。为了探索这类事物的发生，我们必须以新观念和新方法应对持续发生的事态。语境论就是描述这些事物的新观念和新方法。它不是要发现不变的模式，而是要发现变化的模式及这些变化之间的相对不变关系。语境论者发现，我们越是关注自然秩序中的具体变化，构成我们世界的事态的多样性和变化性就越清晰。比如达尔文进化论方法就是描述这种具体变化的方法。它揭示了这样的事实：我们的世界是异质性和多样性的，而

---

* 本文发表于《山西大学学报》2012 年第 3 期。

本文为国家社会科学基金后期项目“科学哲学的语境重建”（9FZX011）和山西省留学基金项目“科学认知的机制与表征模型研究”（0905502）阶段性成果。

魏屹东，山西大学科学技术哲学研究中心、哲学社会学学院教授，博导，哲学博士。

非同质性和同一性的世界，或者说，我们的世界并非是一个严格有序的逻辑系统，而是充满偶然和混沌的复杂系统。这样的世界与机械论和有机论描述的世界截然不同。

第二，自然是一个整体，但不是“铁板一块”的单一整体，而是一个由许多元素相互作用构成的有机整体。语境论因此赞成多元论，反对一元论，不绝对地说“所有”、“一切”和“绝无”等这些绝对的词语。语境论主张，世界的每个部分以某种方式与其他部分相联系，同时以某种方式与其他部分相分离。也就是在整体联系的意义上，语境论主张每个事件与其他部分的联系与分离，而且认为我们能够以经验的方式探索这些联系。在我们以经验方式与这个由复杂事物、变化事物构成的世界打交道的过程中，不容置疑性或确定性是没有位置的，而可错论和或然论（probabilism）更为适合。虽然在日常言语中可能存在实际确定性，但是在事实问题的探索中，认知确定性原则上是难以保证的。语境论反对任何形式的绝对确定性，包括绝对可靠的教义、不容置疑的绝对真理、不言而喻的原理等。因为绝对确定性会阻止我们进一步的探讨。在语境论者看来，确定性是相对于语境的，是与证据密切相关的。当把我们关于事实的推理置于不容置疑的真理基础上时，容易导致怀疑主义或非理性主义。事实上，我们既不能发现绝对可靠的原理，也不需要去发现它们。我们只能把我们的说明置于证据链上，每个证据都是可能的而非绝对的。如果许多证据指向一点，可能性就会增加，我们关于某事的信念就会增强。信念指导我们去行动，但是不会发现所谓的不容置疑的真理。

第三，自然是有层次的相互作用的存在。语境论不是把物质、生命和心灵看作存在的截然不同的独立类，而是把它们理解为相互连接和相互作用的不同方式，理解为描述相互作用事件的各种特殊场的不同途径。用杜威的话说，它们是变化的复杂性、范围、密切度相互作用的结果。我们可以根据要解决的问题区分存在物的许多“层次”，也即相互作用的方式，比如物理的原子层次，化学的分子层次，生物学的大分子或基因层次，某个层次都有自己明显的特征。杜威描述了自然存在物的三种层次：①质量-能量相互作用的物理-化学层次，在这个层次，物理科学根据事物呈现的方式寻求发现那些事物的性质和关系；②心理-生理层次，或需要-要求-满足活动的有机模式；③心灵或人的经验层次，在这个层次社会事项包括语言和意义产生了。[2]这三个层次①～③是一个从低级到高级发展的过程。它们的相互作用显示了复杂性、不同功能、各种结果和多种性状模式的不同程度。我们称为物质体、生命体和心灵的东西，都是从具体的事项或境遇中通过抽象形成的。

根据以上问题，我们可以把物质体看作行为客体或物理刺激。这些抽象概念是物理学家直接从具体行为境遇中概括出来以支持所有可能的操作的，以便为广泛的相互作用范围提供尽可能好的工具。比如，物理刺激可以用一给定频率的空气振动描述，或根据质量来描述。空气振动和质量就是抽象概念。如果我们用一个公式描述一给定的质量，至于这个质量是什么并不重要，它可以是树木、硬币、纸、人体肌肉组织、石头等，因为这些东西都是由原子构成的物质。而且，公式描述的是它们的数量和定性关系，与它们是什么东西没有联系。在语境论者看来，物理图表是一种好的分析工具，有着广泛的应用。如果图表应用不广泛，我们就会修正它们以得到更适当的范围，在其中一个范围确定一个给定组分的可能性，这对于发现许多问题是有用的。这样一个物理客体的关键问题，或描述这个问题的陈述是：它是否能让我们做出准确的预测，并解决这个问题。为此，我们会进入物理学的图表结构追踪这个组分。

当然，在物理-化学层次形成的概念对这个层次的许多问题是有用的，但是，对于其他两个层次则不一定有用。也就是说，物理-化学层次的概念和原理不一定适合心理-生理层次和心灵层次。语境论反对用物理-化学层次的概念和原理说明其他高级层次的事物，反对心理-生理层次和心灵层次的事物只不过是物理-化学层次的组合的观点，比如说生物体只是物理材料加上其他东西的混合，成年人只是儿童加上其他几个因素而已。这些解释显然忽视了不同组分之间的相互作用，忽视了相互作用产生的不同功能和结果。因此，如果不坚持语境论，就会走向还原主义。如果接受语境论关于变化和可错论的观点，我们就会以新的眼光看世界，去发现新的事物。在语境论者看来，如果我们坚信新的性质一定会出现，而不是简单地去探索一种解释，我们就会产生新的理解。比如，生命和心灵是从没有生命和心灵的事件中进化而来的，如果承认这个事实，当生命和心灵以适当的发生方式和支持条件相互连接起来时，我们就能够说明生命和心灵的可能性、变化的具体方向是如何指向进化状态的。但是，在变化的知识面前，我们所做的预测可能是错误的，我们期望通过观察和实验使我们的预测更准确。

二、自然主义作为认识的根本方式

在认识论方面，进化的语境论坚持自然主义立场，主张对人与自然关系的解释不仅与生物学特征有密切联系，而且也与心理学特征密切相关。这就要看我们采用哪种心理学理论去解释了。如果采用洛克、贝克莱和休谟的哲学心理学或传统内省心理学去解释，人与自然似乎是彼此孤立的，因为这种老式心理学根据相关感知或印象以及由联想构成的观念来描述经验。也就是说，人借经验与自然联系起来，而经验又借所谓的感知或印象说明，这显然是缺乏说服力的。如果采用新式心理学或实验心理学解释人与自然的关系，人就是自然的一部分，经验的生物学基质是其核心。这种新式心理学利用生理学和实验心理学的发展观，并根据目的行为的持续过程来描述经验。语境论把这种科学的心理学作为自己的核心，米德把它作为语境论的首要来源。在米德看来，语境论有两个来源：一是行为主义心理学，它能够使人们在行为内表达智力，并根据有机体的活动描述行为；二是研究过程，它唤醒人们通过研究工作检验假设。[3]这里说的行为主义心理学是指目的行为主义，这种心理学是基于摩尔①水平的，而不是分子水平的，且重视观察材料，特别是对活动个体的观察，而不是华生的行为主义，这种心理学基本是个体的、机械论的，与内省主义对立。语境论把自然主义作为根本认知方式主要表现在以下三方面：

其一，语境论主张人的行为基本上是社会性的。语言作为社会化的工具是在一个群体内相互作用的一种形式，而不是仅仅把个体行为作为解释的工具。心灵、意识不是被排除在解释之外的某种东西，而是被用来解释精神与行为关系的某种东西，而且精神与行为的内在与外在的区别不是抽象的形而上学说教，而是根据经验的合理解释。例如，图尔曼运用语境论的观点和方法对人和动物的目的行为做了非常系统的解释。他假设，摩尔行为-行动以重要方式与心理学和物理学中的事实相联系，每个这样的行为都有自己的识别特性。为了识别行为，图尔曼特别指出：首先，我们要描述："（a）目标-客体或要到达或源于的客体；（b）当与方法-客体短期接触而产生如此到达或源于的客体时与方法-客体交流的具体模式。"[4]其次，识别行为也要详细指明两类特性：一类是初始原因，也即环境刺激和初始心理状态；另一类是行为决定因素，也即目的和认知的固有决定因素②以及目的和认知能力。哈恩认为，这种摩尔行为的显著特点是它的有目的特性，无论是动物还是人类。这种行为为了满足各种要求才得以实现，比如达到某个给定的环境类型，或为了心理的安宁或不安，或为了获得生存所需的必需品如水、食物、居所等。生物体不断尝试着保持所需的环境条件，如果必要，它们就会改变这些条件以实现它们的目的。[5]

其二，语境论把人置于自然之中，并在人与其环境、自然、社会和文化之间设定了一个基本连续性。作为有意识的生物体，人类以多种方式与其环境相联系，并在相互作用中成为一个整体，以至于我们很难把彼此分开。这个道理看似简单但是做起来却很难。目前的环境污染就是源于人类自己对环境的破坏。语境论的自然主义方法有利于我们唤起人们的环境保护意识。我把这种语境论称为自然主义的语境论。自然主义的语境论是一种一元论，它反对任何形式的二元论的绝对二分法，比如自我与世界，主体与客体，心灵与物质，意识与存在，等等。

---

① 摩尔是物质的量的单位，每1摩尔任何物质含有约6.02×10^{23}个分子。

② 目的和认知的固有决定因素还包括行为调节，这是图尔曼用来替代有意识认识和心灵主义观念的概念。

根据语境论，自我与世界之间的关系不是一种对抗关系，而是一种相互交流的依赖关系。个人内在的思想形式与外部物质世界不相容的观点，与语境论的结构及其语境、指称的组分从一个结构进入另一个结构的思想不一致。语境论也不接受独立主体与独立客体的观点，因为我们不是从主体和客体开始的，而是从一个整体事态或境遇开始的，在这个境遇中，出于实践或智力控制的目的，我们能够区分作为实验者的主体和作为被实验对象的客体，能够区分自我和非自我。也就是说，在适当的语境中，为了一定的目的，运用适当的分析手段比如语境分析，我们能够识别任何不同的或相似的事物及其性质，解决可能遇到的问题。语境论反对对事物的超自然主义的任何解释。超自然主义借用特殊创造物、奇迹等词语超越自然系统解释自然现象，语境论完全根据自然法则说明自然事件，而不用跳出自然系统。它更关心自然系统内从事态产生的问题而不是试图发现某些由神灵设计的事件的整体性，特别反对那些神性化的词语比如"上帝"、"神灵"等，这些超自然神灵以任意方式通过特殊的超自然措施介入对自然的解释。达尔文主义与神创论的长期论战就是典型的例证。因此，语境论奉行的是自然主义进路。

这里需要说明的是，语境论虽然不赞成超自然主义对事件的解释方式，但这并不能说明它一概地反对宗教和神学。用什么方式或什么范畴解释事件是一回事，是否信仰神灵和宗教则是另一回事。比如，杜威也使用"上帝"这个概念，但是他是用自然主义术语解释这个概念的，而不是用神学或宗教术语解释的。我们日常也使用"上帝"这个概念，但我们在做解释时并不使用它。前者是一种解释方式，后者是一种信仰。两者不能混淆。

可以看出，语境论的自然主义方法在较不复杂存在形式和更复杂存在形式之间假设了一个基本连续性，以便低级形式的存在产生高级形式的存在。这并不是说，高级形式的存在及其活动可以还原为低级形式的存在。不过我们必须认识到，生命、有意识活动、语言交流、各种文化形式，是以自然秩序的方式从低级形式发展而来的。在那些低级形式中这些现象是不显现的。也就是说，高级的人类活动现象是以低级的物理、化学和生物现象为基础的。这是不争的事实。更准确地说，这些高级事物是如何发展的是科学要研究的问题。但是，语境论主张，原则上，追踪这些现象从低级阶段到高级阶段的发展机制是可能的，因为存在的层次问题在现代生物学的范围已经得到相当科学的解释。而且，语境论者运用遗传性假设（性质的可传递性）解决变化的模式问题是指日可待的事情。

其三，语境论的自然主义倾向必然奉行经验主义。传统公认的观点认为，经验是一种知识状态。实用主义者、语境论者杜威认为，经验是我们人类与我们的自然和社会环境相互交流的事情，一个做和经历的过程，在这个过程中，我们为了间接产生进一步的功能而使用直接环境条件。经验不是一种与客观实在分离的个人主观内在状态，它部分地与外部世界相联系，正是通过它我们生活、从事活动、感知我们的世界。传统经验观把经验看做是人们对过去发生事件的经历或感受，强调过去的感受，与现在没有多少关系。语境论的经验观强调经验的语境的、境遇的、交互作用的和场特征，把经验看作与现在联系的体验的过程。杜威反对特殊论（particularism）的经验观，即主张忽视经验与世界的连接性、关联性和连续性，注重孤立的感觉材料、印象和观念。语境论不是在推理的意义上把经验与思想对立起来，而是把经验看作充满推理的过程。根据语境论，经验负载了推理，通过推理追踪方向和关系，并孕育了对未来趋向和运动的预测。这种经验观并不神秘，经验与真实世界相联系，在经验过程中有假设、行动计划、问题的可能解决方案和反思方法，这些因素在探索过程中起到了预测可能变化的重要作用。

从语境论的经验观看，真理是一种观念在实践中如何形成的问题，无论这些观念是不是所期望的，是不是提供了定性的证实。由于实践本身就是一种语境形式，因此这种真理观也就是一种语境论的真理观。进一步讲，在实践中获得的观念是知识，这种知识是被置于问题语境和反思探询中的，因此知识也是语境依赖的。柏格森区分了直觉知识和分析性相关知识，认为前者是真正的知识，即领会性质，后者是衍生知识，即根据经验和逻辑推出的。哈恩认为经验感知有两个极限，一个是领会性质或识别性质，另一个是诱发实践动因的东西，一个不比另一个更真实[6]。派普主张性质的直觉知识与对事物本质信息的分析一样，应该被看作一种认知形式[7]。哈恩进一步认为杜威承认柏格森关于直觉知识作为领会性质先于概念而且更深刻的观点是正确的，但是杜威希望保留“相关知识”这个术语[8]。其实杜威认为直觉知识具有普遍性，它描述了一个整体问题境遇，引导了探询过程。对直觉知识这个唯一性质的深刻认识不仅对感知知识重要，而且对整个人类的生存都是重要的。在这里，这些哲学家强调了直觉对于形成知识的作用。用语境论的术语说，境遇越新奇，事件变化的过程就越迅速，出于适用目的直觉地探询知识就可能越有用。

概言之，语境论强调直觉知识并不是贬低实践知识。实践知识超越了直接认识和感觉材料。感官本来就不是产生知识的通道，而是对行动的刺激。感觉也不是知识，而是重新改变行动的信号，或是解决问题的征兆。先于我们拥有性质可能是知道的条件，或是相关知识的开始，但是这类知识是我们使用感觉识别的一个事态，它是通过推论得出的，是探询的一个产物。问题是，探询过程是如何被引导获得确定结论的。这个过程包括控制观察的操作、检验和实验。

三、境遇分析作为核心方法

语境论坚持一种自然主义的境遇分析方法，主张事件的意义是在特定境遇中显现的，也就是特定语境决定特定事件的含义。

首先，科学规律在特定语境或范围是准确和精确的，但是在另一个语境中则是无效的。比如，语境论不赞成机械决定论运用科学规律来说明确定性和普遍性，然后再使用它们推出每个特殊规律的做法。语境论认为，这个过程主要是基于这样的事实：以这种方式进行推理的个人不熟悉包括形成规律的测量和实际程序。在依据根本变化或基本新奇性解释科学规律的过程中，我们应该清楚这些构想是一致性陈述和统计平均。它们具有的这种必然性是惯用的而不是经验地获得的。虽然这些规律对于许多类实例是准确的，但是不能应用于具体事项。比如牛顿定律不能说明原子运动。在这种意义上，它们更像是人寿保险的保险精算图，而不是机械论的理想模型。因为这些图也许能够准确预测某年有多少人死亡，但是不能准确预测某一个人在某年死亡。为了避免这类结果，我们需要某些更好的方法，而不需要像独裁主义或沙文主义、先验准则、简单猜想一类的东西。语境论强调使用实验方法，认为它是我们得到更准确的预测和更好控制问题境遇的方式。问题越是重要，越是需要实验方法。现代科学实际上就是实验的科学，物理学、化学和生物学概莫能外。因为“一个实验就是决定结果的一个行动纲领，因此这是一种把智力引入境遇的途径”[9]。比如在生物学中，一个实验就是我们发现一个生物体如何调节使它能够趋利避害的一个智力指导程序。尽管实验方法不能提供确定性，但是它能够帮助我们从自然环境、社会环境获得所需要的大量测量数据。如果通过实验方法我们能够发现或引入适当的工具，那么我们就能够更好地探索未知世界。

其次，在探索事物的变化及其变化的方式过程中，明确目的和语境是非常重要的，这样就趋向了相对主义而避免了绝对主义。从语境论看，相对主义比绝对主义更适当，因为相对主义强调语境、境遇和关系。虽然语境论还不是相对主义，但与相对主义有许多共同之处。比如，事物的意义是相对于一个境遇而言的，脱离这个境遇谈论意义就会扭曲和损失意义。哈恩指出：“把一个结构置于不同的语境中，然后改变它的性质。不论这个变化对于给定的目的重要与否，它都依赖这个目的或这个语境。至少，性质的恒常性从一个语境到另一个语境不是某种假定的东西，而是某种必须被探索的东西。它需要规划并建立适当的控制结构。因此这种观点排除了绝对，而且无条件概括可能是误导性的。语境论者主张，如果我们能够说明所指的目的、依据的标准、在哪些方面、如何描述所满足的条件，描述任何事态，或详细指明它的关系就是一件非常容易的事情，而且通常进行地很顺利。幸运的是，由于日常目的语境的存在使得这些事情足够明确。”[10]也就是说，对于某事或某物，如果目的和语境明确，行动起来并不是困难的事物。比如，一把小刀，用来削苹果是适当的，而用来劈柴则是不适当的。一种教学方法对于一组具有相应知识背景和兴趣的学生是有效的，而对于缺乏相应知识背景和兴趣的学生则是无效的。苹果树适合于北方的土壤和气候条件而不适合于南方的土壤和气候条件，如果我们要在南方栽培苹果树，其效果就可想而知了。因此，只要做事的目的和语境明确，做起来就是容易的。相反，如果做事的目的和语境不明确，做起来就很困难。在行动之前，明确目的和语境是非常重要的。

再次，对事物的还原分析是必要的但不是绝对的。语境论反对绝对的还原主义，赞成相对的还原主义。在分析事物的过程中，语境论反对把复杂事物还原达到绝对或固定的元素，比如把生物体还原到分子水平，认为还原是追踪变化模式的过程，赞成对事件的遗传性解释。也就是说，在把一个整体事物分解为原子单位或不能再分解的某类构成物如基本粒子的意义上，语境论反对元素分析的可能性。正如派普所说的那样，分析是展示一个事件结构的事态，这一过程包括对这个事件组分的识别，但是这些组分的部分性质来自这个事件的语境并进入这个语境[11]。所以，分析还原是一个追踪指称从一个语境到另一个语境的过程。我们应该追踪哪些指称，追踪多远，依赖于那个引起我们分析的问题。我们可以追踪一个给定结构的组分进入方便控制的结构如图表。例如，对于色柱或音阶结构，我们可以追踪它们并用光波或空气振动图表示。而光波或空气振动图示与构成物理学的图示系统相联系，并以各种方式与其他科学的图表结构交缠在一起。任何色彩都可以相当精确地按照色调、饱和度、价值被置于色柱之上，这样，我们就可以根据此图表在将来生产它们。

我们知道，柏拉图的实在论和机械论的自然主义已经假设，任何整体都能够被完全分解为它的构成元素。至于这些元素是什么则是有争议的。但有一点是肯定的，那就是一个整体可以被还原为它的构成元素，比如德莫克利特的原子论所主张的那样。然而，语境论是坚决反对这种还原的可能性的。根据语境论，不存在任何最终完全被分解的东西，某物能够被分解是因为我们对它和分解本身缺乏了解。分析探询既包括对一个结构的构成组分的识别，也包括对相关语境指称的识别，而且传统说明倾向于把它限制在结构的一个具体形式方面。

例如，当我们把一个给定事件分解为 A，B，C 时，这并不是说这个事件仅由 A，B，C 构成而没有任何其他东西，而是说我们追踪连接这个事件的 A，B，C 的关系模式。当然，这并没有排除我们追踪这个事件与其他组分 D，E，F 之间的关系模式的可能性，或者这个事件与许多其他可能性之间的关系[12]。对语境论者而言，终极宇宙单位或元素是不可靠的实体，把事物还原到这些我们以为是最终成分的解释是对分析探询方法的极大误解。因此，不存在对任何事件任意分解的方法。一个事件的结构能否以许多方式展示出来，取决于分析的目的或产生这个问题的性质。按照派普的说法，一个事件的性质是其组分性质的融合，而且任何给定结构的部分性质由于它的环境结构的性质而增加到这个事件上，而环境结构的性质翻过来部分地依赖于它们语境中其他结构的性质。这个过程远不是分解还原可以做到的。至于这个过程依赖于我们遵循的哪个所指组分，我们追踪哪个结构，可能有许多种分析，而每个分析或多或少适合它的目的。

进一步讲，如果分析还原是展示一个事件结构的事态，那么根据条件和结果的遗传性说明就是非常有序的。因为这是展示事件结构的一个非常重要的手段。按照语境论的主张，自然是一个不停地开始和结束的场所，始点、完成、中断与它们连接的指称和介入其中的方法-客体（means-objects）或在某一个语境中操作的工具，本身就是范畴化的东西。而且，这些范畴的区别是在一个时间过程中进行的，忽视这一事实的分析省略了极其重要的东西。尽管这种分析提供了一个无时间的逻辑分类，但它不可能随着时间的推移展示一个事件的结构。因此遗传性说明更加具有清晰的说服力。

最后，语境论的自然主义和生物学倾向使它坚持主张反思性思维或批判性探询的科学方法。那么什么是反思性思维或批判性探询？所谓反思性思维或批判性探询，在语境论者看来，就是问题解决或怀疑消解（doubt-resolving）过程。这种方法有着广泛的应用，特别在计算机科学和认知科学中被用来解决这个变化世界里我们面临的许多问题，比如计算机能否思维问题、处理常识知识问题。这些问题应该是具体的、明确的，如果我们运用语境论方法就可能解决这些问题；如果不受语境约束地任意提出问题，任何方法对它恐怕都无能为力。也就是说，反思性思维或批判性探询是以语境的存在为前提的，也即在语境中解决所提出的问题的。笛卡儿的普遍怀疑是有问题的，因为我们不能不受语境约束地怀疑，或者说，怀疑的发生也是有语境限制的。

那么这种方法的具体步骤是什么？其实杜威已经对此方法做了详细的论述，并把它分为五个步骤：①提出问题。也就是在复杂的现象中提炼或概括出问题。这是探询的开始，也是发现问题的开始。这种境遇可能是冲突、矛盾倾向、困惑、怀疑、模棱两可等。②澄清问题。通过观察和分析我们收集阐明困难或确定问题所需的经验材料，用清晰阐明的问题取代一些模糊的想法。③清晰地表达问题。清晰地阐明问题后，我们尝试提出如何解决所提问题的假设或解决方案。此时，我们有解决问题的多种想法，这些想法包括进一步的观察，引导我们找到相关事实。我们对问题的陈述越适当，我们寻找的解决方案就越有预测性。④演绎地论述。我们通过推理获得各种假设的意义，弄清哪一个是我们所期望的。在某些情形中，在我们演推出一个给定假设的含义前，我们需要更多信息。然后，在详细分析和审视提出的各种解决方案的可能结果的基础上，我们确定一个可行的研究计划。⑤证实或证伪问题。也就是通过观察或实验，检验最有希望的假设。如果其中一个假设得到确证，问题就解决了，怀疑也消除了，一个新的研究阶段又开始了。[13]这些探索步骤与科学哲学家波普从问题开始的科学发现模式非常类似。

然而，这些研究阶段又过于简单。而且在实际研究中，具体过程也不完全遵循这些步骤，也可能是其中几个，也可能有压缩或合并步骤的情形。比如，如果在第一步所提解决方案的可能结果没有多大希望，我们可能返回第二步和第三步，重新考虑我们的问题，看看是否考虑其他可能的方案。对于复杂而困难的问题，精心设计的研究规划是必要的。不过，杜威的方法尽管简单，但还是清晰的、准确的，基本反映了实际研究过程的情况。这就是解决问题的反思探询方法，它适合于个人问题、社会问题和科学问题。比单纯的试错法和解决一个问题并提供如何解决这个问题的某些解释性陈述更有优势。

参考文献

[1] Hahn L E. A Contextualistic World View: Essays. Southern Illinois University: Press, 2001: 13.
[2] Dewey J. Experience and Nature. Chicago: Open Court, 1925: 261-262.
[3] Mead G H. Movements of Thought in the Nineteenth Century. Moore M H, ed. Chicago: University of Chicago Press, 1936: 351.
[4] Tolman E C. Purposive Behavior in Animals and Men. New York: Century, 1932: 12.
[5] Hahn L E. Contextualistic Theory of Perception//Adams G P, et al., eds. University of California Publications in Philosophy (22). Berkeley: University of California Press, 1942: 8-9.
[6] 同[5].
[7] Pepper S. Aesthetic Quality: A Contextualistic Theory of Beauty. New York: Charles Scribner's Son, 1937: 29.
[8] Dewey J. Qualitative Thought. Philosophy and Civilization, 1930, (101): 93-116.
[9] 同[1]: 16.
[10] 同[1]: 16.
[11] Pepper S. World Hypotheses: A Study in Evidence. Berkeley, CA: University of California Press, 1942: 248-252.
[12] 同[1]: 18.
[13] Dewey J. Logic: Theory of Inquiry. New York: Henry Holt and Company, 1938: 1-527.

语境论的修正及其对怀疑论难题的解决*

魏屹东

认识的语境论是一种当代的认识论。它的两种主要形式——条件的语境论和相关选择的语境论对怀疑论难题（skeptical puzzle）① 提供了自认为是合理的解答。② 然而，许多学者并不完全认可，他们提出了种种方案来修正语境论，以便更好地解决怀疑论难题。本文的目的就是探讨各种修正的语境论对怀疑论难题的回应及其解答。

一、以相对标准修正语境论

语境论者沈福把怀疑论难题修正为怀疑论证（sceptical argument，SA），其具体形式为：①我不知道我不是一个缸中之脑；②如果我不知道我不是一个缸中之脑，那么我不知道我有手；③我不知道我有手。③ 他认为：①和②是正确的，但③是错误的。为什么是这样？我们知道，两个正确的前提推出的结论必然是正确的。要解决这个悖论我们需要回答两个问题：其一，在两个相互矛盾的命题中，哪个是假的？其二，为什么这个假命题看起来是真的？为了与其他形式的语义语境论区别开来，他把他的语境论称为大写的语义语境论。④ 根据这种语境论，以“*S* 知道 *P*”形式表达的语句没有完整的命题显示其意义。这种语句的表达方式在不同的语境中可以表达不同的命题。同时，以“*S* 知道 *P*”形式表达的

---

* 本文发表于《社会科学》2012 年第 8 期。

本文为国家哲学社会科学后期资助项目“科学哲学的语境重建”（09FZX011）和山西省留学基金项目“科学认知的机制与表征模型研究”（0905502）成果。

魏屹东，山西大学科学技术哲学研究中心、哲学社会学学院教授，博导，哲学博士。

① 怀疑论难题的一般表述为：前提 1：我不知道非 h（h 为某些怀疑的假设，比如我是一个无身体的缸中之脑）。前提 2：如果我不知道非 h，那么我不知道 p（p 是一个常识命题，比如我有手）。结论：所以，我不知道 p。

② 魏屹东．怀疑论难题与认识的语境论的解决策略．社会科学，2011：10.

③ S. Schiffer. Contextualist Solutions to Skepticism. Proceedings of the Aristotelian Society，1996，（96）：317-333.

④ 沈福将“contextualism”这个词表示为“*C*ontextualism”，第一个字母不仅大写，而且为斜体。为了便于中文表述，我将其称为大写的语义语境论，其实质是相对标准的语境论。因此我又将它称为相对的语境论。

不同命题有许多共同点：它们都推出 P 为真，S 相信 P，S 满足知识的语境相关标准；变化的是知识标准，而不是知识本身，为了表明 S 知道 P，这些知识标准详细指明了 S 对于 P 所持认识立场的强度。

简单地讲：一方面，S 知道 P，在某些语境中所表达的是相对于标准 E（easy）的；另一方面，S 知道 P，在某些其他语境中所表达的是相对于标准 T（tough）的。[①] 标准 E 是相对弱的认识立场，也即较低的标准；标准 T 是相对强的认识立场，也即较高的标准。当然，合理的语境论不只是这两个标准。一方面，认识立场的认识强度是变化的，而且不同的表达语境可以产生程度的差异；另一方面，命题形式"S 知道 P 相对于标准 N"只是方便记忆，一个完善的语境论无疑会提出一个结构更清晰的命题形式。基于这个理念，他给出了知识的相对闭合标准：如果 x 知道 p 相对于标准 N，而且 x 知道*[②]如果 p，q，那么 x 知道 q 相对于标准 N。[③]

然而，当 x 知道* 如果 p，q 时，我们靠什么使语句"如果 x 知道 p，那么 x 知道 q"清楚明白？那就要弄清是什么标准蕴涵在前提和结论中了。沈福的论证如下：

（1）如果 x 知道 p 相对于 E，那么，x 知道 q 相对于 E。

（2）如果 x 知道 p 相对于 T，那么，x 知道 q 相对于 T。

（3）如果 x 知道 p 相对于 T，那么，x 知道 q 相对于 E。

（4）如果 x 知道 p 相对于 E，那么，x 知道 q 相对于 T。

命题（1）和（2）的真值是由闭合原则加假定 x 知道* p 蕴涵 q 保证的。命题（3）的真值是由闭合原则、以上假定和满足标准 T 推出满足标准 E 的事实保证的。命题（4）则可能是假的。由此我们得出：一个命题如果满足了高标准，它必然也满足低标准；而满足低标准的命题，不一定满足高标准。这就是为什么命题（3）成立，而命题（4）不成立的原因。

在沈福看来，"S 知道或不知道 P"不是命题的形式，命题形式应该是："S 知道或不知道 P 相对于标准 N。"不论语境论能否有效解决 SA，其表达形式应该为：

（1）我不知道我不是一个缸中之脑相对于 T。

---

① S. Schiffer. Contextualist Solutions to Skepticism. Proceedings of the Aristotelian Society，1996，（96）：318-319.

② "知道*"是指闭合意义上知道，是相对于非闭合原则而言的。

③ S. Schiffer. Contextualist Solutions to Skepticism. Proceedings of the Aristotelian Society，1996，（96）：320.

(2) 如果我不知道我不是一个缸中之脑相对于 T，那么我不知道我有手相对于 T。所以：

(3) 我不知道我有手相对于 T。

由于 T 是一个高标准，所以我不知道我有手就是可理解的了。

二、以事实作为原因修正语境论

瑞波（Steven Rieber）提出了自己解决怀疑论难题的路径。[①] 他认为，当我们把怀疑论难题中的三个独立命题放在一起讨论时，就会产生悖论。他把知道的形式表达为：S 知道 P，当且仅当：P 的事实解释了为什么 S 相信 P 的原因。这是一种从要知道的命题 P 的事实出发来解决怀疑论悖论的思路。S 知道 P 是因为 P 的事实使得 S 相信 P。对知识的分析需要一种语境敏感性，它是解决怀疑论难题所必需的。在他看来："算作解释的东西是高度语境依赖的。特别是最近的对比解释研究工作已经清楚地说明，知识依赖于一种不言而喻的对比。"[②] 比如这样的事实：只有携带梅毒的人才会得麻痹性痴呆症，但是大多数携带梅毒的人并没有得麻痹性痴呆症。假设某人 S 既携带梅毒又得了麻痹性痴呆症，试问：S 携带梅毒的事实能够解释 S 得了麻痹性痴呆症的原因吗（命题 a）？

按照瑞波的解释，这个问题的答案依赖于同 S 不言而喻所对比的东西。我们进一步假设，另一个人 B 既没有携带梅毒又没有得麻痹性痴呆症，如果将命题 a 与 B 对比，我们会进一步追问：S 携带梅毒的事实能够解释为什么是 S 而不是 B 得了麻痹性痴呆症的原因吗？答案是肯定的，因为是 S 携带梅毒而不是 B 携带梅毒，只有携带者才会得麻痹性痴呆症。

我们再做进一步的假设，第三个人 C 携带梅毒但是没有得麻痹性痴呆症，在这种情况下，与命题 a 进行比较，结果会怎样？我们自然会问：S 携带梅毒的事实能够解释为什么是 S 而不是 C 得了麻痹性痴呆症的原因吗？对于这个问题，答案可能是否定的。因为虽然 S 和 C 都携带梅毒，但是得不得麻痹性痴呆症会因两个人的年龄、性别、体质、免疫力甚至工作环境的不同而不同。也就是说，两个人的生活语境不同，因而结果不同。因此，一种事物能否解释另一种事物是依赖语境的。

根据瑞波对知识的解释性分析，知识必然是语境敏感的。既然知识是语境敏感的，在不同语境中对知识的解释就会不同，因此解释的语境论就可以解决怀疑

---

① Steven Rieber. Skepticism and Contrastive Explanation. Noûs 1998，32：189-204

② Steven Rieber. Skepticism and Contrastive Explanation. Noûs，1998，32：195.

论难题。在他看来，问“我知道我有手吗?”就是问“我有手的事实能够解释我相信我有手的原因吗?”这就是语境论通过对比对问题的转换。在日常语境中，这个问题是非常清楚的，无需自找麻烦。同样，在日常语境中，我也知道我不是一个缸中之脑。不过，通过对比会使缸中之脑的怀疑论可能性更加突出，也会进一步引起我们思考知识归因问题。

三、以妥协方式修正语境论

知识语句或命题的语境依赖是语境论的核心观点。费尔德曼对此提出三点质疑：其一，语境论对于语境依赖词语的应用条件的说明，不必然推出我们运用这些术语说出的任何事情都是正确的。其二，语境论没有解决模糊问题。其三，语境依赖是某种模棱两可的东西。他主张解决怀疑论难题必须弄清其关键问题所在。[①] 他以柯恩对怀疑论难题的回应为例进行了分析。

(1) 我们知道某些日常经验命题是真的。

(2) 我们不知道怀疑论的选择是假的。

(3) 如果我们不知道怀疑论的选择是假的，那么我们不知道这些日常经验命题是真的。

这三个命题不都是真的。要解决这个悖论，我们必须弄清其中哪一个是假的，尽管三个命题看起来是真的。这个悖论蕴涵了闭合原则。为了能够使这个悖论在闭合原则中起作用，日常经验命题和怀疑假设或否命题必须充当 q 和 h 的例子。如何在经验命题和怀疑假设之间建立合理的关系，是语境论面临的又一个难题。

对于日常的经验命题，我们不会有什么异议，比如我们有手。对于远离我们的怀疑命题，我们有很大的质疑。为什么?不是我们经验判断有问题，也不是我们的直觉判断和逻辑规则有问题，而是我们解决怀疑论难题的方法和路径有问题。“这要求我们必须认真地构想怀疑假设，以便我们能够通过我们认为知道的日常经验命题推出它们的错误。”[②] 那么，我们如何合理地构想怀疑假设?如何通过经验命题推出怀疑假设的错误?费尔德曼对上述悖论进行了分析。按照柯恩的解答，在日常语境中，(1) 是正确的，(2) 是错误的。我们的确知道日常经验命题是正确的，我们也的确知道怀疑假设是错误的。具体而言，我的确知道我有手，我的确知道我不是一个缸中之脑。这没有什么问题。但是，在另一个语境

---

① R. Feldman. Contextualism and Skepticism. Philosophical Perspectives 1: Epistemology, 1999: 92-93.

② R. Feldman. Contextualism and Skepticism. Philosophical Perspectives 1: Epistemology, 1999: 95.

中，特别是怀疑语境中，问题便凸显出来，（1）是错误的，（2）是正确的，我们不知道经验命题是正确的，而怀疑命题是错误的。据此在任何语境中（3）是正确的。

这正是语境论的观点：在不同的语境中，相同命题的意义不同。所以，在日常语境和怀疑语境中，（1）和（2）意义不同。在任何语境中（3）也是正确的。由于语境论这个过于宽泛和模糊的观点，使得怀疑论者有机可乘。费尔德曼认为，上述论证中的错误成分在任何语境中源于没有持续追踪语境，或源于在当下语境中从“在另一个语境中表达它的语句表达了一个真实情况”错误地推论这个成分的真值。[①] 也就是说，怀疑论错误地把日常语境与怀疑语境、经验命题与怀疑假设混淆了。

在他看来，德罗斯对“无知论证”的解答遵循了柯恩的思路。因为德罗斯主张这个论证由于（2）在日常语境中是错误的而不完善，但是在另一个语境中，特别是当我们思考这个论证时（2）是正确的，这个论证也因此是完善的。在刘易斯的解答中，怀疑假设增加了我们应该在日常语境中排除的可能性。部分原因是，在日常语境中，这些怀疑论者想象的奇怪可能性不包括在所有可能性中，但是，在怀疑语境中，有我们不能排除的额外可能性。难怪刘易斯发出这样的感叹：“认识论掠夺了我们的知识。”[②] 通过对三种解答的分析，费尔德曼发现，它们的共同点是：虽然我们的日常知识主张是正确的，但是在认识论的怀疑论凸显的语境中，怀疑论是正确的。这样一来，语境论又回到了怀疑论的立场上去了。

费尔德曼既承认语境论的优点，同时也对怀疑论采取妥协的态度。他认为，怀疑论难题在某种意义上是正确的，它揭示了经验命题和怀疑假设或形而上学命题之间的一种十分敏感和微妙的关系：感性与理性、实践与理论、假设与证明、知识与确证，等等。他把语境论与怀疑论之间的关系比作道德冲突和科学发现的冲突。“依我看，我们关于知识归因依赖语境变化的倾向性更像道德争论和科学争论的情形。在这些真实冲突的情形中，关键问题是有关一个命题的冲突性证据。这些论证既有支持这个命题的，也有反驳这个命题的，更有诉诸语境依赖打发不掉的论证。”[③] 可以说，正是怀疑论的质疑，才使认识论有了大的发展。由此我联想到克隆技术带来的伦理冲突。在克隆科学家的语境中，克隆的目的是探索未知，造福人类，但是在反技术者的语境中，克隆无疑会产生伦理问题，比如克隆者与被克隆者是什么关系呢？现代伦理理论难以解释。这就需要双方各自提

① R. Feldman. Contextualism and Skepticism. Philosophical Perspectives 1：Epistemology，1999：97.

② D. Lewis. Elusive Knowledge. Australasian Journal of Philosophy，1996，74（4）：550.

③ R. Feldman. Contextualism and Skepticism. Philosophical Perspectives 1：Epistemology，1999：104.

供有力的证据或论证去说服对方，或通过妥协协商达到一致。

费尔德曼进一步把语境论分为“裸体的”和“着装的”。[①] 前者是指纯粹的语境论，认为语句或命题的真值纯粹由语境决定。如果应用于“知道”的标准变化，这并不意味着这些标准达到完全排除所有知识的高度。标准变化这个纯粹事实也不意味着它们低到足以让我们满意的程度。比如“某人比爱因斯坦聪明许多”的标准是变化的，依赖于“许多”是多少。然而没有人知道“许多”是多少。也就是说，标准的纯粹变化性不足以支持语境论回答怀疑论难题的变化性的种类。后者是有条件的语境论，认为“裸体的”语境论不可能提供关于怀疑论难题的满意答案，并提出关于“知道”的归因条件的各种说明支持他们的主张。比如柯恩主张知识需要证据或理性信念。一个知识归因者的语境决定了一个主体的理由必须充分到足以保证知识的归因为真。刘易斯认为知识需要排除所有选择，知识需要确证。德罗斯认为：“当某个主体 S 知道或不知道某个命题 p 被断言时，如果需要，知识标准倾向于被提高到这样一个水平，需要 S 相信那个特殊命题 p 是敏感的，以至于它被算作知识。”[②] 在费尔德曼看来，某人的认识立场强度根据世界的范围来量度，通过这些世界范围某人准确地追踪一个命题的真值。某人从现实中追踪一个命题越深入，某人的认识立场就越强。根据德罗斯的规则，一般情况下知识标准需要通过真实世界和所有最接近的可能世界追踪命题的真值。在这些最接近的可能世界里，我们讨论的东西可能是假的。在这里，从真实世界到最不可能世界之间存在无数个可能世界。在真实世界，我们能够知道某个命题，在可能世界我们不知道某个命题。然而，按照德罗斯的规则，当提及怀疑假设的知识时，这套相关世界会扩展到包括那些使怀疑假设为真的世界范围。一旦这套相关世界得到扩展，它就会相对稳定一段时间。在此时间内，凡是断言“知道”的任何人为了使这个断言为真，他必须处于更强的认识立场。此人必须通过这套扩展的世界追踪这个命题。因此，在那些语境中，把知识仅归因于人是有问题的。

基于对这些语境论观点的分析，费尔德曼主张，我们应该有条件地接受怀疑论。在怀疑的语境中，怀疑论是正确的，他们的主要错误在于其怀疑主张与我们日常关于知道的主张冲突。在不同的语境中，关于知识的主张肯定不同，在各自的语境中，语境论和怀疑论都是对的，但是在交叉的语境中，存在不一致或冲突就是必然的。怀疑假设之所以看起来矛盾，是因为我们没有认识到在语境中那些变换的结果。

---

① R. Feldman. Skeptical Problems, Contextualist Solutions. Philosophical Studies, 2001, (103): 67-71.

② Keith DeRose. Solving the Skeptical Problem. The Philosophical Review, 1995, 104 (1): 36

四、以证据修正语境论

克莱恩（P. Klein）在探讨认识的语境论时提出两个问题：其一，语境论是正确的吗？其二，如果它是正确的，它阐明了怀疑论难题吗？[①] 对第一个问题他持肯定态度，对第二个问题持怀疑态度。而且针对第二个问题发展了语境论。

克莱恩认为，确定判断标准是语境论的关键问题。他举了这样一个例子。Lax 说 Sam 是幸福的。我们发现他所讲的“幸福”是指，一个人幸福是因他或她一生中的幸福多于不幸福。Stringent 不同意这种观点。他认为一个人幸福是因他或她几乎没有经历不幸福的时刻。关于 Sam 是否幸福，谁是正确的？按照语境论，两种说法都是正确的。因为 Lax 和 Stringent 关于幸福的标准不同。他们分别代表了两种不同的标准：一个宽松的标准，一个严格的标准。幸福是主观性很强的一个词。同一个人在不同时刻幸福感会不同；不同的人在同一时刻或不同时刻幸福感都会不同；不同的人群在同一时刻幸福感也会不同。因为判断幸福感的标准不同。富人可能不幸福，乞丐可能幸福。判断幸福的标准不同，幸福感就会不同。

克莱恩假定，语境论和怀疑论都赞成在给定逻辑后承的情况下知识是闭合的，也就是说以下闭合原则（KC）是正确的：如果 S 知道 x，而且 S 知道 x 推出 y，那么 S 能够知道 y（没有进一步的论证）。[②]（其中，$x=h$：S 有一只手，$Y=$ $-$sk；sk：$-h$ 仅仅好像 h。）在双方都认可闭合原则的条件下，认识论者主张“S 知道 h”，怀疑论者声称“不，S 不知道，因为 S 不知道-sk”。认识论者应该如何做？根据 KC 的含义，认识论者继续坚持 S 知道 h，而且主张 S 能够知道-sk 而不需要进一步的论证。但是，认识论者做不到的是，继续相信 S 知道 h，KC 是正确的，没有进一步论证 S，他们不能够知道-sk。

在克莱恩看来，这并不是一个好的解决方案。虽然怀疑论也承认闭合原则，即承认 x 推出 y 是合乎逻辑的，但是，他认为认识论者的主张是错误的，因为认识论者不能提供任何证据使得怀疑论者相信-sk。即使在认识论者的立场，S 也不知道 h，因为认识论者接受 KC 而没有进一步论证。如果情形是这样，那么在“幸福”的例子中，对 Sam 的幸福的说明就是失败的。Stringent 承认 Lax 关于幸福的含义是正确的，但是怀疑论者不承认认识论者是正确的。怀疑论者争辩说认

① P. Klein. Contextualism and the Real Nature of Academic Skepticism. Philosophical Issues，2000，10：108-116.

② P. Klein. Contextualism and the Real Nature of Academic Skepticism. Philosophical Issues，2000，10：110.

识论者不知道 h，即使他承认认识论者关于“知道”的意义。不是因为认识论者对 h 的确证不够充分，而是因为不能提供-sk 的证据。因此 h 无论如何是不能被知道的。

克莱恩进一步认为，柯恩的语境论基本上是正确的，它能够解释严格标准和宽松标准对于 S 缺乏或拥有知识的表面上矛盾的争论，但是不能解释怀疑论者和认识论者之间的争论，不论是普遍的怀疑论还是局部的怀疑论，因为它们之间的争论不是关于 S 为了拥有知识需要多少证据的争论，而是关于什么算作相关证据的争论。怀疑论者认为 S 不能使用正推出的命题作为证据去支持已推出的命题，所以 S 不知道。而认识论者认为 S 能够也因此知道。换句话说，争论的焦点是，正推出的命题是否可以作为已推出命题的证据使用。语境论对这个问题还没有做出令人满意的回应。

另一个证据的语境论者是内塔（Ram Neta）。他提出知识标准不变观，认为我们不应该把怀疑论看作是产生那些标准的根源，相反，我们应该理解怀疑论对什么算作证据的东西加以严格限制。[①] 在他看来，怀疑论是通过揭示知识证据归因的语境敏感性来提出怀疑论难题的。比如，当怀疑论者提出缸中之脑怀疑假设时，他限定了我真实地把那些心理状态当作我的证据的东西。无论我是否是一个缸中之脑，这些心理状态对我是有用的。也就是说，他阻止我把我的任何心理状态作为我关于外部世界信念的证据，也就是在我的信念和我的证据之间创造了一个不可逾越的认识鸿沟。在这些语境中，我的信念不能满足认识标准，也因此不能算作知识。在不考虑任何怀疑假设的语境中，我有许多关于外部世界信念的证据。在这样的语境中，我的信念能够满足认识标准，也因此能够算作知识。这样，与其他语境论一样，内塔的语境论是要解决我们熟悉的冲突，解释在大多数语境中我们为什么判断我们拥有知识，而在其他语境中判断我们为什么不拥有知识。

在我看来，证据的语境论把证据作为一个非常重要的语境条件来证明一个信念的确定性，这与证据主义（evidentialism）很相似。证据主义是一种关于知识确证的理论，它主张一个信念或对一个命题的信念态度，对某人来说，如果他在某一时间获得的这个信念在认识论上是得到证据支持的，我们就说此人的信念得到了证明。也就是说，证据主义是这样一种主张，一种信念，当且仅当能够为证据所支持时才算得上是得到确证的知识。那么，证据是什么？证据是如何获得的？获得的证据是否需要进一步的确证？证据又是如何支持信念的？这些问题对证据主义构成了严重的挑战。要解决这些问题，我认为还是要回到语境论，信念

---

① Ram Neta. Contextualism and the Problem of the External World. Philosophy and Phenomenological Research，2003，66：1-31.

的形成、确证以及证据的获得都离不开特定的语境，只有在特定的语境中，一个信念才能被证据确定；只有在特定的语境中，证据才是确定的。因为信念是语境敏感的，证据也同样是语境敏感的。具体地讲，在特定语境 c 中，在时间 t，一个信念 b 是自明的、合理的，当且仅当这个信念是由证据集 e_i 经验地支持的。在这里，证据集 e_i 是特定语境中的证据，它具有时间性、经验性、主体性、关联性。我将这种语境论称为语境的证据主义或语境论的证据主义。

五、以预设修正语境论

威廉姆斯认为："SCC 通过由哲学反思创造的认识评价的特殊语境的说明方式与怀疑论联系起来。在日常语境中，我们注意到的错误可能性通过各种实践兴趣被保持在一定范围内，比如我的需要是参加会议。但是，做哲学反思时，我们逐渐远离日常所关心的事情。因此，为了在哲学反思的语境中使知识主张为真，我们必须能够排除任何和所有错误的可能性，无论它们多么遥远或者多么难以置信。然而，我们不能做到这一点：的确，怀疑假设，比如我是邪恶的欺骗者的受害者，或缸中之脑被设计出来以阻止被排除。"①也就是说，SCC 把知识归因标准的提高和降低诉诸语境的变化过于简单，这为怀疑论留下了空间。按照语境论，由于认识标准诉诸语境变化，那么在哲学反思的超常语境中，知识归因就可能是假的。但是这并意味着在日常语境中当不同标准生效时，知识归因也是假的。语境论的目的就是要把日常知识与怀疑假设分离。对怀疑论的一个好的回应应该是诊断式的而不仅仅是辩证式的。语境论不仅要说明怀疑论为什么错，还要解释它如何错，又如何具有吸引力。然而这些问题又难以回答，因此怀疑论是不容易被打发走的。

在威廉姆斯看来，有两个条件是任何形式的怀疑论都必须满足的：第一，怀疑论必须提出一个关于我们认识无能为力的独特主张。也就是说，怀疑论必须提出大量我们无知的东西，这要求他们比我们做得更多。第二，怀疑论必须是严格的，或者说，怀疑论必须说明知识何以不可能。正是在这个意义上，怀疑论通常被认为是关于知识不可能的学说。一般来说，知识条件越精确，导致否定知识可能性的怀疑论就越温和。如何区分确证的知识和非确证的知识就产生了格蒂尔问题。② 如果我们采取了这个策略，我们必须认识到否定知识可能性的两种方式：一是承认我们的许多信念有积极的认识地位（包括高的认识地位），但是否认它

---

① M. Williams. Contextualism, Externalism and Epistemic Standards. Philosophical Studies, 2001, 103: 2.

② 格蒂尔问题也称格蒂尔悖论，它是格蒂尔 1963 年在《确证的信念是知识吗?》一文中提出的，目的是质疑知识的确定性问题。

们有一个能够达到适当知识的高地位。威廉姆斯把这种怀疑论称为知识确定的怀疑论。二是拒绝我们有能力提升到确证信念的水平，也就是说我们没有能力对知识进行确证。这是激进的怀疑论。他还根据知识标准的精确程度，把知识确证的怀疑论进一步区分为不可取消性怀疑论和确定性怀疑论。[①] 前者是说，真信念作为知识是必须得到证据确证的，或者说确证是不可取消的。不可取消的确证是不被进一步获得的真信念破坏的确证。后者是说，一个更严格的标准是指知识需要绝对的确定性。这两种形式的知识确定的怀疑论都是高标准的怀疑论。

在知识的确证问题上，威廉姆斯认为我们要注意知识确证的两个方面：一方面是确证的程序，这涉及认识的责任，为了确证一个特殊的信念，某人必须使它形式化，或以认识责任的方式保持它；另一方面是确证与主体的知识背景相关。当某人使用证据排除所有假的可能性时，使用哪些证据排除哪些可能性是有选择的。这种选择是语境敏感的。或者说，不同知识背景的人使用的证据可能不同，因而排除的错误可能性也不同。在他看来，确证对于知识既不是充分的也不是必要的。刘易斯的知识主张远不是非确证的，因为使用证据就意味着确证。确证不是不言而喻的，而是需要外部证据和理由的。针对刘易斯的语境论，威廉姆斯深入分析了其所包括的一些预设规则：

（1）信念规则：主体 S 相信获得的一个可能性没有被适当地忽视，无论 S 这么做是否正确。S 既不应该相信获得一个可能性，证据和论证也没有确证 S 相信，无论 S 是否相信。

（2）保守规则：采用我们通常期望的、在我们周围的那些预设，它们允许我们保留或忽视某些预设，除非有其他规则迫使我们注意被忽视的可能性。

（3）注意规则：当我们说一个可能性时，准确地说我们是指：我们不是指它能够被适当地忽视。因此，一个完全没有被忽视的可能性本身没有被适当地忽视。

（4）现实性规则：实际获得的可能性没有被适当地忽视：现实性总是一个相关选择；没有任何假的东西被预设。

（5）相似性规则：假设一个可能性明显与另一个相似。如果其中一个没有被适当地忽视，另一个也没有。

（6）可靠性规则：传递信息给我们的程序，如感知、记忆和证据，是相当可靠的，我们可以适当地假设，在考虑它们的情形中，它们起作

① M. Williams. Contextualism, Externalism and Epistemic Standards. Philosophical Studies, 2001, 103: 6.

用的过程中没有任何过失。[①]

规则（1）、（3）、（4）、（5）是禁止的，规则（2）、（6）是允许的。信念规则强加了一个规范的限制，即某人可能没有忽视他应该相信的可能性，无论他实际上是否相信。如果某人相信某个可能性，他就不会忽视它，如果他不相信它，他就可能忽视它，信念并不是忽视某个可能性的必需或唯一因素。注意规则是不对称的，它支持忽视行为是随意的。当我们使用这个规则时，我们就创造了一个新的语境，同时导致预设转换，怀疑假设就不会被忽视，注意规则也因此容易导致怀疑论。而且预设转换使得闭合原则无效：在论证的开始你知道，而在论证的结束你不知道。注意规则的另一个明显缺点是，它错误地把忽视某事等同于没有意识到某事。没有意识到是无意的，而忽视多半是有意的。比如在一个舞会上我忽视你不是因为我没有意识到你在那儿。相反，我知道你在那儿而故意忽视你。注意规则是 SCC，特别是"做认识论"概念的一个必然结论，但这个规则隐含了某些缺陷。

在威廉姆斯看来，现实性、相似性和可靠性规则都是重要的。虽然现实性和相似性有利于刘易斯通过充分但误导的证据的方式解决格蒂尔问题，但是没有现实性和相似性规则的限制，我们同样可以解决格蒂尔问题。"在格蒂尔案例中，我在证据 E 的基础上形成了一个真信念 P，证据 E 通常是 P 的真值的一个可靠指示者，所以我的信念就得到了确证。但是在格蒂尔问题的具体环境中，P 为真的理由与 E 没有任何关系。在证据 E 的基础上接受 P，我忽视了可能性，在这些可能性中即使 P 是假的，E 也是可用的。深入这个案例的细节就会发现，由于这些可能性以各种明显的方式与现实性相似，它们被不适当地忽视了。结果我的信念没有成为知识。"[②] 这就是说，现实性、相似性规则及其结合并不能完全保证知识的可靠性。可靠性对知识为真是绝对必要的。可靠性作为理解知识理论的基本规则，没有这个规则我们就不能准确地知道。因此，威廉姆斯重视可靠性规则，赞成确证主义的主张。

六、语境论面临的主要反驳

以上修正的语境论对怀疑论难题的解决方案受到了多方面的质疑，"斑马悖论"和摩尔主义是两个主要反驳。

---

① M. Williams. Contextualism, Externalism and Epistemic Standards. Philosophical Studies, 2001, 103: 13-17.

② M. Williams. Contextualism, Externalism and Epistemic Standards. Philosophical Studies, 2001, 103: 17.

首先，分析“斑马悖论”反例。为了反驳语境论关于知识的确证理论，优格劳（Palle Yourgrau）提出“斑马悖论”来反驳语境论。这个悖论的对话如下：

甲：那是一只斑马吗？

乙：是，是一只斑马。

甲：但是你能排除它仅是一只精心伪装的骡子吗？

乙：不能。

甲：那你就承认你不知道那是一只斑马了。

乙：不，我的确知道那是一只斑马，但是经你质疑后，我不再知道了。[①]

优格劳论证说，在会话中语境论主张知识标准是随着语境的变化而变化的。然而，这个会话悖论使他越发糊涂了。因为在这个会话过程中，对于说明乙的认识立场的变化方面，似乎没有发生什么改变。在会话的开始和结束，乙的认识立场几乎没有变化，因此如果乙在开始时知道，那么他在结束时也应该知道。这表明，与认识的语境论相反，我们不能由于仅仅涉及某些怀疑论的可能性就改变知识的标准。

对于这个质疑，德罗斯曾经进行了回应。[②] 他指出，一旦甲提出怀疑的可能性，那就等于提出了知识标准，而乙不再确切地说“我的确知道那是一只斑马”。一旦知识标准被提高了，那么任何知识归因的真值，包括被认为仅仅在过去某些时候应用的归因，必须根据那些高标准去判断。一旦标准被提高了，乙既不能把知识归于过去的他，也不能否认知识指向现在的他。他现在应该仅否认他自己拥有知识。一旦标准被提高了，过去的乙和现在的乙都不知道这是一只斑马。

沈福试图消解针对认识的语境论的种种批评。[③] 他认为，我们是相对于从语境到语境的转换标准来归因知识的。也就是说，当我们说乙知道那是一只斑马时，我们意指乙是与如此这般的认识标准比较知道那是一只斑马的。换一个角度，语境论者认为，我们的知识归因是绝对地相对的。然而，语境论者对优格劳质疑的回应意味着，乙或任何其他人出于这个理由，不能意识到我们的知识归因完全相对于这些从语境到语境的转换认识标准的。沈福辩护说，这是一个普遍的语言真，言说者的确知道某些归因是完全地相对的。比如，当有人说“下雨

---

① P. Yourgrau. Knowledge and Relevant Alternatives. Synthese 1983，55：183.

② Keith DeRose. Contextualism and Knowledge Attributions. Philosophy and Phenomenological Research，1992，52：913-929.

③ Stephen Schiffer. Contextualist Solutions to Scepticism. Proceedings of the Aristotelian Society，1996，96：317-333.

了”，此时在场的人都明白是什么意思。说下雨了是相对于此时此地的。但是在沈福看来，当我们说“乙知道那是一只斑马”时，我们通常并没有使我们自己断言乙知道是相对于任何标准的。这意味着语境论认为我们的知识是完全地相对的是错误的，而且认为知识标准能够从语境到语境地转换也是错误的。这是认识的语境论的两个核心观点。如果这两个观点不成立，认识的语境论自然就是错误的。

这个反驳使得人们疏远了认识的语境论而倾向于不随语境变化的认识标准的怀疑论。“认为语境论主张知识标准随着语境变化的观点是错误的。相反，它主张是应用‘知识’这个词的标准变化。”① 比如，费尔德曼对德罗斯的“敏感性原则”提出两点质疑：其一，如果我们关于知识的主张是由这个原则支配的，那么我们就会否定我们较实际情形更容易获得知识。因为这个原则暗含了说知道或不知道某些怀疑假设的错误是把知识标准提高到使关于知识的主张为假的高度；其二，以极端难以置信的方式区分了怀疑假设及其含义。比如朴素缸中之脑假设和精致缸中之脑假设，前者是说我只不过是一个缸中之脑，后者是说我是这样一个缸中之脑——被欺骗而错误地相信日常存在的东西如桌子和椅子。这两个质疑是非常有力的，语境论者必须认真对待。

其次，讨论摩尔主义的反驳。摩尔主义（Mooreanism）② 认为知识标准是不变的。怀疑论者声称，不仅没有所谓的我们知道我们不是缸中之脑的语境，也没有所谓我们知道我们有手的语境。这种观点难以令人置信，因为它们与我们日常生活中有许多语境的事实不一致，正是在这些语境中，我们才能够认识我们周围的世界。摩尔主义者声称，没有任何障碍能够阻止我们知道我们有手和我们不是缸中之脑。比如摩尔主义者索萨（Ernest Sosa）认为，知识需要安全性，根据安全性，仅当它是 P 时，S 才相信 P。③ 在索萨看来，我们有手和不是缸中之脑的信念都是安全的，两个信念因此都是知识。在缺乏确凿证据或事实的情况下，让一个人轻易地相信他或她没有被欺骗是不易的。例如，在现实社会中，许多欺骗之所以能成功，就是因为在很大程度上，受骗人不认为自己受骗，他们确信自己所相信的是真的。在真实世界，由于远离真实世界而到达非常远的可能世界，我们没有被欺

---

① R. Feldman. Comments on DeRose's ‘Single Scoreboard Semantics’. Philosophical Studies, 2004, 119 (1-2): 24.

② 摩尔主义因英国分析哲学家摩尔（G. E. Moore, 1873 ~ 1958）而得名。摩尔在伦理学和认识论方面有重要贡献，主张伦理标准和认识标准的不变性。

③ Ernest Sosa. How to Defeat Opposition to Moore. Philosophical Perspectives, 13, Epistemology, 1999: 142.

骗的信念与我们是否被欺骗的事实是一致的。① 如果我能够通过语境知道我不是一个缸中之脑，那为什么有时候会出现似乎我不知道我不是一个缸中之脑的情形？索萨是这样解释的，由于我们容易把安全当作敏感性，而且我们不是一个缸中之脑的信念不是敏感的，有时对于我们而言，我们不知道我们不是一个缸中之脑的信念是不安全的，因此我们不知道我们不是一个缸中之脑。尽管如此，索萨仍然认为，这仅仅是一种现象。由于我们的信念是安全的，我们就能够通过语境知道我们不是一个缸中之脑，于是我们采用了对怀疑论难题的摩尔式应答。②

比如，布莱克（Tim Black）运用诺兹克（Robert Nozick）的知识敏感性必要条件，提出一个解决怀疑论难题的摩尔式应答。③ 他认为，只有那些与 S 是否知道 P 相关的世界，才是 S 的信念根据实际产生它的方法形成的世界。这表明缸中之脑的世界（S 是缸中之脑的可能世界）与 S 是否知道他不是缸中之脑不相关。因为缸中之脑世界是这样一个世界，在这样的世界里，S 的信念是由另外一种方法产生的，而不是由实际产生它的方法产生的。因此，由于缸中之脑世界与 S 是否知道外部世界的事物不相关，S 既知道他有手也知道他不是缸中之脑。这就是布莱克对怀疑论难题的摩尔式回应。

七、反驳的有效性分析

以上对认识的语境论的反驳是否有效？回应这些异议对于语境论者来说并不难。认识的语境论之所以有力，是因为它把这些异议放在问题语境中考虑。“怀疑论作为关于普通人知道什么的学说，通过怀疑论者的口不可能成为真实的。然而，把知识当着索引的东西去处理似乎具有，或者非常密切地具有这样的效果。正是出于这个理由，我才反对怀疑论。”④ 对于这一点，即使在允许怀疑论者成功地陈述某些实情比如“你不知道命题 p”的地方，语境论者能够说认识的语境论因此容易使怀疑论成为真实的。如果需要假设的知识语句不拥有语境敏感的内容，那么在损失我们日常主张知道为真的情况下，怀疑论者的否认就是真实的。当然，这种假设不成立是语境论者处理怀疑论难题的核心观点。

优格劳的“斑马悖论”反驳认识的语境论的理由也不那么有效。在我看来，

① Ernest Sosa. How to Defeat Opposition to Moore. Philosophical Perspectives, 13, Epistemology, 1999: 147.

② 摩尔式回应的形式是：a. 如果我不知道我不是一个缸中之脑，那么我不知道我有手；b. 我知道我有手；c. 所以，我知道我不是一个缸中之脑。这是一种常识实在论的应答。

③ Tim Black. A Moorean Response to Brain-in-a-Vat Scepticism. Australasian Journal of Philosophy, 2002, 80: 148-163.

④ F. Dretske. Knowledge: Sanford and Cohen. //B. P. McLaughlin, ed. Dretske and His Critics. Cambridge, MA: Blackwell, 1991: 192.

这个对话不是很清楚。在这个会话语境中，语境论者部分承认它的真实性，那就是要弄清对话所处的语境。如果是在一个无人涉足的野生动物世界，两个观察一群斑马的人如此这般的会话就难以理解了。如果是在一个动物园，两个人如此这般的对话就可以理解了，因为斑马可能是人为伪装的骡子。在非人的世界里，骡子自己是不会伪装成斑马的。因此，一个人知道不知道自己看到的是斑马，就要看他所处的环境或对话的语境。一旦怀疑的可能性产生，相关知识主张不再表达真实的东西。认识的语境论在某种意义上毕竟是一种语义学的观点，它根本不涉及知识。假设在怀疑的可能性没有产生之前，乙就声称在他前面有一只斑马；假设乙在形成自己的主张中表达了一个真命题，而且他这样做并不意味着他知道。他完全进入对象语言。根据德罗斯的看法，就乙参与对话的合法性而言，认识的语境论所承认的仅仅是元语言主张。例如，先前的表达方式“乙知道那是一只斑马”的确表达了一个真实命题，但是现在的表达方式不同且复杂，也可能不是真实的，使得乙的认识态度发生了变化。

考姆帕（Nikola Kompa）注意到，认识的语境论似乎允许乙说：如果乙早点说他知道那是一只斑马，那么他就表达了一个事实，但是他不知道那是一只斑马。[①] 考姆帕认为这是一个不能令人满意的结果。因为这样做就是根据相关标准把“知道”明显相对化，也就等于说，我知道 s_1——那是一只斑马，但是我不知道 s_2——那是一只斑马。巴赫（Kent Bach）认为，认识的语境论似乎什么都没有说，因为它排除了命题的合法性。[②] 根据语境论，那些陈述只是使得由相关表达方式表达的命题清晰化。但语境论者反驳说，任何关于不熟悉事物的不当主张源于我们不能完全意识到所表达问题的语境敏感性。由于某人不合理地下行进入对象语言，即谈及知识，与说出“知识”语句表达的命题相反，他才能说最糟糕的事情莫过于：一旦怀疑的可能性成为显著的，知识的消失就是必然的。

在我看来，认识的语境论不必担心，即使怀疑论难题存在，知识也不会消失。知识本来就是可错的。既然知识是可错的，当然也就存在真知识和假知识，确证的知识和非确证的知识，可靠的知识和非可靠的知识。在语境中，是哪种知识应该是能够确定的。当然，我们追求的是确证的知识，怀疑论质疑的就是这一点，即认为确证的知识是不可能的。在科学语境中，我们要求知识是确定无疑的，因为科学是求真的、排除错误的。从这种意义上讲，怀疑论难题对于我们知识的确定和准确是有重要意义的。

---

① N. Kompa. The Context Sensitivity of Knowledge Ascriptions. Grazer Philosophische Studien, 2002, 64: 11-18.

② K. Bach. The Emperor's New ‘Knows’ // G Preyer, G. Peter, eds. Contextualism in Philosophy: Knowledge, Meaning, and Truth. Oxford: Clarendon Press, 2005: 58-61.

自然科学哲学与数学哲学

量子逻辑与量子计算逻辑

——语境视角下的“量子逻辑”辨析*

郭贵春　王凯宁

20 世纪 90 年代以来，随着一些具有重要实用意义的量子算法不断提出，量子计算的研究逐渐受到了科学家们的广泛关注。作为数学、物理学和计算机科学相互结合形成的交叉学科，“量子计算大致由四个递进的研究层次组成，即量子计算的物理实现，物理模型，数学形式和逻辑基础”[1]。对量子计算逻辑基础的研究揭示了存在一种新的“量子逻辑”，目前普遍称为“量子计算逻辑”[2]。这种基于量子计算的逻辑并不同于通常意义上指的正交模格量子逻辑，它们既不是在同样的科学语境下被提出和使用，也不具有相同的表征形式。不过，由于在量子计算中经常使用到“量子逻辑门”的概念，从而导致量子计算逻辑很容易就被误解为“量子逻辑”，量子逻辑门则被视为遵从“量子逻辑”的逻辑操作。因此，对两种不同语境下的“量子逻辑”进行区分，明晰量子计算的逻辑基底，是探讨量子计算相关哲学问题的基础。

通常意义下的量子逻辑概念起源于毕克霍夫和冯·诺伊曼于 1936 年发表的论文《量子力学的逻辑》，主要是指以格演算来对应希尔伯特空间的操作，从而实现量子力学中实验命题的逻辑形式化。与这种方法不同的是，莱欣巴赫于 1944 年提出了具有“不确定”中间值的三值量子逻辑，通过使排中律失效来解释量子实在。但莱欣巴赫的三值量子逻辑自从他提出之后没有得到什么发展，而毕克霍夫和冯·诺伊曼的工作则于 20 世纪 60 年代以后又引起了人们的关注。因此目前文献中提到的量子逻辑通常就是指由毕克霍夫和冯·诺伊曼提出，并在 60 年代之后修改或发展而形成的正交模格量子逻辑。

与通常意义下的量子逻辑有明确的定义和较久的发展不同，量子计算逻辑这个概念直到 2002 年才被明确提出，齐埃尔等认为：“量子计算中的逻辑门操作蕴涵一种自然逻辑形式，这是一种独特的量子逻辑结构。”[3] 量子逻辑门这个术语的使用，也正是量子计算逻辑容易被混淆为量子逻辑的原因之一。事实上，量子计算逻辑看起来更接近于布尔逻辑，因为量子图灵机和量子自动机的概念是借鉴经

---

* 教育部人文社会科学研究青年项目“量子计算中的哲学问题研究”（10YJC720042）。

郭贵春，山西大学科学技术哲学研究中心教授、博导，主要研究方向为科学哲学；王凯宁，山西大学科学技术哲学研究中心教师、博士研究生，主要研究方向为科学哲学。

典图灵机和自动机而建立的，量子逻辑门是在经典逻辑门可逆化演进的基础上形成的，量子逻辑门也可以实现全部的经典逻辑操作。不过，由于量子力学的一些特性，量子计算也包含了诸如相位变换这样的一些无经典意义的逻辑门操作，因此量子计算逻辑应该被视为一种扩充逻辑。

从两种逻辑理论的起源与发展可以看出，量子逻辑与量子计算逻辑虽然都源于量子理论，但二者却分别是在量子逻辑与量子计算这两种不同的科学语境下被提出和使用的，因此探讨和比较其推演规则及逻辑语义的异同，就必须分别在量子逻辑语境和量子计算语境下，理解这两种特殊逻辑的形式和意义。事实上，这两种不同的语境也正反映了量子理论发展的两条不同进路：公理化与实用化。

一、量子力学的公理化进路：量子逻辑语境

量子逻辑由毕克霍夫和冯·诺伊曼于1936年提出，它源于量子力学的公理化。我们知道，标准的量子力学被构建于无穷维可分离的希尔伯特空间中。在这样的空间中，我们用自伴算符表征可观察量，用密度算符表征量子态，用投影表征实验命题，用幺正算符表征动力学演化，就建立起了一套量子力学的形式化系统。但事实上，如果从严格公理化的角度出发，我们需要从可观察量、量子态或实验命题这三者之一出发，来考虑这套形式化系统的基础即希尔伯特空间存在的必要性。毕克霍夫和冯·诺伊曼选择了以实验命题作为最基本的元素，来实现量子力学的公理化。

在量子力学中，实验命题与理想化的量子测量相联系，一个命题的真或假对应于一次测量中得到某个本征值的概率为1或0，这意味着验证量子体系是否处于可观察量的某个本征态上，即希尔伯特空间的某个闭子空间上。因此，毕克霍夫和冯·诺伊曼认为，实验命题是与系统的希尔伯特空间的闭子空间相互对应的，那么实验命题之间的逻辑联系与闭子空间之间的关系就分别有以下的对应关系：逻辑合取对应闭子空间的交集，逻辑析取对应闭子空间的直和，逻辑否对应闭子空间的正交补。但是，这其中存在一个问题，就是与经典系统中的情况不同，量子系统中经典逻辑析取对应的闭子空间的直和并不构成一个新闭子空间，也即不对应一个实验命题，但是却存在一个另外的闭子空间包含这个直和，因此就需要引入一个新的实验命题来对应这个闭子空间，也即引入“量子析取”。这样，就可以类似于经典逻辑，将量子系统中的逻辑关系依据结合力的关系来排序，使希尔伯特空间上的闭子空间按照包含关系排序而形成一个格，我们称为正交模格。事实上，希尔伯特空间的所有闭子空间构成正交模格，正如经典力学系统由相空间的闭子空间来描述，而这些闭子空间又构成了布尔格一样。因此，类似于布尔代数是经典逻辑的代数形式，正交模格是量子力学逻辑的代数形式。

有关格的理论形成于1935年前后，是代数学的一个分支，其基础是集合和次序关系。即对一个集合P和一个二元次序关系$\leqslant$（包含），且p，q，$r \in P$，如果满足：

①$p \leqslant p$（反身性）；②$p \leqslant q$，$q \leqslant p$，当且仅当$p=q$（反对称性）；③若$p \leqslant q$，$q \leqslant r$，则$p \leqslant r$（传递性），那么P就构成一个偏序集（P，$\leqslant$）。

格是指其非空有限子集都有一个上确界和一个下确界的偏序集合，即p，$q \in$（P，$\leqslant$），存在$p \wedge q$和$p \vee q$，则：

$p \wedge q \leqslant p$，q，任取$r \in$（P，$\leqslant$），且$r \leqslant p$，$r \leqslant q$，那么$r \leqslant p \wedge q$；

p，$q \leqslant p \vee q$，任取$r \in$（P，$\leqslant$），且$p \leqslant r$，$q \leqslant r$，那么$p \vee q \leqslant r$。

偏序集（P，$\leqslant$）就称为一个格(P，$\leqslant$，$\wedge$，$\vee$)。

格（P，$\leqslant$）具有下面的性质：

(1) $p \wedge p = p$，$p \vee p = p$(幂等律)；

(2) $p \wedge q = q \wedge p$，$p \vee q = q \wedge p$(交换律)；

(3) $p \wedge (q \wedge r) = (p \wedge q) \wedge r$，$p \vee (q \vee r) = (p \vee q) \vee r$(结合律)；

(4) $p \wedge (p \vee q) = p$，$p \vee (p \wedge q) = p$(吸收律)。

如果格P中包含了最小元0和最大元1，则P是一个有界格（P，$\leqslant$，$\wedge$，$\vee$，0，1）。

1. 布尔格与经典系统

如果p，$q \in$（P，$\leqslant$），$p \wedge q = 0$，$p \vee q = 1$，那么p和q就互为补元，记为“$p = q'$”，若r属于p，则r不属于q(排中律)。

如果P的元满足分配律，即p，q，$r \in$（P，$\leqslant$），满足$p \wedge (q \vee r) = (p \wedge q) \vee (p \wedge r)$及$p \vee (q \wedge r) = (p \vee q) \wedge (p \vee r)$，那么$P$是一个分配格。如果$P$是一个分配格，那么$P$的元至多只有一个补元。

如果P是分配格，并且P的元都有唯一的补元，那么P就是一个布尔格(P，$\leqslant$，$\wedge$，$\vee$，$'$，0，1)。布尔格构成了一个完整的代数系统，将符号“$\wedge$”，“$\vee$”，“$'$”分别对应换成与、或、非这些逻辑算子，那么布尔代数系统就变为布尔逻辑系统。

在一个经典物理系统中，所有与系统相关的信息量被称为纯态。例如存在于该物理系统中的一个经典粒子，它的纯态就可以由六个实数组成的有序集组成，即（x_1，x_2，x_3，p_1，p_2，p_3）。其中，前三个为位置变量，后三个为动量变量。考虑一个经典系统中的实验命题P，组成该命题的所有物理量的纯态就构成了相空间的一个子集，或者说这个子集的代数性质就可以完备的描述这个实验命题。经典相空间就是一个布尔格，因此布尔逻辑就构成了经典系统中的逻辑结构。

2. 正交模格与量子系统

从代数角度考虑，量子系统是一个在希尔伯特空间上的投影算子所构成的演绎系统，而在希尔伯特空间上的投影算子与该空间上的闭子空间构成一一对应的关系，所以这些闭子空间从集合包含关系看也构成一个格 X。其中，整个空间为最大元1，原点为最小元0。因此 X 为一个有界格。那么这个格 X 与布尔格有什么区别?

与经典系统相比，量子系统的一个最主要不同就是不遵守排中律，即在经典系统中，一个实验命题只能为真，或者为假。然而量子系统却是本质上为概率性的，一个量子事件 P 的纯态由它的概率幅 ψ 来表征，ψ 可以为 0，1，还可以为 0 和 1 之间的叠加。那么 P 可以为真，或者为假，还能处于一种本质上不确定的状态。因此，一个量子事件的“非”，即格 X 的一个元 x 的补就是不唯一的，于是对格 X 定义了正交补：

在格 X 中，任取 p，$q \in X$，满足：$p \wedge q = 0$，$p \vee q = 1$，$p = q'$。若 $p \leqslant q$，则 $q' \leqslant p'$，那么 X 为一个正交补格。

那么量子事件的“与”和“或”逻辑在格 X 中又如何对应？毕克霍夫和冯·诺伊曼认为，“与”逻辑仍然对应于合取“$p \wedge q$”，因为希尔伯特空间中两个闭合子空间的交还是一个闭合的子空间。然而“或”逻辑却不能对应于经典析取“$p \vee q$”，因为希尔伯特空间中两个闭合子空间的并不是一个闭合的子空间，例如：ψ_1 和 ψ_2 为希尔伯特空间中的两个量子纯态，那么它们的任意线性叠加 $\psi = c_1\psi_1 + c_2\psi_2$ 构成的集合为 ψ_1 和 ψ_2 的“或”逻辑，而不是 $\psi_1 \vee \psi_2$，当然 $\psi_1 \vee \psi_2$ 也应该包含于其中。于是重新定义格 X 中的析取“$p \vee q$”为包含 p 和 q 的最小闭合子空间，因此，量子系统所在的希尔伯特空间中格 X 的完整结构为：$(X, \leqslant, \wedge, \vee, ', 0, 1)$。其中，$X$，$\leqslant$，$\wedge$ 与布尔格中的定义一致，$\vee$，$'$ 为上述新定义，0 和 1 分别代表希尔伯特空间中的最小子空间原点和最大子空间整个希尔伯特空间。对于格 X 来说，布尔格中的分配律不再适用了，但它满足比分配律弱的模律，即在格 X 中，p，q，$r \in X$，若 $q \leqslant p$，则 $p \wedge (q \vee r) = q \vee (p \wedge r)$。因此，格 X 为正交模格。将符号“$\wedge$”、“$\vee$”、“$'$”分别对应换成与、或、非这些逻辑算子，正交模格就构成了量子逻辑系统。

由此可以看出，量子逻辑系统中的合取与经典逻辑中的交一致，析取则不同于经典逻辑中的并，而对应于包含析取项的最小闭合子空间，否定的语义也发生了改变，对应于子空间的正交补。从现代逻辑的视角看，量子逻辑修改了经典逻辑关于析取的定义，从而导致了分配律的失效，符合变异逻辑的定义：“变异逻辑是由否定或修改经典逻辑的一个或多个假定而导致的系统，它们至少在某些定理上与经典逻辑不一致：经典逻辑的某些定理不再是它们的定理，它们的某些定理也不是经典逻辑的定理。”[4]因此，量子逻辑属于变异逻辑。

二、量子力学的实用化进路：量子计算语境

如果说传统量子逻辑语境下的正交模格逻辑是基于量子力学公理化目的，那么近些年随着量子计算与量子信息研究的深入才产生的量子计算逻辑，则指明了量子力学研究实用化的发展方向。简单地讲，量子计算的研究内容就是利用量子力学系统来实现的信息处理过程，其核心步骤是：首先将信息通过量子算符来表征作为初始态，接着利用量子系统的特性来完成状态的演化，最后对演化的终态进行测量得到计算的结果。在量子计算语境下，信息单元为量子位（qubit），是表征一个量子系统的语义基础，它可以处于 0 态、1 态或它们的叠加态。将量子力学中的某些幺正（unitary）算符作用于量子位，使量子位的状态发生变化，就可以实现一种逻辑功能。因此，这些幺正算符就相当于经典计算中的逻辑门，我们称为量子逻辑门。这些量子逻辑门的集合，自然地形成了一个新的逻辑系统，这个逻辑系统实际上是以形式语义对量子逻辑门进行描述，由于是在量子计算过程产生的自上而下的逻辑，并为了与传统的量子逻辑进行区分，因此普遍将其称为量子计算逻辑。可见，理解量子计算逻辑与确定量子逻辑门的性质，并掌握幺正变换的规则是相一致的。

1. 量子逻辑门的可逆性

经典计算机的逻辑门实现的是单向逻辑过程，即通过逻辑门由输入态可得到输出态，而输出态一般不能再逆向通过逻辑门得出输入态（经典非逻辑门除外）。在量子计算中，为了保持量子位的态所在的希尔伯特空间中本征态的正交归一性，对量子位的态进行变换的矩阵应为幺正矩阵，这种幺正矩阵就是量子逻辑门，这种变换就是幺正变换。由于幺正变换的可逆性，因此，量子逻辑门也具有可逆性，即输入态经过某个量子逻辑门成为输出态，输出态再经过相当于该量子逻辑门的逆向变换又成为输入态。为了保证量子计算的可逆性，除了量子逻辑门必须为幺正矩阵外，还应使量子逻辑门的输入端位数和输出端位数相等。在量子逻辑门的设计中，可将部分输入端直接送到输出端，使输出端位数增加到和输入端位数相等。

其实，经典逻辑门的不可逆性也不是必需的，比如经典异或门可以通过保留一个输入端到输出端而转变为可逆的异或门。“本内特于 1973 年就已经证明所有经典不可逆的计算都可以改造为可逆计算，而不会影响其计算能力。”[5]事实上，正是这种对经典不可逆操作的研究导致了量子计算思想的产生。“既然计算机中的每步操作都可以改造为可逆操作，在量子力学中，系统的动力学演化过程为幺

正过程，而幺正变换又是可逆的，那么计算机中的可逆操作可否用一个幺正变换来表征？于是贝尼奥夫考虑了用量子力学系统的动力学演化来描述可逆计算过程的可行性。”[6] 由此可知，早期的量子逻辑门是对经典逻辑门的可逆化改造，当然所有的经典计算都可以由量子逻辑门来实现了。

2. 基础量子逻辑门

单量子位旋转门和双量子位可控制非门是基础量子逻辑门，用它们的组合与变化就可以完成所有的经典计算和量子计算的特有算法。

（1）单量子位旋转门。

单量子位旋转门的作用是使一个量子位的态在 $|0\rangle$ 和 $|1\rangle$ 以及它们的叠加态之间变化，主要包括 I 门、X 门、Y 门、Z 门、H 门及相移门等。

I 门即单位门，表示不对量子位进行任何操作；X 门为量子非门，功能为将 $|0\rangle$ 变换 $|1\rangle$ 和将 $|1\rangle$ 变换为 $|0\rangle$，与经典非门一致；Z 门为相位反转操作，功能为对 $|0\rangle$ 不变换，将 $|1\rangle$ 变换为 $|-1\rangle$；Y 门为先通过 Z 门再执行 X 门的操作，即将 $|0\rangle$ 变换为 $|-1\rangle$，将 $|1\rangle$ 变换为 $|0\rangle$。

H 门（Walsh-Hadamard 门）的定义为

$$H: |0\rangle \to \frac{1}{\sqrt{2}}(|0\rangle + |1\rangle)$$

$$|1\rangle \to \frac{1}{\sqrt{2}}(|0\rangle - |1\rangle)$$

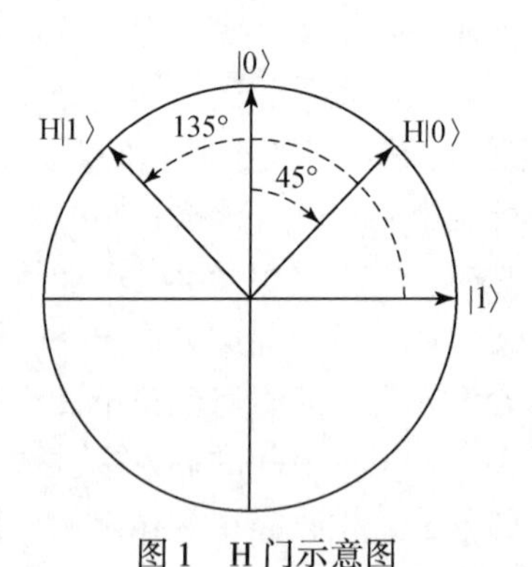

图 1　H 门示意图

将 $|0\rangle$ 顺时针方向旋转 45°，将 $|1\rangle$ 逆时针方向旋转 135°，见图 1。H 门是一个非常重要的量子逻辑门，分别对 n 个输入为 $|0\rangle$ 的量子位进行 H 变换，可产生 2^n 个基本量子态的叠加，它包含了 $0 \sim 2^n - 1$ 的所有二进制数，即

$$
\begin{aligned}
&(\mathrm{H}\otimes\mathrm{H}\otimes\cdots\otimes\mathrm{H})|00\cdots0\rangle \\
&=\frac{1}{\sqrt{2^n}}((|0\rangle+|1\rangle)\otimes(|0\rangle+|1\rangle)\otimes\cdots\otimes(|0\rangle+|1\rangle)) \\
&=\frac{1}{\sqrt{2^n}}\sum_{x=0}^{2^n-1}|x\rangle
\end{aligned}
$$

将处于该叠加态的量子位通过一次量子逻辑门，就可以同时对这 2^n 个二进制数进行操作，相当于在经典计算机中，由单个处理单元循环操作 2^n 次或 2^n 个处理单元并行工作，即实现了量子并行运算（quantum parallelism）。

单个量子位的相移门为

$$
\begin{aligned}
\Phi:\ &|0\rangle\rightarrow|0\rangle \\
&|1\rangle\rightarrow e^{i\varphi}|1\rangle
\end{aligned}
$$

相移门可以使 $|1\rangle$ 转动 $0\sim2\pi$ 的任意一个角度，这在一些量子算法的设计中会起到重要的作用。

由于量子逻辑门实际上就是量子力学中的幺正变换，因此，对单个量子态的任意的幺正变换都是一个单量子位逻辑门。将 H 门和相移门结合起来应用，就可以实现对一个量子位的任意幺正变换。

（2）控非门。

双量子位控非（controlled NOT）门由两个量子位组成，由第一个量子位 $|x\rangle$ 的状态决定第二个量子位 $|y\rangle$ 状态的变换。当 $|x\rangle$ 处于 $|0\rangle$ 时，$|y\rangle$ 保持不变；当 $|x\rangle$ 处于 $|1\rangle$ 时，$|y\rangle$ 取非。由可控非门真值表（表 1）可以看出，其逻辑功能相当于经典“异或门”，只是在输出中仍保留了输入的第一个量子位，因此，它也被称为“量子异或门”，见图 2。其中，黑点表示控制位，圆圈表示受控位。

表 1　量子异或门真值表

输入 x	输入 y	输出 x	输出 $x\oplus y$
0	0	0	0
0	1	0	1
1	0	1	1
1	1	1	0

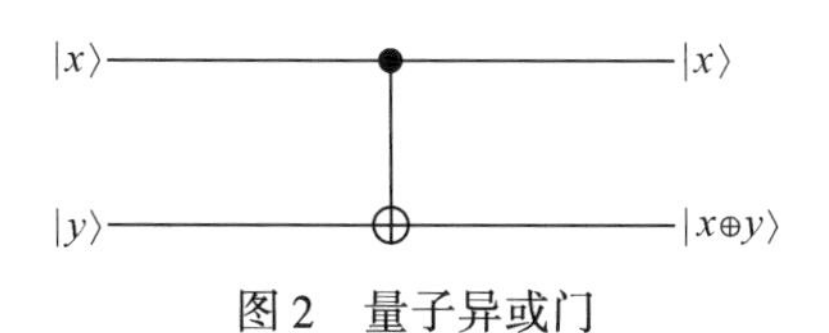

图 2　量子异或门

3. 用量子逻辑门实现布尔逻辑

在前文中我们提到，所有经典计算都可以由量子逻辑门实现，其中能够从基础量子逻辑门的真值表中看出的是，经典“非”运算可直接由单量子位的X门实现，经典“异或”运算可由双量子位控非门实现。经典“与”运算可由三量子位的T门（Toffoli门）来实现。

T门也称为控控非（controlled controlled NOT）门，它需要用到三个量子位，见图3。其中，黑点表示控制位，圆圈表示受控位。T门的作用是只有当$|x\rangle$和$|y\rangle$同时为“1”时，$|z\rangle$的状态才会改变，可以表示为

$$
\begin{aligned}
T:\ & |000\rangle \to |000\rangle \qquad |001\rangle \to |001\rangle \\
& |010\rangle \to |010\rangle \qquad |011\rangle \to |011\rangle \\
& |100\rangle \to |100\rangle \qquad |101\rangle \to |101\rangle \\
& |110\rangle \to |111\rangle \qquad |111\rangle \to |110\rangle
\end{aligned}
$$

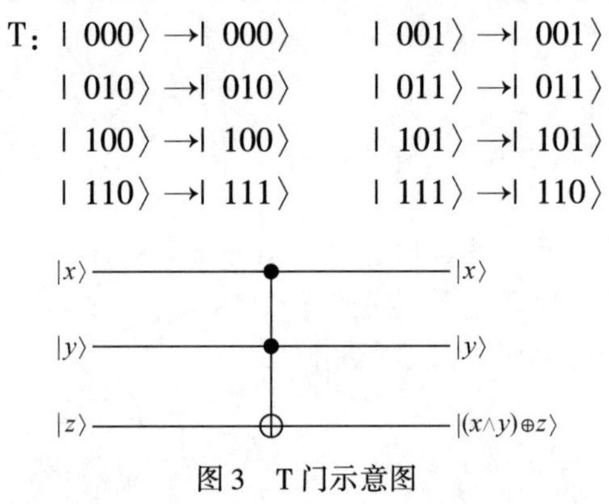

图3　T门示意图

由上面的变换规则就可以看出，当输入端$|z\rangle$始终为$|0\rangle$时，其对应的输出端为$|x\wedge y\rangle$，即T：$|x, y, 0\rangle \to |x, y, x\wedge y\rangle$，此时T门就实现了经典“与”逻辑。事实上，T门还可以实现经典“非”逻辑，即保证输入端$|x\rangle$和$|y\rangle$始终为$|1\rangle$，那么输入端$|z\rangle$对应的输出就为$|\neg z\rangle$，可表示为T：$|1, 1, z\rangle \to |1, 1, \neg z\rangle$。由于“与非”门可以实现所有的布尔逻辑，因此T门也可以实现所有的布尔逻辑。

4. 量子逻辑门的意义

一些常用的量子逻辑门，例如量子非门、控非门和T门等，完全是以经典逻辑的方式工作的。由T门可以实现所有的布尔逻辑运算可以看出，量子计算中的部分规则是遵从布尔逻辑的。理解某些量子运算的逻辑基础为布尔逻辑的最明显例子是一位全加器的量子逻辑网络结构。作为所有计算理论试金石的一位全加器(full adder)，其量子逻辑网络结构年由皮瑞斯（A. Peres）于1985年设计出来，它由控非门和量子与门组成，即使输入的只是经典数据，该逻辑网络也可以完成运算，因而其被认为是一个经典的有效算法。对这样的算法来说，量子位的叠加只是出现在动力学演化过程中，而不是量子计算的逻辑中。也就是说，从计算科

学的角度我们可以理解为叠加只出现在输入数据的准备阶段而非量子算法的执行阶段。因此，通过量子逻辑门操作比如量子非门、控非门以及T门等是可以极大提高计算速度的，这是因为量子位中处于叠加状态的数据在一次逻辑门操作中就能全部完成转换，等价于经典计算中由单个处理器循环操作 2^n，然而这些量子门操作本质上却是以经典逻辑的方式而实现的。

但是，除了上述那些具有经典逻辑意义的量子逻辑门外，“量子计算中还有一些对量子位的操作，特别是那些对处于叠加态量子位的操作，乃至量子位的叠加本身，从通常的计算科学角度看，是没有任何逻辑意义的”[7]。比如单量子位的Y门、H门及相移门等，它们所代表的相位反转和旋转操作，只是在希尔伯特空间才有意义。然而，在目前提出的一些量子算法中，比如大数因子分解的绍尔算法、格罗夫的量子搜索算法等，则大量应用了H门和相移门等相位旋转操作，可见，在这些算法的构造中是存在非经典逻辑规则的。这些非经典逻辑规则的量子本质与前面的可逆经典逻辑一起构成的量子计算逻辑，既保证了经典逻辑中全部推理的有效性，又附加了新的逻辑常项及推理规则，因此，量子计算逻辑系统应该属于扩充逻辑。

三、量子逻辑与量子计算逻辑的区别

从前述的分析我们知道，量子逻辑和量子计算逻辑分别是在两种不同的语境下而言的，这两种语境也分别代表了量子力学演进的两个不同方向。从公理化与实用化两种路径出发得到两类“量子逻辑”，其建构途径是不同的：正交模格逻辑是直接基于公理化的底层建构方式，即先确定演绎推理的形式结构，再建立其数学形式体系，进而形成物理理论，最终解释物理现象（如量子力学解释）及实现物理功能（如建立以量子逻辑为基础的计算）；量子计算逻辑却正好相反，是一种从上至下的建构方式，先存在着一套幺正变换的数学形式体系，并且很好地适应了量子算法的要求，要求我们去寻找一个合适的逻辑体系，来明确算法结构底层的严格推理规则。

这两种建构方式的不同就决定了量子逻辑与量子计算逻辑之间最本质的区别在于它们对一个基本语义问题的回答不同，即在一套给定的形式语言系统（量子力学）下，究竟应该以什么作为表征句子意义的基础?

量子逻辑对这个问题的回答是：基础语句的意义是由量子客体的状态集决定的。由于这些状态集对应于希尔伯特空间的闭合子空间，因此，在正交模格量子逻辑中，句子的意义可以解释为物理系统所处希尔伯特空间的某个闭合子空间。“从本质上说，量子逻辑的逻辑连接词、基本算符、命题及其关系运算就是以量子力学家实际使用的科学推理（它使用希尔伯特空间的语言）为现实原型的，当然最终以量子理论实体和量子世界的相关经验证据为背景。"[8]

量子计算逻辑对这个问题的回答则与之完全不同：基础语句的意义是由信息量来表征的，具体来讲，在量子信息理论中，就是量子位或者更普遍的量子寄存器。与量子体系的状态相比，将信息理论中的一个抽象客体信息量作为语义基础，使得量子计算逻辑在具体操作方面具有更大的自由度，但是却更难于形成严格的逻辑推理规则。由于量子计算逻辑是由经典逻辑与无经典逻辑意义的量子态相位旋转等操作的总和，因此这种总和可以看作是通过增加部分规则，形成的以经典逻辑为基础的一种扩充逻辑。尽管目前量子计算逻辑还并没有严格意义上的逻辑常项与推理规则，也即没有形成一类固定的逻辑系统，但是量子计算逻辑确实满足了很多量子算法的要求，实现了逻辑操作的功能。

可以看出，对量子计算来说，构成其语境的核心要素是可逆计算，量子逻辑门的设计是从实现可逆计算的角度考虑的，由此而形成的量子计算逻辑就没有必要也不应该修改经典逻辑的规则，这样才能实现包括经典可逆计算在内的通用计算。当然由于量子系统的特点，在量子计算中规定量子位可以处于叠加态，将其视为与经典数据不同的数据存储结构，并增加了一些只在希尔伯特空间中有意义的幺正变换作为量子逻辑门，这样而形成了经典逻辑的一种扩展。对量子逻辑而言，构成其语境的核心要素是逻辑，以符合量子经验的严格逻辑规则建构为目的，因而为符合希尔伯特空间中量子叠加态的特殊性而修改了逻辑连接词的语义以及分配律这样的逻辑规则，这样就构成了一种不同于经典逻辑的异常逻辑。因此可以说，对比于量子计算逻辑，量子逻辑更符合量子力学的规律，是量子系统的固有逻辑。

既然量子逻辑是量子系统的固有逻辑，那么是否可以设计基于量子逻辑的计算，充分利用量子力学的特点来提高计算速度？事实上，已经有一些量子逻辑方面的学者们考虑了这样的问题，如波兰学者佩卡兹（J. Pykacz）设计的基于量子逻辑的全加器。由于全加器被视为所有计算理论的试金石，因此设计基于量子逻辑的全加器是基于量子逻辑的计算具有可行性的一种标志。我国学者应明生还考虑了基于量子逻辑的有限自动机（finite automata machine）的相关问题，并称这种有限自动机为正交模格自动机，以区别于量子计算语境下的量子有限自动机。由于有限自动机是计算机科学的重要基石，因此探讨正交模格与自动机之间的内在联系是非常重要的基础工作。当然在这些研究主要涉及的还是量子逻辑计算的数学形式方面，而非物理模型与物理实现方面。

基于量子逻辑的计算理论研究表明："有限自动机基础性质的证明过程与其逻辑基底所对应格的分配律是紧密相关的，这意味着有限自动机的这些性质必须基于布尔逻辑而非量子逻辑，并且有理由相信对于下行自动机和图灵机情况也一样。从某种意义上讲，这样的发现对于发展基于量子逻辑的计算理论无疑是一个消极的结果。”[9]这个消极结果更明确的含义是，基于这些特定性质的计算方法在经典计算系统中可以很好的得到执行，但却无法应用于以量子逻辑为基础的计算系统中。不过，基于不确定原理的可交换性能够提供一种局域的分配性，从而保证基于量子逻辑的自动机的这些性质具有局域的有效性。因此，我们也可以从积极的视角来理解这个消极的结果，因为它激发了我们从逻辑观点重新审视数学理论的兴趣，以确定对于特定的数学理论需要什么样的逻辑基础，什么样的逻辑结构适合构建计算系统。

结　语

本文通过分别对量子逻辑门和量子逻辑的语义分析，指出了在量子计算和量子逻辑这两个不同的语境下，“量子逻辑”的概念具有完全不同的指称。这至少可以缓解逻辑学家和量子计算学者们的一些失望，因为当逻辑学家搜索关键词“量子逻辑”时，却发现很多量子计算领域的研究正大量使用“量子逻辑门”的概念，与他们熟悉的正交模格逻辑结构没有任何关联。这种情况对于量子计算学家们也是一样，当他们希望从“量子逻辑”领域寻找量子计算逻辑时，却发现它与量子逻辑门的逻辑结构完全不同。“在两个领域的学者使用相同的概念分别指称不同的事物时，这样的误解是不可避免的。但是对于‘量子逻辑’情况甚至更糟，因为目前分别在量子计算和量子逻辑这两个领域内部，这个概念也没有给出一致的定义。”[10]

在量子计算语境下，对于量子计算逻辑，目前仍存在不同的理解。一些学者认为量子图灵机和量子自动机都是在经典逻辑的基础上建立的，在它们的每一步逻辑操作中并没有涉及普遍的逻辑性质，如量子干涉、量子纠缠以及非确定性等。另一些学者则认为量子计算逻辑一定是非布尔逻辑，理由是量子计算中存在着如相移门这样没有经典意义但在量子算法中起重要作用的逻辑门，以及广泛存在于逻辑门操作过程中的量子位叠加，在结果输出的时候必须塌缩到某一个特定的本征态，体现着明显的量子力学性质。我们认为在量子计算属于非经典逻辑中的扩展逻辑，即并没有修改经典逻辑的规则，但增加了一些新的逻辑操作。不过在找到一套适合的代数体系描述之前，量子计算逻辑还无法得到一个明确的定义。

在量子逻辑语境下，有关量子逻辑的基础性问题也存在着争议。这些争议主要集中在四个方面：“①为什么要引入量子逻辑？②量子逻辑对解决量子力学中的难题有帮助吗？③量子逻辑是真正的逻辑吗？既然量子力学的数学形式是基于经典逻辑的，那量子逻辑又有什么现实的应用？④量子逻辑是否确证了‘逻辑是经验性的’这样的论断？”[11]甚至有学者认为“量子逻辑可以说既不是‘量子的’也不是‘逻辑的’，说它不是‘量子的’是因为与布尔逻辑构成经典理论的逻辑基础不同，量子理论的数学形式体系并不是基于量子逻辑的；而说它不是‘逻辑的’是因为它更像是一种代数结构而非逻辑结构。”[12]

正是由于这些争议的存在，在通常意义的量子逻辑和基于量子计算的逻辑中，究竟哪个更适合“量子逻辑”这个称谓，目前仍是一个值得讨论的话题。但需要指出的是：“量子计算机需要量子逻辑”这种普遍的观点是不正确的，事实上它混合表达了两种认识：①量子计算逻辑需要得以明晰；② 应该发展以量子逻辑为基础的计算理论。由此可见，将量子计算和量子逻辑作为不同的语境平台，合理的区分这两种语境下的“量子逻辑”，是量子计算理论与基于量子逻辑的计算理论未来深入发展的基础。

参考文献

[1] Ying Mingsheng. A theory of computation based on quantum logic. Theoretical Computer Science, 2005, 344 (2-3): 140.

[2] Gudder S. Quantum Computational Logic. International Journal of Theoretical Physics, 2003, (1): 41.

[3] Cattaneo G, Chiara M, Giuntini R. An unsharp logic from quantum computation. International Journal of Theoretical Physics, 2004, (8): 1803.

[4] 陈波．经典逻辑与变异逻辑．哲学研究，2004，(10)：58.

[5] Feynman R, Quantum Mechanical Computers. Foundations of Physics, 1986, 16 (6): 509.

[6] 郭贵春，王凯宁．量子计算的语形分析及其意义．科学技术哲学研究，2011，(2)：2.

[7] Pykacz J. Quantum Logic as a Basis for Computations. Int J Theor Phys., 2000, 39 (3): 840.

[8] 沈健，桂起权．量子逻辑：一种全新的逻辑构造．安徽大学学报，2011，(1)：52.

[9] 同 [1]：212.

[10] 同 [7]：848.

[11] Chiara M, Giuntini R. Quantum logics//Gabbay G, Guenthner F, eds. Handbook of Philosophical Logic. Vol VI. Dordrecht: Kluwer, 2002: 225.

[12] 同 [7]：849.

原子的对称性语境分析及其意义*

郭贵春　李　龙

在牛顿力学中将宏观物体位置随时间的改变认为是物理学中最简单的运动形式，将宏观物体之间（或物体内各部分之间）的相对位置变化定义为机械运动。[1]宏观物体的形状和大小是千差万别的，为了突出研究对象的运动学特征，在对所做的动力学研究影响较小的情况下，我们引入了“质点”这一有质量而无体积的理想模型。人类在研究世界的物质组成时沿革了亚里士多德所提出的原子观点，承认宏观世界是由大量纳米级的微观粒子所组成，而这些微观粒子自身有着多种不同的运动形式，如我们所熟知自旋、跃迁等。

一切对称性的根源在于某些基本量的不可观测性[2]，我们可以将这种不可观测性理解为在特定操作下所体现出的不变性。本文将利用语义分析方法，从语境的视角分析原子内部及原子之间所存在的对称关系，通过界定原子在对称变换过程中所使用的域语言，明确文中所研究实在客体的自组织形态；通过分析原子在对称变换过程中所使用的数学工具，明晰了对称变换中的句法规则，规范了原子间对称变换的操作语言。在利用语义分析原子的对称性问题的实际操作过程中，首先分别界定了原子在对称变换中的域语言和操作语言，然后通过寻找两者之间的关联，从而将表层的操作语言与深层的域语言进行有效结合，试图实现操作语言和域语言的有效统一。正是由于域语言与操作语言的统一，从语义结构与句法结构上，构成科学知识动态发展的动因之一。[3]本文正是借助于上述的语义学分析方法，最终揭示原子间对称所体现出的本质特征，即经历操作变换后所保持的不变性。

一、原子间对称性的定位及数学分析

“原子”这一概念来源于古希腊，德谟克利特在当时的语境环境中赋予其组成宏观物体的最小微粒这一概念。随着科学的发展，在现阶段被人们所公认的原子是组成元素基本单位认识的层面，德谟克利特的“原子”应当比现阶段人们所认识的“原子”更微小，虽然原子仍可分，但本文中所阐述的原子即现阶段

---

* 郭贵春，山西大学科学技术哲学研究中心教授、博导，主要研究方向为科学哲学；李龙，山西大学科学技术哲学研究中心博士研究生，主要研究方向为科学技术哲学。

被人类所公认的原子。

在原子层面上所进行的对称性研究始于20世纪50年代，在其后所发展的半个多世纪中取得了巨大的成就。在这期间，将原子间所体现的对称性作为物理学问题进行分析，这些成就也都是将对称现象建立在数学工具基础之上所进行的梳理，特别是群论这一高效的数学研究工具的出现，发现了原子之间对称关系的内涵，丰富了对称的内容。由于原子个体不能用肉眼直接观测，原子物理学这门学科的研究对象并不直观。随着科学理论越来越远离经验的发展，在如何构造、理解和诠释科学理论方面，语义分析越来越成为不可忽视的科学研究方法，并赋予时代特征。[4]本文从语境的视角出发，利用语义分析方法就原子的对称现象进行解读，提供了一种研究对称性问题的新方法，并且丰富了原子间对称性的内涵。

在经典物理学中，当引入质点这一理想模型时，将物体看作是只有质量而不占据空间体积的点，从而忽略了物体所具有的其他物理量；原子的尺度虽然非常小，在某些情况下可以将其视为质点，但其作为整体所具有的静态性质包括原子核的电荷、质量、半径、自旋等，这些性质都是与原子核密切相关的。[5]

古希腊人在研究几何图形时提出对称概念，我们将其命名为古典对称—对称理论的雏形，即几何图形在经历某种变换操作后所显示出的不变性。当解析几何创立之后，图形与函数完美地结合，使得对称性问题的研究更加逻辑、严谨和完备，使得对称性理论作为一种有效的工具，广泛地应用在数学、物理学研究的各个领域。在经典物理学中所体现出的对称现象，人们可以在宏观世界中找到与之对应的现象，非常直观，便于判断，为人们可以广泛接受；在原子物理学中所出现的对称现象，虽然其所研究的内容与宏观物体间所体现出的对称性大体相同，但由于原子的尺度过小，原子间所体现出的对称性并不能通过人眼直接观察到，这样就要求我们在推导对称理论过程中更加逻辑和严谨。

在研究原子尺度所出现的对称现象时，可以将其大致分为两类：时间-空间对称性和内禀对称性。

时空，亚里士多德物理学中的时空观认为，存在着欧几里得三维空间 E^3，用来表示物理空间，空间中的点在时间上保持自身的同一性。而时间也可以表示为一种欧几里得空间，只是相当平凡，仅是一维空间 E^1。我们可以将时间和空间统一看作是一种“欧氏几何”，而不是一种实值线 R 的拷贝。在实值线 R 中存在表示时间上为0的优先元，如果存在优先的时间上的原点，那么在原点之后的时间里，动力学规律则发生变化。因此，亚里士多德的动力学时空观中在实践上并不存在优先元；同时也不认为存在优先的空间原点，空间在所有方向上无限延伸，使动力学规律处处起着完全相同的作用，所以在亚里士多德所构建的框架下，时空被看作是简单的积 $A = E^1 \times E^3$。[6]

由于时空具有连续性和各向同性，那么在该时空中所出现的对称变换就具备了连续变换的特征，具体有以下四种：

（1）空间平移不变性。当空间发生坐标平移变换时，原子所组成的系统的运动规律保持不变。在数学上体现为系统的哈密顿量在空间上进行平移操作之后所保持的不变性，这种不变性将导致系统的总动量保持不变。如两个可以视为质点的原子发生弹性碰撞后总动量保持不变；原子在发生衰变时总动量守恒等。

（2）空间旋转不变性。与空间中所做的平移操作类似，由于我们处在各向同性的欧氏空间中，那么在空间中将坐标转动一个任意的角度时，系统的运动规律保持不变。在数学上表述为系统的哈密顿量在经历角度变化后仍保持不变性，这种不变性将导致系统的总角动量守恒。

（3）洛伦兹变换不变性。前面提到空间中存在的平移不变性和旋转不变性，是将原子在空间中进行坐标变换；而当宏观物体发生洛伦兹变换时，可以将其视为空间相对于物体在运动，在这个变换下，系统的运动规律是不变的。在微观领域，当我们不清楚支配一个系统的运动规律的哈密顿量时，通常利用描写系统的场量来构成一般形式的洛伦兹不变量，在变换式中存在一定的参数，然后通过实验来确定这些参数，这已经成为原子物理学中对称性问题研究的重要方法。

（4）时间平移不变性。当时间坐标发生变化时，可以看作是 E_1 坐标由一点变为另一点，由于时间是均匀的，那么系统的哈密顿量在时间轴上经过平移后则保持其不变性，而在这个变化中将导致系统的总能量保持不变。

同古典对称类似，在各向同性的均匀时空中，原子间不仅存在连续对称性，同时存在着分立对称性，如空间反演、时间反演等。

（1）空间反演不变性。即将三维空间中的各个维度进行反转时，系统的运动规律保持不变。空间反演也就是镜像变换，当系统以某种方式运动时，镜像的运动方式也是实际存在的，系统与镜像的这种变换不变视为系统在空间中宇称不变。在没有任何外界条件的影响时，微观粒子的内部无论其运动情况如何复杂，其宇称是不变的，即微观粒子系统在对称变换前后，宇称守恒。

（2）时间反演不变性。考察亚里士多德所描述的一维时空，当我们将描述原子的变量 T 变换成 $-T$ 时，系统的总能量保持不变。在这里的时间反演并非连续变换，而是分立变换。例如，当原子系统吸收一个粒子后，如果将时间进行反演，那么将变成新的系统放出一个粒子，那么其动量也必定进行反转，同时自旋方向也发生改变。正是由于动量和自旋都发生反转，粒子自身的旋量将保持不变。一个粒子系统的运动规律在时间反演下保持不变就意味着如果将这个原子变换过程进行严密地反推，其逆过程也是合理且存在的。

原子之间的内禀对称性表现为在时空坐标不变的条件下，仍存在着仅变换波函数形式的变换 $\varphi_a(x) \rightarrow \varphi'_a(x)$ 。[7] 内禀变换的具体形式因粒子类型而异，常见的有电荷共轭，置换变换，电磁场规范对称 U（1），同位旋变换 SU（2）、

SU (3)对称等，因其涉及量子场论和群论的内容，本文将不展开讨论。

当研究原子的时空对称现象时，我们选取了一个给定的参考系 $\sum$ ，原子的空间位置就是利用这个参考系来标定的。当原子发生平移、转动等操作时，用数学表示为描述原子空间位置坐标发生坐标变换或者矢量变换。前面我们提到，在亚里士多德的时空观中并不存在时间上的优先元，时间作为空间的第四个维度具有均匀性。时空被看作是简单积 $A = E^1 \times E^3$ ，这是一个简单的偶（t，X）空间，t 是 E^1 的元素，X 是 E^3 的元素。通过比较 $E^1 \times E^3$ 上的点，我们可知两个事件是否发生在同一时刻，也只是两个事件是否发生在同一地点。

那么原子在时空中的均匀平移 (Δt，a_x，a_y，a_z) 表示为

$$\left.\begin{aligned} t \rightarrow t' &= t + \Delta t \\ x \rightarrow x' &= x + a_x \\ y \rightarrow y' &= y + a_y \\ z \rightarrow z' &= z + a_z \end{aligned}\right\} \tag{1}$$

当原子发生转动时，以在 xy 平面内转过一个角度 θ 为例，在这种情况下，公式变为

$$\left.\begin{aligned} t \rightarrow t' &= t + \Delta t \\ x \rightarrow x' &= x\cos\theta - y\sin\theta \\ y \rightarrow y' &= x\sin\theta + y\cos\theta \\ z \rightarrow z' &= z \end{aligned}\right\} \tag{2}$$

洛伦兹变换是一种参考系之间的变换。任何一个事件在参考系 K 中由时间 t 和三维空间坐标 $\varphi(x, y, z)$ 来表示；在参考系 K' 中由时间坐标 t' 和空间坐标 $\varphi'(x', y', z')$ 来表示，假设光沿 X 轴传播，洛伦兹变换表示为

$$\left.\begin{aligned} t \rightarrow t' &= \frac{t - \frac{v}{c^2}x}{\sqrt{1 - \frac{v^2}{c^2}}} \\ x \rightarrow x' &= \frac{x - vt}{\sqrt{1 - \frac{v^2}{c^2}}} \\ y \rightarrow y' &= y \\ z \rightarrow z' &= z \end{aligned}\right\} \tag{3}$$

当我们研究原子在时空中的对称性时，将原子看作是质点在其中进行位置变换。原子在宏观上体积很小，在微观尺度上存在着精细结构。

二、原子间对称性的物理意义及结构特征

物理学中一切对称性原理的成立都是以某些基本物理量的不可观测为基础，一旦这些物理量可以被观测，或者说可以被区分，那么对称性将会被破坏。对称性原理与以下三方面的内容是密切相关的：不可观察性假说，有关数学变换下的不变性以及作为物理结果的守恒律（或选择定则），理论的真理性通过这些守恒定律的可检验性来获得确证和否证的。[8]在这里，不可观测性存在以下两种情况：一种情况是某些物理量确实不可以被观测；另一种情况是某些物理量在目前的观测条件下不可以被观测，当实验仪器更加精密时，这些不可观测量将转换为可观测量。此时，对称性将出现破坏。在物理学中，对称性中所体现出的变换不变性可以作为检验物理理论真理性的重要依据。那么，当我们试图将不可观测量在物理实验中转化为可观测量时，其内在对称性将被人为地破坏。这迫使我们不得不寻找在不破坏其对称性前提下可以进行的分析，语义分析方法可以满足我们这一要求。

在经典力学中，宏观物体在时空中进行平移、转动等对称变换后，某些物理量如能量、角动量等并没有发生改变，我们从而分别得到了相应的守恒定律；在原子间所体现的对称性中，当我们将原子看作是整体进行与宏观物体所做的类似对称操作后，我们同样发现原子间相应的物理量没有发生改变。原子自身是具有更加精细的微观结构，当我们继续研究原子的亚层结构时，发现原子亚层存在更加精细的结构，如原子核自旋、核外电子的分组分层排列、同轨道电子绕相反方向自旋等。由于其自身带有微小的电荷量，在现阶段很难做到在不影响原子亚层结构的前提下做出的测量，故当我们对其测量时，自身的对称结构则被破坏。在古典对称问题研究中，我们发现对称性通常是与守恒量紧密地联系在一起，这就要求我们应当对原子间的对称性问题做出相应地研究。这时，语义分析方法则显示出其迷人的特征，即通过语义分析方法研究原子亚层中存在的对称性问题，这样扩展了对称性问题的研究内容，使得对称的意义更加深远。

首先，继承古典对称观念，并将其理想化地应用于微观世界。我们来研究单个原子自身所具有的对称性。在宏观世界中的球体自身存在着多种不同类型的对称性，球体上的任意点都关于球心对称；在研究电子绕核运动时，将原子看作是一个标准的球体，核外电子的空间位置虽然发生改变，但我们只能确定电子距离原子核的距离，而不能确定电子跃迁前后的坐标。这里体现了原子物理学中古朴的几何对称思想。当我们研究由原子所组成的系统时，从统计物理学的观点看，所研究的系统应当是玻色系统。玻色系统中的微粒和经典物理学系统中的物体都可以看作是“小球”，但是在这两个系统中的“小球”却有着很重要的差异：经

典物理学系统中所指的“小球”可以区分，而玻色系统中的“小球”不可以区分。因为宏观物体的可区分性是建立在其自身有一定大小基础之上，而当对象缩小到分子尺度大小时，可区分性将会消失，取而代之的是原子所体现的全同性。将可观察的宏观对称性应用于不易观察的微观世界。第一，需要将宏观对称性在理论上进行合理外推；第二，原子间所体现的对称性需要在宏观上得到实验验证。这样，宏观世界与微观世界有着相同的对称性。

其次，扩展了对称理论的适用范围。我们在日常生活中，将一个物体经过变换而保持不变的现象称为对称现象。一种对称必定对应着一种具体的形态变换，而这种形态变换则显示出不变性。在经典物理学中，宏观物体所具有的对称性通过四维时空中的变换来体现，往往借助平移、转动、反演等具体形式来实现。那么，在四维时空中的原子也同样具有宏观物体所具有的对称性。这就说明，原子物理学中的对称，与经典物理学一样，使用同一个各向同性的四维时空。此外，虽然我们以微小的纳米尺度来衡量原子的大小，但原子自身仍具备更加精细的微观结构，从而出现了许多原子物理学中特有的对称性。

再次，加深对称性与守恒量之间的联系。诺特定理指出，如果运动规律在某一变换下具有不变性，那么必定存在着一个相应的守恒定律。在经典物理学中，宏观物体在时空中变换后某些物理量保持不变，从而导致相应的守恒定律。在原子物理学中不仅认同了从经典物理学中复制来的对称性与守恒定律，同时又将挖掘出原子间所具有的电荷、重子数、轻子数等守恒。在研究原子尺度的守恒定律时，由于原子本身很难观察，原子的整个变换过程更难观测。在利用对称性和守恒定律研究时，我们可以不考察变换的中间过程，只考察原子的始末状态，从而大大简化研究的难度。

最后，促使群理论发展。一个运动规律在某个特定对称变换下保持不变性时，则对应着确定的守恒定律。假设这个运动规律在某些变换下偶可以保持不变性，那么就均存在着相应的守恒定律，而这些变换则构成了对称变换群。

任何科学知识都是通过特定的科学语言系统获得其自身存在的物质外壳，从而展现它描述，解释和把握客观世界规律的本质。[9]

科学理论从创立、发展到进步是一个抽象程度越来越高的过程，导致科学符号与科学实在之间的层次性和结构性更加复杂和多样。在利用对称性原理描述宏观物体之间所存在的几何对称这一科学实在中取得成功，随着科学符号的“上升”和“远离”，表明科学符号与实在之间摆脱了原始的、直观的、简单的一致而导致深刻的、抽象的、复杂的统一，对称性理论在微观领域的广泛使用也很好地印证了科学符号与实在之间的关联形式和关联结构的发展和变化。作为普适原理，关于对称描述的科学语言可以分为两个层面，我们利用域语言规范深层语义结构内在的相应知识系统所涉及的范围，可以看作是一种定性的描述。在刚才的描述中，科学符号“远离”经验层面越强，其包含的经验层面越大，包含的实在内容越多。利用操作语言在表层句法上直接规定相应知识系统在其研究领域的操作规则，是一种定量地描述。任何一种符号语言系统都从它自身特定的目的和应用范围确定了该系统中特定的句法规则，这些句法规则规定了该系统中的逻辑规则，所以在一个符号系统中，它的句法规则与逻辑规则是同一的。[10]这样，一个确定的知识系统图景就可以用表示为：$S_t = \sum(OdA)$ 。其中，O 表示操作语言，它作用于域语言 A。d 表示由该知识系统所允许进行描述的确定操作关系。下标 t 表示这一系统的特定发展阶段或时期。$\sum$ 是整个研究域和这一系统中各操作要素的集合算符。[11]可以看出，任何一个知识体系在建构过程中都处于动态发展，由于知识系统自身会随着与科学语言相关的难题和操作关系的变化而发生内在地变化，这样将不会保证该知识图景有相同的结构和内容。而对于同一个知识图景来说，域语言 A 与操作语言 O 之间在更深层次内存在内在的对应性和一致性。借助于确定的语言形式规则，域语言的深层语义结构转化为特殊的语言陈述从而表现为适当的形式结构；而操作语言之间的句法结构，正是借助于相关的语义结构的内在约束通过逻辑操作表征了深层的意义本质。

本文中所讨论的原子间存在的对称性，其研究对象是分子和原子，它们在化学中被定义为组成自然界的微小粒子，这个观点包含自然主义哲学的韵味。自然主义是对自然之发现的结果现象，自然在这里是指一个按照精确的自然规律在空间、时间存在的统一意义上的自然。[12]与精神科学家相对，自然科学家趋向于将一切都看作是自然，精神科学家将一切看作是精神。所以当我们关注自然主义者，在他们的眼中看到的自然并且首先是物理的自然。一切存在客体都是物理的，隶属于物理自然的统一联系，或虽然是心理的，但却只依赖物理因素而发生变化的东西。所有存在者都具有心理物理的自然，这是根据确定规律被明确定义的。即使在实证主义意义上，物理的自然以感觉主义的方式消融在感觉的复合之中。

由多个原子组成的分子，由于空间结构不同，所构成的分子则具有不同的对称类型，而结构上的对称性又是基本运动对称性在特定相互作用下的表现。原子核之间的相互作用，核外电子之间的相互作用，原子与核外电子之间的相互作用，核外电子自旋与核外电子分层排布的相互作用，这些共同作用形成核外电子运动的对称性。我们将原子的态用状态函数 φ 来描述，原子从一个态变换到另一个态的过程体现为函数 $\varphi \rightarrow \varphi'$ 的变化过程。若变化前后两个态是等价的，或状态函数 φ 在经历某个特定操作后其函数值并未发生改变，那么这一操作对于该系统来说是对称的。若存在 N 个操作都可以使原子的状态函数经过变换后保持不变，那么这 N 个操作就可以看作是该状态函数的对称变换群。

科学只探讨对象的结构特征[13]，卡尔纳普曾指出一切科学命题都是结构命题。在描述科学命题之前，首先应当界定这个命题的特征描述，即域语言；然后找出其关系描述，即操作语言。当我们谈及科学命题时，对象应当是客观的，当我们在观察过程中，那些属于质料而不属于结构的东西与所有可以具体显示的客体归根到底都是主观的，因此科学命题应当转化为当且仅当客观存在的结构命题。原子是客观存在的，原子之间所存在的关系也是客观存在的，对称关系作为存在于原子之间的一种特殊的关系，它也是客观存在的，在原子的对称变换过程中，与经典力学中描述的系统一样，我们用坐标 p 和动量 q 来描述系统中粒子所处的状态用哈密顿函数 H 来表示，系统的本征态与本征值，将会决定该系统的各个定态和处于此定态时所具有的能量，即 H 决定了该系统随时间变化情况。与经典物理学中的对称性相同，原子之间所体现的对称性通过原子系统的哈密顿量的变化来体现，即哈密顿函数 H 保持变换后不变。

$$Q^{-1}HQ = H \quad Q^{-1}HQ = H \tag{4}$$

一般来说，如果物理系统有某种对称性质，那么与之相应的线性变换算符可以和哈密顿算符对易，表示为

$$[Q, H] = 0 \tag{5}$$

其中，对称变换 Q 所构成的群被称为对称变换群。

三、原子间对称的句法特征及其意义

当我们着手研究原子大小层面所存在的对称问题时，那么这些纳米大小的微粒则构成所要研究的客体，原子物理学的研究对象正是这些客体。原子物理学作为一种理论，在每个阶段都得到缓慢发展，在这个理论中必然留下许多空白。[14]对其空白进行研究，通常存在两种方法：其一，先做出假设，随后对假设进行检验；其二，先进行实验，获得数据，然后利用逻辑关系合理外推，利用理论陈述形式，填补正在形成、发展中的理论空白。正如迪昂早已强调，对于新的更深层次的经验规律的寻求，正是隐藏于理论的语言之中。

一个科学假设、模型或者理论自身就蕴涵着一种内在的语义分析框架，这个框架构成了它尔后进行论证、解释和争辩的基础。[15]每个科学理论都是一个复杂的多层次的系统，在前面已经提到，我们分别通过规范域语言界定每个系统自身所包含的概念，通过分析操作语言理清概念之间的关系，然后利用语义学分析方法，将每个理论语言的“表层构造”和“深层结构”实现区分、关联和统一。在经典物理学中所出现的各种对称现象，由于其自身具有可观察性，在描述宏观物体时较为直观，其对称关系建立时逻辑关系十分清晰，从而留有深刻印象。随着科学研究领域逐步向微观迈入，由于分子、原子自身的微观结构，使得关于分

子、原子等微观粒子的描述只能部分地建立在观察基础之上，它们的大部分性质和特征已经逐步脱离人们的日常观察，这样在微观粒子研究中逐渐形成以符号方法、数学方法和逻辑化方法作为基本科学研究方法的语言系统。

经典物理学中的哈密顿量包含了物体在空间中的坐标和动量，当我们描绘单个原子的哈密顿量需要同时得到原子的坐标和动量时，测不准原理将告诉我们这是徒劳的。那么当我们在进行原子间对称性问题研究时，由于单个原子和原子所组成的系统有着不同的组织形态，表现出不同的特征。为了简化问题研究，我们分别赋予了原子不同的自组织形态，当研究原子自身在四维时空中的运动时，我们将其看作是经典物理学中的质点；而当研究原子自身所具有的对称性时，将其近似地看作行星模型；而当研究由原子所组成的系统时，由于玻色子和费米子具有不同的性质，那么我们将会分别讨论，这些模型都可以用态函数来表示。

在研究原子层面的对称问题时，我们用态函数描述原子客体所处的态，这个态构成语义分析中“所指”的内容；作为客体的原子自身的不同自组织形态则构成“所指”的形式，而原子自身的态是一个时刻变化的过程，体现为在其自身的态函数 φ 中显含时间 t，在数学上，这些变换过程分别用不同的正交矩阵来表示。原子的初态和末态即原子自身变换前后，原子与原子之间存在着多种相互关系，具体地说，当一个变换操作作用于原子时，原子在这个操作下进行态函数的改变，像洛伦兹变换、时空平移等关系则构成语义分析中“能指”的形式，而变换后原子的态函数与原先保持一致，从而体现出经历变换后所保持的不变，在这些变换中所体现出的不变量与守恒量则构成了“能指”的内容。而这些对称变换，则具体表现为操作算符与原子的哈密顿量对易。原子物理学的发展已经逐渐脱离传统的经验观察，已逐步发展为科学符号之间的计算，而对科学符号的运算及结果的诠释成为理论构造及其阐述的一个重要内容，它深刻地表明了科学认识方法或者科学研究主体把握客观世界的能动性的深化和强化。[16]

语义分析方法的具体展开，就是理论语言的“表层结构”和“深层结构”之间的辩证统一。[17]本文针对原子大小尺度上所出现的变换不变进行语义学分析，把握变换顾虑，通过语义上升挖掘深层结构的内涵，为对称性问题的研究提供了新的视角、新的哲学方法，丰富了研究内容，因此有着非常重要的意义。

首先，揭示了对称变换的深刻内涵。语义分析作为科学研究中一种横断的研究方法，可以透过纷繁复杂的物理现象，把握其背后的本质特征，从更高层面为科学问题研究提供方法支撑。范 · 弗拉森在《科学的形象》一书中曾经指出，不要将观察（一个实体，诸如事物、事件或过程）和观察到的（某物和他物）混淆起来。在科学研究中人们总是善于观察，现象总是在事物的最表层上予以呈现，而其中的规律又或深或浅地隐藏在现象之中。对于原子大小尺度的微粒来说，粒子的质量、电荷等物理量仍可以准确地测量，而轨道半径、自旋等粒子的精细结构则是在观察宏观现象之后合理外推得到的，温格曾经指出，在光谱学研究中几乎所有的规则都可以利用对称性之一特征导出[18]，所以通过分析对称性，可以帮助人们更有效地分析这些微粒的微观性质，从而更深入地研究原子结构与特征提供一种有效地方法。

其次，试图实现语言形式和内容的统一。任何科学理论都是由科学语言和科学内容所组成的，对称性理论作为一种科学理论来说，迫切地需要其内容和形式进行统一。作为逻辑实证主义的以语言为中心的科学哲学中，理论的经验含义要通过把语言分解为理论和非理论部分来确定。这是一种哲学的分解，是从外部强加的分解，并且你不可能把你的赞同限于理论的经验含义，除非你的语言在原则上仍然限制在理论语言的非理论部分。[19]本文利用语义分析方法对原子间的对称现象进行分析，通过分析原子对称变化过程中的域语言和操作语言，明确了所要研究的客体，语义分析中的“能指”和“所指”的形式和内容，为原子对称变换构架了一个多层次的对称性理论知识网络，然后通过将原子尺度上的对称现象与规律有机地结合，将对称性理论的语言形式和内容与语义结构结合在一起，并贯穿于原子物理学对称性问题研究的始终。

最后，发展对称性理论。任何科学知识都不是一个静态的过程，而是一个处于不断变化和发展的过程，是纲领之间相互竞争的过程，同时也是句法的表层结构与语义的深层结构之间的相互关联的动态转化过程。语义分析方法是从本质上承认了再理性思维机制与客观实在机制之间存在着一种同构。[20]本文以语义分析作为基本方法，在把握原子状态函数在变换后所体现出的不变性，通过扩展域语言，将研究客体由宏观扩展到微观；接着深化操作语言，扩展对称关系所包含的内容。数学变换中由不变性所产生的对称在物理学中意味着守恒，即不变量总是与守恒量联系在一起的。在原子状态函数的变换中，不仅可以看到古典对称变换中所体现出的动量守恒、角动量守恒等，同时还可以观察到原子中所特有的光谱对称分布、能级对称分布等新的事实，这新的发现不仅为原子层面的客体研究提供新的方法，同时也继续发展和深化对称理论的研究领域。

结　　语

对称性在原子物理学中有着广泛地应用。对称性在物理学研究中所体现出的连续性，表现为以经典物理学中的对称现象为对照，应用于原子物理学中的问题研究，而原子物理学中对称问题的深入研究为对称理论的发展注入新的活力。

对称性问题从狭义上来说属于数学、物理学问题，但我们利用语义分析方法对其进行研究，从更为广阔的背景上提出这个横断的分析方法，从而使我们在新的高度上研究对称性问题，并为对称理论研究提供新的视角，为原子物理学的研究提供新的方法。而原子物理学中所研究的客体很小，在实验上不易验证的理论，我们通过借助对称性原理将其推导出来，这里就体现出对称理论在物理学问题研究中的优越性，同时对称理论的发展也将会在物理学的发展中发挥举足轻重的作用。

参考文献

[1] 赵凯华，罗蔚茵．力学．北京：高等教育出版社，1995：7.

[2] 李政道．粒子物理与场论简介．北京：科学出版社，1984：149.

[3] 郭贵春．科学知识动力学．武汉：华中师范大学出版社，1992：5.

[4] 郭贵春．科学理论的语义分析——科学实在论的重要研究方法．社会科学研究，1991，(3)：43.

[5] 朱栋培，陈宏芳，石名俊．原子物理与量子力学（上册）．北京：科学出版社，2008：225.

[6] 罗杰·彭罗斯．通向实在之路．王文浩译．长沙：湖南科学技术出版社，2008：275.

[7] 桂起权，高策．规范场论的哲学探究．北京：高等教育出版社．2008：3.

[8] 吴国林，孙显曜．物理学哲学导论．北京：人民出版社，2007：261.

[9] 同 [3]：40.

[10] 同 [3]：41.

[11] 同 [3]．

[12] 胡塞尔．哲学作为严格的科学．倪梁康译．北京：北京商务印书馆，2010：8.

[13] 鲁道夫·卡尔纳普．世界的逻辑构造．陈启伟译．上海：上海译文出版社：2008：19.

[14] Bas C. Van. Fraassen. The Scientific Image. Oxford：Clarendon Press，1980：74.

[15] 同 [4]：43.

[16] 同 [3]：36.

[17] 郭贵春．语义分析方法的本质．科学技术与辩证法，1990，(2)：2.

[18] Neumann J V，Winger E. The mathematical foundations of quantum mechanics. Physic，1929，2 (30)：294.

[19] 同 [14]：80.

[20] 同 [17]：4.

规范理论解释和休谟式随附性

——从物理学到形而上学*

李继堂　郭贵春

随着量子规范场论和粒子物理标准模型的成功，对规范理论进行解释成为了物理学哲学甚至形而上学的紧迫任务。目前，美国科学哲学家希利（Richard Healey）在《规范实在——当代规范理论的概念基础》（该书出版于2007年，2008年即获得拉卡托斯奖）中，通过对各种规范理论（包括经典电磁场理论、A-B效应、杨-米尔斯理论（非阿贝尔规范场）、广义相对论等）的考察，认为三种关于规范势属性（gauge potential properties）的观点（无规范势属性观、局域规范势属性观、非局域规范势属性观）中，非局域规范势属性观最成功，并把经典杨-米尔斯理论的非局域规范势属性观发展成整体解释（holonomy interpretation，也译作和乐解释），这样的解释对形而上学中的休谟式随附性（Humean supervenience）的理解具有重要意义。本文通过这个例子说明物理学的进步导致形而上学的进步。

一、解释经典规范理论

为了理解各种规范理论（包括经典电磁场理论、A-B效应、杨-米尔斯理论（非阿贝尔规范场）、广义相对论等），希利也是从经典电磁理论谈起。经典电磁场理论的核心，就是众所周知的麦克斯韦方程组：

$$\left.\begin{aligned}\nabla\cdot\boldsymbol{B}=0,\qquad \nabla\times\boldsymbol{E}+\partial\boldsymbol{B}/\partial t=0\\ \nabla\cdot\boldsymbol{E}=\rho,\qquad \nabla\times\boldsymbol{B}-\partial\boldsymbol{E}/\partial t=\boldsymbol{j}\end{aligned}\right\}\tag{1}$$

由于$\boldsymbol{E}$和$\boldsymbol{B}$的相互影响，求解某处的$\boldsymbol{E}$和$\boldsymbol{B}$不是容易的事情，为了简化问题需要重新考虑麦克斯韦方程，因为任一旋量的散度为零，$\nabla\cdot\boldsymbol{B}=0$中的$\boldsymbol{B}$能够改写成$\boldsymbol{B}=\nabla\times\boldsymbol{A}$（其中，$\boldsymbol{A}$为矢量）的形式；因为任何梯度的旋度为零，可以令$\boldsymbol{E}+\partial\boldsymbol{A}/\partial t=-\nabla\varphi$（其中，$\varphi$为标量）。这样一来，电场就可由出现磁场改变的电势导出，磁场也可以从磁的矢量势导出，它们的一般式如下：

---

* 本文为中国博士后科学基金第四批特别资助项目（201104652）的成果之一。

李继堂，苏州大学政治与公共管理学院哲学系副教授，主要研究方向为科学哲学；郭贵春，山西大学科学技术哲学研究中心教授、博导，主要研究方向为科学哲学。

$$\boldsymbol{B} = \nabla \times \boldsymbol{A} \tag{2}$$

$$\boldsymbol{E} = -\nabla \varphi - \partial \boldsymbol{A}/\partial t \tag{3}$$

其中，矢量 $\boldsymbol{A}$ 和标量 φ 分别称为电磁矢量势和电磁标量势。之所以说电磁理论是规范理论，主要是因为麦克斯韦理论中所有的可观测量在所谓的规范变换下能够保持不变。这里的规范变换指的是电磁矢量势 $\boldsymbol{A}$ 和标量势 φ 的任意性，即做如下变换：

$$\boldsymbol{A} \to \boldsymbol{A} - \nabla \Lambda \tag{4}$$

$$\varphi \to \varphi + \Lambda/\partial t \tag{5}$$

之后，不仅电磁理论中的 $\boldsymbol{E}$ 和 $\boldsymbol{B}$ 不变，就连洛伦兹力也保持不变。洛伦兹力的定律为

$$\boldsymbol{F} = e(\boldsymbol{E} + V \times \boldsymbol{B}) \tag{6}$$

事实上，式（4）、式（5）中的电磁矢量势 $\boldsymbol{A}$ 和标量势 φ 的任意性可以通过把它们结合进变量矢量势的变换来表示：

$$\boldsymbol{A}_\mu(x) \to \boldsymbol{A}_\mu(x) + \partial_\mu \Lambda(x) \tag{7}$$

在按式（7）定义的规范变换下，由式（2）、式（3）决定的电磁场可以重新表述为

$$\boldsymbol{F}_{\mu\nu} = \partial_\mu \boldsymbol{A}_\nu - \partial_\nu \boldsymbol{A}_\mu \tag{8}$$

其中，$\boldsymbol{F}_{\mu\nu}$是电磁张量。如此一来，经典电磁理论的规范不变性的依据就是电磁势的变换是理论对称的，也就是说，在式（4）、式（5）或式（7）作用下，式（2）、式（3）、式（6）这些电磁理论基本方程不变，体现出规范理论的特征。同时，在规范理论中电磁势 $\boldsymbol{A}_\mu$ 虽然不像 $\boldsymbol{E}$、$\boldsymbol{B}$（$\boldsymbol{F}_{\mu\nu}$）和 $\boldsymbol{F}$ 那样是规范不变量，但是它的核心作用越来越明显，它可能反映了电磁现象的本质特征。事实上，人们逐渐发现随着研究的深入，采用的数学方法（矢量运算-张量分析-纤维丛理论）越来越抽象，规范理论可能抓住了自然界的本质特征，或者认为规范理论表示的某些物理过程是附着在自然界质的固有属性（qualitative intrinsic property）上。而且，经典电磁理论可以进行很多推广，包括推广到杨-米尔斯方程后用来描述除引力之外的所有相互作用，而换成纤维丛理论这种数学框架后，电磁势不是表现为时空流形 M 上的一种场，而是一种以 M 为底空间的所谓纤维丛上的联络，丛曲率表示电磁场，而规范变换用作用在纤维结构元素上的各种群来表示。比如，对于每个时空点给出 U（1）群中的一个元素，从而得到时空流形 M 上的 U（1）丛 P，局域规范变换相当于主丛上的局域截面（σ：$U(1) \to P$），主丛 P 上的联络 ω 是主丛 P 上满足一定性质的李代数-值的一次形式，被拉回到时空 M，使得每个截面把 ω 映射到 M 上的一个李代数-值的一次形式 $\mathrm{i}\boldsymbol{A}$，这里的 $\boldsymbol{A}$ 正是等同于电磁四矢量势的余向量场。ω 只跟固定截面相联系的特定 $\boldsymbol{A}$ 对应，截面的改变就对应着跟规范变换——式（4）、式（7）一样的 $\boldsymbol{A} \to \boldsymbol{A}'$变换。[1] 也就

是说纤维丛理论使得有可能洞悉规范理论的深层结构。

所谓“质的固有属性”，希利解释道：“直观上，一个对象的属性是固有的，仅当指的是对象内部自身具有的属性，而不涉及任何外在事情，这跟外在属性相反，后者是依赖于对象跟其他东西可能有也可能没有的关系……质的属性和个体的属性之间的不同也的确存在，这里讲属性是质的（相对于个体的），只要求它不依赖于任何特定个体存在。”[2] 比如，木星质量为 1.899×10^{27} 千克是木星本身固有的，但是就它是太阳系中最重的行星来说又是从外在属性来讲的；具有 1.899×10^{27} 千克的质量是木星的一个质的属性，但是作为木星的属性和围绕我们的太阳转动的属性都是木星的个体属性（而后者也是外在属性之一）。可见，要确定物体的真正质的固有属性是件困难的事情。不过，希利认为：“基础物理关注最基本的物理系统，试图描述这些系统的物理状态，以便决定构成这些系统的物理属性，一个对象的物理属性，只有在那个对象拥有的这些属性是由构成那个对象的所有基本系统下面的物理状态和物理关系所完全决定的情况下，才既是质的，又是固有的。当然，这种意义的真正完备描述还没有到达，可能永远也达不到，但是，就其是成功的意义上，它已经规定了一类重要的质的固有属性。”[3] 特别是，通过希利的“分离性”概念反过来也有利于“质的固有属性”的理解，他所谓“（弱的）分离性”指的是：“占据时空区域 R 的任何物理过程随附在 R（或者在这些点的任意小邻域）内的时空点质的固有物理属性的赋值（assignment）上。”[4] 比如，在经典电磁理论中满足弱分离性条件，同时也就满足局域作用和相对论局域性，所有电磁效应有可能看成是随附在电磁势上，从而可以把电磁势看做质的固有属性。

二、规范势属性观和和乐解释

有了对规范理论的初步了解，我们可以来看看希利在《规范实在——当代规范理论的概念基础》中的三种关于规范势属性（gauge potential properties）的观点（无规范势属性观、局域规范势属性观、非-局域规范势属性观）以及和乐解释。规范势的作用典型地表现在 A-B 效应的现象中。在 A-B 效应中，螺线管完全封闭并且足够长，如果双缝后面的螺线管没有电流通过，那么就会在屏幕上看到熟悉的双缝干涉图案。有电流通过螺线管的情况下，在螺线管内部跟双缝平行的方向产生一个恒常磁场 $\boldsymbol{B}$，干涉图案的波峰和波谷会全部移动，移动的距离为：$\Delta x=(l\lambda/2\pi d)(|e|/\hbar)\varphi$。其中，$d$ 是缝距，l 是双缝到屏幕间距离，$\lambda=h/p$ 是电子束（带负电 e 和动量 p）的德布罗意波长，而 φ 是穿过螺线管的磁通量，$\varphi=\int B\cdot \mathrm{d}S=\oint A\cdot \mathrm{d}r=\int \nabla\times A\cdot \mathrm{d}S$。如何解释这个现象？[5] 表面上，由于 $\boldsymbol{B}$

在螺线管外面都为零，电子正是从 $\boldsymbol{B}$ 为零的这个区域取道从双缝传播到屏幕上的，显然螺线管内部的磁场一定有些对电子的非局域效应。但是阿哈罗诺夫（Aharonov）和玻姆（Bohm）否认这个效应是非局域的，而认为它的出现纯粹是和磁矢量势 $\boldsymbol{A}$（或者更一般的电磁矢量势 $\boldsymbol{A}_\mu$）的局域作用有关，他们认为，在经典力学中被看作纯粹只是为了方便计算引入的电磁矢量势，量子力学却证明它自己是个物理上真实的场（这个观点被费曼物理讲义广为传播）。按他们的原话就是："我们被引向认为（规范势）是个物理变量，这意味着我们一定能够在单靠规范变换形成的两个量子态之间做出物理上的区分。"[6]而且在非相对论量子力学中，电磁场的量子力学描述也是通过电磁势引入的。可见，如何看待规范势的作用是关键。

1. 无规范势属性观

尽管有像 A-B 效应这种看上去支持电磁势是个物理量的现象，人们还是会说，单凭经典电磁理论在量子领域的成功应用，不足以说明超出电磁场的电磁势所表示的任何事情的实在性。希利称其为无新的电磁属性观。其拥护者坚持认为经典电磁学跟量子力学（而不是经典力学）联合起来达到的经验成功，不能致使人们接受电磁势以某种方式表示了新增加的质的固有电磁属性。所谓无规范势属性观，则是明确认为只需要规范场就直接表示规范性质，甚至在量子领域中，规范势也只是数学剩余结构，在理论中使用的也只是作为计算规范场的一种方式。反对无新的电磁属性观主要是基于如下事实，在 A-B 效应的语境中，它意味着超距作用的电磁学，这对无规范势属性观也会提出类似的反对。但是对无新的电磁属性观产生的别的反对，一个是出现在杨-米尔斯理论（非阿贝尔规范场）的情况下，另一个出现在广义相对论的情况下。

2. 局域化的规范势属性观

按照局域化的规范势属性观，一个理论的规范势表示了时空点（或其任意小领域）上面（或者其内）质的固有属性，这种用规范场表示不了的属性。这样的属性有几种不同的产生方式，这不仅依赖于数学对象在理论的特定形式下的规范势中所起的作用，也依赖于这个对象是如何被描述的。比如，杨-米尔斯理论（非阿贝尔规范场）的规范势，可以用时空上主纤维丛上的李代数-值 1 形式表示，用在时空流形自身的（一个开集）上的李代数-值 1 形式表示，或者由一个按照作为丛结构群的李群的表示在其自身中变换所处的时空（一个开集）上矢量场集合来表示。人们用来表示质的固有规范势属性的数学对象，会影响这个观点如何应用的细节，但是无论什么样的细节，使这些属性局域化的是如下想法：用所研究的数学对象表示局域地固定（在时空点或者它们的任意小领域上）的规范势属性。希利认为局域化规范势属性观的问题主要在于，无论如何努力最终还是没有真正道出了局域化电磁势属性在该区域的赋值是什么。

3. 非局域化规范势属性观

按照非局域化规范势属性观，理论的规范势表示了用规范场表示的那些物理量之外的质的固有属性，不过它们只是被断言在扩展了的时空区域上，而不是在构成这些区域的点上。这并不是说这些区域是由时空流形的开集所表示，也不是说它们在其内在拓扑学中是4维的。希利认为相关区域是在时空中闭合曲线的有向的像，因此是由时空流形 M 的闭合子集所表示的，在拓扑学上，这个子集是 M 中的环流形 S^1 浸入的像：当闭合曲面是非-自-嵌的，它的像就是 M 中的一种拓扑学体现。希利把这个子流形表示的时空有向区域称为圈，因此一个圈对应于一个时空流形中的连续的、逐块光滑的、非-自-嵌封闭曲线的有向的像。之所以提出非-局域化属性观，主要考虑到规范势属性的结构取决于规范不变量的内容，出于这样的想法就认为规范势属性正好是规范不变量所表示的那些属性。而这个想法有必要发展成规范理论的和乐解释。

4. 和乐解释

首先来看经典电磁场的情况，如果矢量势 $\boldsymbol{A}_\mu$ 是规范依赖的，那么它的线积分 $S(C)=\oint_c \boldsymbol{A}_\mu \mathrm{d}x^\mu$ 围绕闭曲线 C 就是规范不变量，因此，包括狄拉克相位因子 $\exp\left(\mathrm{i}e/\hbar\oint_c \boldsymbol{A}_\mu \mathrm{d}x^\mu\right)$ 的 $S(C)$ 函数也是规范不变量，它们才可能是描述质的固有属性的，当吴大峻和杨振宁（1975年）说“提供一个不多不少完备描述的正是相位因子”时，他们明显持有经典电磁理论用狄拉克相位因子表示非-局域规范势属性的观点。在A-B效应中同一个区域中不同的物理情形可以拥有同样的 $F_{\mu\nu}$，一个区域中的场强不足以解释那个区域中带电量子化粒子的行为。如果围绕闭合曲线的相位每增加 nh/e（n 为整数），从而保持任何这样的曲线的相位因子不变，使得区域中电荷的量子化粒子的可观察行为可能是完全相同的，但是这还不能辩护狄拉克相位因子一定正确表示了圈的质的固有属性。相位不能描述一个区域中的电磁场自身，描述的只是具有特定电荷 e 的量子化粒子的电磁场效应。类似地，任何电荷 e 的狄拉克相位因子不能单独描述电磁场，描述的至多是关于电荷 e 的粒子上的电磁场效应。而只有在所有的电荷都是某些基本量 e_0 的整数倍时，狄拉克相位因子 $\exp\left(\mathrm{i}e/\hbar\oint_c \boldsymbol{A}_\mu \mathrm{d}x^\mu\right)$ 看来才可能声称描述电磁场自身，而不是特定电荷的粒子上的电磁场效应。因此在发展经典电磁理论非-局域规范势属性观时面临这么一个选择，我们可以把这些属性用 $S(C)$ 表示——围绕闭曲线 C 的矢量势的线积分；或者，如果存在一个 e_0 的最小量子，通过对应于它的狄拉克相位因子 $\exp\left(\mathrm{i}e/\hbar\oint_c \boldsymbol{A}_\mu \mathrm{d}x^\mu\right)$。希利认为，我们应该从经验证据出发采取后一种解释，通过单位的适当选择我们就能把 e_0 和 $\hbar$ 纳入 $\boldsymbol{A}_\mu$，这么做时，我们就会得到如下观念：一个区域中非-局域电磁势属性是由在该区域中所有闭曲线的和乐 $\exp(-\mathrm{i}\oint_c \boldsymbol{A}_\mu \mathrm{d}x^\mu)$ 表示的（指数中的负号是在定义狄拉克相位因子时的一个约定的选择结果）。这正是希利坚持的经典电磁理论的和乐解释。这个观念自然扩展到其他杨-米尔斯规范理论，即便对于这些非阿贝尔理论情况要复杂些，比如，合理假设存在一些跟相互作用有关的一般荷的最小单位，于是可以得到闭曲面的非阿贝尔和乐复杂表达式：$H(C) = \wp\exp(-\oint_c \boldsymbol{A}_\mu^a T_a \mathrm{d}x^\mu)$；更复杂的情况是封闭曲面的和乐依赖于它的基点 m 使 $H(C)$ 变成 $\mathrm{H}_m(C)$。一个不考虑作用在其上的粒子类型的曲面和乐属性的明确表达式，是由在主纤维丛上的和乐映射所给定的，其中规范理论形式化为：$H(C) = \wp\exp(-\oint_c \boldsymbol{A}_\mu \mathrm{d}x^\mu)$。其中，$\boldsymbol{A}$ 表示在主纤维丛上的联络 ω 的时空流形上（一个开子集）的李代数-值 1 形式。希利认为，关键之处并非和乐属性如何表示，而是规范理论的确表示了这种圈的非局域属性。

三、休谟式随附性

休谟式随附性是刘易斯（David Lewis）受休谟对必然性联系的否定的影响发展起来的一种形而上学理论。按照刘易斯的说法：“……所有存在于这个世界上的是一个庞大的一个接一个的局域具体事实的马赛克……我们具有的几何：时空上不同点间的外部关系系统，或许是时空自身的点、或许是物质和以太或场的点状小片，也可能两者都是。并且在这些点上我们拥有局域性的特性质：无需比以点为例更大的完美的自然固有属性。总之，我们拥有一种特性的排列（arrangements of qualities），而那就是全部。不存在没有在特性质排列中有所不同的差异，一切都随附在这上面。”[7]也就是说，存在一个局域性的质的固有属性的分布，这样的属性举例来说不必比时空点有更多要求。就刘易斯的随附性（supervenience）概念而言，其含义在形而上学层面上跟心灵哲学中随附性是一致的，他本人也把随附性描述成对独立变化的否定，随附性也是一种依赖性等。刘易斯在《改进过的休谟式随附性》一文讲道：“在我们这样的世界中基本关系正是时空关系：距离关系、类空和类时、也可能有点状事情和时空点之间的占据关系。在我们这样的世界中基本属性都是局域的属性：所有点或者点的占据者的完美本质固有属性。全部都自始至终随附在局域特性的时空排列上，无论过去现在还是将来。”[8]其实，在某些语境下用分离性来代替局域性的说法，同样跟随附性问题相关。比如卡拉科斯塔斯（V. Karakostas）所表述的受爱因斯坦广义相对论启发得到的分离性原理：“每个物理系统拥有其自身不一样的分离状态——决定其质的固有属性——而任何复合系统的整个状态完全是由其子系统的分离状态及其时空关系所决定的。”[9]或者像卡拉科斯塔斯所说的，这样的分离性原理不仅因为复合系统的状态取决于子系统的状态而体现出一种随附性，而且它跟刘易斯的休谟式随附性是兼容的；同时，也认为它们是跟经典物理一致的，而在量子力学中情况就不一样了。

莫德林（Tim Maudlin）进一步把休谟式随附性归纳为下面两个论断：①分离性。世界的全部物理状态是由每一个时空点（或点状对象）的固有物理状态和这些点之间的时-空关系所决定（随附）的。②物理状态主义。有关世界的所有事实，包括模态的和律则的事实，都取决于其总的物理状态。[10]分离性问题主要关注休谟式随附性的基础，即所谓的“休谟式马赛克”，这种把固有属性实例化了的点状对象的分布；物理状态主义主要是随附问题，世界上的所有事实都随附在其总的状态上，这些事实包括有关定律、反事实条件、可能性、时间的流逝以及因果关系的事实。相对于历史上通过语言的主谓结构分析本体论，莫德林是通过现代物理学提供的本体论结构来进行论证的。他通过对规范理论的解读，论证了不存在形而上学上纯粹的外在关系，也就不存在形而上学上纯粹内在关系，而由于内在关系假定是由对象的内部固有属性决定的，因此也就没有形而上学上纯粹固有属性。就“形而上学上纯粹的”关系或者属性是指只有通过关系体的存在才能得到的而言，他论证了时空关系是一种外在关系，时空关系有赖于距离关系，而两点间距离关系有赖于它们之间路径的存在，从而时空关系不是“形而上学上纯粹的”。具体来说，他论证欧几里得空间中的平行方向、球上不同点的方向、球上的平行移动以及欧几里得空间内平行输运都依赖于特定的路径，都不足以成为形而上学上纯粹固有属性。重要的是，虽然规范理论中所使用的抽象矢量也不是形而上学上的纯粹固有属性，但是“规范理论准确地把我们用来刻画对方向加以比较的这种结构用在其他种类的基本物理属性和物理量上”[11]，规范理论使用的是纤维丛理论，也就是说，纤维丛上的联络可能也不是一种形而上学上纯粹的固有属性，但是它在事实上的确为我们理解整个世界提供了一个好框架及其相应的本体论。然而，在物理学上这已经进入规范理论的语境。

四、和乐解释对休谟式随附性的意义

希利也认为：“经典的杨-米尔斯规范理论的和乐解释具有显著的形而上学意义……形而上学家会更加接受来自物理学有关这个世界将会怎么样的新知识。”[12]特别是和乐解释中把和乐属性作为一种非局域性的规范势属性，为了更好地反映出和乐属性的非局域性，希利（Healey，1991，1994，2004）出于同样目的已经采用“非分离性”术语。所谓非分离性：“占据一个时空区域 R 的某些物理过程不是随附在 R 的时空点上质的固有物理属性赋值上。”[13]关于和乐解释，经典的杨-米尔斯理论描述了非-分离性的过程，因为存在这样的过程，其中和乐解释被赋值在时空圈上，这些圈并不随附于处于这些圈上的那些点上的任何属性（诸如局域化规范势属性）的赋值上。这可能看上去没有那么新颖，因为有理由相信甚至经典力学也描述了非-分离的过程，比如，采用瞬时速度：这通常是在那一点的连续小的时间邻域内平均速度的极限，有理由否认在那一点的粒子的瞬时速度是随附在赋予那一点的属性上。但是和乐属性的非-分离性更根本些，按照和乐解释，经典杨-米尔斯理论描述了明显非-分离性的过程，即所谓强非-分离性："占据时空的一个区域 R 的有些物理过程，不是随附在 R 的点/这些点的任意小领域内的质的固有物理属性的赋值上。"[14] 基于这样的强非-分离性，希利认为："任何种类的非-分离性都违背刘易斯休谟式随附性，但是经典杨-米尔斯规范理论的和乐属性解释根本上违背了休谟式随附性，因为它有强非-分离性。"[15] 再次回顾 A-B 效应的意义，它意味着围绕核心螺线管上的大圈的电磁和乐属性，这样的圈并没有随附在"特性的排列"上——不仅是圈上的点，而且包括螺线管外面的任何点。因此希利认为："如果和乐解释是对的，那么一个杨-米尔斯规范理论为真的世界只能伴随于休谟式随附性后边形而上学中的重大修改。"[16]

问题在于如何修改？希利进一步认为这样一个世界会展现一种有趣的整体论，所谓物理属性整体论："存在一些源自于只满足 P 类过程的领域 D 的物理对象集合，并非全部质的固有物理属性和关系，都随附在处于其基本物理部分的随附基础之中的质的固有物理属性和关系上。"[17] 这样的整体论观念一般出现在物理整体不能由其构成部分的属性所决定的时候。这里的整体包括时空的各个区域之中的事件或过程，部分则是相对于整体而言的区域及其对应物。就规范理论中的部分及其与整体的关系来说，从和乐解释的角度来看，它们是非-分离性的，从而是如上所说的整体论，在这种物理属性整体论的案例中，要以圈上的点（或者发生在它们身上的事件）算作圈的基本物理部分（或者产生它的事件），因为处于圈上的和乐属性并不是由局域化的规范势或者这种组分的任何其他固有属性决定的，甚至也不由它们当中的时空和固有的各种关系一起决定。相反，经典的广义相对论是可分离的，因为广义相对论圈上描述的质的固有物理属性，都是随附于赋值在圈上时空点的无穷小领域内，也就是说经典广义相对论所描述的引力并不展示这种物理属性的整体论。希利认为笛卡儿对牛顿力的批判跟广延的接触作用那种过时的形而上学紧密相关，直到牛顿理论的成功才使笛卡儿的批判变得不相关，并导致形而上学和科学的进步，或者准确说是自然哲学的进步，但是遗留下来的引力如何可能超距作用的问题要等到爱因斯坦建立广义相对论后，才为牛顿理论提供了一个引力作用是按一个有限速度来传播的合理解释。因此希利最后的结论是："各种杨-米尔斯理论的成功表明休谟式随附性形而上学和所有物理过程的可分离性同样过时了，并且，反对和乐属性及其倾心的整体论和非-分离性的当代形而上学家们，可以相信非-局域作用没有（像牛顿力学那样）类似的遗留问题。”[18]

结 语

在规范理论的解释中，经典电磁理论引入的规范势，在无规范势属性观看来不过是些数学剩余结构；A-B效应的解释自然地提出局域化规范势属性观，认为是规范势而非电磁场表示了时空点上的质的固有属性，但是无法搞清这些固有属性的赋值情况；非-局域性规范势属性观则认为规范势不能表示时空点上质的固有属性，这样的固有属性即便能够被电磁场表示也只能赋值在时空区域上。经典的杨-米尔斯规范理论的和乐解释则认为和乐表示了圈上所有的点构成的时空区域上质的固有属性，因为和乐不仅是规范不变量而且还可以推出规范势，所以和乐解释比前面三种规范理论解释更好，更重要的是经典的杨-米尔斯规范理论虽然和量子化粒子有相互作用，但是规范理论本身未经量子化处理，使得和乐解释中的非定域性跟量子非定域性有所不同。当然，规范理论中的非定域性跟量子力学的非定域性之间的关系问题有待深究。但是，和乐解释的成功明显打破休谟随附性那样的旧的形而上学理论，甚至比莫德林对纤维丛上联络这种不同时空点上的纯粹固有属性的分析更合理些，并且很容易提出新的整体主义形而上学观点，这一点是可以肯定的，也就是说物理学的进步导致形而上学的进步。希利对规范理论的解释不仅响应了《量子场论是形而上学研究的当代焦点》（Howard Stein，1970）的号召，而且也显示出“传统形而上学”经历了“分析的形而上学”的洗礼后进入“科学的形而上学”的趋势。

参考文献

[1] Healey R . Gauging What's Real. Oxford. Oxford University Press, 2007. 12-13.
[2] 同 [1]：46-47.
[3] 同 [1]：47.
[4] 同 [1]：46.
[5] 成素梅. 论A-B效应解释的语境依赖性. 科学技术与辩证法，2006，1：22~26，46.
[6] Aharonov Y, Bohm D. Significance of Electromagnetic Potentials in the Quantum Theory. Phys. Rev. , 1959：115.
[7] Lewis D. Philosophical Papers. Volume II. Oxford：Oxford University Press, 1986：ix.
[8] Lewis D. Humean Supervenience Debugged. Mind, 1994, 103 (412)：473-490.
[9] Karakostas V. Nonseparability, Potentiality and the Context-dependence of Quantum Object. Journal for General Philosophy of Science, 38：279-297.
[10] Maudlin T. The Metaphysics within Physics. Oxford：Oxford University Press, 2007：51.

[11] 同 [10]: 94.
[12] 同 [1]: 123.
[13] 同 [1]: 124.
[14] 同 [1]: 124.
[15] 同 [1]: 125.
[16] 同 [1]: 125.
[17] 同 [1]: 125.
[18] 同 [1]: 128.

规范理论基础的语境分析*

李继堂　郭贵春

当代物理学中有两个标准模型：一个是微观世界的“粒子物理标准模型”，另一个是宏观世界的“大爆炸宇宙”模型。说它们是标准模型，主要因为它们在迄今的理论和实验观察方面是最成功的。粒子物理标准模型统一描述了电磁力、弱作用力和强作用力，它们的理论基础都是以杨-米尔斯理论为核心的量子规范场论；大爆炸宇宙模型的理论基础是爱因斯坦的广义相对论，广义相对论可以看作另一种规范理论。可以说规范理论是描述自然界中四种基本相互作用力的统一框架。如此统一的规范理论框架是如何来描述这些不同作用力的？这就是规范理论的基础问题，其中最核心的问题是所谓“规范论证”。本文使用科学理论结构观中的“语境论理论观”来分析这一问题，尤其是规范论证中数学剩余结构跟物理经验之间关系问题，试图指出，迷信规范对称性原理显得过于乐观，而完全否认局域规范对称性原理的物理内容又过于悲观，其实，局域规范对称性原理能够随附在物理经验上。

一、规范理论的基础

关于规范理论的哲学问题，近十年来得到越来越多科学哲学家的系统研究。大多数都是从规范对称性问题入手的，我们这里先根据里拉（H. Lyre）的论文《规范对称》[1]介绍一下规范理论的基本思想，然后讨论规范论证。

1. 规范对称性原理

人类历史上第一个规范理论应该是经典电磁场理论。经典麦克斯韦电动力学的拉格朗日量 $L_E = -1/4\ F_{\mu\nu}F^{\mu\nu} - J^{\mu}A_{\mu}$ 中，场强张量 $F_{\mu\nu}$ 不仅包括电磁场强度，还包括了矢量势 A_{μ}，如果把 A_{μ} 作为基本变量，在势 A_{μ} 的规范变换下：$A_{\mu}(x) \to A'_{\mu}(x) = A_{\mu}(x) - \partial_{\mu}\Lambda(x)$，则电磁场 $F^{\mu\nu}$ 保持不变。其中，Λ 作为一个可微

* 本文受中国博士后科学基金第四批特别资助项目（201104652）以及江苏省社会科学基金项目（10ZXB003）资助。

李继堂，苏州大学政治与公共管理学院哲学系副教授，主要研究方向为科学哲学；郭贵春，山西大学科学技术哲学研究中心教授、博导，主要研究方向为科学哲学。

标量函数，既可以是常数也可以跟时空变量 x 有关，所以麦克斯韦电动力学在整体和局域规范变换下具有规范自由，不过这种规范自由在很长时间没有被认识到。在历史上规范理论的提出源于1918年外尔（H. Weyl）对爱因斯坦广义相对论的推广。外尔认为不仅引力场可以几何化，电磁场也应该可以几何化，从而提出规范不变性原理。在被爱因斯坦批评为与实验事实不一致后，1929年外尔又在量子力学的背景下提出现代意义的规范原理。我们来看看规范原理和杨-米尔斯理论。

在场论中场方程以拉格朗日量为基础，对于自由狄拉克物质场 ψ 的拉格朗日量 $L_D=\psi^{\dagger}(i\gamma^{\mu}\partial_{\mu}-m)\psi$，作规范对称变换 $\psi'=e^{i\Lambda}\psi$，并形成幺正群U（1），而对场 ψ 所做的这种变换叫做第一类规范变换，根据诺特第一定理，$J^{\mu}=\psi^{\dagger}\gamma^{\mu}\psi$ 满足荷流密度守恒，具有明显的经验内容。在U（1）规范理论中，假定 L_D 在与位置 x 有关的局域相位变换 $\psi'\rightarrow e^{i\Lambda(x)}\psi$ 下要具有不变性，要使这个假定成立，就要用协变微分 $D_{\mu}=\partial_{\mu}+iA_{\mu}(x)$ 代替 L_D 中的普通微分 ∂_{μ}；矢量场 $\boldsymbol{A}_{\mu}$ 满足的式 $\boldsymbol{A}_{\mu}(x)\rightarrow\boldsymbol{A}'_{\mu}(x)=\boldsymbol{A}_{\mu}(x)-\partial_{\mu}\Lambda(x)$ 叫做第二类规范变换。只要把 $\boldsymbol{A}_{\mu}$ 等同于电磁规范势，就可以得到物质场和相互作用场的总拉格朗日量 L_{DM} 在数学形式上不变，并满足局域规范不变性，这就是所谓规范对称性原理（简称规范原理）。这个原理在场论中的应用，最先形成的是阿贝尔群U（1）的规范理论，成为量子电动力学的基础。1954年杨振宁和米尔斯把规范原理扩展到非阿贝尔规范群SU（n）。而粒子物理标准模型中，弱电统一理论则是研究味和超荷的 $SU_I(2)\times U_Y(1)$ 规范理论，强相互作用理论研究的是核子色荷的 $SU_C(3)$ 规范理论。这时的场强表示 $\boldsymbol{F}^{a}_{\mu\nu}$ 更为复杂，但是规范对称性原理还是其关键。

2. 规范论证

规范理论的核心就是所谓的规范对称性原理，这个原理认为自然界的基本相互作用的形式是由局域规范对称性原理所决定的，比如，前面所述的U（1）、$SU_I(2)\times U_Y(1)$、$SU_C(3)$ 就描述了自然界中电磁、弱电和强相互作用。正如温伯格（S. Weinberg）在《终极理论之梦》中所言：“对称性原理的重要性在本世纪尤其是最近几十年达到一个崭新阶段：（我们）具有了决定所有已知自然力存在的各种对称性原理。”[2]事实上，在许多教科书中都有类似于温伯格所谓对称原理“决定”相互作用的过于夸大的说法，如芮德（L. H. Ryder）所说：“当今理论……讲基本场（像电子、夸克、弱矢量玻色子等等）之间的相互作用都是由规范原理决定的。……显然，为了具有局域对称性，我们需要自旋为1的无质量规范场，它跟‘物质场’之间的相互作用是被唯一决定了的。”[3]这就是在运用规范原理时涉及的所谓规范论证，这个论证从具有整体对称性的自由物质场出发，通过要求其中的整体对称性变成局域对称性之后，一定要引进一个新的所谓规范场，和原来的物质场进行相互作用。就像前面介绍规范原理时所涉及的这个论证过程，在量子电动力学中，满足 U（1）整体规范变换的自由粒子波函数 ψ（x），用 $e^{i\Lambda} \in U(1)$ 这个元素（即相位因子）来进行作用，得到的波函数 ψ'（x）= $e^{i\Lambda}\psi$（x）在物理效果（比如荷密度和流密度）上，跟原来的波函数一样；按 ψ'（x）= $e^{i\Lambda(x)}\psi$（x）进行局域对称（即位置相关）变换后，其物理效果不能保持不变（比如流密度改变了），为了实现局域规范不变性，在协变导数下必须引进一个新场即规范势 $\boldsymbol{A}_{\mu}$，使电荷和整个系统发生相互作用，得到物质场和相互作用场的总拉格朗日量 L_{DM}；甚至为了使矢量场的质量项满足局域规范不变性的要求，还能够进一步得出矢量场（即光子）必须是无质量的。看上去所谓的规范论证决定了规范场的引入及其基本相互作用的形式。情况果真如此吗？

物理哲学家们对规范论证进行了反思，早在 1999 年，里德黑德（M. L. G. Redhead）就提出："对称性只是靠普通表象的选择，如何就能够完全决定整个物理学原理？"[4] 马丁（C. A. Martin）在其论文《规范原理、规范论证和自然法则》中对此进行了系统的考察，认为规范论证只能作为一个启发式原则，规范论证所声称的"规范对称性原理决定了基本相互作用形式和规范场存在"的说法并不准确，要求局域规范不变性的意图也不明确，包括对拉格朗日量的修正都不是唯一的。特别是，局域规范不变性不像整体不变性那样直接对应物质场，相应的局域不变性要求本身并没有一个直接的物理对应物；规范论证所要求的局域规范不变性，被认为只是出于为局域性而局域性的要求。[5] 从整体规范不变性到局域规范不变性多少使得局域性场论成为可能，这恰好是我们建构新理论所需要的，或者像杨振宁和米尔斯 1954 年论文那样的一种期望；然而只是一种愿望。一般来说，明确整体跟局域之不同，对于在时空意义上划分规范变换意义重大，处于构形空间中的各种场和变换，有必要"落实到"时空之中，不过，这只是一种类似于相对论时空观要求的启发而已，不存在理论上的必然性。正如马丁所言："我不明白人们如何能够以局域性的名义走上局域规范对称的任何论证。"[6] 也就是说，找不到把局域规范不变性作为一条基本原理的理论根据。埃尔曼（J. Earman）在《规范问题》一文中也认为，（对于规范论证）"首要任务就是除魅"，并认为："马丁提醒大家不要从字面上理解规范论证，并且揭示了'规范原理'是输出而非输入的新逻辑。"[7] 而马丁在论文的结尾指出："严格讲，不存在配称为在基础物理中起作用的物理学规范原理"。[8] 这种极端观点甚至直接否认规范原理具有物理内容及其相应作用，可以称为反规范论证。

历史上，外尔在 1929 年论文中首次利用规范原理导出电磁场时，就曾经指出："对我来说这个新规范不变性原理，源自于实验而不是思辨，它告诉我们电磁场是一个必然伴随的现象，（此现象）不是引力的而是用 ψ 表示的物质性波场。”[9]这个说法把规范原理视为源自实验。当然，也有少数物理学家意识到规范论证中的局域规范对称，不能决定基本相互作用的存在和特性，正如艾奇逊（I. J. R. Aitchison）和海（A. J. G. Hey）所言：“我们必须强调最终不存在从整体相位不变性到局域相位不变性这关键一步的必然逻辑，后者（整体相位不变性）是在量子场论中保证局部电荷守恒的充要条件，当然，规范原理（即从局域相位不变性的要求导出了相互作用）提供了一个令人满意的概念性统一框架，统一了出现在标准模型中的相互作用。”[10]不过，在人们强调规范原理的作用时会忽略这关键一步的逻辑必然性，特别是要求局域规范对称性具有经验内容，走向一个极端。相反的情况是，物理哲学家们开始批评规范论证后，又倾向于另一个极端，就连希利（R. Healey）《规范实在：当代规范理论的概念基础》一书（该书曾获2008年拉卡托斯奖）在详细研究了物理哲学家们有关“规范论证”之后也做出如下总结：“当规范论证试图做出各种基本相互作用属性的进一步解释性统一的时候，规范论证肯定没有决定了它们必定存在，同样，电荷守恒的事实可能间接支持了物质场的经验性常相位对称性，但是规范论证既不依靠也不包含着一个有任何直接间接经验输入的‘局域’规范对称原理，它不过是拥有一种电磁、弱电和强相互作用规范理论约定形成方式上的特征。”[11]总体而言，物理哲学家们是强调反规范论证的。

二、语境论的分析

规范理论是当代物理学的核心，描述电磁力、强弱相互作用力的杨-米尔斯理论和描述引力的广义相对论都是规范理论，如此统一的理论框架跟四种不同自然力的关系问题，不仅是物理学问题也是科学哲学问题，尤其是这些规范理论是如何实现对这些不同作用力表示的，有必要用语境论进行分析。

1. 语境论的理论观

即便存在规范问题——即规范论证把整体规范不变性简单推广到局域规范不变性原理，而后者原则上是无法决定规范场及其相互作用的——规范对称在物理学理论中的重要性还是为物理学家和哲学家所认同。他们一致认为，规范对称在物理学理论建构中起着重要启示作用。因为不是所有的理论对称都对应着自然界中的对称，哪怕这个理论能够很好表示我们这个世界的重要特征；所以在对称性问题上，数学结构（包括数学实体及其关系）总是大于物理结构（包括物理实体及其关系），超出的那部分就叫剩余结构。正如希利在《规范实在：当代规范理论的概念基础》一书中得出的一个原则：“由于规范对称的确是一个纯粹形式上要求，没有哪一个规范理论的物理结构能够依赖于规范选择。一门心思地坚持这个原则会揭示很多数学要素只是‘剩余结构’，同时引发对把任何真正的物理现象看作是一个规范不变量的兴趣。”[12]也就是说，所谓规范论证是想证明整体规范对称转换成局域规范对称之后，局域规范对称作为一个数学形式上的要求，并且会引出相应的物理经验内容。可见，规范论证实际上是在具体讨论数学和物理之间的关系问题。

从科学哲学的角度看，规范论证涉及的是规范理论作为一个科学理论的性质问题，尤其是理论结构问题，而且规范论证说明规范对称只是一种纯粹数学形式上的要求，应用到具体的相互作用，完全取决于具体的语境，有必要进行语境分析。无论是从语言哲学的层面看关于科学理论结构的语形学（句法学）、语义学到语用学考察的转向，还是从分析工具的角度看科学理论由命题集组成到科学理论由数学结构组成的转向，都强调对科学理论结构的分析最好是直接分析科学家使用的数学及其与经验之间的关系。那么如何进行分析？“语境论理论观”认为科学理论的各个部分是各种因素的交错重叠关系，尤其是一个科学理论中的数学结构跟其中物理内容之间的关系更是如此。在《量子力学基础的语境分析》一文中，李继堂曾经指出：“语境论理论观认为科学理论的大大小小各部分之间的关系，是像纺绳时‘纤维’般关系，整根绳是靠诸多比绳短的‘纤维’‘纠缠’在一起而形成的。而且诸多‘纤维’的纠缠是一种‘附着’、‘附在’，而不是一种‘结点’式联结。所以我们的语境论理论观不同于迪昂和奎因的网状式整体论。理论诸部分间的‘附着’有其特有的‘弹性’保证了逻辑和现实的真正统一。”[13]要言之，语境论理论观本身就强调科学理论中数学结构跟物理内容之关系问题的分析。下面我们就来对规范论证进行语境分析，尤其是规范论证中局域规范对称对规范场和相互作用场的引入的约束作用进行分析。

2. 语境分析

我们主要依据芮德的《量子场论》[14]和希利的《规范实在：当代规范理论的概念基础》[15]的论述进行语境分析。如前所述，对于一个满足克莱因–高登方程及其共轭方程的标量场 ψ，其拉格朗日量 L_0 在整体规范变换 $\psi' = e^{i\Lambda}\psi$ 下，根据若特第一定理，荷流密度守恒，与此相关的是守恒的若特电荷 N，当 ψ 表示的是荷物质，取 $Q=eN$，就容易理解若特荷守恒跟电荷守恒关系，其中的 e 即场量子的电荷。在这种情况下，电荷守恒的实验现象就是通过相互比较得出的 L_0 的常相位不变性的经验证据。也就是说，规范论证的出发点整体规范不变性；通过根据若特第一定理，对应着整体规范不变量拉格朗日量，用来描述已知守恒流，是有直接的经验对应物的。问题在于：把物质场拉格朗日量 L_0 的整体不变性，扩展到在局域变换 $\psi' = e^{i\Lambda(x)}\psi$ 下的局域不变性时，局域规范对称本身无法决定规范场和相互作用场；这些新物理场的引入需要考虑具体的语境，它们一方面不能从理论上直接导出，另一方面也不能直接从经验证据归纳出来——按希利的说法就是“局域规范对称没有经验内容”——而是要综合方方面面的考虑才能得到，使得规范论证具有明显的语境依赖性。我们重点来看规范场的引入过程，在局域变换下相位是随 x 而变的，场 ψ 的拉格朗日量密度 L_0 变换成：$L'_0 = L_0 + (\partial_\mu \Lambda) J^\mu$，这里多出一项与荷流密度有关的项。在局域规范变换下，为了满足变化相位的不变性，首先要引进规范场，具体办法是通过添加一项 L_1 到拉格朗日量中使 $L = L_0 + L_1$，$L_1 = -J^\mu C_\mu$，变换时用来抵消 L'_0 中的与荷流密度有关的项，而局域变换时，$C_\mu \to C_\mu' = C_\mu + \partial_\mu \Lambda$，这样一来，在 ψ' 和 C_μ' 的联合变换下，$L_0 + L_1$ 又不是不变量了，于是不得不再加一项 $L_2 = C_\mu C^\mu \psi^\dagger \psi$，使得 $L_0 + L_1 + L_2 = (D_\mu \psi)(D^\mu \psi^\dagger) - m^2 \psi^\dagger \psi$。其中，$D_\mu \psi \equiv (\partial_\mu + \mathrm{i} C_\mu)\psi$，$D^\mu \psi^\dagger \equiv (\partial_\mu - \mathrm{i} C_\mu)\psi^\dagger$，$D_\mu$ 为协变微分算符的微分。这种变换分别跟 ψ 和 $\psi^\dagger$ 一样，而用 D_μ 替代 ∂_μ 这个过程即规范原理，$D_\mu = \partial_\mu + \mathrm{i}\boldsymbol{A}_\mu(x)$ 中的 $\boldsymbol{A}_\mu(x)$ 就是规范场（在经典电磁理论中叫规范势）。重要的是，从 $\boldsymbol{A}_\mu(x) \to \boldsymbol{A}_\mu'(x) = \boldsymbol{A}_\mu(x) - \partial_\mu \Lambda(x)$，到 $C_\mu \to C_\mu' = C_\mu + \partial_\mu \Lambda$，没有任何理性推理，纯粹是一种相似，很多物理哲学家都指出，虽然 $\boldsymbol{A}_\mu$ 表示电磁场的规范势，但是没有什么理由认为 C_μ 对应着新物理场的势，它有可能只是把物质场理论模型扩展到相应的截面任意选择的一种技巧，比如从相位丛或者主丛到伴矢丛相关的截面选择。希利认为：“C_μ 对应着某个场。”准确地说，只是提供了一个理由来给拉格朗日量添加一个新的运动学项，以表示跟 C_μ 有关场的能量，显然这一项在 $C_\mu \to C_\mu' = C_\mu + \partial_\mu \Lambda$ 变换下要有不变性，以保证整个拉格朗日量的不变性，但是这也不是推理，而只是提议加一个 $L_3 = \lambda E^{\mu\nu} E_{\mu\nu}$。其中，$E_{\mu\nu} = \partial_\mu C_\nu - \partial_\nu C_\mu$，$\lambda$ 是常数。由于 L_3 不仅在 $C_\mu \to C_\mu' = C_\mu + \partial_\mu \Lambda$ 时有不变性，而且是洛伦兹不变量，自然诱使人们把 $E_{\mu\nu}$ 跟电磁张量 $\boldsymbol{F}_{\mu\nu} = \partial_\mu \boldsymbol{A}_\nu - \partial_\nu \boldsymbol{A}_\mu$ 联系起来，特别是 $\partial_\nu E^{\mu\nu} = 0$ 很像电磁场的麦克斯韦方程。但是仍然没有任何论证可以证明 $E_{\mu\nu}$ 或 C_μ 必然要代表任何新的物理场，因为相应的如果正好 $E_{\mu\nu} \equiv 0$，那么这个假设的新场就会既无能量也无动量，也不会和物质场有任何作用。当然，要是我们根本就不知道电磁场的存在，我们也会基于上述考虑提议跟 $E_{\mu\nu}$、C_μ 对应的新场，但这也不是一种逻辑关系而是一种启发式思维。也就是说，在局域规范变换下，规范对称的确只是一个纯粹数学形式上的要求，表面上为了抵消规范变换时才添加那些项去修正拉格朗日量、包括引进新场和规范势，并耦合到新的相互作用物质场上，但是这些修正或引进并不是唯一的。从语境论理论观的角度来看，局域规范对称这个纯数学部分，在规范场论的建构中，是“附着”在拉格朗日量上，拉格朗日量又“附着”在新引进的各种场上，某种场可能正好有经验对应物。相互作用场的产生过程中也有类似的情况，考虑对于场 $\psi^\dagger$ 和 ψ 的作用量 $L_0 + L_1 + L_2$ 的改变产生的欧拉-拉格朗日方程，加上对于 $\boldsymbol{A}_\mu$ 的总拉格朗日量 $L_{\text{tot}} = L_0 + L_1 + L_2 + L_3$ 的改变产生的欧拉-拉格朗日方程，然后在一系列考虑和相关常数的取值之后，最后通过比

较 $L_0+L_1+L_2=(D_\mu\psi)(D^\mu\psi^\dagger)-m^2\psi^\dagger\psi$ 和 $L_{tot}=L_0+L_1+L_2+L_3$ 可以得到物质场 ψ 和电磁场的最终拉格朗日量密度：$L_{tot}=(D_\mu\psi)(D^\mu\psi^\dagger)-m^2\psi^\dagger\psi-1/4\,\boldsymbol{F}^{\mu\nu}\boldsymbol{F}_{\mu\nu}$。从另外的物质场比如狄拉克场出发，使用差不多的方法也可以得到量子电动力学的拉格朗日量密度 $L_{QED}=\psi^\dagger(i\gamma^\mu D_\mu-m)\psi-1/4\,\boldsymbol{F}_{\mu\nu}\boldsymbol{F}^{\mu\nu}$。可见，同样不存在一个这样的论证，从实验上基于规范不变性原理，得出一个电磁相互作用的存在，使其性质就是像 L_{QED} 和 L_{tot} 一样的拉格朗日量密度的结果；而是综合各种各样的考虑和取值最终得到这些结果的。正如希利所言："所谓的规范论证包含几个不恰当的前提和大量的随意推论，或许可以说存在一个较弱意义上的扩展，即物质场的一般不变相位对称原理的扩展，间接受到电荷守恒观察现象的支持，通过假定一个该扩展所容纳的相互作用场，从而解释了电磁场的这些性质。"[16] 当然如果正好存在这么一个场，那么就有可能通过把它等同于电磁场，完成一个理论的大力简化和统一。按照语境论理论观的说法，就是把各种考虑"附着"在相互作用场上来了。

可以看出，部分物理学家出于对规范原理的偏爱，认为局域规范不变性原理不仅从物质场导出规范场，而且还决定了相互作用场，形成所谓的规范论证，并对规范对称性原理过分推崇。与此相反，物理学哲学家们通过对规范论证的考察，强调"不存在配称为在基础物理中起作用的物理学规范原理"，通常站在反规范论证的一边。如前所述，从语境论的理论结构的观点来看，科学理论的大大小小各部分之间的关系，就是维特根斯坦所说纺绳时"纤维"般关系。"整根绳是靠诸多比绳短的纤维纠缠在一起而形成的，并且绳的强度并不依赖于一根贯穿整个长绳的纤维，而是很多纤维的叠加。"[17] 事实上，在建构理论时是很难找到贯穿整个理论的基本原理的，没有也不必要跟绳一样长短的纤维，同样规范论证不可能"决定"规范场和相互作用场。然而，就因为规范论证不能完全决定规范场和相互作用场的形式，就否定它的存在和作用同样是错误的。从语境论理论观来看，规范场的引入不纯粹是人为放进去的，添加 L_3 时除了考虑规范变换之外，还想到了规范势 A_μ，进一步想到荷守恒跟 C_μ 的关系后，再从形式上着想得出相互作用场的总拉格朗日量。也就是说建构物理学理论时各种因素是纠缠在一起的，甚至还有些因素是来自理论外部，如美学原则、理论的统一、理论的可重整化等。同样，确定物质场跟规范场之间的相互作用场时，不能说局域规范不变性就一点作用也没有，虽然局域规范对称对拉格朗日量的修正可以不是唯一性的，但不管怎么说还是得到物质场和相互作用场的总拉格朗日量密度，即便有人认为这种作用只是相当于"简单性原则"的作用。又如，添加运动学项 $-1/4\,\boldsymbol{F}_{\mu\nu}\boldsymbol{F}^{\mu\nu}$ 进 L_{tot}，可能有结构原因，这一项靠自己导出熟悉的无源麦克斯韦方程，但是人们可以添加更多的项而不会破坏"局域"规范不变性，所以理论结构只是像绳中纤维部分在起作用；当然，各种可能性可以被附加的约束所排除，特别是包括从总拉格朗日量得出重整化理论的要求，这些约束也是“附着”在整个理论上的。一方面，这样的添加更加动摇规范论证的逻辑必然性；另一方面，虽然拉格朗日量中的运动学项的添加弱化了规范论证，但是它却赋予拉格朗日量物理意义。可见，从语境论理论观的角度看来，规范理论中的局域规范对称性要求，虽然只是一个纯粹数学形式上的要求，但是它并不是完全没有原因的，它通过多次反复使用，结合物理学方法的各种原理，最终把物质场、规范场和相互作用场结合在一起。所有这一切都说明规范论证中的数学结构跟物理结构的结合是一种交错重叠关系，规范对称有多出来的剩余结构，也有“附着”到物理经验上的部分。

结　语

规范理论是当代物理学的基础理论，是描述自然界四种基本作用力的统一理论框架，在其所谓的规范论证中出现的规范问题，是一个科学理论结构观的问题。运用语境论理论观来分析规范论证，我们认为规范论证中的规范对称虽然是一种数学形式上的要求，但是通过规范变换很容易跟其他物理学原理结合起来，最终出现物理经验内容，是一种典型的数学结构跟物理结构的关系问题。同时，由于规范理论的基础性、统一性和精确性，对它进行语境分析，又有利于发展科学语境论，尤其是把“语境论理论观”跟“剩余结构”理论观结合起来，既可以澄清规范论证过于乐观，过高估计规范原理，也可以避免否认局域规范原理的悲观倾向，认为局域规范对称性原理完全无物理内容不成其为物理学原理。其实，正是规范对称性原理的形式特征才使其有如此好的普遍统一性，而它的具体运用才使其具有经验内容。最后，这个案例显示出语境论研究纲领的优越性。

参考文献

[1] Lyre H. Gauge Symmetry// Greenberger D. Compendium of Quantum Physics：Concepts, Experiments, History and Philosophy. Berlin, Heidelberg：Springer-Verlag , 2009：248-255.

[2] Weinberg S. Dreams of a Final Theory. New York：Pantheon, 1992：142.

[3] Ryder L H. Quantum Field Theory. 2nd ed. Cambridge University Press. 1996：79.

[4] Redhead M L G. Review：S. Y. Auyang, How is quantum field theory possible? The British Journal for the Philosophy of Science, 1998, 49：504.

[5] Martin C A. Gauge Principles, Gauge Arguments and the Logic of Nature. Philosophy of Science , 2002, 69 (3) , Supp. 20：221, 225.

[6] 同 [5]：227.

[7] Earman J. Gauge Matters. Philosophy of Science, 2002, 69 (3), Supp. 19：209-210.

[8] Martin C A. Gauge Principles, Gauge Arguments and the Logic of Nature. Philosophy of Science,

2002, 69 (3) , Supp. 20：233-234.

[9] Weyl H. Electron and Gravitation// O'Raifeartaign L. The Dawning of Gauge Theory. Princeton University Press, 1997：122.

[10] Aitchison I J R, Hey A J G. Gauge Theories in Particle Physics：A Practical Introduction. Bristol：Hilger; University of Sussex Press, 1982：72-73.

[11] Healey R. Gauging What's Real：The Conceptual Foundations of Contemporary Gauge Theories. New York：Oxford University Press, 2007：167.

[12] 同 [11]：xvi.

[13] 李继堂．量子力学基础的语境分析．理论月刊, 2003,（9）：46.

[14] 同 [3]：90-97.

[15] 同 [11]：159-167.

[16] 同 [11]：166.

[17] Wittgenstein L. Philosophical Investigations. Translated by Anscombe G E M. New York：The Macmillan Company, 1964：167.

量子力学多世界解释的哲学审视*

贺天平

一、引　　言

量子力学正统解释（orthodox interpretation）告诉我们，量子系统在两种情况下遵循不同的方式演化。在非测量过程中，量子系统按照薛定谔方程演化，是熵不变过程，其演化方式是决定论和连续性的；在测量过程中，量子系统发生突变，是熵增加过程，其演化方式是非决定论和突变性的。第二种演化方式用数学化的语言表述就是“投影假设”（projection postulate），用物理化的语言表述就是“波包塌缩”（the collapse of wave packet or wave-function），这使“测量”成为微观世界中难以理解而又神秘的物理现象，导致众所周知的“测量难题”。

科学家和哲学家以“测量难题”为核心，对传统物理学的认识论基础做了根本性修正，对决定论、因果论和实在论等问题进行了深刻辨析，这一系列问题构成了所谓的量子力学解释难题（the difficult problems of interpretation）。通常认为：“解决测量难题是量子力学解释的核心困难。”① 围绕量子力学解释，科学界展开了旷日持久的争论。1974 年，雅默（Max Jammer）就曾说：“（对）形式体系的解释，……在提出理论之后……的今天，却仍然是一场空前争论的主题。（而且因此）……把物理学家和科学哲学家分成了许多对立的学派。”② 雅默之后，这场争论不但没有丝毫的缓解，反而愈演愈烈。据埃里则（Elitzur）的研究，截至 2005 年，比较有影响的量子力学解释至少有 13 种之多。③

---

* 本文为国家社会科学基金项目“哲学视阈下的‘多世界解释’问题研究”（10BZX023）、教育部新世纪优秀人才支持计划项目“量子力学解释与测量难题”（KCET-08-0884）和教育部人文社会科学重点研究基地重大项目“当代物理学的语境解释”（07JJD720050）的阶段性成果。

贺天平，山西大学科学技术哲学研究中心教授、哲学博士，主要研究方向为科学哲学。

① A. Whitaker. Einstein, Bohr and the Quantum Dilemma. Cambridge: Cambridge University Press, 2006: 317.

② Max Jammer. Philosophy of Quantum Mechanics: The Interpretations of Quantum Mechanics in Historical Perspective. John Wiley & Sons, Inc, 1974: v.

③ A. C. Elitzur. Anything beyond the Uncertainty? Reflections on the Interpretations of Quantum Mechanics. 转引自：James B. Hartle. What Connects Different Interpretations of Quantum Mechanics? //A. Elitzur, S. Dolev, N. Kolenda eds. Quo Vadis Quantum Mechanics, New York: Springer, 2005: 73-82.

多世界解释理论（the many-worlds interpretation）就是其中最重要的一种。20 世纪 80 年代末，罗伯（L. D. Raub）通过对 72 位宇宙学家和理论物理学家的调查发现，58% 的学者相信多世界解释是正确的。[①] 2003 年，美国物理学家泰格马克（Max Tegmark）在一次量子物理学国际会议上做过一次调查，在做出选择的 40 人之中有 30 人支持多世界解释，远远超过对正统解释的认可。[②]

量子力学多世界解释是现代物理学重要的研究成果。国外对多世界解释的研究有两个特点：一是这些研究都侧重于物理分析和数学方法，少有从哲学视角展开的探讨；二是这些研究都是对某个或某类解释进行讨论，尚无对整个多世界解释理论的系统研究。国内则少有学者涉猎此领域，目前仅有对德·维特（Bryce de Witt）理论的译介。从哲学视角对多世界解释展开深入研究显得十分必要。

二、多世界解释理论的发展

多世界解释是由量子力学“测量难题”出发，基于不同视角和方法提出的一种关于整个量子力学的解释理论。多世界解释虽然在 20 世纪 50 年代末提出，但在 20 世纪 80 年代之后才真正兴起，其发展可以分为两个阶段。

一是启蒙与沉默阶段（20 世纪 50 ~ 70 年代）。当正统解释考虑引力问题时，面临着前所未有的困难。在正统解释看来，测量结果是由独立于被测系统之外的观察者获得的；当考虑到引力和天文学时，整个宇宙变成了一个系统，系统之外什么都没有了，根本不存在独立于系统之外的观察者。这个矛盾引起了当时还在普林斯顿大学攻读博士学位的埃弗雷特（Hugh Everett）的关注，他重新考虑量子力学测量理论，于 1957 年提出量子力学相对态解释（the relative states interpretation）[③] ——多世界解释的第一个模型。相对态解释认为，不存在复合系统的子系统的独立态，各“分支”（branches）的存在只是“相对的”（relative）。物理学家惠勒（John Wheeler）给予相对态解释高度评价，并认为：“它将彻底改变我们传统的物理实在观。”[④] 可惜在当时，埃弗雷特的工作并没有引起关注，十几

① 成素梅．量子测量的相对态解释及其理解．自然辩证法研究，2004：(3)．

② Colin Bruce. Schrodinger's Rabbits：The Many Worlds of Quantum. The National Academies Press，2004：132-133.

③ H. Everett. The Theory of the Universal Wave Function. Ph. D. Thesis，Princeton University，1957. // B. S. DeWitt，N Graham，eds. The Many-Worlds Interpretation of Quantum Mechanics，Princeton：Princeton University Press，1973：3-140；H Everett. ‘Relative State’ Formulation of Quantum Mechanics. Reviews of Modern Physics，1957，29 (3)：454-462.

④ J. A. Wheeler. Assessment of Everett's ‘Relative State’ of Formulation of Quantum Mechanics. Reviews of Modern Physics，1957，29 (3)：463-465.

年的沉默使其成为“本世纪（指20世纪）保守的最好的秘密之一”[①]。

1967年，德·维特重新提及埃弗雷特的思想[②]，并指导其学生格拉罕（N. Graham）做了进一步的推广。德·维特把埃弗雷特的“分支”，理解为许多相互观察不到却同样真实的“平行世界”（parallel worlds）。这样，宇宙就由“多世界”构成，测量则是世界的“分裂”（splitting）行为，因此该理论被称为量子力学多世界解释或多宇宙解释（the many-universes interpretation）。有评论说：“（德·维特）多世界理论无疑是科学史上曾建立过的最大胆、最雄心勃勃的理论之一。”[③]1973年，德·维特和格拉罕编辑出版《量子力学多世界解释》一书[④]，将由埃弗雷特首创、经惠勒、德·维特和格拉罕发展而形成的理论简称EWG理论（Everett-Witt-Graham Theory）。

二是发展与争鸣阶段（20世纪80年代至今）。德·维特的工作促进了多世界解释研究的兴盛。自德·维特以后，不同进路的解释理论相继出现。第一种进路是“视阈或心灵”的认知思路。斯奎尔斯（Squires）反对德·维特存在许多“平行世界”的说法，认为“世界”只有一个，“测量结果是对‘我’的‘一种’意识抉择”。[⑤]因此用量子力学多视阈解释（the many-views interpretation）加以概括。与斯奎尔斯的观点相类似，阿尔伯特（David Albert）和罗伊（Barry Loewer）认为世界不是在测量中分裂，而是测量后观察者的“心灵”处于一种与“大脑”相联系的状态，提出了量子力学的多心灵解释（the many-minds interpretation）。[⑥]第二种进路是“历史概念”的认知思路。1984年，格里弗斯（Griffiths）将“历史”在属性的意义层面加以拓展，提出“一致性历史”（consistent histories）的概念[⑦]，以此来讨论多世界解释，“多分支”、“多世界”和“多心灵”演变为“多种宇宙可选择的历史”，从而该理论被称为量子力学的

---

① Max Jammer. Philosophy of Quantum Mechanics：The Interpretations of Quantum Mechanics in Historical Perspective. John Wiley & Sons，Inc，1974：509.

② B. S. DeWitt. Quantum Theory of Gravitation—Ⅰ，Ⅱ，Ⅲ. Physical Review，1967，160，162（5，7）：1113-1148，1195-1256.

③ Max Jammer. The Philosophy of Quantum Mechanics：The Interpretations of Quantum Mechanics in Historical Perspective. John Wiley & Sons，Inc，1974：517.

④ B. S. DeWitt，N. Graham，eds. The Many-Worlds Interpretation of Quantum Mechanics. Princeton：Princeton University Press，1973.

⑤ E. J. Squires. Many Views of One World. European Journal of Physics，1987，8：171-173；E J Squires. The Unique World of the Everett Version of Quantum Theory. Foundations of Physics Letters，1988，1：13-20.

⑥ D. Albert，B. Loewer. Interpreting the Many-Worlds Interpration. Synthese，1988，77（2）：195-213；D. Albert，B. Loewer. Two No-Collapse Interpretations of Quantum Theory. Noûs，1989，23（2）：169-186；D. Albert：Quantum Mechanics and Experience. Cambridge：Harvard University Press，1992.

⑦ R. B. Griffiths. Consistent Histories and the Interpretation of Quantum Mechanics. Journal of Statistical Physics，1984，36（1/2）：219-272.

一致性历史解释（the consistent history interpretation）。[①] 盖尔曼（Murray Gell-Mann）和哈托（James Hartle）在借鉴“历史”概念的基础上，继承费曼路径积分的方法，发扬埃弗雷特等世界有多重选择的思想，结合杰瑞克（Zeruk）的退相干理论，提出量子力学退相干历史解释（the decoherent history interpretation）[②]，也被称为量子力学的多历史解释（the many-histories interpretation）。奥姆尼斯（Roland Omnès）高度评价了该理论，认为它是“一个很好的一致性、完备性的解释”。[③] 从此，冯·诺伊曼描绘的一张张独立的、静态的照片被改装成一连串的动态画面。第三种进路是“纤维”的认知思路。巴雷特（Jeffrey Barrett）于1999年出版了《心与世界的量子力学》一书[④]，把世界的态联接成一个“轨道”，每一个轨道表示一个可能世界的一种历史，在可能的历史中阐述概率的测量。巴雷特把这种解释称为量子力学多纤维理论（the many-threads theory），这是多世界解释的最新形态。

由此可见，量子力学多世界解释并不是一种单一的解释理论，而是多种解释理论的集合。由于最初的两种解释模型——相对态解释和德·维特理论的相关论文一并被收录在1973年出版的《量子力学多世界解释》一书中，这些解释理论之间又存在着一定的思想关联，尔后的研究者便将其“混”称为“多世界解释”。之后，虽然有多种理论陆续提出，但学者们仍沿袭这一说法加以概括。

多世界解释的发展不仅是一段科学进步史，也是一段哲学理念嬗变史。

首先，多世界解释的发展是对形式体系与理论解释重新审视的历时研究过程。形式体系（formulation）和解释（interpretation）都是量子力学研究中概念演化的产物，然而形式体系超前于解释已经是一个不争的事实。在传统观点看来，对形式体系进行理论解释就是将理论术语通约为观察术语，将理论命题还原为经验命题，将语形系统演化为语义系统。

---

① R. B. Griffiths. Correlations in Separated Quantum Systems: A Consistent History Analysis of the EPR Problem. American Journal of Physics, 1987, 55 (1): 11-17; R. Omnès. Logical Reformulation of Quantum Mechanics Ⅰ, Ⅱ, Ⅲ, Ⅳ. Journal of Statistical Physics, 1988-1989, 53-54 (1/2, 3/4): 357-382, 893-975; R. B. Griffiths. Consistent Interpretation of Quantum Mechanics Using Quantum Trajectories. Physical Review Letters, 1993, 70 (15): 2201-3304.

② M. Gell-Mall, J. B. Hartle. Quantum Mechanics in the Light of Quantum Cosmology//S. Kobayashi, H. Ezawa, Y. Murayama, et al., eds. Proceedings of the 3rd International Symposium on the Foundations of Quantum States in the Foundations of Quantum Mechanics in the Light of New Technology. Tokyo: Physical Society of Japan, 1989: 321-343; M. Gell-Mann and J. B. Hartle. Classical Equations for Quantum Systems. Physical Review D, 1993, 47 (8): 3345-3382.

③ R. Omnès. Consistent Interpretation of Quantum Mechanics. Reviews of Modern Physics, 1992, 64 (2): 339-382.

④ Jeffrey Alan Barrett. The Quantum Mechanics of Minds and Worlds. Oxford University Press, 1999; J. Barrett. The Single-Mind and Many-Minds Versions of Quantum Mechanics. Erkenntnis, 1995, 42 (1): 89-105.

埃弗雷特和德・维特并没有因循这种传统的理念，而是宣称“自己的形式体系本身派生了它的解释”。多世界解释根据一些确定的预设推演出确定的结果，这一过程是每个人都可以自行核对的。因而，量子力学解释变成了科学的一部分，不再是玄学的空谈。与哥本哈根解释相比，多世界解释具有更多的可推演性表达和技术性内容。然而，埃弗雷特和德・维特的主张并没有获得学者的一致认可。巴伦泰因就认为，EWG 理论是“没有根据的并且是会使人误解的”，充其量只能“提示”某种解释，因为一种形式体系的语义学永远需要一些特殊的解释性假设。面对责难，德・维特也难以说服对方，后来不得不把这项任务交出由将来“某个有魄力的分析哲学家来完成”。

“相对态解释—德・维特理论—多视阈解释—多心灵解释—多历史解释—多纤维理论”的发展，伴随着形式体系与解释的更迭。尤其在解释方面，经历了“态—宇宙—心灵—历史—纤维”的演变。然而，多世界解释对形式体系与解释之间界限的认定却是模糊的，因为埃弗雷特一开始称自己的理论并不是“解释”，而是“形式体系”，这一点从他在 1957 年撰写的文章题目《量子力学相对态形式体系》就可见端倪。德・维特虽然称自己的理论是“解释”，但他始终认为这种解释是形式体系定义的。由此看来，多世界解释把经验与理性在自然主义下融为一体的做法值得深思，或许物理解释的必需并不是因为我们不能通过经验来把握微观领域，而是因为形式体系的描述不足以再现经验的内容。由此看来，多世界解释的发展重新审视了数学形式体系与物理解释的关系，最起码动摇了二者传统的哲学理念。

其次，多世界解释的发展是对世界多重机制进行反复修辞认知的历时研究过程。修辞认知作为一种横断的元分析方法，具有构建和组织科学论述的功能。相对态解释的物理结构“只”对应于希尔伯特空间的态矢量，“分支”也是一个必然的数学过程。虽然埃弗雷特使用过“分裂”一词，但他从来没有提出过世界的分裂，仅说过观察者的分裂。德・维特在相对态解释的数学基础上增加一个解释性预设，将相对态解释中的“分支”表征为“一个真实存在的世界”，“分裂”被描述成一个瞬间的物理过程。斯奎尔斯把分支理解成观察者的“看法”，多心灵解释把分支理解成不同的“心灵”，这使得多世界解释更加哲学化，斯奎尔斯甚至说：“意识心灵‘缔造’粒子。”① 盖尔曼把“多世界”改造成“多历史”，以避免由于多个宇宙不可观察而导致的困惑。可见，多世界解释的演变伴随着对一些核心概念的反复修辞认知。

多重性是多世界解释区别于其他解释理论的物理机制，对多重性机制的修辞

① E. J. Squires. Conscious Mind in the Physical World. Bristol：Adam Hilger，1990：211.

认知也成为研究复杂科学的语言工具。相对态解释和德·维特理论倾向于一种客观主义的“分裂”行为，而多视阈解释和多心灵解释则倾向于一种主观主义的“分裂”行为。相对态解释、多视阈解释和多心灵解释倾向于一种认识论，而德·维特理论则倾向于一种本体论；德·维特理论倾向于一种空间“分裂”机制，而多历史解释则倾向于一种时间“分裂”机制。那么，多重性是主观的还是客观的？是本体论的还是认识论的？是时间的还是空间的？对这些问题的回答，有赖于对多世界解释进一步的物理学检验。可见，修辞认知为多世界解释提供了发展动力，多世界解释的发展也是反复修辞认知的结果。

至此，我们梳理了从“测量难题”到多世界解释的发展脉络，这不仅是对多世界解释在量子力学图景中的定位，也是对纷繁芜杂的多世界解释理论的澄清。一方面，这些理论不能兼并包容，暗示着每种解释在理论纲领和思想内核上的独立性；另一方面，多世界解释发展的逻辑表明这些理论一定存在着某种共同的物理框架和哲学基础。

三、多世界解释的整体论重塑

关于量子测量的“还原论—整体论”的争论由来已久。还原论是“将认识对象从其所处的环境整体中抽离出来进行单独分析”的方法论原则，整体论则是从整体的角度去把握事物的实在和解释一切现象。戴维斯指出：“过去三个世纪以来，西方科学思想的主要倾向是还原论。的确，‘分析’这个词在最广泛的范围中被使用，这种情况也清楚地显明，科学家习惯上是毫无怀疑地把一个问题拿来进行分解，然后再解决它的。但是，有些问题只能通过综合才能解决。它们在性质上是综合的或‘整体的’。”① 由于一开始就受还原论思想的影响，量子力学将微观对象从整体中抽离出来，甚至将测量仪器和微观对象分隔开来。学者们逐渐意识到还原论的弊端，玻尔的互补原理在某种意义上可以视为调和“还原—整体”的产物。20 世纪 60 年代初，普特南（Hilary Putnam）认为，“心理学是不可还原的”；1980 年，玻姆（David Bohm）在《整体性与隐卷序》中提出，量子理论打碎了常识中的实在概念，主体与客体、原因与结果之间的界线变得模糊，从而将整体论引入了我们的世界观；1989 年，斯查弗（David C. Scharf）指出，冯·诺伊曼投影假说作为一条基本预设不能还原为更基本、更原始的规律，更不能通过还原基本粒子的演化规律推演出来，所以，“要么科学统一的还原观念是

① 保罗·戴维斯．上帝与新物理学．徐培译．长沙：湖南科学技术出版社，2002：64-65.

错误的，要么当前的微观理论是不充分的"①。后来他甚至宣布："还原论死了。"② 这无疑给还原论以沉重打击。在传统量子力学遭遇还原论困惑之后，多世界解释采取了整体论重塑的路径。

第一，多世界解释洞悉微观世界本体的整体性，是本体界限有原则放宽的必然结果。本体论整体性消解了本体实在在空间结构上的机械划分。在越来越小的空间结构中，越来越多的现象表征了本体论的整体性。"量子纠缠"（quantum entanglement）导致"鬼魅似的超距作用"（spooky action-at-a-distance），充分表明不同粒子态之间的整体性特征。以往，人们能够通过理论预言分子和原子的存在，并为实验所验证；然而，现在虽然一致承认夸克的存在，却长期找不到"自由"的夸克，只能用"夸克禁闭"（quark confinement）的说法加以描述。难免会有人提出，既然量子纠缠坚定地支持了整体论，那么作为其反题的退相干难道不能支持还原论？在笔者看来，退相干效应非但不能排除还原论的困扰，反而支持了整体论。因为消失不等于还原，干涉项的消失并不意味着可以将干涉项还原出来做独立的分析，而恰恰依赖于量子系统与环境的整体耦合，退相干"就是量子系统的纠缠态与其外在环境的纠缠，只是扩展了的纠缠性而已"③。由于微观世界的实体已不能用还原论的方法孤立地研究，因而必须回归整体论，多世界解释正是抓住了微观世界本体这一整体性特点，走出了本体论的形而上学"贫困"。

第二，多世界解释持整体论的认识论，是认识疆域有限度扩展的客观要求。认识论上"量子论所要求的关键性的描述变化就是，放弃分析的想法，不再把世界分析成相对自主的部分，分别存在但同时又相互作用。相反，现在最受强调的是不可分的整体性……"④ 反映在具体的认识过程中，多世界解释改变了传统理论对微观世界的看法。相对态解释把整个宇宙视为"整体"。"说子系统的独立态是毫无意义的，人们只能说与其余的子系统的给定态相对的态。"⑤ 观察不是发生于孤立系统之外的一个新的过程，而是系统内部相互作用的特殊情形，从而没有必要分割观察者与客体系统之间的联系。显然，这"不仅要消除对经典的宏观观察装置或外部的最终观察者的需要，而且要消除对其形式体系的先验的操作解释的需要"⑥。如此一来，还原论方法导致的量子力学的本体论与认识论之间

---

① David C. Scharf. Quantum Measurement and the Program for the Unity of Science. Philosophy of Science, 1989, 56 (4): 601-623.

② Tim Mardlin. Part and Whole in Quantum Mechanics//Elena Castellani, Interpreting Bodies. Princeton: Princeton University Press, 1998: 46-60.

③ 桂起权. 我们的"物理学哲学研究"的核心理念. 科学技术哲学研究, 2010, (3).

④ David Bohm. Wholeness and the Implicate Order, Routledge Classics, 2002: 169.

⑤ H. Everett. 'Relative State' Formulation of Quantum Mechanics, 454-462.

⑥ Max Jammer. The Philosophy of Quantum Mechanics: The Interpretations of Quantum Mechanics in Historical Perspective. John Wiley & Sons, Inc, 1974: 508.

的鸿沟就被消解了。

第三，多世界解释贯彻整体论的方法论原则，是方法与形式相互渗透的内在途径。对于多世界解释理论来说，整体论不能仅仅满足于本体论和认识论上的优越性，而应该落实为一种具有可操作性的方法论。一方面，多世界解释认为波动力学既能描述每一个孤立系统，也能描述每一个被观察的系统；另一方面，早在多世界解释诞生之初，整体性就已蕴涵在“相对态”这一数学模型之中，建构数学形式体系与观察经验之间的某种一致性。将整体论渗透到数学形式体系之中，是多世界解释整体性原则在方法论上的体现。

需要指出，整体论与还原论不是非此即彼的关系，而是一种相互协调的关系。对部分的描述与对整体的描述并不矛盾，二者在特定层面上都是正确的。那么，究竟应该选择整体论还是还原论来解释世界？霍弗斯塔特（Douglas R. Hofstadter）在《歌德、埃舍尔、巴赫》[①] 中斥之为无用，他认为选择整体论还是还原论，全看你想知道什么。因此，必须清楚地意识到：一方面，在量子世界里，整体是还原论不可分析的，整体论的意义只有在整体结构的层面上才能显现出来，而在部分结构的层面上则毫无意义；另一方面，多世界解释的整体论路径并非是某种理论的预设，而是解决物理学实际问题的需要，这恰恰反映出当代科学发展的趋势。

总之，还原论已经远远不能满足微观现象解释的需要，当微观世界从本体论上彻底抛弃还原论的时候，我们不得不改变以前传统的认识和方法。而且，多世界解释的整体论重塑，为研究者提供了一个不必再向更深层次本体还原、不必再向其他理论模型还原的语境基底，充分彰显了整体性思想在微观领域研究的优越性。

四、多世界解释的一元论重构

正如前文所言，正统解释认为量子系统有两种不同的演化方式，即“自发演化”和“随机演化”。雅默强调，这些早期的量子力学理论，“在他们提出两种根本不同的态函数行为模式的意义上”[②]，是二元论的。由于把过程划分为两种互相不能约化的范畴，相应地把世界划分为被观察部分和观察部分，这两部分尽管其分界线可以移动，但互不约化。这也是雅默声称“冯·诺伊曼的理论是一种

---

① Douglas R. Hofstadter. Gödel, Escher, Bach: An Eternal Golden Braid. Basic Books, 1979.

② Max Jammer. The Philosophy of Quantum Mechanics: The Interpretations of Quantum Mechanics in Historical Perspective. John Wiley & Sons, Inc, 1974: 507.

二元论"[①] 的另一个理由。不仅如此，人们认为正统解释是一种二元论，更多是出于一种"精神—物质"二元的考量。1932 年，冯·诺伊曼在《量子力学的数学基础》中引入心理作用，将"波包塌缩"归结为观察者大脑心理状态的瞬间突变，提出"物理心理平行论"；1939 年，在冯·诺伊曼的研究基础上，伦敦-鲍厄（F. London-E. Bauer）提出"精神收缩论"；1941 年，冯·威扎克把客体与观察者的不可分离性建立在"认识和意愿"共有的精神行为上；20 世纪 60 年代，冯·诺伊曼的坚定支持者维格纳（Eugene Wigner）继承了伦敦-鲍厄的观点，提出"意识介入论"。由于"测量难题"过分地依赖"精神"，陷入了一种"精神—物质"的二元论。在《上帝与新物理学》和《原子中的幽灵》中，戴维斯反复讨论的也是这种二元论，他认为："今天许多科学家已经不欢迎这种二元论思想了。"[②]

正统解释的二元论有三重含义：一是物理实体还原上的二元规则，二是演化模式上的二元规则，三是精神与物质的二元规则。雅默认为："（量子力学）必须把被看成一个自动机的观察者或测量仪器当作整个系统的一部分，并且完全摒弃不连续变化或波包'崩溃'的观念。这种类型的一个一元论的量子测量理论，确实在 1957 年被埃弗雷特提出来了。"[③] 下面，笔者从上述正统解释二元论的三重含义阐释多世界解释的一元论重构。

（1）解构物理实体的二分法是多世界解释进行一元论重构的理论前提。在物理实体上，"解构二元论、恢复一元论"代表了绝大多数物理学家的呼声。海森伯明确表示："习惯上把世界分成主体与客体、内心世界与外部世界、肉体与灵魂，这种分法已不恰当了。"玻姆在《整体性和隐卷序》里强调，观察工具与被观察对象的不可分割。戴维斯也认为："微观的实在与宏观的实在是不可分的"。[④] 事实上，正统解释对物理实体看似是经验的二分法，实则是超验的。在量子力学中，无论是数学计算还是经验描述我们都无法找到任何涉及上述分割的"分界点"，它已超逾人类检验能力之外。所以解构物理实体的二分法成为消解测量难题的关键，而且"因为不满意哥本哈根解释人为地把系统和观察者分开，许多理论家提出了迥然不同的观点：量子力学多世界或多历史解释，它第一次出现在普林斯顿埃弗雷特的博士论文里"[⑤]。

---

① Max Jammer. The Philosophy of Quantum Mechanics: The Interpretations of Quantum Mechanics in Historical Perspective. John Wiley & Sons, Inc, 1974: 482.

② 保罗·戴维斯. 原子中的幽灵. 易心洁译. 长沙：湖南科学技术出版社，2002：29.

③ Max Jammer. The Philosophy of Quantum Mechanics: The Interpretations of Quantum Mechanics in Historical Perspective. John Wiley & Sons, Inc, 1974: 508.

④ 保罗·戴维斯. 上帝与新物理学. 徐培译. 长沙：湖南科学技术出版社，2002：119.

⑤ 温伯格. 终极理论之梦. 李泳译. 长沙：湖南科学技术出版社，2003：67.

多世界解释的一元论重构却确定了理论在经验适当性基础上的逼真性，对可能世界的研究提供了某种可评价的标准。EWG 理论对整个宇宙的描述是一个巨型的态函数，态函数是由无穷多个概率幅构成的复合体，所有的观察者只是这个态函数的一个支体；后续的多世界解释由于在数学形式体系上根源于 EWG 理论，本质上并没有改变用一个态函数刻画整个宇宙的思想。埃弗雷特提出："从我们的观点来看，测量仪器与其他物理系统之间不再存在根本差别。"① 显然，多世界解释扬弃了被测系统和测量系统之间的二分法，无需正统解释中的那个外部的、经典的、宏观的观察者，而将其纳入被测系统，作为一个整体加以考虑，在"物理实体划界的意义上"恢复了一元论。由于把整个宇宙用一个态函数来表示，彻底地否定了任何外部观察者或经典测量仪器的地位，主体只能用内在化观点看宇宙，从而在根本上改变了传统物理学中主体外在地审视客观实在的认知方式。这不仅意味着多世界解释已经蜕变成一种不同于经典科学的新的演绎体系，而且意味着一种解决测量难题的新思维方式的开启。

（2）演化模式从二元论到一元论的转变是多世界解释完成一元论重构的关键环节。恢复物理实体一元论并没有消除冯·诺伊曼演化模式的二元规则，多世界解释还必须恢复演化模式的一元论。冯·诺伊曼提出两个预设：

① 在非测量过程中，态函数按照薛定谔方程 $i\hbar\frac{\partial}{\partial t}\psi = \hat{H}\psi$ 决定性地演化；

② 在测量过程中，态函数发生突变 $\psi_0(x) \xrightarrow{\text{突变}} \psi_n$。

埃弗雷特用一个预设来替代：

所有的孤立系统按照薛定谔方程 $i\hbar\frac{\partial}{\partial t}\psi = \hat{H}\psi$ 决定性演化。

由此，可以得到两个推论：其一，整个宇宙作为孤立系统按薛定谔方程演化；其二，量子测量没有确定的结果。在埃弗雷特的预设中，不再需要"波包塌缩"，也不再需要冯·诺伊曼的第二种演化，测量过程被置于量子理论之内，包括观察者和测量仪器在内的整个系统都按照薛定谔方程发展。这样，不仅能够克服"测量难题"所遇到的各种诘难，而且实现了传统量子力学的预言结果，从而为多世界解释演化模式的一元论哲学基础。

（3）消解"精神—物质"二元论是多世界解释实现一元论重构的根本任务。多世界解释由于消解了"波包塌缩"似乎排除了意识难题。多视阈解释和多心灵解释反复讨论意识与心灵问题，似乎意味着依然存在精神和物质的二元论。其

① H. Everett. The Theory of the Universal Wave Function. Ph. D. Thesis, Princeton University, 1957: 53.

实不然，观察者 O 通过仪器 M 测量系统 S 的某一可观察量 B，其本征态的叠加态为 $|S\rangle=\alpha|\varphi\rangle+\beta|\varphi\rangle$，测量结果为 $|\varphi\rangle_S$，测量过程因解释理论不同而不同。根据正统解释，这个过程表示为

$$\alpha|\varphi\rangle_O|\varphi\rangle_M|\varphi\rangle_S+\beta|\varphi\rangle_O|\varphi\rangle_M|\varphi\rangle_S\xrightarrow{(1)}|\varphi\rangle_O|\varphi\rangle_M|\varphi\rangle_S\xrightarrow{(2)}|\varphi\rangle_S$$

根据多世界解释，这个过程表示为

$$\alpha|\varphi\rangle_O|\varphi\rangle_M|\varphi\rangle_S+\beta|\varphi\rangle_O|\varphi\rangle_M|\varphi\rangle_S\xrightarrow{(1')}$$
$$|\varphi\rangle_O|\varphi\rangle_M|\varphi\rangle_S\oplus|\varphi\rangle_O|\varphi\rangle_M|\varphi\rangle_S\xrightarrow{(2')}|\varphi\rangle_S$$

显然，过程（1）和（1′）是测量过程，属物理学范畴；过程（2）和（2′）是感知过程，属心理学或认知科学范畴。正统解释与多世界解释对过程（1）和（1′）的解释是不同的，前者解释为塌缩过程，后者解释为非塌缩过程。正统解释认为，意识导致了过程（1）的发生；多世界解释则认为，过程（1′）没有任何变化，依然保持了测量前的状态。冯·诺伊曼用意识这种心理学手段来解释物理学过程，引发了“精神—物质”二元论，多世界解释则不存在这样的问题。多心灵解释和多视阈解释引入意识，是出于对过程（2′）而不是过程（1′）的考虑。作为感知过程的（2）和（2′）超越物理学的范畴，并不是量子力学所特有的，即使经典物理学也不可避免“观察者如何感知测量结果”之类的问题，所以过程（2）和（2′）是等价的。由于多视阈解释和多心灵解释消解了精神与物质的二元规则，多世界解释坚持了一元论。

总之，多世界解释实现了量子力学从二元论到一元论的转变，弥合了被测系统与观察系统、主体与客体、宏观领域与微观领域的分离，精神与物质的对立。冯·诺伊曼的二元论不能给客观世界一个令人满意的解释，多世界解释则撩开了正统解释蒙蔽下的微观世界的面纱。正如盖尔曼 1979 年所说：“（量子力学）的一种适当的哲学描述竟被推迟了这么久，这无疑是由于玻尔对整整一代物理学家洗了脑（brainwashed），使他们以为这一任务早在 50 年前已经完成了的缘故。”①

五、多世界解释的决定论重建

20 世纪以来，“决定论–非决定论”之争②与量子力学的发展紧密联系在一起。在量子力学创立之初，哥本哈根学派的代表人物有否定量子力学遵循因果律

① D. Home, A. Whitaker. Ensemble Interpretation of Quantum Mechanics—A Modem Perspective. Physics Reports, 1992, 210 (4): 223-317.

② 关于决定论–非决定论的争论很多，到目前为止尚未形成一致的看法。

的倾向。1927年，海森伯明确表示："因果律的失效是量子力学本身的一个确立的结果。"[①] 同年，玻尔也声称："在通常意义下的因果性问题也就不复存在了。"但海森伯和玻尔并没有明确指出因果律究竟是什么。20世纪50年代，玻恩提出，"事件本身的几率在传播时遵循的规律……是因果的规律"，并声称："量子定律的发现宣告了严格决定论的结束，而这种决定论在经典时期是不可避免的。这个结果本身有着巨大的哲学意义。"[②] 此后，科学哲学家邦格在《因果性的复活》中也为因果性辩护，提出"随机性并非排除因果性"的论断。纵观学术史，关于决定论—非决定论的讨论，均未给出可供检验的标准，大都是建立在思辨的基础上。

多世界解释究竟是一种决定论，还是一种非决定论？为回答这一问题，首先需要对决定论与严格决定论加以区分。决定论是建立在因果律基础上的对关联事件的判决性，因果律是一套自然本体运行的内在机制；严格决定论是遵循牛顿—拉普拉斯信条的决定论，即"遥远的未来（或遥远的过去）的每一个物理事件是可以任何预期的精确度预测的（或可以追溯的），假若我们对于目前物理世界状况具有充分知识的话"[③]。相对于严格决定论而言，决定论则要弱得多。经典物理学的严格决定论和量子物理学的机遇律是决定论的不同表现形式，在雅默看来两者是"同样古老的"观念。[④] 从数学的视角来看，严格决定论是百分之百的机遇律，因此可以视为概然性的必然性终极退缩。在这个意义上讲，多世界解释消解了非决定论，坚持了决定论，但并没有回到严格决定论。

首先，超越演化模式的突变论是多世界解释决定论重建的理论前提。多世界解释消解了突变论，坚持了演化模式的决定论。根据多世界解释，态函数始终都按照薛定谔方程演化，而薛定谔方程是线性和决定论的；测量过程不存在从"可能"到"实际"的转变，最后的结果依然是各种"可能"的数学叠加，而不是某一种"可能"。于是，"波包塌缩"被消解，为多世界解释坚持决定论奠定了基础。在德·维特看来，没有波函数的塌缩，只有世界的分裂。在测量瞬间，与原来状态对应的一个世界分裂为多个与本征态相对应的世界，而每一个世界都是真实的。我们之所以看到某一个测量结果，是因为正好生活在这一观察结果相对应的世界里。其他世界对应着其他的测量结果，只不过我们看不到而已。简言之，在多世界解释中，只要给出宇宙初始状态的波函数和外力场，利用量子力学方程就能够推导出粒子在任何时刻的状态；波函数的演化无论是否测量都会按照薛定谔方程进行，不再有塌缩，不再有突变，完全是决定论的。

---

① 海森堡．物理学和哲学．范岱年译．北京：商务印书馆，1981.

② 玻恩．我这一代的物理学．侯德彭，等译．北京：商务印书馆，1964：58.

③ 波普尔．客观知识．舒炜光，等译．上海：上海译文出版社，1987：232.

④ Max Jammer. The Philosophy of Quantum Mechanics: The Interpretations of Quantum Mechanics in Historical Perspective. John Wiley & Sons, Inc, 1974: 73-74.

其次，因果关联是多世界解释决定论重建的逻辑纲领。虽然多世界解释消除了突变论，但是随机性并不会随着突变论的消失而消失，概率依然是量子力学的关键词。在正统解释看来，玻恩的概率解释是先验的，是嵌入解释性预设的。多世界解释进一步证明了玻恩概率是形式体系本身的一个结论，无需给概率以先验解释。埃弗雷特认为，概率是可观察量的各个本征值的相对频率，由观察者、仪器和被观察系统的物理态决定；格里弗斯、盖尔曼等认为，概率是可选择的粗粒历史的退相干集合，不同的历史所实现的概率不同；多心灵解释则把概率视为测量后观察者或心灵所具有的一定信念，由定域精神态决定；鉴于 EWG 理论中概率的客观性与多心灵解释中概率的主观性之间的矛盾，巴雷特将多心灵解释和多世界解释结合提出多纤维理论。

既然多世界解释没有彻底消除量子力学的随机性，那么能否认为其恢复了决定论？答案是肯定的。决定论与非决定论的分水岭不在于是否承认随机性，而在于是否承认因果律。随机性的系统总会保持随机性，随机性的原因必然导致随机性的结果，这是因果律的体现。所以，决定论意义下的随机性与因果律并不对立，非决定论意义下的随机性则在空间上是超距的，在时间上是超时的。如果以量子力学的随机性和测不准原理来否定多世界解释的决定论重建，可能是被量子力学概念貌似非决定论的字面义所蒙蔽。“所有的非决定性都是从 *R*（指第二种演化）而不是从 *U*（指第一种演化）来的。”[①] 量子力学的随机性并没有违背因果律，脱离因果律的第二种演化的突变在多世界解释中已经销声匿迹，多世界解释在消解“波包塌缩”时就完成了决定论重建。

最后，微观世界严格决定论的崩溃是决定论重建的必然结果。每一个严格决定论的系统都是一个因果性系统，但每一个因果性系统却不一定是严格决定论系统。随机性不是决定论与非决定论的分水岭，却是检验严格决定论的唯一标准。玻恩概率解释的技术陈述和哲学意蕴对现代物理学产生深远影响，测不准原理“正是量子力学中出现统计关系的根本原因”[②]。根据测不准原理，精确预言的不确定性排除了对未来事件作严格预言的可能性，使微观世界丧失了确定的语义规则。从这个意义上讲，随机性不会被排除在量子理论之外，多世界解释证明了严格决定论与微观世界在逻辑上的互斥性。

非严格的决定论是微观世界的内禀属性，在微观领域拯救严格决定论的一切努力注定是徒劳的。建构经验主义者提出的数据对经验的“非完全决定论”

---

① 罗杰·彭罗斯．皇帝新脑．许明贤，吴忠超译．长沙：湖南科学技术出版社，2002：288.

② W. Heisenberg. Uber den Anschaulichen Inhalt de Quantentheoretischen Kinematik und Mechanik. Z Physik. 1927, 43: 172-198. 转引自：Max Jammer. The Hilosophy of Quantum Mechanics: The Interpretations of Quantum Mechanics in Historical Perspective. John Wiley & Sons, Inc, 1974: 58.

(under-determinism) 认为：所有理论都不确定地有某些经验上等价的竞争对手，经验上等价的假设是同等地可确信的，因此任何理论中的信仰必定是任意的和未确定的。然而，这种观点并不恰当。一方面，建构经验主义在经验适当性基础上讨论理论实体和形式体系合理性的思路，遏制了任何决定论意义上的本体论后退，证实了对其真理性信仰的不充分性；另一方面，非完全决定论的逻辑前件是片面的，科学理论的经验特征并非理论的全部，此外具有理论简单性和论述修辞性等非经验特征。在这一意义上，“非完全决定论”是一种对科学解释的消解态度。

总之，多世界解释否定的不是决定论，而是严格决定论。测不准原理导致的随机性终结了严格决定论，“波包塌缩”形成的演化模式的突变论则摧毁了决定论。可以说，多世界解释的决定论重建，是通过消除“波包塌缩”回到决定论的有益尝试。

结　语

多世界解释的理论贡献：一是超越了传统量子力学解释的束缚，超越还原论，走向整体论；二是解构二元论，回到一元论；三是消解非决定论，坚持决定论。整体论、一元论、决定论三者环环相扣，相辅相成，浑然一体，实现了宏观、微观和宇观的统一，推动着量子力学哲学基本理念的更新。

然而，多世界解释遵循的整体论、一元论和决定论是否能够彻底解决“测量难题”？这种结构是否依然会遭到费耶阿本德无政府主义的批判？如果考虑到更多的解释要素，这样的物理学和哲学框架是否能够相容？随着新的解释理论层出不穷，这一框架是否会重蹈还原论的覆辙？在量子力学解释没有得到最终的确认之前，寻求量子力学在哲学上的合理解释仍然是一条艰辛而漫长之路。

“语境论”为探索量子力学的哲学解释提供了某种可能。语境论是一种温和的整体论和包容的一元论，能够汲取各种要素为量子力学服务。在量子力学史上，语境论在隐变量理论发展过程中发挥过重要作用，先后出现过“非语境(non-contextual) 隐变量理论—语境隐变量理论—定域隐变量理论”的嬗变。①语境论具有本体论上的实在性、认识论上的包容性和方法论上的横断性，在语境论的视阈下，能更加深刻地认识到量子理论解释的对象领域的广阔性，表现方式的多样性；研究的本质属性不仅表现在直观的物理客体中，而且表现在抽象的形式化体系和远离经验的微观世界之中；研究的方法手段不是建立在归纳逻辑基础上的哲学体系，而是一个容纳各种科学方法、立体化的网状理论系统。因此，在语境论基础上解决量子力学解释难题将是一条希望之路。

---

① 郭贵春，贺天平．隐变量理论与语境选择．自然辩证法研究，2003，(8)．

经验与理性：在量子诠释中的嬗变

——关于《量子力学多世界解释的哲学审视》的进一步阐释*

贺天平　卫　江

量子力学是20世纪非常重要且成功的物理学理论，引发了物理学的伟大革命，颠覆了300多年来经典物理学的统治地位，动摇了传统物理学家的世界观。然而，伴随量子力学始末的测量难题一直是物理学家和科学哲学家挥之不去的“梦魇”和“灾难”。

为了排除测量难题所带来的困惑，物理学家一直在努力寻求着合理的方案。根据埃里则的研究表明，截至2005年有影响的量子力学诠释至少有13种①，但没有一种诠释有足够的影响力和说服力能够成为量子力学测量难题的终极答案，因而对量子力学各种诠释进行梳理，挖掘出其本体论、认识论和方法论层面经验和理性的发展脉络，便显得十分重要。经验与理性始终是科学发展中的一对孪生概念，二者在科学哲学中也经历了长期的角逐。作为对《中国社会科学》2012年第1期的拙文《量子力学多世界解释的哲学审视》的进一步阐释，本文认为，测量难题的发展实质上也是经验与理性反复检验的过程。

一、经验在量子力学中地位的衰弱

经验在科学哲学中发挥着至关重要的作用。尤其是在正统科学哲学学派逻辑经验主义那里，经验是检验真理的唯一标准，是判断认知有无意义的唯一手段；批判理性主义同样重视经验的作用，只有可以被经验证伪的理论才是科学的理论。经验在科学哲学中曾占有绝对支配的地位。

测量是经验映射到自然科学中的具体表现之一。在物理学史上，测量是一个经典的且意义深远的概念，同时又是科学家检验真理最常用的科学行为方式。可以说，测量对物理学以及自然科学的发展有着不可磨灭的贡献。

经典物理学家通过测量准确地得出物理过程的实验数据和经验依据，并和物理学理论的预言完美吻合，在对客观世界的探索和对真理的追求中大步地向前迈

---

* 贺天平，山西大学科学技术哲学研究中心教授、哲学博士，主要研究方向为科学哲学；卫江，硕士研究生，主要研究方向为科学哲学。

① A. Elitzur, S. Dolev, N. Kolenda. Quo Vadis Quantum Mechanics. New York: Springer, 2005: 73-82.

进，在经典物理学的范畴内，测量一直扮演着一种直观、清晰、准确无误的桥梁和纽带的角色，连接着作为主体的观察者和相对于主体的研究对象即客体，使客观世界清晰地呈现于人类的眼前，形成了一种物理学大厦已被完美建构起来的假象，并造就了主客二分、因果决定等哲学观念。在经典物理学语境下，无论是语义学中无歧义的测量概念，还是语用意义下的测量行为，都是自然科学以及哲学中追求真理不可或缺且不可动摇的理论和实践工具。然而，量子力学的出现打破了经验和测量在科学哲学和物理学中占有绝对支配地位的格局。量子力学诞生之初，依然继承了经验在科学中的神圣地位。但是，很快科学家意识到测量难题并非是测量工具和手段的落后所造成的偶然问题，而是物理学研究的领域由以前的宏观尺度深入量子层面的微观尺度所造成的必然结果，对认识论和方法论中经验的支配性地位提出了严重挑战。

首先，微观系统自身的不可经验性造成了量子力学本体论上经验的缺失。量子力学的研究对象是微观客体，其自身的微观属性决定了量子力学的学科特性，即不可直接经验的特性。经典物理学是以大量的可经验的实验或者物理事实作为理论基础的，失去了可经验的事实和实验，经典物理学就失去了赖以生存的根基，将土崩瓦解，这源自经典物理学的研究对象是宏观的、可经验的客观实体，从而造就了经典物理学家所持有的不证自明的经验至上原则。然而量子力学的研究对象则是微观的、不可经验的客体，这对量子论初期持有经验至上原则的物理学家来说是不可理解的，以至于多位量子论的创立者（普朗克、爱因斯坦等）都曾经质疑过缺少经验支持的量子理论的科学性。

然而，在极度缺少经验支持的情况下，量子力学却势如破竹，迅速地成长为一个完整的、成熟的且极具影响力的学科。面对完全无法经验到的微观世界，物理学家运用大量数学工具，建立起一套成熟的量子理论，包括多种不同的却很优美的形式体系，是量子力学成功的标志。微观世界的规律可以由量子理论很好地说明，却不能被直接经验，这直接导致了经验在量子力学中地位的衰弱，不再像在经典物理学中那样占有绝对支配的地位。

无论如何，量子力学的成功已经明显地撼动了经验在科学中的地位，微观客体的不可经验性直接导致了经验在量子力学本体论上地位的衰弱。

其次，测量难题的出现在认识论层面宣告了经验地位的衰弱。测量难题伴随着量子力学的诞生而出现，一直以来都是物理学家为之头疼的关键问题。而测量难题的出现正是由于量子力学的研究对象无法被直接经验所造成的。经典物理学家认识客观世界以及检验理论都是通过实验的手段，运用理论预测和实验结果的符合程度来判断理论的正确与否，这种真理符合论在经典物理学中没有什么问题，然而在量子力学中却完全失去了其应有的作用和价值，成为测量难题出现的罪魁祸首。

同时，量子力学数学形式体系先于理论诠释的认识过程对经验的作用和价值提出了严重的考验。量子力学的诞生路径不同于经典物理学的发展路径，是数学形式体系先于理论诠释的，这种反常行为影射了经验在科学中支配地位衰落的命运，同时为测量难题的出现埋下了伏笔。1925 年海森伯、玻恩、约当在粒子性的基础上提出了矩阵力学，1926 年德・布洛意和薛定谔在波动性的基础上提出了波动力学，两条不同路径的发展不约而同地运用了大量的数学语言和公式体系，1930 年狄拉克用一个简洁且优美的数学形式体系融合了波动力学和矩阵力学，量子力学的诞生完全是始于数学形式体系的建立。除了这些精通数学的物理学家对量子力学的建构之外，还有多位具有深邃物理眼光的数学家对量子力学形式体系的完善，1932 年冯・诺伊曼通过《量子力学的数学基础》① 一书用希尔伯特空间对量子力学的形式体系进行了进一步的完善。

经典物理学在宏观层面的发展已经达到相对完备的地步，经验的观察和物理数据的测量给物理学家提供大量研究与思考的经验材料，即使是需要复杂的测量仪器与操作过程，也是在宏观的可操作、可控制的领域进行，不会影响到被测量系统的动力演化过程，因此，经验观察和测量被赋予了崇高的物理地位和哲学意义；然而，经典物理学的测量仪器和方法对微观系统却无能为力，微观系统的不可直接观察和测量的特性给物理学家带来了极大的难题，测量为物理学家所带来的仅仅是用来检验数学形式体系演绎出来的结果，这种功能上和地位上的转变必然会导致经验观察和微观系统的种种不协调，于是经验观察的可靠性受到了科学家和哲学家的质疑，并引发了大量的物理学和哲学的争论。

最后，基于本体论和认识论的量子力学方法论的演变，彻底宣告了经验支配地位的衰落。微观系统的特殊属性促使科学家和哲学家改变进行微观领域研究的方法论，从还原论发展到整体论。经典的还原论伴随着经典物理学走过了漫长的统治过程，整体论伴随着量子力学的出现而变得更加突出，逐渐成为量子力学方法论的主流。

还原论和整体论之争并不代表经验和理性之争，二者之间并不具有直接的对应关系，但是，却有着不可分割的关联，关系着经验支配地位的走向。还原论主张把研究对象进行分解，在可经验的层面把特定的部分拿出来进行分析、理解，最后再将所经验各个部分整合，成为一个完整的实体或者理论，可见，经验在还原论那里是占有着绝对的支配地位。整体论则不然，将微观系统作为一个不可分割的整体来研究，同时考虑所有具有影响的层面，在此过程中，经验、理性、逻辑、非理性等各种不同的认识论和方法论具有同等的重要地位，经验从此失去其

① J. von Neumann. Mathematical Foundations of Quantum Mechanics. Princeton: Princeton University Press, 1932: 213.

特有的支配地位。这种方法论的演变体现了整体性的优势，彻底宣告经验单一的、绝对的支配地位的丧失。

量子力学自身研究对象的微观特性构成了经验衰弱的基础，认识过程的特殊性否定了经验的绝对性地位，方法论的演变宣告了经验支配地位的彻底丧失。从而，经验的绝对支配地位在量子力学中荡然无存，这为理性在量子力学中的恢复打下了基础，同时为经验和理性更好地在量子力学中融合、发挥强大的整体作用迈出了第一步。

二、理性在量子力学诠释中的凸显

在经验不能很好地解决问题的量子领域，理性便自然而然地成为科学家诉求的最佳对象。理性是波普尔在批判理性主义中大力宣扬的方法，是科学哲学中重要的概念，也是科学家从事科学活动必备的能力。理性的概念具有非常遥远的历史，从哲学诞生之时起，便有了代表理性的逻辑一词，因此有人将理性划分为逻辑意义上的理性、认识论意义上的理性以及实践层面的理性，其中逻辑层面的理性也就意味着本体论层面的理性，实践层面的理性意味着方法论层面的理性。①

量子力学的各种诠释理论的发展过程是物理学家和哲学家在不断追求对测量难题的求解过程，同时也是理性的作用和地位在量子力学中逐渐凸显的过程。面对测量难题对经验的诘难，物理学家在不断寻求对量子力学的合理解释，将对测量难题的理性求解放到了极其重要的地位，并取得了很大的成功。测量难题的出现和发展有其逻辑的必然性，科学研究的领域向微观层面深入，在经典的宏观理论术语和实验方法陷入困境的时候，科学家和哲学家面对问题并没有退缩，而是主动寻求各种各样的解决方案。从爱因斯坦-玻尔争论，到玻尔的量子理论被普遍接受，再到以玻尔为首的哥本哈根解释的没落，出现了多种各具特色、相互争鸣的量子力学诠释理论，体现了量子力学学科的发展与成熟，同时在更广泛的意义上体现了科学研究的视阈以及实验方法的发展与成熟。量子力学解释至今已经发展为一个庞大的群体，各种解释理论都具有各自的特色和优势，也有各自不同的视阈和方法，但是各个不同的解释理论都有一个共同的主旨：对量子力学形式体系进行理论诠释——即对测量难题进行合理的解决，以弥补人们对微观系统所缺失的经验信息和完善人们对微观系统在可接受层面的理解。对科学问题进行理性求解，表现在多个方面。“随着当代自然科学越来越远离经验的发展，科学理论的构造、解释和评价问题便在科学哲学研究中愈来愈具有了突出的地位。”②

---

① 蒙爱军，吴媛姣．理性的多重意义及适度理性．科学技术哲学研究，2010，(3)：40-46.

② 郭贵春．后现代科学哲学．长沙：湖南教育出版社，1998：3.

第一，量子力学诠释中大量逻辑的运用体现了 理性在本体论层面的凸显。逻辑一词本身是认识论的感念，指人类认识世界所运用的一种规律和方法。但是作为理性的一个层面来讲，逻辑就具有本体性的地位，它是理性得以实现的根本基础。波普尔强调理性的作用，把理性作为科学认知的根本的属性，体现了理性在科学哲学中本体论上的凸显。

量子力学的诠释源于人类无法对形式体系进行直接经验，需要给出一种能够合理解释微观世界行为的说明，因此，量子力学的诠释就是通过逻辑来建构一种可以被经验到的模型，将微观客体宏观化、将理论知识经验化，从而作为理性本体论层面的逻辑的纽带作用就十分重要。

量子力学各种诠释的演化过程是一部逻辑建构的历史，凸显了理性在量子力学诠释中的本体性地位。纵观量子力学几种有影响的解释，哥本哈根解释、隐变量解释、模态解释和多世界解释等，都努力尝试寻求一种本体论上的理性对量子力学的建构。虽然哥本哈根解释现在看来有很多不合理之处，并且带来了波包塌缩这一关键性难题，但是在量子论初期的语境下，以玻尔为代表的哥本哈根学派却具有非常明显的进步性与革命性，其超越经典的互补性原理、不确定性关系以及无法经验的波粒二象性都是建立在大量的逻辑建构的基础上的；隐变量理论本身就是量子力学的一种逻辑体系，通过逻辑建构出量子力学现象的深层原因，具有很强的本体论意义，因而玻姆在他晚年的时候将隐变量解释发展为更加直观的本体论解释；模态解释的创始人范·弗拉森充分发挥逻辑的优势，将模态逻辑词放在了量子力学诠释的本体论地位，赋予了“概率”一词新的含义，从而将“模态”发展成为“一种新物理实在”①。多世界解释的鼻祖埃弗雷特认为波函数所描述的是一个孤立系统，他创造性地将整个宇宙表示为一个大的孤立系统，从而波函数就成为描述整个宇宙的唯一有效函数，将微观、宏观和宇观放在了一个统一的本体论层面，展现了理性强大的创造力。

第二，理性在量子力学诠释认识论上的凸显。理性在认识论上有“本质”和“规律”的意义，即能够准确透过现象把握内在本质和规律的认识能力。波普尔在批判理性主义中所强调的理性在很大程度上指的是认识论层面，包括认知标准的意义、科学与非科学的划界标准等。

量子力学诠释在演化的过程中深刻突出了理性的作用，物理学家和科学哲学家充分发挥理性在认识过程中的作用，物理学家对测量难题的求解就是理性认识量子力学的最佳说明。对量子力学的理性认识即把握微观世界的客观规律，由于人们对微观世界的经验严重不足，从而加大了在经验的基础上对量子力学进行理

---

① 贺天平，郭贵春. 量子力学模态解释及其方法论. 北京：科学出版社，2008：154.

性认识的难度，但是这并没有影响量子力学诠释的发展进程，反而造就了量子力学诠释的多样性和创造性，拓展了量子力学的认识论域面。可以说，经验的缺失对量子力学诠释的发展有积极作用的一面。

从量子力学的正统解释开始，物理学家和科学哲学家们就在乐此不疲地寻求着对测量难题的理性求解。虽然正统解释并没有完全脱离经典的框架，在面对经验的不足性时表现出了妥协和退让，但是其将经典特性和量子属性在一定意义上进行了融合，在一定程度上了提升了理性的作用和地位，在量子力学的语境下，提出了经验和理性并重的融合方案，为寻求对量子力学的理性认识起到了很好的推动作用；玻姆为量子力学的理性认识设计了一种内在的运行方案，认为波函数的表现形式即量子势，正是量子势对微观粒子的引导和约束使得其表现出量子特性，因为在量子世界里，“一种非常小的能量形式能够约束和引导着非常大的能量”①。正是这种具有创造性的思维为理性认识微观世界的机制提供了可能；范 · 弗拉森借鉴模态逻辑的认识方法，将模态概念移植到量子力学诠释中，创造出一种全新的量子力学认识方法，将理性在量子力学认识论中的作用发挥到了极致；埃弗雷特将宇宙作为一个大的孤立系统，用一个波函数来描述，从一个更高的层次来理性审视由微观、宏观和宇观世界所构成的孤立系统，创造出了他的相对态解释，并经由德 · 维特等的发展形成了多世界解释，认为测量使世界分裂成为多个相同的世界，观察者可以经验到自己所在的那个世界，是按照因果律决定性地发展的，这样多世界解释便在理性认识的基础上同时注重了物理世界的可经验性，使量子力学的诠释具有更强的可理解性。

第三，理性在量子力学诠释方法论上的凸显。理性的凸显不仅仅体现在量子力学本体论和方法论上，同时其在量子领域的优越性也体现在可实践和操作的方法论上，量子力学作为一门物理学科，始终是建立在实验和测量的基础之上的，因而在本体论和方法论的基础上将理性引入量子力学方法论是非常必要的。

量子力学的演化同样蕴涵了理性在方法论上的渗透和应用。量子力学的诞生和数学息息相关，没有数学就没有量子力学，因而数学作为一种逻辑和理性的方法是处理量子力学问题的主要方法。量子力学中所使用的数学工具远比经典物理学中的数学复杂得多，且极度缺乏经验的支持，从一个侧面反映了理性的在量子力学中的凸显。

量子力学诠释中方法论由还原论向整体论的嬗变也凸显出理性的作用和价值。如前文所述，作为量子力学新的方法论，整体论并没有将经验排除在外，而是将经验、理性和非理性等融合，充分发挥各自的作用，达到整体大于部分之和

---

① D. Bohm, B. J. Hiley. The Undivided Universe: An Ontological Interpretation of Quantum Theory. London: Routledge, 1993: 35.

的功效。同时，物理学家和科学哲学家在寻求整体论作为新方法论的过程中也充分发挥了理性的作用，凸显了理性的价值。最初的哥本哈根解释依照传统的主客二分法，将量子测量过程划分为主体和客体两种对立的系统，从而导致了宏观和微观的不可通约性，出现了测量难题。之后的隐变量解释、模态解释和多世界解释等都试图通过理性的分析与建构来解决测量难题，排除测量过程中的波包塌缩，消解主体和客体之间僵化的界限，找出宏观和微观世界的普遍规律。玻姆利用隐变量的概念将量子力学的种种微观特性 描述成深层本体原因的结果；范·弗拉森运用模态工具将量子概率描述为可以理解的模态行为；埃弗雷特将微观、宏观和宇观结合成为一个大的整体，用态函数来描述这个大的系统，恢复了量子力学中的决定论、消解了主客体之分，彻底排除了测量难题的困扰。这些杰出的物理学家和科学哲学家运用理性的思维，寻求对量子力学的理性诠释，并取得了一定的成果，充分展示了理性的作用和价值。

综上所述，在量子力学诠释的发展过程中，理性的作用和价值在本体论、认识论和方法论层面都得到了充分的凸显，形成了量子力学诠释的创造性和多样性。同时，理性地位的凸显也为经验和理性在一个新的平台上完美融合迈出了关键的第二步。

三、经验和理性在多世界解释平台上的融合

量子力学经历了经验的衰弱和理性的凸显的演化过程。需要强调的是，经验的支配地位的衰落并不代表对经验的抛弃。“只有对旧理论和方法论进行辩证地分析，合理地扬弃，才能使科学和科学哲学朝着正确健康的方向发展……”① 逻辑经验主义学派已经没落，其所奉行的经验至上论已经被否定，但是并没有否定经验在科学中的作用，作为科学发展中曾经起决定性作用的一种研究方法，经验在科学哲学中依然是不可或缺的，后现代科学哲学中所强调的科学建构论以及我们所主张的语境论不约而同地推行了整体论的思想和方法，而经验在整体论中的作用和意义是不言而喻的。整体论要求各种思维方法的融合，在此基础上充分发挥各自的优势，才能使科学哲学和量子力学更加完备，能够经受起更多的考验。从科学哲学发展的历史来看，任何一门学科的正规化发展都不能离开对新方法的宣扬以及对旧方法的扬弃，如果仅仅强调新方法的应用而完全抛弃旧方法，这样的做法必定会导致新的危机和灾难，经验和理性的关系即这样一对矛盾的关系，理性的凸显并不能完全否定经验的作用，只有把经验和理性完美地融合起来，在

① 贺天平，卫江．物理学革命的科学哲学方法论张力．自然辩证法研究，2011，(4)：25-30.

一个新的平台上充分发挥经验和理性的作用和特性，才能使量子力学诠释更好地进行，更好地促进量子力学以及整个物理学健康合理地发展。

多世界解释为经验和理性提供了一个很好的对话平台，成为有机融合经验和理性的典范。为了对测量难题进行很好的解决，物理学家进行了大量的尝试，包括前文提到的各种诠释，取得了一定的成果。早在 1957 年埃弗雷特在其博士论文《宇宙波函数理论》[①] 中就从宇宙学的视角入手对量子力学形式体系进行了"无塌缩解释"，在当时却受到了非常严重的冷遇，后来国外多位物理学家以及科学哲学家都对其进行了讨论与发展，经过反复曲折的发展，以埃弗雷特的相对态解释为原型的多世界解释目前已经显示出其强大的生命力和合理性，且在经验和理性对话的平台上为量子力学发展迈出了重要的一步。

为经验和理性提供融合平台的多世界解释，有其自身的特点和相对于其他解释的优势，表现在以下两个方面：

其一，多世界解释自身曲折的发展历史显示了其理论的自洽性和完备性，并奠定了经验和理性融合的基础。多世界解释沉寂酝酿的时间很久，形成厚积薄发之势，在其他解释都陷于困境时，多世界解释又重新被提及，且形成燎原之势，更体现了其理论的自洽性和完备性。埃弗雷特从一开始就称自己的理论为形式体系，并非解释，因其是经过复杂且严密的数学逻辑推演得出[②]，而闻名于世的却是以解释为名的多世界解释。所谓解释，即对抽象的形式体系做经验上可理解的诠释，这两种名称最后合二为一，恰在深层意义上展现了多世界解释的本质——理性和经验的巧妙融合，也许这并非是埃弗雷特的本意，但是它最终却在很强的意义上取得了成功。

其二，相对于其他解释的单一侧重性，多世界解释合理地融合了经验和理性。哥本哈根解释、系综解释和隐变量解释等诠释逐渐成为过去式，各自的缺陷和劣势均已显露于量子系统。与此同时，模态解释和多世界解释成为完美解决波包塌缩的两大诠释，有很大的优势和发展空间。在理性和经验的选择方面，模态解释过分地强调理性的层面，而多世界解释则是经验和理性并重，具有更好的完备性和发展前景。模态解释和多世界解释是对量子测量难题进行很好说明的两大诠释理论，都很好地避免了波包塌缩，使量子测量不再是难以理解和捉摸的行为，它们是很成功的两种诠释理论，同时又具有很多的相似之处，这为人们留下充分的思考空间，来寻求对量子力学更加合理的解释。模态解释和多世界解释都突出了量子力学的决定论特征，消除了量子力学中的测量难题，不同的是，模态解释将量子行为限定在可能性的模态层面，使量子力学完全陷于理性思辨的层

① H. Everett. The Theory of the Universal Wave Function. Ph. D. Thesis, Princeton University, 1957.

② H. Everett. The Theory of the Universal Wave Function. Ph. D. Thesis, Princeton University, 1957: 3-10.

面，缺乏经验的可理解性；多世界解释将可能性发展为存在性，将纯理性和经验性进行了有机的结合，使量子力学的演化真正成为因果决定性的过程。

基于将经验和理性合理融合的优势，多世界解释逐渐受到重视并将成为量子力学哲学研究的重点和热点。量子力学的发展经历了100年的历史，量子力学哲学随之也经历了将近100年的历史，这对于一个伟大而深刻的学科来讲仅仅是一个开端，随着理论的深入和科学研究工作的深入，量子力学及其哲学的发展将有一个明确的方向和趋势：多世界解释将成为主流量子力学解释。其表现如下：①随着实验仪器和手段的不断更新以及量子理论和宇宙理论的不断深入，科学家已经将实验的矛头指向了平行宇宙和多重宇宙，并且英国科学家在2010年12月称已经发现了多重平行宇宙的证据。[①] 这在一个非常重要的意义上肯定了多世界解释的真实性和有效性。②在多世界解释推出50周年之际，2007年由英国基础问题研究所和牛津大学哲学中心主办的“埃弗雷特50年——量子力学解释国际会议”顺利召开，与会的多位物理学家和科学哲学家对多世界解释进行了激烈的讨论，使多世界理论呈现出蓬勃发展的势头。③我国的物理学哲学界也开始对多世界解释进行阐述和评介，关心多世界解释理论的物理学哲学家也相继多了起来，在不久的将来，国内关于多世界解释的研究将成为量子力学哲学的一大趋势。

结　语

物理学哲学中的经验和理性经历了从竞争到融合的过程，从经典物理学中经验的支配地位到量子力学中经验地位的衰弱再到理性的凸显，是量子力学发展的必然，是量子力学哲学发展的必然，也是科学和哲学发展的必然。后现代的认识论和方法论要求科学工作者和哲学工作者以一种整体论的视角和方法来处理科学和哲学中的问题，不仅将经验和理性作为融合的元素，而且要将直觉、灵感等各种非理性的要素融合起来，在一个更高的语境层面发挥各自的重要作用。以语境论作为量子力学哲学的基点将成为一条有前途的进路。

① 中国日报网．英科学家首次发现多重宇宙存在的证据．http：//news. xinhuanet. com / world /2010-12 /17 /c_ 12890241. htm. 2010-12-17.

当代时空实在论思想探源*

程　瑞

关于时空的话题古老而常新。古老是因为它从古希腊开始就成为思辨哲学追问的终极问题之一，常新则是因为它在近代以来与以物理学为首的自然科学的发展紧密联系了起来，成为哲学和自然科学发生交互作用的主要焦点。因而，无论何时，时空的哲学追问都不会停息，而这种追问只有与物理学最前沿的理论紧密相连，才会处于最佳状态。20 世纪以来，物理学时空问题的讨论主要以时空实在论的形式存在着。笔者曾经在 2011 年发表了《当代时空实在论研究现状及其述评》（《哲学动态》2011 年第 4 期）和《时空语境实在论》（《科学技术哲学研究》2011 年第 1 期）两篇论文，详述了当代时空实在论的发展现状和趋势。而事实上，无论从物理学还是哲学上来讲，时空实在论的发展更具有深厚的历史渊源，了解这些渊源，对理解当代时空实在论的发展路径具有相当重要的意义。

当代时空实在论从一出现就明显地延续了思辨哲学时代对时空本质的思考，但在研究方法上，它把时空由哲学思辨的神秘对象变成了一个与所有的物理学理论实体具有同等地位的物理学对象，从而把时空实在性的研究论域与物理学、形而上学以及科学方法论等问题极其密切地相关起来，具有了自己极强的理性特征，最终在研究目标上由追求对时空形而上学本质的断言转向了追求在科学发展中对时空实在性提出一种合理的理解方案。从哲学史和物理学史的角度考虑，决定当代时空实在论研究方法论特征及其演变的根基有三：第一，时空对象的形而上学定位；第二，物理学时空的理性化思考；第三，科学哲学方法论的融合趋势。

一、时空的形而上学定位

当代时空实在论对时空的思考充满了形而上学与科学理性的交织与纠缠，这是由时空对象的特殊性决定的。只有从哲学史和近代物理学出现的历史中找到时

---

* 国家社会科学基金青年项目（09CZX012）、教育部重点研究基地重大项目“语境论与物理哲学研究”（12JJD72002）、2012 年度高等学校优秀青年学术带头人支持计划（201205701）、教育部人文社会科学研究青年项目“量子计算中的哲学问题研究”（10YJC720042）。

程瑞，山西大学科学技术哲学研究中心副教授，主要研究方向为科学哲学。

空的形而上学定位，才能理解当代时空实在论问题的根源。

众所周知，时空是在近代以绝对时空的形式作为牛顿物理学最基本的形而上学假设而成为哲学和物理学共同研究的对象的。不可否认，近代西方科学主要开始于经验方法，正如牛顿所言，科学应当从观察或实验所发现的特殊事实出发。但是同样不可否认的是，所有物理规律的发现，都建立在一种既定的时空形而上学的假设之上。我们往往会说，物理学的变革引起了时空观的巨大变革，但从物理学发展的角度出发，却应该说是时空观的变革引起了物理学的巨大变革：爱因斯坦对同时性的思考引起了狭义相对论的变革；对时空结构和引力场关系的思考引起了广义相对论的变革；当代物理学家对时空连续性和离散性以及时空背景的理解引起了量子引力的巨大变革。不管是相对论还是当代的量子引力理论，时空预设都带有形而上学思考的性质，并且在很大程度上影响着物理学理论的发展。恩格斯指出，牛顿曾告诫人们："物理学，当心形而上学啊！"[1]但是，不管自然科学家采取什么样的态度，他们还是得受哲学的支配，其根源就在于物理学中的时空形而上学预设。那么，时空的形而上学预设如何能扮演这样一个基本却重要的角色？这要从时空在西方形而上学传统中的地位谈起。

从古希腊开始，哲学家们就从思辨的角度给出了很多种时空存在方式及其性质的设想，典型的，比如赫西俄德"深邃的空间"，认为在有万物之前已经存在深邃的虚空了，这虚空把一切包含于自身之中，是确定的、充实的、无限的、不可度量的、无差异的广延的空间，同时又是万物之源。[2]这就奠定了人类认识史上对时空的最主要的思考方式，也是后来牛顿绝对时空观所继承的、今天被人们称作时空实体论的思考方式：把时空看作是独立自存的实体。

柏拉图在《蒂迈欧篇》中把空间描述为"容器"，原子论者认为原子在真空中运动，这些观念都奠定了空间作为"运动的处所"的思想基础。及至亚里士多德开始对运动及其原因的探索，把时间、空间和运动紧密结合，时间、空间成为哲学家们讨论运动和变化的基础，形成了时空以形而上学假设进入近代物理学的第一个条件。

希腊哲学之后，伽桑狄发展了原子论的观点，认为空间是原子运动的必要前提，世界是在无限的虚空中被创造出来的，因而空间是绝对的、不动的。马克斯·雅莫（Max Jammer）就认为："正是牛顿把伽桑狄的空间理论并入他的大综合之中，并且作为绝对空间概念将它放在物理学前沿。"[3]但这并非近代物理学时空假设的全部思想来源。伽利略的研究纲领把物理现象的描述建立在可观测量的基础上，从而出现了参照系的确立。从伽利略开始，物理学所关注的中心论题就是运动和力了，时空不过是物质运动和各种力实施的背景与舞台，抑或一切物体运动的参照系。时空无论在实际上（in truth）或是在实在上（in reality）都真切地存在着。[4]加上笛卡儿的解析几何促进了平面和空间的算术化，把空间位置与实数对相联系，至此形成了时空以形而上学假设进入近代物理学的第二个条件，形成了近代物理学时空观的雏形。

阎康年曾指出："牛顿的时空观直接来源于伽桑狄的原子论时空观，并且受到莫尔和巴罗的影响。"[5]莫尔和巴罗的时空形而上学思考是出于宗教哲学认识论的考虑而进行的，但更关注对空间本身的存在及其性质的考虑。莫尔关注的是物理自然和各种运动现象背后的形而上学诠释，并且最终把根源归结为"自然精神"和上帝。在他那里，空间等同于上帝的无所不在，空间的属性包括"简单的、不动的、永恒的、完美的、独立的、自我存在的、自我维持的、不可腐蚀的、必然的、巨大无限的、非创造的、不受限制的、不可理解的、无所不在的、无形体的、渗透和包含一切事物的东西，它是必要的存在、现实的存在和纯粹的现实"[6]。莫尔把空间归结为一种精神实体，他坚持空间的无限性正是为了说明上帝的无所不在。这种思想显然影响到了牛顿，因为牛顿也曾经表示"空间是上帝的属性"。不同的是，莫尔并没有看到上帝的无限性、时空的有限性以及人类心智的有限性之间的关系，牛顿却正抓住了这一点，用相对时空来表征和感知绝对时空的存在。

巴罗的空间观念是从他关于几何的观念得来的。其几何观念本质上是柏拉图式的，认为完美的几何图形无法从经验导出，只能是隐含在心灵之中。几何图形占据空间，而空间是上帝的存在和能力。关于时间，他认为："正像在世界创建之前就已经有空间，甚至现在在这个世界之外也有无限的空间（上帝与之共存）一样……在这个世界之前，以及和这个世界一起（也许在这个世界以外），也是过去和现在都有时间；……就时间的绝对和固有的本性而言，它根本不蕴涵运动，也不蕴涵静止，时间的数量本质上同运动和静止都无关……尽管我们分辨时间的数量，并必定借助运动作为我们据以判断时间数量和把它们相互比较的一种量度。"

近代哲学家运用时空的假定往往是为了解决认识论的问题，在当时的哲学背景下，时空与上帝的联系总是无法分开，因为上帝在认识论的历史上扮演着重要的角色。牛顿绝对空间和时间的概念无疑同莫尔和巴罗的这些形而上学的观点相联系。正如炎冰指出的，牛顿的物理学体系"实际是自古希腊经中世纪，直到布鲁诺、伽利略、开普勒、笛卡尔、莫尔、巴罗、本特利、玻义耳等一系列科学家与哲学家渐次生发和不断演化的产物，这种线性进化式的认识路径实际上标示着牛顿绝对时空观的思想源头就是这一路径本身"[7]。

建立在绝对时空观基础上的经典物理学体系在两千年的时间里使绝对时空观几乎成为一个固化的观念。时空就像是一个"容器"，独立地存在，是物质运动的绝对背景，而其自身却不受物质的任何影响。时空在牛顿物理学中的地位与其他对象的地位并不相同。如上所述，它并非完全的经验概念，而是在很大程度上受到形而上学发展的影响。牛顿把物体的运动放到绝对空间和绝对时间的背景中，但正如沃尔夫所言，牛顿“证明绝对空间和时间之合理的根本理由是神学的，而不是科学的”[8]，是纯粹形而上学的。因此，即便是牛顿经典物理学获得了经验上的无比成功，牛顿对空间的形而上学思考也并不能回答所有的问题：空间到底是一种物质实体还是精神实体？空间的本质究竟如何？空间与物质之间的关系到底如何？物理学可以把空间作为背景来考虑而不追究这些问题，但是哲学家的批判，却显示了时空的思考不可能因为经典物理学的成功而停息：人类思想史上对时空的思考还存在着第二种理解方式。

人类对时空的第二种理解方式可以看作是一种时空关系论的思维方式，即把时空看作是物质之间的关系。这种思路从亚里士多德开始萌芽。亚里士多德把空间和运动联系在一起为近代物理学创造了思想条件，但亚里士多德对空间的理解与牛顿的理解并不相同。亚里士多德认为空间并非像原子论所说的那样是空无一物的虚空，而是围绕物体与被围绕物体之间的界限。他用地位概念来解决空间的问题，首先物体的地位只能是三维的，而所谓三维空间就是物体地位的三维度，即长、宽、高，离开物体的具体地位而抽象地谈论空间是没有意义的。在运动方面，他提出要用参照物来看待运动，地位被理解为一系列由参照物来定义的空间。“恰如容器是能移动的空间那样，空间是不能移动的容器。”[9]可以看到，同是“容器”，亚里士多德的时空“容器”和牛顿的时空“容器”却完全不同。因为对亚里士多德来说，空间并不是独立的实体的存在，而只是物体的一种属性，没有物体，就无法谈论空间。

萨库的尼古拉也把空间学说和物理学观点联系起来，认为不存在绝对运动，也不存在绝对空间。

同样认为没有物质就没有空间的还有笛卡儿。在笛卡儿看来，广延和空间是同一的，即三维空间。空间是连续的，但不存在真空。这是他涡旋理论的形而上学基础。很明显，时空与物质统一的思想与牛顿的时空独立自存且与物质无关的思想并不相符。

对时空持关系论思考方式最典型的代表人物是莱布尼茨。在莱布尼茨那里，空间是共存事物的秩序，时间则是接续事物的秩序，离开了物质就无所谓时间和空间。

上述两种思考时空的形而上学方式并没有也不可能在物理学的成功中得到证实和证否。直到今天，物理学发展到微观领域，人们对时空的认识早已超越了牛顿时代对时空的认识，但是，关于时空形而上学的这两种终极形而上学思考方式依然存在并且影响着物理学的发展，同时也深刻地影响着当代时空实在论的终极论题：时空到底是什么？是独立自存的实体，还是物质之间的关系？

二 、物理学时空的理性化思考

无论如何，物理学和哲学的分化注定时空在一进入物理学研究的领域之后就不可能再仅仅是形而上学层面上的思辨对象了。物理学的发展也证明，人们对时空的思索越来越多地受到科学方法论的影响，从而具有越来越浓重的理性色彩，最终实现了当代时空实在论研究超越纯粹思辨的方法论转变。

时空物理学的第一个发展是牛顿经典物理学。牛顿时空的理性思考特征表现在欧几里得几何学的方法与时空描述的结合所带来的时空认识论上。阎康年曾经指出："牛顿的时空观开创了运用科学的观点和方法研究时空和宇宙的先河，将猜测性的东西变为理性的，使经验性的东西科学化。"[10]炎冰则认为："绝对时空观的意义在于为人类理解和把握自然界中诸种物体运动的力学规律提供了科学解释学意义上的统一的基础。"[11]这些作用的实现，都与欧几里得几何的使用无法分开。科瓦雷曾指出，从欧几里得几何的成功开始，西方科学和一般知识思维都认为这种广延与世界的真实空间是同一的。[12]而牛顿物理学对欧几里得几何使得对时空的形而上学思考具有了转变为形式化表征的可能性，从而走向了理性的道路。

欧几里得几何是一种演绎公理几何，它所带来的是一种对知识的认识论解释，认为知识是建立在从自明的第一原理得出的演绎推论的基础之上，这成为知识的理性论的核心特征。对于理性论的哲学家来说，几何提供了知识的范式。康德利用欧几里得几何的“自明公理”来说明空间的先验直观性就是最典型的例子。牛顿《自然哲学的数学原理》的写作过程正是模仿欧几里得式的演绎方法而来的，在这个体系中，时间、空间和物质、运动以及力等概念成为全书的总纲和逻辑前提。空间概念在此是理解物质构成、物质运动及其规律的前提，从这些逻辑前提开始进入公理或定律及其相关的数学证明。在这个基础上，人们又从经验世界的相对时间、空间以及运动等现象中寻找不变的规律，对世界本身做出解释，走上一条理性理解的道路。在当代物理学的发展中，不管是广义相对论还是量子引力理论中，虽然人们对时空的认识与描述时空的数学工具在不断改变，但是时空作为逻辑基础的地位都不可能改变。

时空物理学的第二个发展是爱因斯坦的广义相对论。相对论中时空的理性化思考可以分为两个阶段。第一个阶段是非欧几何的成功对时空认识论的冲击，第二个阶段则是对时空实在性断言的语义学分析方法的展开。

广义相对论中描述时空的几何由欧几里得几何到非欧几何的转变，导致了对几何先验描述的怀疑态度。事实上这种怀疑在从牛顿物理学分立的空间和时间向狭义相对论“时空”实在的转化中就已经出现了，但最主要的冲击还是广义相对论中弯曲的非欧几何的引进冲击了之前人们所认为的几何包含着世界的先验真理的断言。时空的几何变成了把世界的其他“可变”特征联合起来的另一个动力学要素。虽然庞家莱提出约定论的方案来解决这一问题，但这种方案最终还是回答不了非充分决定性的问题。其中最主要的是对广义协变性的理解以及与之紧密相关的背景无关性的概念。从表面上看来，这样的图景给予我们一种时空认识论上的结论：时空不应当有“先天”的结构，所有表示它的几何结构都应当决定于当下世界的物理条件，因而我们只需了解时空几何结构与物理世界之间的关系就可以了。但是，物理哲学家的思考并不止于此，他们追求的是通过当代物理学对时空的表述来阐释关于时空和物质场之间关系的形而上学图景。因而，人们在广义相对论的理论起点上重新回到了传统时空本质问题的讨论上：既然广义相对论运用黎曼几何描述了一种时空的动力学结构，时空的结构是随着物质的运动和分布而变化的，那么时空的本质是否就并非牛顿所说的一种实体的存在，而是像莱布尼茨所认为的那样，仅仅是物质之间的关系？

最初，部分哲学家的反应认为，相对论取代了牛顿的绝对空间理论，与空间和时间本性的关系论描述相符合，但这很快就被认为是错误的。因为如果时空的本质是关系的，那么就无法说明为什么广义相对论中仍然存在惯性系和非惯性系之间的绝对区分，而且这种绝对区分比它在牛顿描述中的区分来得更加深刻。因为绝对匀速运动的参照系，即惯性系，现在变成了不仅是自然（不受力）运动的参照系，而且是唯一使光速成为各向同性的参照系！[13]

那么，是不是可以把时空看作是一种与物质一样的实体的存在？因为既然时空已经成为世界的一个动力学要素，就可以把时空与物质的关系看作是“因果性的相互作用”。在某种意义上，人们甚至能够认为，能量（和质量）的产生是由时空所引起的。

但这些都只是一些直观的解释。在这里，由于时空与物质之间相互关系的发现，时空在物理学中两种身份的区别明确了起来。在理论的构造中它是逻辑基础，而在理论的解释中，它也毫无疑问地变成了物理学理解的对象：一方面，时空作为一种预设出现，我们用它来定义自己和整个宇宙之间的关系，通过它来理解其他物理客体；另一方面，由于时空与度规场的紧密联系，它也可以被理解为一个与其他物理场一样的场，成为宇宙的一个要素。因而，时空开始与其他所有的物理对象一样，可以具有表征的符号，遵循形式体系的演绎规律。这就注定了当代时空实在论研究的方法论不再在纯粹思辨的领域进行。只有语义分析方法介入之后，人们才看到，为什么实体论和关系论都不能完满地回答时空与物质之间的关系问题。

时空语义分析方法的介入典型地是在广义相对论洞问题的研究中盛行起来的。洞问题使广义相对论的实体论解释面临着非决定论的尴尬，因此，物理学家开始通过分析广义相对论的形式体系，关注其中的表征符号，到底是哪些表征符号表示了时空。虽然语义分析方法最终也没有完全成功地解决实体论和关系论之间的争论，但是广义相对论为时空带来的理性化思考，促使当代时空实在论放弃了时空先验范式的认识论，走向对时空的现实数学表征的语义分析的讨论，从中追问时空的本质到底是什么。这是时空实在论发展中具有重大意义的方法论转变。

时空物理学的第三个发展是当代最前沿的量子引力理论。量子引力目前并没有一个成熟的理论体系，还处于争论之中，但是它的理论体系与广义相对论时空概念密切联系，现实地突出了时空的形而上学传统、科学理性分析以及物理学家心理意向性在时空理论和时空实在论发展中的共同作用，为当代时空实在论的理解策略提供了新的思路和基础。在量子引力语境中，时空实在论最终实现了由对时空本质的追问转化为对时空实在的合理理解。

量子引力引起的时空变革使物理学的时空变得越来越远离我们认为是描述直接经验的时空。其中，有两个方面需要注意：第一，量子引力的时空变革不是为了解释经验的需要，而是物理学发展的逻辑矛盾，即量子物理学的量子特点与其经典或半经典的时空背景之间的矛盾引起的。第二，对时空本质的理解不仅仅是物理哲学家关注的焦点，而且成为物理学家关注的焦点。物理学家对广义相对论时空概念的不同理解决定了物理学理论的不同发展道路。

当代物理学由理论的内部矛盾引发革命而不是由实验现象与理论的不符引发革命的事实说明，目前物理学最前沿领域更多地是以一种演绎体系在进行演化，在这个过程中，理论所使用的概念解释的作用就异常重要。这也就不难理解为什么物理学家在建立自己的形式体系时会如此地关注和依赖于从广义相对论而来的时空本质的解释。因此，量子引力时空革命的方向与物理学家对广义相对论时空解释的理解紧密联系。即决定量子引力发展方向的，是物理学家对广义相对论和量子力学时空的理性和形而上学思考共同产生的时空解释的理解。对时空的理解成为新理论走向的根本基础，时空的形而上学思索和理论的理性表达得到了前所未有的紧密联系，这再次验证了迈克尔·雷特海德（Micheal Readhead）在他的特纳（Tarner）讲座中提到的物理学和形而上学共生的关系："物理学和哲学混合成为无缝的整体，各自都对对方有促进作用。实际上，离开对方，谁也前进不了。"[14]

可以看出的是，当代物理学的发展为时空问题的讨论和时空观的确立注入了压倒一切的理性因素，为哲学和人类思维带来了巨大革命。但当代物理学家的观点并非终极观点，只要通往量子引力的路径还不明确，物理学家就会继续考虑和争论关于时空和变化的本质以及存在的形而上学问题。时空物理学发展的特征决定了对时空终极问题的回答方式的改变：我们无法通过把哲学家的评论应用于我们关于世界的常识来解决空间的“实在”的本体论问题，而是还要考虑当代最好的科学的某些基本特征，在科学的发展中不断地改变我们对时空本质的认识，在此基础上，对时空实在性提供一种合理的理解方案。

三、科学哲学方法论的融合趋势

当代时空实在论的特征与科学哲学的发展是紧密相连的。20 世纪 90 年代，在对整个西方科学哲学的发展进行了详细和深入的研究之后，郭贵春教授就极具洞察力地指出：“伴随着逻辑经验主义‘统治’的衰退而逐渐全面展开的科学实在论的‘复兴时期’已经历史地结束；一个将从结构、功能和意义上，对整个西方科学哲学的进步产生重大影响的‘发展时期’已经自然而又必然地开始。”[15] 人们开始关注，如何在未来科学哲学发展形式和特征不断增多的境况下找到一个“可使各个学科可被概观的视界”。十几年来科学哲学的发展证实了郭贵春教授的深邃见解。直到今天，科学哲学新的方法论的探求仍旧是科学哲学进步迫切需要面对的问题。

这种方法论的探求，无疑要建立在对当代自然科学发展的详尽分析基础之上。因为，尽管自然科学的理论发展通常并不直接构成对于哲学问题的逻辑支持或否证，但是，使实在论与反实在论之争获得其现代意义并再次成为哲学讨论的关键因素，无疑正是现代科学特别是现代物理学中对于物理实在、尤其是微观实在的种种性质、特性和认识的理解。[16] 当代科学实在论和反实在论争论的焦点集中在对理论实体的实在性的理解上，而时空从本质上来讲，可以说是物理学理论中最基础的理论实体。因此，对时空实在的理解方案，必然地与科学哲学的研究方法联系了起来。同时，自然科学的哲学问题研究方法论也反过来主导着科学哲学的方法论趋势，为科学实在论问题的研究提供新的视野。因此，时空实在论的方法论策略必将与整个科学实在论的方法走向一致，成为科学实在论辩护方法的具体表现。

20 世纪科学哲学的发展走过了一条从拒斥形而上学、重视语言逻辑结构到重视理论发展的历史因素、重视文本解释再到重视理论形成、解释和发展的心理因素等的一个过程。时空实在论所经历的方法论的转变也受到了科学哲学发展这一路径的影响，大致可以概括为三个步骤。第一步，就是否定完全形而上学思辨的时空。主要体现在对牛顿和莱布尼茨方法的批判上，在当代哲学家看来，时空在牛顿物理学时代被绝对化了。牛顿假设的时空在形而上学上作为上帝属性的绝对独立的存在使得时空失去了经验性的任何可能。莱布尼茨认为时空是共存（空间）或连续（时间）的秩序，虽然也是一种形而上学的结论，但或多或少地把时空定义为了从经验抽象出来的一种观念性的存在。正因为如此，20 世纪 60 年代之前逻辑实证主义全盛的时代，牛顿的绝对空间和时间被当作是形而上学的胡言乱语。莱欣巴赫（1924 年）就曾经把惠更斯和莱布尼茨当作是有远见的哲学英雄，而把牛顿和克拉克看作是哲学家中的土包子。[17] 第二步，随着 60 年代后实证主义的出现和科学实在论的复兴，时空实在论开始重视物理学理论的实在论解释，开始想办法为时空的实在性进行辩护，但在方法论上却缺乏成熟的科学哲学方法论作为支撑。第三步，从 80 年代开始，时空实在论的研究开始利用当代科学哲学的方法论，首先是对时空理论表征公式的语义解释。洞问题之后，实体论和关系论的修正方案，都关注对理论的形式体系进行语义分析。在 90 年代更是在重视时空理论形式体系的表征和解释的前提下，开始承认语义解释中的心理因素会造成解释的多样性，从而致力于寻找一种可以容纳不同时空解释的方法。

相应地，正如笔者在《当代时空实在论研究现状及其述评》一文中指出的，当代时空实在论研究的发展可以分为三个阶段：第一阶段为萌芽阶段，从 20 世纪初相对论提出到 60 年代。在当时科学哲学发展的背景下，时空实在论并不盛行，“时空实在论”这一专业术语也没有出现。但是物理学上广义相对论的成功与科学哲学中科学实在论的复兴共同促使人们重新思考时空的本质。他们在相对论语境中把时空哲学的主题与牛顿和莱布尼茨时代的争论重新联系了起来，争论时空到底是一种实体的存在还是关系的存在；但是在这个阶段，与广义相对论时空理解的混乱相同，人们对时空实在性的认识是混乱的，包括爱因斯坦本人也不例外。第二阶段为复兴阶段，60 ~ 80 年代，时空实在论的问题热极一时，以霍华德 · 斯坦（Howard Stein）1967 年对时空关系论的支持和约翰 · 厄尔曼（John Earman）1970 年对实体论做出的辩护为代表。但由于这个时代人们对广义相对论的理解并不彻底，加之科学哲学的方法论并不完善，关于时空的争论存在着很多概念不明晰的地方。大家在对时空本质的断言上无法得到一致的意见，最终甚至连争论的目标都产生了争议，人们对面临的问题和目标充满了迷茫。究其根源，主要是由于时空实在论的复兴是建立在对广义相对论进行解读的基础之上的，但是人们对时空本质的思考和回答方式却在很大程度上沿袭了思辨或者直观的方式，有脱离当代科学的嫌疑。认识论和形而上学之间的鸿沟注定这种回答方式得不到确切的结果。第三阶段为突破阶段，从 20 世纪 80 年代开始，时空实在论开始逐步寻找方法论上的突破。1983 年，弗里德曼提出了时空语义模型，这一模型使得科学哲学的语义分析方法可以运用到时空实在论的研究中去，赋予了当代时空实在论科学理性的基础，实现了时空实在论研究的第一个大突破。接着出现了厄尔曼和约翰 · 诺顿（John Norton）的“流形实体论”观点、“洞问题”的研究等一系列重要发现，促使了以提姆 · 马尔德林（Tim Moudlin）为代表的度规本质论、以戈登 · 比劳特（Gordon Belot）为代表的精致实体论和以卡尔 · 胡佛（Carl Hofer）为代表的度规场实体论等的提出。在这些五花八门的观点中，人们普遍认为实体论和关系论的争论无疑触及了物理学、形而上学和科学认识论的某些最近本的内核，但是所有的观点都不能有力地说服对方，对这个问题的纠缠不休让一部分哲学家感到绝望。从根源讲，形而上学和认识论的问题得不到解决，实体论和关系论之间的争论就不可能得到解决，因此，无论他们如何修正自己的观点，都似乎仍然走入了一个看不到结局的死胡同。时空实在论的第二个大突破同样来源于科学哲学的发展。90 年代，伴随着科学哲学发展中詹姆斯·雷德曼（James Ladyman）、史蒂芬·弗兰奇（Steven French）、约翰·沃热尔（John Worrall）的结构实在论的出现，时空实在论领域出现了以马若·德瑞图（Mauro Dorato）、乔纳森·贝恩（Jonathan Bain）、迈克尔·埃斯菲尔德（Michael Esfeld）与维森特·兰姆（Vicent Lam）等为代表的时空结构实在论（参阅：《当代时空实在论研究现状及其述评》，《哲学动态》2011 年第 4 期）。时空结构实在论者的共识在于，实体论和关系论僵持不下的根源在于它们直接追问的是“时空的本质是什么”这样一种时空形而上学层面的问题，时空结构实在论要做的，就是克服这种形而上学的对立，他们采用的，是一种整体论基础上的本体论后退的策略。由于时空结构实在论的思想来源正是科学实在论中的结构实在论，因此，它自然地带有了实在论和反实在论融合趋势的烙印。

当代时空实在论困境的突破源于 20 世纪 80 年代时空语义模型提出来之后哲学家对时空本质的理性思考，以及时空结构实在论本体论后退的策略。不管具体的策略有多少种，它们的发展趋势是一致的，就是试图在当代物理学语境中合理地分析和理解理论的内涵，试图寻找一种能够融合实体论和关系论，并且能够对时空实在性进行合理说明的方法论。但与科学实在论的各种流派所面临的现状一样，目前所有的时空实在论策略在自己的论证体系上都存在着无法解决的困境，仍然在寻找一种可以在科学发展中合理理解时空实在性的方法论策略。无论这种方案是什么，都要遵循四个原则：第一，必须厘清时空实在论发展中形而上学思考与科学理性思考之间的关系，寻找到一个基点，使时空的形而上学预设与理性对象这两种身份统一起来；第二，必须认识到时空理论仍然处在不断的变化之中，站在理论动态发展的角度合理地把握时空实在；第三，必须正确认识科学的最终目标，坚持实在论的立场；第四，必须站在整体论的角度，寻找对时空实在理解的适当的方法论。[18]笔者提出的“时空语境实在论”[19]正是遵从了这四个原则，而这样一种思路，必然地和当代科学哲学方法论的发展一致了起来，呈现着一种融合的趋势。

参考文献

[1] 恩格斯．自然辩证法（节选）//马克思，恩格斯．马克思恩格斯选集．第四卷．中共中央马克思恩格斯列宁斯大林著作编译局译．北京：人民出版社，1995：267.

[2] 李烈炎．时空学说史．武汉：湖北人民出版社，1988：240.
[3] 阎康年．牛顿的科学发现和科学思想．长沙：湖南教育出版社，1989：345.
[4] 炎冰．牛顿的绝对时空观可以可能．科学技术哲学研究，2009，6：71.
[5] 同［3］：343.
[6] 沃尔夫．16、17世纪科学、技术和哲学史．北京：商务印书馆，2009：808.
[7] 同［4］：70.
[8] 同［5］：818.
[9] 亚里士多德，张竹明译．物理学．北京：商务印书馆，1996：212.
[10] 同［3］：358.
[11] 同［4］：74.
[12] 李创同．科学哲学思想的流变——历史上的科学哲学思想家．北京：高等教育出版社，2005：5-6.
[13] 劳伦斯·斯克拉．空间、时间和相对论//W. H. 牛顿-史密斯．科学哲学指南．成素梅，殷杰译．上海：上海科技教育出版社，2006：564.
[14] Redhead. From Physics to Metaphysics. Cambridge：Cambridge University Press，1995：87.
[15] 郭贵春．当代科学实在论．北京，科学出版社，1995：1.
[16] 胡新和．“实在”概念辨析与关系实在论．哲学研究，1995，8：19.
[17] John Earman. World Enough and Spacetime. The MIT Press，1989：2.
[18] 程瑞．当代时空实在论研究现状及其述评，哲学动态，2011，4：97-103.
[19] 程瑞．时空语境实在论．科学技术哲学研究，2011，1：21-27.

退相干理论视野下的量子力学解释*

赵　丹

近20年来，量子测量的研究在理论与实验上均处于不断推进中，其中退相干效应受到了物理学家们的一致认同，被认为描述了量子测量中的实在过程，成为了理解量子力学的“新的正统观点”的一部分。[1]以被测系统与环境间相互作用引起的退相干效应为基础形成的退相干理论，并未像退相干效应那样赢得广泛的认可，有人质疑其对量子测量问题的求解是否恰当。即便如此，退相干理论分析测量问题的思路、对经验现象的解释力，及其求解量子测量问题的动机，有助于重新审视测量问题的求解、分析不同的量子力学解释体系，能够充实和评判不同的量子力学解释体系、更深刻地理解测量问题与量子力学的解释体系。本文主要集中于标准解释、哥本哈根解释、相对态解释和玻姆解释四种流行的解释体系，分析在退相干理论视野下这些解释体系获得的新内涵，及对求解测量问题的启示。

一、退相干理论视野下的标准解释

量子力学的标准解释以冯·诺伊曼的量子力学形式体系为基础，为探讨量子力学理论与解释提供了平台与基底，因为不同的量子力学解释体系均建立在对标准解释的批判与修正之上。退相干理论是对量子力学理论的进一步应用，该应用丰富了原有理论的内容，是量子力学在新的历史阶段下的发展。

标准解释中，为了使理论与经验相符合，冯·诺伊曼根据对客体系统某个可观察量A进行多次重复测量得到相同的值这一事实构造了塌缩假设，即系统的波函数 $\sum_n a_n|\alpha_n\rangle$ 在测量得到a_n时塌缩到了它相应的分支$|\alpha_n\rangle$上，波函数发生了改变，再次测量时因为新的波函数$|\alpha_n\rangle$是力学量A的本征态，结果当然只能是a_n。塌缩假设描述了测量引起的不连续的、非因果的、概率的和瞬时的变化，被冯·诺伊曼称为过程Ⅰ，与连续的、因果的薛定谔方程所描述的过程Ⅱ形成对

* 教育部人文社会科学研究一般项目“量子非定域性的哲学研究”（08JC720010）。

赵丹，山西大学科学技术哲学研究中心讲师，主要研究方向为物理学哲学。

比。从而，对于量子客体的描述，需要两种不同的演化类型：一种是动力学的薛定谔方程，另一种是测量时的塌缩。“动力学和塌缩原理是相互冲突的……当我们测量时，塌缩原理对所发生的而言似乎是正确的，而动力学似乎很奇怪地是错误的，但是当我们不测量时它似乎又是正确的。”[2]

许多物理学家们置疑引入波函数塌缩这样一种附加的假设是否必要，虽然它在经验上是充分的。关心量子力学基础问题的物理学家们与哲学家们并不满足于塌缩假设，试图重新对量子力学形式体系做出解读，以回答测量问题，消除在量子力学预言与实际经验之间的冲突。1952 年，玻姆在德布罗意导波理论（1927）的基础上，提出了一种隐变量理论。1957 年，埃弗雷特在其博士学位论文中提出了相对态解释。1971 年，德威特在对埃弗雷特相对态解释的基础上发展出了多世界解释。1973 年，哲学家范 · 弗拉森把模态逻辑引入量子力学，提出了量子力学的模态解释。此外，还有多心灵解释，DLP 动力学塌缩解释，一致历史解释等等。

在对量子力学形式体系给出不同解释的同时，伴随着理论与实验的发展，退相干理论于 20 世纪 70 年代应运而生，且经过 20 年的发展，于 90 年代受到了众多物理学家的热捧。其中，描述波函数不同部分间干涉消失的退相干效应被物理学家们接受为量子测量过程中必然的物理效应，使得“退相干”一词成为量子力学中非常重要的概念之一。然而，退相干理论的内涵要远大于退相干效应，它包括了该物理效应之外的许多其他理论预设，因为退相干这一物理过程只描述了测量过程中发生了什么，并不能够解释量子理论预言与实际测量之间的冲突，不足以解决测量问题，需要引入解释的因素。

退相干理论通过对测量问题的分析，把通常所指的量子力学预言与实际测量结果不一致的测量问题称为确定结果问题，之外又增加了优先基问题。优先基问题指的是波函数按哪个可观察量的基矢展开，是什么挑选了优先的物理量，使得在测量中得到该物理量的值。优先基问题是非常重要的问题，因为优先基的选择确立了测量结果的集合，只有在确定了测量结果的集合之后再研究究竟得到集合中的哪一个值才是有意义的。退相干理论把系统与仪器之外的环境引入相互作用的链条，认为仪器与环境之间相互作用的哈密顿量选择了稳定的指针基矢，保留了对系统信息的可信记录，从而动力学地选择了系统的优先基矢。对于确定结果问题，退相干理论借助于约化密度矩阵这一粗粒化过程，忽略了环境的大多数自由度，只保留关于系统和仪器的信息，从而得到了对角化的约化密度矩阵。此表征系统态信息的约化密度矩阵，不存在表征不同波函数间干涉效应的非对角元，从而系统就表现出处于不同的确定态，就像是处于混合态中，系统处于这些确定态之中的某一个的概率由玻恩规则给出。这样，约化密度矩阵的解释仍然需要预设玻恩概率规则，使得粗粒化过程实质上是投影假设的统计版本。因而，退相干理论并未能解决测量问题，并不能替代塌缩假设，只能够对优先基问题给出回答，对于确定结果问题的产生仍然给不出独立的答案。

在引入退相干理论之后，标准解释之于测量问题的分析应该结合确定结果问题与优先基问题进行。标准解释用塌缩假设来回答确定结果问题，即测量引起了客体系统态的非连续变化，这种变化使得系统从多个本征态的叠加塌缩到了其中一个本征态，测量得到该结果的概率由初始波函数与对应于结果的量子态重叠的概率幅的平方给出。冯·诺伊曼的塌缩，需要在测量链条中不断引入新的仪器，最终需要通过引入观察者的意识来实现，从而导致了心理–物理平行主义。对于优先基问题，标准解释也要诉诸观察者，用观察者的选择来回答。测量由观察者做出，观察者能够在测量前随意选择可观察量，从而决定在测量后赋予客体的性质。同样，对于用来测量特定物理量的仪器的设计，也要用观察者的选择来说明。观察者选择要观察的量，再设计相应的仪器进行测量。因而，无论是确定结果问题还是优先基问题，观察者均发挥了重要的角色，一方面选择要测量的量，另一方面引起量子叠加的塌缩，从而最后得到被测物理量的一个确定结果，与经验相符合。在退相干理论的视野下审视标准解释，发现观察者的地位更加重要了，他甚至可以决定系统所体现的特性。

标准解释中，“最后记录什么的预言对于过程 I 在什么时候和哪里被用来塑造量子系统的演化是不敏感的”[3]，即塌缩发生在什么时候、发生在哪里，与最后测量得到的结果没有关系。例如在双缝干涉实验中，塌缩可能当粒子撞击屏幕时发生，也可能在屏幕变黑时发生，或在结果被自动打印出来时发生，或在视网膜中发生，或沿着光学神经，或当最后的意识引入时发生。这被称为在主体与客体间冯·诺伊曼划界的可移动性（movability of the von Neumann cut）。这种主客体间界线的模糊性，使得量子测量成为一个黑箱，测量过程中的具体细节我们无从知晓。

标准解释用观察者来决定系统所拥有的特性，和物理系统是与观察者无关的客观存在这一传统观念相冲突，受到了许多物理学家与物理学哲学家的批评。另外，装置如何被设计以针对一个特定的可观察量？冯·诺伊曼的测量方案中并没有给出答案。对该问题的回答本质上要求取消标准解释中把测量看作是与真实的物理测量没有关系的一个黑箱的观点。根据退相干理论，在实践中，观察者没有任意选择可观察量并测量它的自由，测量需要借助于测量仪器，只有与客体和仪器相互作用哈密顿量相对易的可观察量才能更好地体现测量的客观性，只有对特定可观察量的测量记录才能不受到环境相互作用的破坏，虽然仪器的设计是由观察者完成的。许多实际情形中，被选择的往往是位置可观察量，因此，对可观察量的选择是受限制的，观察者只拥有在部分可观察量集合中选择的自由，是部分自由。可观察量集合的确定是由与环境的相互作用实现的，所以可以解释为是环境部分地决定了系统的特性。在这个意义上，退相干理论把标准解释中测量的形式概念融入了更为真实的物理框架，给量子测量以客观的解释，消除了心理-物理平行主义和主客体划界的模糊性。

二、退相干理论视野下的哥本哈根解释

哥本哈根解释是伴随着量子力学的产生而生的，长久以来一直占据着主导地位，是最早，也是影响最大的一种量子力学解释，其主要理念来自于玻尔。

该解释的核心是互补性原理，即在时空标示与因果要求之间的互补性，量子语言与经典语言之间的互补性。经典概念在应用于原子领域时有其本质上的限度：它们仅能给出对物理客体的部分图景，这些图景之间互相补充，分别描述了原子客体的不同方面。“它们（经典概念）塑造了量子现象的典型特征，即非决定论。量子态不是对量子客体的直觉（intuitive or visualisable）表征，而是符号（symbolic）表征，即对量子现象由应用不同互补的经典图像组成的隐晦表达。”[3]哥本哈根解释强调了经典概念对于量子现象描述的必要性，关于微观客体的完备描述需要经典物理学语言，因为量子系统的物理特性依赖于包括测量条件内在的实验条件，而后者必须要用经典语言来描述。经典性是量子理论中不可或缺和不可还原的要素，甚至经典物理学先于量子理论。这引入了量子-经典的描述的二元论，要求在微观世界与宏观世界间划出一条界线，即海森伯分割(Heisenberg cut)。然而，即使玻尔本人也不清楚这一分割线该划在何处，使得测量在哥本哈根解释中也成为黑箱，这一黑箱包括微观被测系统与宏观测量仪器在内，是二者的整体性导致了测量结果。从而，一方面对测量结果的说明需要借助于系统与仪器的整体性，另一方面要求在微观与宏观之间分割，造成了哥本哈根解释在说明的整体性与描述的二元论之间的矛盾困境。

退相干理论坚持量子力学描述的普遍性，从而避免了量子与经典语言之间的二元性。哥本哈根解释认为，仪器根据定义是宏观的，是用经典术语来描述的。然而，在真实的测量中测量装置可以是微观的，并不是每个仪器都必须是宏观的，只有保证测量记录充分稳定的放大器必须是宏观的。退相干表明，准经典的特征能够通过环境超选直接从量子基底中产生，因而不需要预设经典性，甚至经典概念是来自于量子力学的，这破坏了哥本哈根解释描述二元论的基本立场。“若退相干理论成功的话，是来自量子物理自身的对玻尔解释的打击。”[4]因为退相干理论与哥本哈根解释在量子力学是否具有普遍性这一基本预设上存在着根本的差异。

然而，玻尔的假设，即实践的量子力学需要经典领域，事实上被退相干所确证，因为是环境的大自由度保证了退相干在很短时间内发生，才能够表现出测量

结果的经典性。退相干在动力学上建立了在量子与经典间的界线，宏观与经典间的等价性在退相干理论语境中成为现实。并且，近些年来在 C_{70} 分子干涉仪、量子非破坏测量（quantum non-demolition measurement，QND）等关于退相干的实验也表明，在客体系统 S 与测量仪器 A 之间的界线是光滑的，不是非连续的突然变化，可以通过对系统与环境相互作用的控制改变此界线的动力学与时间尺度，二者间的界线是可移动的。退相干理论的动力学允许计算在特定实验条件下“宏观性”发生的时刻，和多大的“薛定谔猫”，即一种宏观尺度的量子叠加态。

作为退相干理论发展与推广的关键人物，朱瑞克（W. H. Zurek）关于退相干理论的研究在某种程度上可以看作是对哥本哈根解释的完善，甚至是辩护，因为按照理论提出者泽（H. D. Zeh）的框架，退相干理论是一种类似于埃弗雷特的相对态解释，正是朱瑞克的工作为退相干理论寻求了相对态之外的另一种框架，即玻尔理论，集中体现在他所提出的存在（existential）解释中。在存在解释中，朱瑞克相对于泽的彻底反哥本哈根倾向，认为正是退相干为埃弗雷特解释的特定方面与哥本哈根解释相一致提供了可能。

此外，接受退相干的实验物理学家们也认为退相干提供了对玻尔观点的确证，或至少不是反驳他们。温内（R. Omnes）把退相干看作是在隐变量理论兴起之后，对玻尔理论的澄清和辩护；巴布在他的著作《解释量子世界》中把退相干看作是新的正统解释的一部分。“当前有这样的共识，即一种现代的、确定版本的哥本哈根解释出现了，在这里玻尔-爱因斯坦争论中以旧的方式讨论的问题现在能够得到清晰的理解。新的正统解释由许多内容综合而成，其中包含了环境引起的退相干这一物理现象。”[5]

三、退相干理论视野下的相对态解释

1957 年，埃弗雷特在其博士论文中提出了量子力学的相对态解释。这是一种非塌缩的解释理论，试图在不引入任何附加假设的情况下，仅仅用量子力学的态和薛定谔方程来描述所有的客体，包括宇宙。量子力学客体叠加态中的所有组分都对应于某种物理态，测量时不会发生塌缩得到某个特定的本征值，经验中得到确定的结果是相对于复合系统内部其余部分的显现（相对态解释），或是发生于分裂宇宙中的特定一个分支宇宙（多世界解释），或者是指向有意识的观察者心灵集合中的特定分支心灵（多心灵解释）。

相对态解释需要面对两个问题，优先基问题和概率的意义问题。态函数展开中的每一项都被认为是对应于一些真实的事态，那么是什么决定了用来定义分支的特定基矢？每个叠加态组分对应的结果在某种意义上都发生，概率的意义如何，玻恩规则在该解释框架中的位置在哪里，量子力学中的统计性该如何解释？

这些问题从退相干理论最初提出时就已经思考了，因为退相干理论的奠基人物泽就是以埃弗雷特的相对态解释作为他引入环境相互作用的出发点，并为埃弗雷特辩护的。在他看来，该解释引入的附加解释因素最少，与退相干理论在量子力学框架内解释经典性的目的相一致。

用环境引起的超选来回答相对态解释中的优先基问题，不必先验地假设存在优先基，能够根据动力学上的稳定性标准选择优先基，这样选择的优先基在经验上是充分的，充分性由退相干理论所基于的薛定谔方程所保证。由环境的相互作用选择的稳定的世界分支，不会随着时间的流逝而被破坏掉，能够保留下来并被观察者所获得，就好像发生过的历史一样。“因而能够用于定义稳定的、时间上展开的埃弗雷特分支。这样的轨迹可以与观察者稳定的记录态和环境态相关联，使得关于系统态的信息能够被许多观察者获得。”[6]除了环境超选，另外一种定义优先基的方法是通过施密特（Schmidt）分解完成的。

用环境超选回答优先基问题也受到了许多的批评。首先，对于什么算作系统、什么算作环境没有客观的标准，用主观的标准来定性系统与环境，会使得环境引起的分支选择发生在观察者的（主观的）解释中，从而“把观察者的神经(感知）器官包含进了对观察的完全描述，而不能够把外部观察者的存在当作不参与相互作用的量子系统。每个神经态与被观察的系统叠加中的单个态相关联，这些不同神经态间的退相干阻止了不同的结果记录间的干涉，导致了对单个结果的感知”[7]。其次，退相干产生的仅是优先基的近似定义（出于一切实用的目的(for all practical purpose，FAPP)），并不能够提供对分支的精确确定。针对这样的批评，实用主义的物理学家们回应说，他们仅要求退相干理论能够说明我们的经验，只要理论是经验适当的（empirically adequate)，精确的规则并不需要。

关于概率的意义问题，最开始时人们认为退相干为相对态解释框架中的概率概念提供了自然的解释，退相干后的约化密度矩阵中的对角元对应于可能事件集合，其系数是分支的相对频率。这样做就把玻恩概率解释为是一种经典概率。事实上，后来发现，约化密度矩阵的形式已经预设了玻恩规则，因而是循环推导。多伊奇基于量子力学非概率的公理和经典决策理论（classical decision theory）提出了一种对玻恩规则的推导，然而由于需要提前定义经典事件的概率，也被指出是循环论证。为解决多世界解释中的概率意义，朱瑞克在把量子力学看作对信息扩散（proliferate）描述的基础上，用环境协助的不变性（environment- assisted invariance or envariance）从量子纠缠特征直接导出客观的概率与“客观的忽略”(objective ignorance）概念。例如，一个全域的双粒子量子态 $|\Psi\rangle=(|a_1\rangle|b_1\rangle+|a_2\rangle|b_2\rangle)/\sqrt{2}$ 的完全知识并不包含关于一个子系统绝对态的任何信息，通过从希尔伯特空间向其子空间的分解（decomposition）和张量积结构，把关注的焦点集中于一个粒子，就会得到出现单个结果的概率。

在引入退相干的相对态解释中，关于量子力学形式体系及其解释引入的附加假设是最少的。除了关于态对系统的完备表述和态按照薛定谔方程演化之外，不需要单独做出关于测量的表述。测量被看作是由态向量描述的系统间的物理相互作用，并由适当的相互作用哈密顿量控制，而可观察量也成为一个推演得到的概念，而非原始概念。由此，测量不具有特殊的地位，只是一种普通的物理相互作用，从而维护了测量的客观特征，满足了许多物理学哲学家们的诉求。

四、退相干理论视野下的玻姆解释

德布罗意–玻姆理论是一种隐变量解释。其最早由德布罗意于 1927 年提出，1952 年由玻姆再度提出。隐变量理论的基本理念是，量子力学并不完备，因而需要引入附加的变量以补充说明一些量子客体的行为与量子测量过程。这些隐变量的统计平均要与量子力学的概率相一致，符合于经验测量。隐变量理论被认为是目前为止发展得比较完善的理论，它可以解释一些在标准解释中无法解释的问题，如计算粒子在隧穿一个势垒所需要的时间，因为在标准解释中粒子没有确定的位置，且没有时间可观察量。另外，它首次表明本征态–本征值联系不是量子力学解释的必要原则，为其他种量子力学解释的出现开辟了空间；它恢复了基本层次上的决定论，补充了量子力学在观察层面的统计性。

玻姆认为波函数 φ 只对粒子系统提供了部分描述，需要用粒子的位置 q 作补充。将解为 $\varphi(q,t)=R(q,t)\mathrm{e}^{\mathrm{i}S(q,t)}$ 的薛定谔方程 $i\hbar\frac{\partial\varphi(q,t)}{\partial t}=-\frac{\hbar^2}{2m}\nabla^2\varphi(q,t)+V(q)\varphi(q,t)$ 分别按虚部和实部分开，从而形成了两个方程。虚部所形成的方程(*)为：$\frac{\partial S}{\partial t}+\frac{(\nabla S)^2}{2m}+V-\frac{1}{2m}\frac{\nabla^2 R}{R}=0$，该方程具有经典力学中哈密顿方程的形式，其势由 $V-\frac{1}{2m}\frac{\nabla^2 R}{R}$ 给出。其中，$-\frac{1}{2m}\frac{\nabla^2 R}{R}$ 是量子势 U。当量子势 U 为零时，方程(*)就是经典的哈密顿 – 雅各比方程；当 U 不为零时，粒子受到量子势引起的额外作用力 $F(q,t)=-\nabla(V(q)+U(q,t))$。实部所形成的方程是一个连续方程 $\frac{\partial p}{\partial t}+\nabla\cdot p\dot{q}=0$，意味着概率守恒。其中，$\dot{q}(q,t)=\nabla S(q,t)/m$ 解释为粒子的速度，$\nabla S(q,t)$ 则是粒子的动量，$p(q,t)=R^2(q,t)=|\varphi(q,t)|^2$ 理解为时刻 t 在点 q 处找到粒子的概率，进而描述单个粒子的薛定谔方程就可以理解为是描述粒子的系综，系综的概率分布满足 $p(q,t)$，随时间是概率是守恒的，单个粒子的运动可以看作是好像经典粒子一样。

玻姆力学与量子力学仅在位置测量的概率分布上是一致的，某些量的取值并不完全相同，二者间的不一致主要是由对量子势的不同处理导致的。在两个粒子组成的复合系统中，量子势为 $U(q_1, q_2, t) = -\frac{\hbar^2}{R(q_1, q_2, t)}\left(\frac{\nabla_1^2 R(q_1, q_2, t)}{2m_1} + \frac{\nabla_2^2 R(q_1, q_2, t)}{2m_2}\right)$，从而对粒子 1 的作用力 $F_1 = -\nabla(V+U)$ 同样依赖于粒子 2 的位置，反之对粒子 2 的作用力也依赖于粒子 1 的位置，从而在两个粒子之间存在瞬时的相互影响，且这种影响并不随着粒子距离间的增加而衰减，因为量子势 $U(q_1, q_2)$ 并未改变。这种由于量子势在粒子间形成的相互影响使得玻姆力学拥有了一种“整体论”的特征，满足非定域性。

在玻姆解释中，波函数扮演着双重角色。一方面，$p(q, t) = R^2(q, t) = |\varphi(q, t)|^2$ 确定粒子在时刻 t 出现于位置 q 处的概率。另一方面，由于 φ 与量子势有关，进而与粒子的动力学相关联，引导着粒子的运动与分布。粒子以决定论的方式运动，构成了量子力学的因果解释。例如，当粒子经过双缝装置时，它穿过哪一条缝与到达影像板的具体位置都是由其初始位置与波函数决定了的。虽然给定时刻粒子由相同的波函数描述，它们却能够沿着不同的确定的轨迹运动，因为波函数的描述并不完备，作为隐变量的粒子的位置决定着粒子的轨迹，$|\varphi(t)|^2$ 刻画了轨迹的分布。

玻姆理论赋予粒子以基本的本体论地位，这与相对论的量子力学即量子场论的场本体地位相冲突。对于玻姆理论的这一困难，退相干理论能够解决。“介观和宏观系统的退相干后的约化密度矩阵总是表征为位置空间中窄的波包系综，泽说这种波包可以看作表征了单个的粒子位置。‘量子场的测量中观察到的所有粒子方面，可以理解为是考虑了相关定域密度矩阵的退相干。’”[8] 从退相干的连续过程中可以得到粒子这一表象，从而消除了粒子本体的预设。当然，从退相干本身并不能够必然地得到玻姆的粒子概念，我们必须在附加的解释框架下才能够把从退相干得到的窄波包的准系综（improper ensemble）看作是对单个粒子的感知，从而解释为什么仅感知到一个波包。有了退相干，粒子作为基本实体的假设就变得不必要了，粒子与场的本体论地位冲突也能够消除。

德布罗意原先提出的动力学理论类似于经典波动光学，必须引入玻姆对塌缩表象的分析，才能够把它与量子现象联系起来。玻姆论证说，测量中波函数的演化进入叠加，但它们在被测系统与仪器总的位形空间中是分离的，故总的位形处于波函数的单个元素中并引导它的进一步演化，就好像发生了塌缩一样。把退相干理论应用到该机制中，分析就扩展到包含环境的自发测量。退相干描述粒子的运动，粒子就处于由退相干相互作用选择的非定域的一个元素中，从而，德布罗意-玻姆轨迹将参与由退相干决定的层次上的经典运动。一直令霍兰德（P. R. Holland）困惑的问题：德布罗意-玻姆理论中由于波通过一阶方程引导粒子，不同于它们初始条件的可能的轨迹不能够交叉，而在二阶的牛顿方程下可能的轨迹才会交叉，就通过退相干得到了解决，退相干产生的非干涉项确实能够交叉，因而处于其中的粒子的轨迹也能够交叉。

对于玻姆力学中高非经典轨迹如何能够解释宏观经验层次准经典轨迹的存在这一问题，玻姆和海利在《不可分的宇宙》中指出是由宏观系统对环境粒子的散射造成的；爱普比（D. M. Appleby）把由退相干产生的准系综中的准牛顿相空间轨迹与粒子轨迹联系起来，用环境和退相干效应来说明，她同时指出，只有在特定附加假设时，产生退相干的过程才会得到宏观系统正确的准经典玻姆轨迹。

结 语

"基于退相干理论所取得的进步，可以合理推断，渗透进一些附加的解释结构退相干能够给出从量子力学原理如何到经典世界（经典表现）一个完整与一致的回答。"[9]施洛斯豪尔（M. Schlosshauer）和布奇伽鲁皮（G. Bacciagaluppi）认为退相干作为标准量子力学的应用，虽不提供一种唯一确定的量子力学解释，却有助于对解释的丰富与审查，现有的解释必须与退相干这一物理效应相符合。例如，退相干理论可凭借通用的标准选择相对态解释中的分支，给出从观察者角度看分支间没有干涉的物理解释；模态解释中，退相干理论可以确定经验上充分的归属于系统的性质集合；GRW 塌缩模型中，可以从环境相互作用中得到自由变量与塌缩机制本身的特性；一致历史解释中，退相干理论可以作为选择准经典历史的有效机制；等等。进一步，退相干理论能够保证经验的充分性和不同解释路径的经验等同性，使得"泽与朱瑞克对退相干的研究在不同的解释框架下完成"[10]成为可能，而他们在哥本哈根解释和埃弗雷特解释间的选择依赖于各自的形而上学预设。

在退相干理论的视野下，审视量子力学解释体系，我们得到如下启示：在量子力学形式体系内，不可能解决量子测量问题，求解测量问题必须引入附加的解释因素替代或取消塌缩假设。如何建立恰当的语义学规则，把量子理论的预言与实际的经验测量联系起来，给出无矛盾的量子力学和量子测量解释？求解历百年尚无定论，且仍在漫漫求索中。

参考文献

[1] Bub J. Interpreting the Quantum World. Cambridge University Press，1997：6.

[2] Albert D. Quantum Measurement and Experience. Havard University Press，1992：79.

[3] Bacciagaluppi G. The Role of Decoherence in Quantum Theory//Zalta E N. ed. The Stanford Encyclopedia of Philosophy. http：//plato. stanford. edu/archives/fall2008/entries/qm- decoherence.

[4] 同 [3] .

[5] 同 [1]：207.

[6] Schlosshauer M. Decoherence and the Quantum-to-classical Transition. Springer，2007：336.

[7] Schlosshauer M，Fine A. Decoherence and the Foundations of Quantum Mechanics//Evans J，Thorndike A S. Quantum Mechanics at the Crossroads. Springer，2007：125-148.

[8] 同 [6]：354.

[9] 同 [6]：67.

[10] Camilleri K. A History of Entanglement：Decoherence and the Interpretation Problem. Studies in History and Philosophy of Modern Physics，2009，(40)：290-302.

语境与丘奇-图灵论题意义的演变*

王凯宁

在传统计算理论的研究中，可计算性是数理逻辑学家们无法绕过的核心论题。然而在20世纪之前，“什么样的函数是可计算的?”这个问题一直都没有被正式地探讨过，数学家们普遍认为世界上并不存在不可解的问题。直到20世纪30年代，丘奇（A. Church）、克林尼（S. Kleene）和图灵（A. Turing）等才分别对有效可计算性进行深入的研究，并于1936年发现他们对可计算性的不同定义是等价的，从而形成了我们今天所说的丘奇-图灵论题。该论题认为有效可计算函数就等同于通用图灵机可计算的函数，这就将有效计算这个直观概念与通用图灵机这个形式系统联系了起来，为计算机科学的发展奠定了基础。那么，有效可计算性在当时的具体内涵是什么?或者说，丘奇-图灵论题是在什么背景下提出的?我们认为，丘奇-图灵论题提出的背景是人化计算语境，也即丘奇和图灵以及他们之前的数学家们所指的有效可计算函数就是可以由人类计算员机械地执行的运算程序。1936年之后，随着理论计算机科学的发展，对有效计算的理解也发生了改变，甘迪（R. Gandy）等将其扩展为机器计算，我们可以将这种理解的背景看作丘奇-图灵论题的机器计算语境。1985年，受当时自然计算研究的影响，多伊奇（D. Deutsch）将各种物理系统的演化看作真实世界中一直存在着的计算过程，从而提出了“丘奇-图灵论题的物理版本”。事实上，正如多伊奇所说：“将丘奇-图灵论题视为一个物理原理，不仅使计算机科学成为了物理学的一个分支，更使实验物理学的一部分加入计算机科学。”[1]

一、人化计算语境下的丘奇-图灵论题

1936年，丘奇、克林尼和图灵分别就有效可计算性给出λ可定义性，一般递归性以及图灵机可计算性的定义，并最终承认各定义之间是等价的，从而形成了著名的丘奇-图灵论题：“所有有效可计算函数都是通用图灵机可计算的”。尽管这一论题就是对有效计算的形式化定义，但是由于其并非严格的数学证明，因此对该论题的把握还必须建立对有效计算这一概念的直观理解之上。图灵的学生

---

* 教育部人文社会科学研究青年项目“量子计算中的哲学问题研究”（10YJC720042）。
王凯宁，山西大学科学技术哲学研究中心教师、博士研究生，主要研究方向为科学哲学。

甘迪认为，丘奇-图灵论题中有效可计算函数就是能够通过人化计算机（Human Computer）来执行并得出结果的函数，他指出："丘奇和图灵内心中的计算就是由一个抽象的人利用某种机械辅助装置（如纸和笔）完成的计算，这里的'抽象'意味着这个人不受现实中时间和空间的限制。"[2]这种人化计算机可以被理解为一个理想化的人，他会严格按照预先提供的操作指示，用某种机械工具（如纸和笔）从开始到最后一步一步地执行操作，而这个人本身不需要具有任何直觉或创造力。我们将有效计算的这种认识论语境称为人化计算语境，很明显在此语境下，有效计算存在两方面的理想化：一是人化计算机没有时间和存储空间的限制，二是它能严格的执行运算步骤而不会出错。

人化计算语境形成的历史背景与20世纪30年代之前有效计算在逻辑与数学中的认识论地位有关。从弗雷格开始一直到希尔伯特，数学家们普遍认为需要利用形式系统来证明数学问题，而这种形式系统之所以有意义就是因为它是从抽象的人的视角来理解公理系统的。在希尔伯特的形式系统中，我们只需考虑符号的种类，符号的排列以及从符号序列到符号序列的变形而不考虑它们的意义。在从起始的符号序列变形到最终的符号序列这个过程中，我们要按照机械性程序（即算法）给出的明确规则，一步一步地完成变换，并在有穷步骤之后结束，而这种变换操作在理论上必须是无创造性的人所能做到的。事实上，希尔伯特正是希望找到这样一个形式系统，并将整个数学建立在此基础之上。形式系统涉及判定性问题，即对一类问题是否有一个机械性程序，能够对该类中的任一问题，在有穷步骤内确定它是否有某个性质，或者对任意给定的一个对象能够在有穷步骤内确定它是否属于该类。这里的机械性程序就是指可以由任何没有洞察力和创造力的抽象的人执行的一系列规则。哥德尔于1931年提出的不完备定理针对判定性问题给出了否定性的答案，但它并不能否定某种超级机器或者人类的直觉可能对此问题给出肯定性的答案，只是因为这种可能性不是建立在人化计算所能实现的基础之上，因此也就不是逻辑或数学框架下的答案了。

在人化计算语境下，丘奇-图灵论题可以被表述为："所有通过人化计算机计算的（正整数）函数都是图灵机可计算的。"[3]由于丘奇1936年是通过递归函数（或λ可定义函数）来定义算法可计算概念的，因此我们主要讨论的是图灵对该表述的论证。图灵用图灵机概念描述有效可计算性时，就直接对所用可能的计算过程给出了限定条件，即它们应该在人所具有的感官能力和记忆容量范围内进行。西格（W. Sieg）从确定性（determinacy）、有限性（boundedness）和定域性（locality）三个方面明确地表述了图灵的限定条件（DBL条件）。其中，包括一个确定性条件（记作D）、两个有限性条件（分别记作B1、B2）和两个定域性条件（分别记作L1、L2）：

(D) 计算机执行的是确定的计算，即其内部状态与即将被关注的符号共同确定唯一的下一步计算。

（B1）计算机当下所能识别出的符号的数量是有限的；

（B2）能够影响下一步计算的内部状态的数量的有限的。

（L1）只有即将被关注的符号会发生改变；

（L2）即将被关注的符号与刚刚被关注过的符号之间必须保持在有限的距离内。[4]

上述限定条件中，确定性条件保证了计算过程中的每一步都是确定的，有限性条件保证了每一步计算中影响符号变化的状态数量是有限的，定域性条件保证了每一步计算中发生改变的符号数量是有限的（即为一个符号）。这些条件之所以合理，是因为图灵考虑的计算既不是机器计算，也不是人的智力过程，而是一种人化的机械计算，即一个抽象的人类计算员根据机械程序实现的符号变换。因此，人具有的感知能力所受到的限制就决定了只有在上述限定条件下进行的计算才是有效计算。

这样，图灵就将有效计算的直观概念等价为满足 DBL 条件的人化计算机这样一个抽象概念，不过要得到人化计算语境下的丘奇-图灵论题，我们还需要一个必要的步骤，那就是证明满足 DBL 条件的计算机所能计算的函数正是图灵机可计算函数。事实上，这个证明是很简单的。由于 DBL 条件保证了计算机进行的每一个计算步骤中只有一个相关符号发生了确定性变化，且这个符号的改变只受有限数量的内部状态所影响，因此每一步这样的计算都是能够由图灵机在有限的步骤内模拟的。谢格瑞尔（O. Shagrir）将图灵对人化计算语境下的丘奇-图灵论题的论证过程总结为三个步骤：

（1）图灵论题：人化计算机必须满足上述的确定性、有限性和定域性条件；

（2）图灵定理：满足确定性、有限性和定域性条件的计算机所能计算的函数就是图灵机可计算函数；

（3）结论：能够由人化计算机计算的函数就是图灵机可计算的。[5]

二、机器计算语境下的甘迪论题

在 1936 年之后，对有效计算概念的认识也发生了变化，特别是随着电子计算机的发明以及计算机科学的发展，越来越多的科学家认为应该从机器计算的意义上理解有效计算，当然这里所说的“机器”是广义的，它包括人，计算机以及抽象的自动机等等。事实上，现在我们对于有效计算的认识正是建立在机器计算基础上的，并普遍将丘奇-图灵论题看作是涉及广义计算机的一个论题，其意义在于指出：（理论上）所有计算机的计算能力都应该是相同的，它们都只能完成图灵机能力范围内的计算任务。那么，探讨有效计算所依赖的语境基础为什么会从人化计算转变为机器计算？我们认为主要是由于人们所关注问题的转变。丘奇和图灵之所以在人化计算语境下提出关于有效计算的丘奇-图灵论题，是因为当时他们希望在逻辑和数学理论层面为直觉上的可计算性提供一个形式化的模型。而在当前计算机科学中，研究者们主要的关注点在于机器到底能够解决哪些问题，因此在机器计算语境下，将有效计算理解为机器所能实现的计算是适当的。也就是说，在计算机科学中，图灵关于有效计算是一个机械过程的认识被延续了下来，但是执行计算的抽象的人类计算员变成了某种计算机器。

1980 年，图灵的学生甘迪考虑了一种离散确定性机器（discrete deterministic mechanical device），我们可以称为甘迪机。他将该设备看作是由状态集 S 和状态变换操作 F 构成的一个系统 $\langle S, F\rangle$，从而将计算过程描述为一组状态变换过程，即初态为 S_0，接下来的状态分别为 $F(S_0)$，$F(F(S_0))$，…甘迪机也必须满足确定性、有限性和定域性条件，其中确定性条件要求计算的结果是确定的，且系统的状态是离散的；有限性条件要求每个状态 S_i 由有限的原子部分（即符号）构成，每个状态变换操作 F 由有限的原子操作构成；定域性条件要求每一步状态变换中发生变化的原子部分只受与它相邻的有限多个原子部分的影响。将甘迪机与人化计算机所受的限制性条件进行比较，我们发现，二者所满足的确定性条件是一致的。从它们分别满足的有限性和定域性条件出发，则可以简单地将甘迪机看作有限多个人化计算机的并联，即甘迪机中的每个状态 S_i 由有限多个人化计算机中的符号构成，每个状态变换操作 F 由有限多个人化计算机中的原子操作构成。在每一步计算中，人化计算机中只有一个符号可以被改变，而甘迪机中发生变化的符号数量是有限多个。因此，人化计算机只能执行顺序计算，而甘迪机可以进行并行计算。

类似于人化计算机所受的限制性条件是对人的感知能力局限性的形式化描述，甘迪机所受的限制性条件来自两个物理前提的抽象化："一是信号的传播速度存在一个上限，二是机器中原子部件的尺寸存在一个下限。"[6]其中，第一个前提意味着机器中只有相邻的原子部件之间才存在信息的传递，即任意原子部件只受与它相邻的原子部分的影响；第二个前提则决定了相邻的原子部件的数量是有限的。

甘迪认为有效计算就是离散确定性机器所能执行的计算，同时认为满足该定义的计算机所能计算的函数就是图灵机可计算的。因为上述限定性条件保证了甘迪机的每一步操作只能导致有限多个状态发生变化，而其中的每个状态又是由有限多符号构成的，这样，甘迪机的每一步操作最终都可以分解为单个的符号变化，就可以由图灵机在有限的步骤内模拟，所以甘迪机所能完成的计算就是图灵机可计算的。事实上，甘迪所做的就是提出并从理论上论证了一个机器计算语境下的丘奇-图灵论题，即“所有可以由离散确定性机器计算的函数都是图灵机可计算的”[7]，它后来被称为甘迪论题。

我们可以通过两种方式来理解甘迪论题。第一种理解方式是将甘迪机视为一个严格的数学定义，从而把该论题看作是从逻辑上对丘奇-图灵论题的推广。在这种意义下，甘迪正是“沿着图灵的方法论路径，并扩展了有效计算这个非形式化概念”[8]。首先，如同图灵那样，他考虑的是那些确定的且由离散符号描述的计算；其次，他以物理理论为前提，抽象出一系列限制性条件，从形式化定义上将执行这种计算的客体从抽象的人扩展到某一类机器；最后，证明了这类机器所能完成的计算就是图灵机可模拟的计算。第二种理解方式是将甘迪机视为一台有限的物理机器，即在有限多步操作内完成有限多状态变换的物理实体，它与人化计算机的区别在于，其每个操作步骤可以并行处理有限的任意多个状态变换。在这种意义下，该论题就是一个关于某类（实际存在的或理论上可行的）仪器的计算能力的经验命题。这种理解方式或许更接近甘迪的本意，但是他过窄地限定了机器的范围，以至于将非离散的机器（如模拟计算机）和非确定性的机器排除在考虑范围之外，因而作为一个经验命题来说，无论该论题是否为真，事实上都因没有在很大程度上扩展有效计算的外延而显得意义不足。相反，前一种理解虽然并不一定符合甘迪的本意，但是却体现了其工作的主要意义，即为包括有限并行计算机在内的很重要的一类机器提供了精确的形式化描述。不过，我们应该注意的是，在这种视角下，虽然执行计算的主体由抽象的人变成了机器设备，但是计算仍然被理解为一种逻辑和数学语境下的机械过程，即按照某种给定的规则，实现形式符号的变换。因此，科普兰德（B. Copeland）和谢格瑞尔指出：“存在一些不能满足甘迪定义的（理想化的）物理机器，说明了逻辑和数学上的‘机械’概念与物理中讨论的‘机械’概念是完全不同的。”[9]这或许正是甘迪机没有成为一个关于机器计算的主流模型的原因。

三、自然计算语境下的丘奇-图灵原理

20 世纪 80 年代以后，自然计算的出现使得物理学家们不再把计算看作是一个抽象的过程，而视为与真实的物理世界相关。一般来说，自然计算主要包括三方面的内容：①受自然启发而出现的解决问题的新方法，如神经网络计算；②利用电子计算机模拟自然系统和建立仿真系统，如人工生命；③利用物理、化学、生物等自然系统的演化完成的计算，如量子计算、DNA 计算等。麻省理工学院的量子计算学家托夫利（T. Toffoli）就曾指出：“计算——无论是通过人还是机器——都是一个物理过程。如果我们想要更快、更好、更高效、更智能地进行计算，那么我们不得不更多地向自然学习。”[10]的确，一些自然计算被证明具有比

经典电子计算机更高的计算效率，例如量子计算在解决大数质因子分解问题时就比我们已知的任何经典计算效率都要高得多。然而，引起了很多学者的注意的是，很多自然计算并不等价于图灵机意义上的有效计算，即它们并不能由一个抽象的人或模拟机以数学上的机械方式来模拟。那么，在自然计算语境下，我们应该如何理解计算？

1985年，多伊奇提出了一个物理版本的丘奇-图灵原理："每个有限可实现的物理系统都能由一个通用模型计算机以有限方式的操作来完美地模拟"[11]，试图回答上面的问题。这里的"有限可实现的物理系统"受到两个条件的限制：一是该系统只能占据有限的空间，且其演化应该在有限时间内完成；二是该系统的演化过程必须遵循物理定律。事实上，我们现实世界中的所有系统都满足这两个条件，因此多伊奇将"有效可计算的函数"替换为"有限可实现的物理系统"就意味着他提出了一个新的本体论预设，即物理系统的演化本质上就是计算过程。另一方面，多伊奇认为"通用模型计算机"就是那种理想化的（但必须是物理原理允许的）模型，但他并没有像通用图灵机那样，具体地指定这个模型。这样一来，多伊奇提出的这个原理看起来更像是一个全称命题，因为原则上通用模型计算机包含了所有可能的自然过程，以至于我们甚至无法举出一个反例能直接将其证伪。因此，不同于丘奇-图灵论题明确地给定了计算的极限，该原理只是指出了物理原理才是计算理论的真实基础。但我们必须承认的是，多伊奇为我们提供了一种重新理解现实世界的视角，即我们所能观测到的宇宙中的任意系统（甚至整个宇宙）的演化本质上就是计算的过程，且都可以由理想化的自然计算模型所模拟。由于纷繁复杂的自然系统涵盖了众多的分支领域，且其演化又各具特色，如果它们都可以由某个计算模型模拟，那么我们必然可以从不同系统的演化过程中抽象出一个共同的本质特征，并将其看作是自然计算的定义，而这个特征就是信息的处理。"这种将计算理解为信息处理过程的认识是与自然科学紧密相关的。它使我们更容易发现各门自然科学之间的联系，也为我们模拟各类自然系统提供了一个统一的架构。"[12]

事实上，当丘奇-图灵原理被密尔本（G. Milburn）重新表述为"所有有限可描述的物理测量系统的结果都可以很好地为一台通用量子计算机以有限方式的操作来模拟，测量结果的记录是最终产物"[13]这个经验命题之后，我们才能将其视为真正等价于丘奇-图灵论题的物理版本。这是因为"通用量子计算机"是一个确定的理想化模型，它可以由量子计算机来实现，就像图灵机可以由经典计算机具体化那样。同时，量子计算机作为一个自然计算的具体模型，利用量子干涉、叠加及纠缠等自然特性，完成信息处理的方式与图灵机意义上的有效程序又是完全不同的，从而具体地体现了多伊奇的观点："计算机能（或不能）完成计算是由物理定律而非纯粹数学所决定的。"[14]不过，我们应该注意的是，尽管量子计算在解决某些问题时突破了经典计算的复杂性，但是到目前为止其可实现的计算并没有超越图灵机可计算的界限。由此可见，多伊奇强调自然计算受物理定律的限制是有意义的，但我们也并不能因此而完全否定计算的逻辑和数学本质。也就是说，自然系统可实现的计算由数学和物理两方面的因素决定，其中数学因素决定一个状态变换过程表征的是什么，而物理定律则决定这个过程能否实现。

结 语

从上述分析可以看出，丘奇-图灵论题的提出源于逻辑学家和数学家们对有效计算的研究，他们认为有效可计算函数就是可以由理想化的人严格按照机械程序计算的函数，从而奠定了丘奇-图灵论题的人化计算语境。在这种语境下，计算就是按照某种算法、有效方法或机械程序，求得某个函数的值的过程。可以说，理想化的人、抽象的计算机器（图灵机）在数学上完全等价于算法、有效程序或递归函数，它们共同给出了直觉上可计算性的极限，即图灵机可计算性。在图灵机的现实模型——电子计算机出现之后，执行计算的主体由抽象的人变成了机器设备，有效计算的语境也随之发生了转变，但图灵关于计算是一个机械过程的认识被延续了下来。因此，在机器计算语境下，逻辑学家如甘迪所做的就是找到一类包含现实中电子计算机在内的有限机器，通过在数学上对其进行严格定义，以期将丘奇-图灵论题的人化计算版本推广到机器计算语境下。尽管甘迪精确地定义了一类离散确定性机器，并就此提出了一个甘迪论题，但该论题事实上陷入了一种两难境地，一方面因为丧失了对人化计算的直观认识而不被视为一个数学命题；另一方面却由于太过限定机器的范围，把非离散及非确定的机器排除到考虑范围之外，因而作为一个经验命题显得意义不足。与甘迪沿着图灵的逻辑路径扩展丘奇-图灵论题不同，多伊奇认为计算应该只受物理定律而非纯粹数学的限制，从而提出一个针对所有有限物理系统的丘奇-图灵原理。在自然计算语境下，该原理将作为信息处理过程的计算上升为一个本体论概念，认为其揭示了真实自然系统演化的本质。当然，我们必须承认的是，由于“通用模型计算机”是一个如此泛化的概念，以至于该原理作为一个经验命题来说是空洞的。这也是为什么我们更愿意将密尔本修改后的丘奇-图灵原理看作丘奇-图灵论题的物理版本的原因。

最后，我们还应该指出，计算概念随语境转换而演变的背后，是各门自然科学研究不断深入及它们与计算科学不断交叉的过程。随着电子计算机技术瓶颈的逐渐临近，以及自然计算范例的不断涌现，利用自然系统的演化来实现计算，必将是未来计算科学发展的主要方向。

参考文献

[1] Deutsch D. Quantum Theory, the Church-Turing Principle and the Universal Quantum Computer. Proceedings of the Royal Society of London, 1985, (400): 115.

[2] Gandy R. Church's Thesis and Principles of Mechanisms. Studies in Logic and the Foundations of Mathematics, 1980, (101): 123.

[3] Shagrir O. Effective Computation by Humans and Machines. Minds and Machines, 2002, (12): 223.

[4] Sieg W. Step by Recursive Step—Church's Analysis of Effective Calculability. The Bulletin of Symbolic Logic, 1997, (3): 171-172.

[5] 同 [3]: 226.

[6] Sieg W, Byrnes J. An Abstract Model for Parallel Computation: Gandy's Thesis. http: //repository. cmu. edu/philosophy/181. 2012-04-20.

[7] 同 [3]: 233.

[8] 同 [6].

[9] Copeland B, Shagrir O. Physical Computation: How General Are Gandy's Principles for Mechanisms. Minds & Machines, 2007, (17): 230.

[10] Toffoli T. Physics and Computation. International Journal of Theoretical Physics, 1982, (21): 165.

[11] 同 [1]: 98.

[12] Crnkovic G. Significance of Models of Computation, from Turing Model to Natural Computation. Minds & Machines, 2011, (21): 307.

[13] 杰拉德·密尔本. 费曼处理器. 南昌: 江西教育出版社, 1999: 128.

[14] Deutsch D. The Fabric of Reality. London: Penguin Books, 1997: 98.

中心法则的意义分析*

郭贵春　杨维恒

中心法则作为分子生物学最基本、最重要的理论之一，对当代分子生物学的发展起到了极大的推动作用。然而，在分子生物学领域，自其产生到现在一直存在着很多争议。作为一个科学假设的中心法则，对其进行系统的语义分析有益于这一理论的意义澄清。那么在什么样的一个基底上对其进行语义分析？我们认为这一基底应该是语境论。

结构学、生物化学和信息学路线是一直较为公认的分子生物学研究中三条主要的路线。[1]中心法则的产生是以其中生化-信息学方法为基础的。其产生的模式是假说演绎的，即利用有限的证据提出一个假说，根据假说演绎出若干理论，最后等待证据检验所演绎的结论，其过程是假说—演绎—检验。伴随着分子生物学的不断发展，这一演绎—检验的过程不断循环往复。正是在这种循环往复的过程中，中心法则的语形发生着不断地转变。同时，在此过程中，不断有新的生物学概念的提出，不断有新旧生物学概念的更替。在这里，既包括新的概念的提出及其被赋予的特定意义，又包括同一概念在不同的研究范围中包含的不同的生物学意义。也就是说，在这一过程中，中心法则的语义发生着不断地变迁。这种变迁是在分子生物学纵向语境的不断变化中实现的。

一、中心法则的语义变迁

自克里克在1958年提出中心法则至今，中心法则经过了半个多世纪的丰富和发展。我们可以将其发展的整个过程大致分为三个阶段：1958年由克里克最初所提出的经典的中心法则、20世纪70～80年代被修正和丰富的中心法则、20世纪末基因组及后基因组时代下的中心法则。

最初被克里克描述的中心法则如图1所示。

箭头表示在三大类生物大分子DNA、RNA和蛋白质间信息传递或流动所有可能的方向。它揭示了生命遗传信息的流动方向或传递规律。结合当时的理论背

---

* 本文发表于《自然辩证法研究》2012第5期。

郭贵春，山西大学科学技术哲学研究中心教授、博导，主要研究方向为科学哲学；杨维恒，山西大学科学技术哲学研究中心2010级博士研究生，主要研究方向为科学哲学。

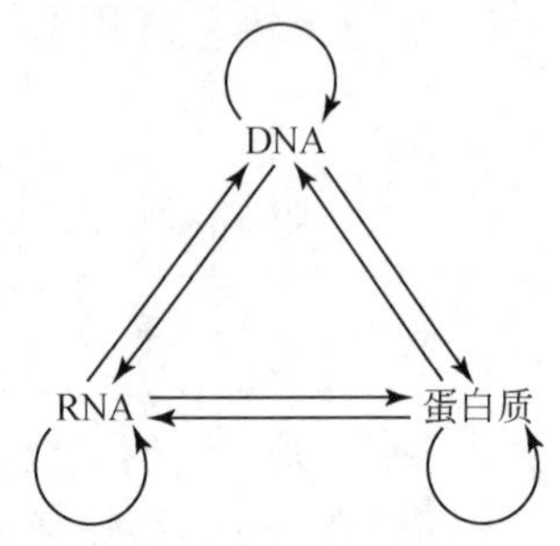

图 1　最初被克里克描述的中心法则图

景和认识论背景，克里克对所描述的中心法则做了进一步的分析，最终提出了中心法则最初的基本形式：

复制

DNA —转录→ RNA —翻译→ 蛋白质

上式描述了碱基→氨基酸→蛋白质这一基本过程。对这一过程中代码的语义分析，必然无法脱离整个理论的语义结构。因为，在以上所描述的过程中，任意一次结构的上升，都必然会伴随着其代码的语义调整。在中心法则中，碱基位于一个基础的层面，成为生物学解释与物理、化学解释的纽带。例如，在化学中 GAA 是作为氨基乙酸的代码，然而，在生物学中，它却表示对应于谷氨酸的遗传密码。当我们对其结构上升，多个连续的三联体碱基序列自然也就对应多个连续的氨基酸序列。当碱基序列发生变化时，也就必然地导致氨基酸序列发生变化。有序列的碱基链和氨基酸链又分别构成了 DNA 和蛋白质。自此，就构成了最初的中心法则：蛋白质作为生物性状形成的工作分子是由构成 DNA 的碱基序列所决定，我们把这种碱基序列称为遗传信息。同时，由于当时生物学理论背景及研究对象的限制，自然决定了中心法则从 DNA 到 RNA 到蛋白质严格的单程信息流路线以及从 DNA 序列到 RNA 序列到蛋白质氨基酸序列严格的共线性。

由上可以得到，单一的碱基符号的语义形成是在中心法则整个的语义结构中实现的，碱基序列在生物学语境中的语义表达同样也无法脱离中心法则的语义结构。而整个中心法则的语义实现又是在当时特定的语境下完成。也就是说，特定语境的确立，决定了中心法则的语义解释，确定了中心法则在当时语境下的解释伸缩度。

随着分子生物学的发展，1970 年特明（Temin）等在 RNA 病毒中发现了 RNA 逆转录酶，说明了 RNA 到 DNA 逆向转录的可能性。[2] 之后，又有人发现细胞核里的 DNA 还可以直接转译到细胞质的核糖体上，不需要通过 RNA 即可以控制蛋白质的合成。[3] 此时，中心法则被修正，如图 2 所示。

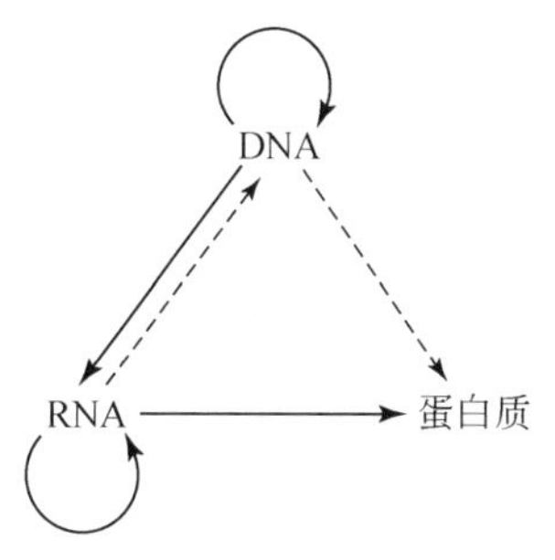

图 2　修正后的中心法则图

中心法则的语义解释，也就随之由之前的“严格的单程式”变迁为一种“中途单程式”。从 20 世纪 70 年代开始，分子生物学家对真核生物进行了大量的研究，发现了基因上存在的非编码序列，从而产生了内含子与外显子的区别。20 世纪 80 年代末期，分子生物学家又报道了多种 RNA 编辑的类型。这些都说明了蛋白质序列在 DNA 序列上的非连续性及非对应性。这又要求中心法则的语义解释由之前的“严格共线性”转变为“非共线性”。这都是由于分子生物学纵向语境的变化，导致了中心法则语义边界的改变，从而使其语义的解释范围及解释伸缩度发生改变。理论背景及认识论背景的不同，便造成了中心法则概念的语义扩张。这种语义的扩张通过再语境化的功能，继而成为其他生物学理论的语义语境。中心法则的理论发展过程，就是在这种语境转变，或者说是再语境化的过程中不断实现其语义转变。

在分子生物学中，还有非 DNA 分子模板（如细胞模板、糖原以及一些细胞级的非分子模板）、朊病毒等的出现。虽然，这些只是出现在离体实验中，应只属于尚未定论的科学预测。但是，它们强力说明着：在生物系统中，信息流的传递是多元和多层次的，它们在细胞中构成了一个精密的时空框架，中心法则仅仅只是这些信息流中的一条或者说是一条主流；在中心法则的信息流中，非 DNA 编码的渗入，使得 DNA 仅作为 DNA 编码的一个起点，而不是遗传信息流的唯一源头；同时，在信息流的传递过程中，非模板式的序列加工，使得信息流并不是模板流。[4]这些似乎对中心法则都构成了严峻的挑战。然而，我们并不能抹杀它的合理性地位。中心法则的提出是以当时病毒、细菌的实验材料为依据的。它所指出的 DNA、RNA、蛋白质间的信息传递是符合分子生物法则的。鉴于当时的理论背景和认识论背景的限制，我们应该是在其三大分子的框架性语境下对其进行语义解释。当分子生物学推进到真核细胞时，中心法则的信息流其实已经处于另一个完全不同的时空框架中，这时我们应对其进行语境下降，在单个基因层面或者是更低的层面对其进行语义解释。而面对当代基因组语义研究的问题中，或许我们还要对其进行语境上升，在基因组层面、细胞层面甚至是更高的层面对其进行语义理解。

综上所述，我们说，对中心法则的语义解释应该放在分子生物学发展的纵向语境下去进行。中心法则的语义变迁就是在这一纵向发展过程中，一次次不断地语境化与再语境化的过程中实现的。同时，我们对中心法则的语义理解也还必须在一种横向的特定的语境下进行，而不是仅仅只在分子生物信息较窄的概念下进行。因为只有这样才不会导致中心法则的语义局限性。而作为科学理论的中心法则语义被局限，自然会导致其作为研究方法的意义局限性。这也就自然引出了本文接下来所要谈论的一个问题：在传统意义下，作为研究方法的中心法则的意义及其局限性。

二、作为研究方法的中心法则的意义及其局限性

中心法则是一个关于DNA、RNA、蛋白质三大分子的信息传递的科学理论。在它的解释之下，信息不能由蛋白质向下传递到DNA，而是DNA被转录成RNA，RNA再翻译成蛋白质。更进一步讲，“信息从DNA向上传递到RNA、蛋白质，进而延伸到细胞、多细胞系统”[5]。然而，不仅于此，中心法则还作为一种研究的方法，被用于许多研究计划，用以解决基因组的语义问题。

基因组研究的核心问题是研究作为生命系统发展和运行基础的基因组调节网络的意义。一个关于基因组意义的理论问题便是一个基因组语义问题。部分地讲，这种语义是将基因组序列转化成系统性意义的语义代码。由于生物系统是在不同的层次被组织，所以一个基因组的语义会由于该序列片段所处的本体论、功能及组织层次的不同而产生不同的语义联想意义。因此，如何获得一个基因组语义的元理论问题便成为基因组和蛋白质组研究的战略问题。

目前，许多关于基因组研究的方法论都是遵循一种自下而上的策略。这种研究的方法正是受到了中心法则的启示。也就是说，中心法则为还原论者研究基因组提供了方法论基础。这种还原论方法论的前提是，在我们要进一步了解下一个层次的信息时，我们必须在理论上和实际中都要对每一个更低、更微观的层面的信息和本体论的知识有所把握。这就好比说，当我们要获得一个蛋白质的结构时，我们首先要掌握构成这一蛋白质的氨基酸信息，再获得核酸信息。然而，即便是掌握了基本的核酸信息，由于基因和细胞网络设计一系列的相互作用的部分，而使得从核酸到蛋白质信息的过程特别复杂。

一个以中心法则为方法的研究项目，最大的弱点是其惊人的复杂度。这种自下而上的还原论策略存在的问题是，寻找到一个解决路径的搜索空间非常的巨大。在计算机科学中，解决一个问题的关键往往就在于能够解决这个问题的可能路径的空间。这样一系列的可能路径被称为搜索空间。一个问题的一种解决方法

就是一个路径在这样一种搜索空间中实现一个目标。一些问题拥有巨大的搜索空间，从而使得其在实际层面上几乎不可能被解决。在计算机科学中，这就是所谓的非确定性多项式（NP）完全问题。[6]这些问题的复杂程度，足以使现阶段最快的计算机瘫痪。基因组和细胞网络的研究正是面临这样的问题，它们涉及成千上万的相互作用的部分。遵循一种自下而上的策略进行研究，必然在其过程中呈现出一系列的 NP 完全问题。

然而，在实际的研究过程中，研究者形成的研究策略都是依据关于更高层次的生物信息的知识。“即使在平常的实验决策和实验设计中，研究者的行为都是在一个关于现象的系统知识，即一个更高层次的语境中进行的。”[7]例如，多细胞交叉的功能问题和动力学问题、多细胞系统、器官等生物过程。在这些系统问题的研究过程中，研究者预先假设这些知识可以对他的研究和实验设计提供一个更宽的方向。更为重要的是，这样就使得这个研究有了其自身的意义。这种高层次、系统性的信息给出了这个研究或实验为什么要进行的理由。

这种知识在人工智能的研究领域被称为启发性知识。启发性知识被定义为可以减少搜索空间的信息。因此，在这种情况下，科学家就利用这种启发性的、系统层面的生物学知识，去减少那些非正式的、直觉的、先验的搜索空间，从而来解决他的问题。在我们所说的基因组语义的问题中，启发性信息可以减少基因组语义的搜索空间，可以减少基因代码可能解释的空间。

例如，在信息的传递方面，根据中心法则，信息是不能从蛋白质到 RNA 再到 DNA 向下传递的。然而，在系统层面，信息是可以从蛋白质向下传递到 DNA 的。细胞信号就是一个例子。正是由于一系列的蛋白质与蛋白质的相互作用，蛋白质与 RNA 的相互作用，导致了 DNA 转录的被激活。因此，从系统层面来讲，中心法则仅仅介绍了细胞信息系统中许多种可能的信息传递路径中的一种。实际上，存在细胞内的信息传递路径和细胞间的信息传递路径。这些路径构成了细胞内及细胞间的信息传递网。然而，它们又都是通过细胞的基因组信息来组织着细胞内和细胞间的信息传递的。

所以，我们必须有意识地去区分作为科学理论的中心法则和作为研究方法的中心法则。否则，我们就有可能错误地提前认为，由于信息不能向下传递，我们就不能自上而下地由高层次的信息得到低层次的信息。多细胞以及单细胞中信息传递的二元性，就使得基因组语义的研究策略，跳出了传统意义下中心法则的局限性。

现阶段，关于基因组理论的大部分研究，都是遵循传统意义下的中心法则，在一个严格的自下而上的研究策略下进行的。替代这种严格的自下而上的研究策略，我们主张同时考虑一种自上而下的互补性策略。我们认为，一种能够整合高层面的系统层面与低层面的基因组信息层面的研究策略，对于解决基因组语义问题是非常必要的。传统意义下的中心法则对于基因组语义研究已经不再是充足的组织模式。那么是否存在一种路径，在细胞和多细胞的语境下，利用高层次的系统信息去理解基因组？我们认为是存在的。正如上文所言，这时候我们就需要对传统意义下的中心法则进行语境上升，在细胞与多细胞的层面对其进行语义理解。同时，在方法论层面，我们也就同样可以尝试一种自上而下的研究范式，来补充之前的严格的自下而上的方法论研究策略。

三、中心法则方法论意义研究的新路径

什么是一个自上而下的研究策略？

在一个自上而下的研究策略下，我们可以在抽象概念的层面来讨论多细胞的发展过程。在抽象概念层面的讨论，可以使我们获得更多关于系统层面的现象。这里，我们可以假设有一个软件系统，并且在这个软件系统中我们可以设计一个人工基因组，同时在这个系统中该基因组可以产生一个人造有机体。然后，我们可以使这个人造基因组尽可能模仿自然基因组的主要系统属性。比如，该系统是否能够模拟多细胞的发展、细胞信号的传递、组织的产生或细胞分化等？在该系统中进行特定位点的基因突变，是否能得到自然基因组下的相似效果，如畸形发展、过早死亡、癌变等？这一系列问题的实现，就使得我们可以确认该系统能够反映自然基因组的一些基本特征。然而，我们可能需要一种更为精确的相关性。如果我们能够使得人造基因组与自然基因组相关联，那么我们就得到了从一个基因组翻译到另一个基因组的开端，如图 3 所示。

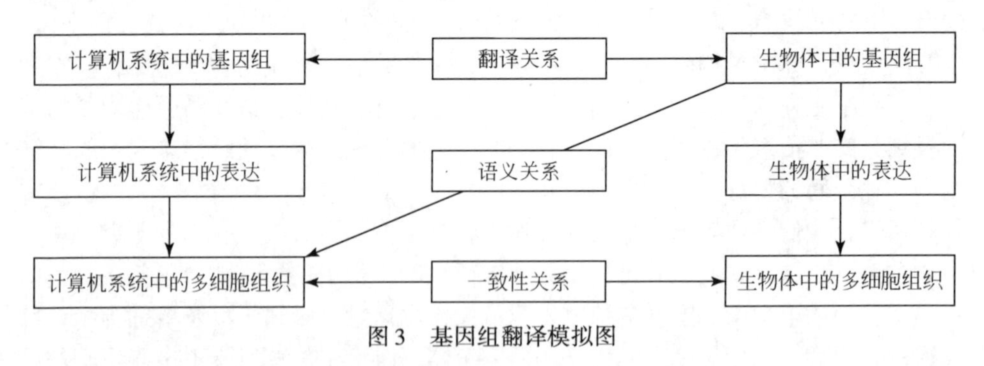

图 3　基因组翻译模拟图

图 3 所模拟的是生物体内的基因组和计算机系统中多细胞有机体之间的关系。其中，“翻译关系”指的是计算机系统及生物体系统中基因组之间的“句法关系”。中间的“语义关系”表示的是用计算机系统中的多细胞有机体语言翻译出生物体中的基因组。下面的“一致性关系”应该包括系统之间暂时的和动态的形态学之间的一致性。

这就好比将英语翻译成汉语。我们需要知道这些被翻译的单词是什么，如何在句子中使它们相关联。这就是语言中的句法。但是，首先我们需要知道语言的语义。也只有当两段话的意思相同的时候，对于一个词、一句话或者一段话的翻译才是充分的。

这样我们就通过计算机代码的语义获得了基因组的语义。然而，在这个过程中，并不妨碍我们同时使用自下而上的研究策略。“在人工智能中，合并自上而下和自下而上的研究路径是较优的研究策略之一。当两种研究路径，分别自上而下与自下而上在中间合并时，便形成了一种解决路径。”[8]

在这里需要注意的是，无论是低层次的本体论层面（如生物化学），还是高层次的关于信息和本体论的层面，对于研究生物过程而言，没有哪一种是固有的更为优越的。关于细胞和多细胞现象的正确的高层面的信息，没有必要一定要被还原成更低层面的本体论视角。很多情况下，高层面的系统知识反而能够帮助我们限定研究的搜索空间，促进我们去理解更低层面的生物过程。因此，对于一个系统不同层面的信息的理解，能够使我们获得更多的，更全面的关于该系统的知识。

所以，在细胞或者多细胞系统的层面，中心法则可以被简单的描述为：基因组→蛋白质组。我们也没有必要必须将其还原到DNA转录和翻译的层面。

结　　语

随着分子生物学的发展，其理论在不断地远离经验。在这样的一个背景下，如何去构造、理解和解释分子生物学，语义分析成为一种十分重要的科学方法。首先，“语义分析方法本身作为语义学方法论，在科学哲学中的运用是‘中性’的，这个方法本身并不必然地导向实在论或反实在论，而是为某种合理的科学哲学的立场提供有效的方法论的论证”[9]。“语义分析方法在例如科学实在论等传统问题的研究上具有超越性，在一个整体语境范围内其方法更具基础性。其次，作为科学表述形式的规则与其理论自身架构是息息相关的，这种关联充分体现在理论表述的语义结构之上，对其逻辑合理性的分析就是对理论真理性的最佳验证。最后，生物学理论表述的多元化特征使得语义分析应用更加具有灵活性。”[10]

正如中心法则，其语义的实现无法脱离其整个理论的语义结构。在整个理论中，每一次结构的上升或者下降，都会带来其代码的语义调整。同时，生物体是一个多层次的、有组织的、结构复杂的系统，在这个不同层次被组织的复杂系统中，任何一个代码的语义都会由于其指称实体所处的本体论、功能及组织层次的不同，而产生不同的语义联想意义。因此，对中心法则进行语义研究是有益于其意义澄清及理论分析的。然而，这种语义研究是应该在分子生物学发展的纵向语境下进行的。因为，中心法则的语义变迁正是在分子生物学纵向发展的语境化与再语境化得过程中实现的。同时，我们也只有在某种特定的语境下对中心法则进行语义解释，才不会导致其语义的局限性。

作为科学理论的中心法则语义不被局限，就可以避免其作为研究方法的意义局限性。在传统的意义下解决基因组语义问题，占统治地位的是由中心法则激发的一种严格的自下而上的研究策略。中心法则作为一种还原论的基础为研究者提供方法论。20 世纪，分子生物学的发展取得了划时代的成就，这与还原论的方法在分子生物学中的应用是无法分开的。然而，生物体的系统性、复杂性特点，又使得还原方法的应用有其具体的局限性。这种严格的自下而上的研究策略带来的问题是，研究过程过于复杂，在实际的层面去解决问题几乎不可能。因此，我们主张一种互补性的自上而下的研究策略。这种自上而下的研究策略，可以在高层次的语境下，对我们解决基因组的语义问题提供一种新的方法论思维。还原论方式的自下而上的研究策略与系统思维方式的自上而下的研究策略，二者既相互对立又相互依赖。如何合理的结合这两种研究策略，对于进一步阐明生命系统的运行机制及规律性是有很大帮助的。

参考文献

[1] Allen G. Life Science in the Twentieth Centure. Cambridge University Press，1978.

[2] 阿耶拉，基杰．现代遗传学．蔡武城，蒋成山，顾大年，等译．长沙：湖南科学技术出版社，1987：314-315.

[3] 河北师范大学．遗传学．北京：人民教育出版社，1982：180.

[4] 莫树乔．谈谈遗传学中心法则．玉林师专学报，1997：（3）.

[5] Crick F. On protein synthesis. Symp Soc Exp Biol，1958，12：141.

[6] Müller W E G. In silico multicellular systems biology and minimal genomes. Drug Discov Today，2003，8（24）：1124.

[7] Müller W E G. Meeting report：The future and limits of systems biology. Sci STKE，2005，(278)：16.

[8] Huang S. The practical problems of post-genomic biology. Nat Biotechnol，2000，18：471.

[9] 郭贵春．语义分析方法与科学实在论的进步．中国社会科学，2008，（5）.

[10] 郭贵春，赵斌．生物学理论基础的语义分析．中国社会科学，2010，（2）.

生物学哲学研究的历史沿革与展望*

赵 斌

生物学哲学作为一门新兴的科学哲学子学科自20世纪60年代以来逐步兴起，并为学界所熟知。它的崛起存在着种种原因，这些原因很大程度上都与50年代经典科学哲学在建制化过程中对于生物学哲学相关领域研究（当时还不存在作为学科的生物学哲学，这一领域只是一个问题域）的束缚有关。当这种束缚被摆脱之后，生物学哲学很快开始了它的建制化与研究领域扩张，成为令人瞩目的新兴领域。本文将通过历史沿革、学科建制化、学科性质以及对未来发展的展望四个部分来对生物学哲学进行尽可能全面的概括。

一、生物学哲学研究兴起的原因分析

目前的普遍观点是，当代生物学哲学研究很大程度上起源于20世纪60年代兴起的反还原论与反实证主义立场。[1]当然，如果单纯谈生物学哲学问题，那么事实上生物学哲学的历史要悠久的多，例如玛乔里·G. 格林（Marjorie G. Grene）和大卫·迪普（David Depew）所著的《生物学哲学：一部历史片断》（The Philosophy of Biology：An Episodic History）就将包括亚里士多德、笛卡儿、康德在内的许多历史上的著名哲学家的相关思想作为生物学哲学发展历史的一部分。[2]但是它并没有将生物学哲学作为一个学术领域来探讨。如果将生物学哲学作为一个学术领域来探讨它的形成与发展，无疑逻辑实证主义是与生物学哲学的发展捆绑在一起的。这其中也包含着关于生物学自主性的讨论，并在20世纪70年代形成了生物学哲学讨论的热潮。不过詹森·拜伦（Jason M. Byron）通过文献统计分析进行论证，提出反逻辑实证主义与反还原论运动实际上并不是生物学哲学作为一个科学哲学子学科产生的根源，甚至也不能作为具备使其茁壮成长的条件。他认为，实际上在逻辑实证主义盛行的30～50年代，生物学哲学论文的发表量与传统认识认为的生物学哲学形成后的时期并无任何显著差别，只不过逻辑实证主义者长期关注的是所谓“真正”的生物学哲学。造成生物学哲学产生的真正原因在于科学哲学作为一个学科在50年代的专业化运动导致其开始尝试

* 教育部人文社会科学研究基金项目（09YJC720028）、山西大学校人文社科研究项目（1009027）。
赵斌，山西大学科学技术哲学研究中心讲师、哲学博士，主要研究方向为科学哲学、生物学哲学。

取代生物学哲学，而针对这一举动便形成了 60 年代我们所熟知的那场运动，生物学哲学作为一个子领域也就从此而诞生了。[3]

无论如何看待生物学哲学研究的起源问题，但有关生物学哲学的发展脉络始终是围绕理论问题进行的。首先，就目前的情况来讲，“生物学理论”仅仅是一个口头上的称谓，也就是说，凡是与生命物质以及类生命的有机或无机物质的本质、起源、演化相关的理论都可以纳入为生物学理论。但是，这些理论大多是描述性的，很少存在能够形式化表述的理论，同时也是局域性的，不同的理论之间是无法相互转化的。比如，即使是少数可以满足形式化要求的理论，如孟德尔理论、哈代-温伯格平衡、查尔加夫规则、生物学语境中的进化博弈理论、各种数学群体遗传学模型等等都是不可还原甚至不能相互转化的模型，仅仅在其自身所关注的语境中才能表现出理论性质。其次，是法则问题。生物学理论的描述性与传统科学哲学中的法则定义相去甚远。比如，《哲学与科学实在论》的作者斯马特（J. J. C. Smart）就曾经提出，从经典科学的角度来审视生物学，其并不是真正的科学，也不存在物理、化学意义上的法则，而是类似于工程学的技术学科。[4]这种特征在目前作为生物学研究核心领域的进化发育研究以及分子生物学研究方面表现得尤为明显。最后，生物学理论带有很明显的整体论特征，这种特征体现在理论层面上表现为原因以及相互作用的多重性。打个比方，生物体通过基于各种物理、化学机制的遗传、发育获取了它们的性状，但是它们的生存与否却不再与其一直遵守的物理化学法则相关，而是完全依赖于环境、物种、个体之间的高密度互动，因此我们在讨论生物学中的原因时，实际上要面对不同层面、不同角度的效应影响。其中涉及大量的自组织与突现等问题，像是克雷格 · 雷诺兹（Craig Reynolds）的鸟群模型（flocking model）所揭示的，通过一些简单程序的叠加来模拟区别于鸟类个体状态的鸟群运动特征，当鸟类成为群体时，便会体现出表现出特有的能力，也就是说，模拟鸟群中所表现出的组合运动是模拟鸟类个体的相对简单行为之间在高密度相互作用下所导致的。[5]这些问题的存在表明，我们在理解生命、诠释生命机制方面面临着各种各样的困难。归根结底，生物学的另类性就是导致生物学哲学产生并不断发展的原动力。

总而言之，目前生物学哲学研究逐渐向着不同的具体领域进行发散式的拓展。这种扩张展示了生物学哲学领域的欣欣向荣，但也从侧面体现出一种普遍回避科学哲学一向重视的普遍性方法论研究的趋向。一方面，新兴的新生代生物学哲学家们热衷于在那些新大陆上占据一席之地，许多原来的人文领域都成为他们讨论的主阵地，比较激进的思想有卡罗拉 · 斯特茨（Karola Stotz）与格里菲斯提出的“生物人类学”（biohumanities）研究。[6]另一方面，越来越多的学者将研究视野从普遍性的论题转移至局域性的问题，如复杂性生成、遗传代码的原因性分析、发育的新颖性与规范性等。但是，殊途同归，在未来的研究中不同的路径必将以某种形式统一起来，比如越来越受到瞩目的进化理论研究就是一个例证。

二、生物学哲学的建制化

具体来说，一般科学哲学是在20世纪50年代晚期成为一门专业学科，虽然生物学哲学家可以追溯至亚里士多德，但生物学哲学却是在80~90年代才逐渐确立了作为科学哲学子研究领域的地位。作为最早面向生物学哲学的专业杂志，《生命科学的历史与哲学》(History and Philosophy of the Life Sciences) 1979年开始出版，《生物学与哲学》(Biology and Philosophy) 于1986年创刊，《生命科学》杂志 (Ludus vitalis : Revista de filosofía de las ciencias de la vida) 1993年创刊，《生物学理论与历史年鉴》(Jahrbuch für Geschichte und Theorie der Biologie) 1994年创刊，《生物学与生物医学科学史及哲学研究》(Studies in History and Philosophy of Biological and Biomedical Sciences) 1998年创刊。从协会方面来看，生物学史、生物学哲学和生物社会学研究国际协会 (The International Society for History, Philosophy, and Social Studies of Biology) 成立于1989年，The Deutsche Gesellschaft für Geschichte und Theorie der Biologie 成立于1991年。

从具体的研究者来看，第一代涌现于20世纪60年代以及70年代早期，代表人物有默顿·贝克纳 (Morton Beckner, 1959)、马乔里·格林 (Marjorie Grene, 1959)、埃弗雷特·门德尔松 (Everett Mendelsohn, 1976)，紧随其后的代表人物还有大卫·赫尔 (David Hull)、肯尼思·沙夫纳 (Kenneth Schaffner)、迈克尔·鲁斯 (Michael Ruse)、威廉·威姆萨特 (William Wimsatt)。如若囊括进同时代进行同类研究的生物学家，还应包括斯蒂芬·古尔德 (Stephen Jay Gould)、雅克·莫诺 (Jacques L. Monod)、伯哈德·伦施 (Bernhard Rensch)、弗朗西斯科·阿亚拉 (Francisco J. Ayala)、西奥多修斯·杜布赞斯基 (Theodosius Dobzhansky)。在这些代表人物的成果中，当属贝克纳的《生物学的思考方式》(Biological Way of Thought) 与赫尔的《生物科学的哲学》影响最大。70年代中期至80年代中期，第二代研究者涌现，并伴之以学科领域的进一步细分，代表人物包括罗纳德·阿蒙森 (Ronald Amundson)、约翰·贝蒂 (John Beatty)、罗伯特·布兰登 (Robert Brandon)、马克·比多 (Mark Bedau)、理查德·伯里安 (Richard Burian)、林德利·达登 (Lindley Darden)、大卫·迪普 (David Depew)、约翰·杜普雷 (John Dupré)、詹姆士·格里塞默 (James Griesemer)、菲利浦·基切尔 (Philip Kitcher)、伊丽莎白·劳埃德 (Elisabeth Lloyd)、亚历山大·罗森伯格 (Alexander Rosenberg)、萨赫托尔·萨卡尔 (Sahotra Sarkar)、埃里奥特·索博 (Elliott Sober)、布鲁斯·韦伯 (Bruce Weber)。在这一代研究者之后，也就是80年代晚期至今，生物学哲学研究表现出明显的开枝散叶趋势，研究方向分化愈发明显，并且吸纳能力也愈来愈强，注重群体遗传的有罗伯特·A. 斯基珀（Robert A. Skipper）；生物学语境下博弈理论的奠基人约翰·梅纳德·史密斯（John Maynard Smith）后期转向生物信息研究，并与皮特·戈弗雷·史密斯（Peter Godfrey Smith）在此领域就生物信息的范畴展开争论；克里斯托弗·斯蒂芬斯（Christopher Stephens）、萨米尔·奥卡沙（Samir Okasha）主要还是围绕自然选择相关问题进行研究；基姆·斯特瑞尼（Kim Sterelny）主要围绕生物学哲学中的心灵、行为问题展开研究；保罗·格里菲斯（Paul E. Griffiths）在传统基因问题研究的过程中逐渐偏重于系统发育研究，从事进化发育研究的有罗恩·阿蒙森（Ron Amundson）；保罗·汤普森（Paul Thompson）一直从事生物学理论形式化的研究；坚持生物学心智问题研究的有卡伦·尼安德（Karen Neande）；研究基因编码问题的有迈克尔·惠勒（Michael Wheeler）；研究生物学功能、适应、目的性等基础问题的有蒂姆·莱温斯（Tim Lewens）；马克·叶罗舍夫斯基（Marc Ereshefsky）、罗宾·安德里森（Robin O. Andreasen）关注进化分类与物种研究；布莱恩·哈尔（Brian K. Hall）关注进化起源关系研究；安德鲁·艾瑞（André Ariew）围绕先天性进行认知方面的研究。此外，由于生物学哲学在很大程度拓展至行为、规范性、社会领域，因此还有关注进化博弈理论与社会行为起源的扎查瑞·恩斯特（Zachary Ernst）等。如果将生态学以及生物医学方面算入，还会更多。

总之，对于这种现象，索博的说法是，自从实证主义终结以来，哲学家们便开始关注特定科学理论的细节。20世纪30年代，物理哲学家们关注相对论与量子理论，并且这种传统一直延续到现在。直到最近，生物学哲学家们才真正关注进化理论的细节以及生物学中的其他理论（之前更多的是关注与逻辑经验主义有关的方法论问题，如还原论）；实证主义的终结同样导致心理学哲学的产生成为可能，因为已经没有必要再使所有的科学理论表现为同一的，这使得科学理论中的内部问题都可以成为哲学关注的议题。[7]结合前面对于近些年生物学哲学领域代表人物的简介，可以认为，目前的生物学哲学研究实际上表现出更多的是具体理论的哲学关注，而关于方法论的问题实际上已经较少关注。目前我们所面对的生物学哲学实际上更像是一个由众多子领域所集合成的体系，关注理论普遍性方法、形式化等一般科学哲学取向的研究始终处于少数派的位置。

三、生物学哲学的学科性质

近几年来，许多知名学者都试图对生物学哲学进行一定的划分。例如格里菲斯就对生物学哲学进行了相当细致的划分，他认为生物学哲学分为三种类型：一是利用生物学来检验科学哲学中的一般命题；二是致力于探讨生物学中的概念难题；三是期望借助生物科学来研究一些截然不同的哲学问题，如伦理学、心灵哲学或认识论方面的问题。他对于生物学哲学研究的划分实际上直接借鉴了现有生物学学科的划分，包括进化生物学哲学、系统分类生物学哲学、分子生物学哲学、发育生物学哲学、生态与环保生物学哲学（The philosophy of ecology and conservation biology）。[8]虽然格里菲斯依据研究领域和对象进行划分的方式并不一定完全适当，但我们所面对的生物学哲学范围十分的广阔，并且子领域研究间并没有共同的说明文本与方法论参照，依照生物学的学科界定进行划分只能说是为了迎合条块分明而淡化了不同领域间在相关概念上的延续性。

关于生物哲学的研究领域，需要做出一些重要的澄清。第一，目前进化生物学哲学研究可以说已经成为最为主流的生物学哲学研究，可能一些人倾向于将进化生物学哲学等同于生物学哲学。不过，进化理论的中心论并不代表进化生物学哲学等同于生物学哲学。最为典型的例子是分子生物学哲学，实际上该领域关注的焦点在于还原论以及大量关于生物信息话题的讨论，所涉及哲学问题也基本上和原因性与生物特征表征有关，而涉及的领域主要在分子遗传学、分子发育生物学、外成机制的研究，生命的分子起源研究、神经学、免疫学、微生物学、实验分子生物学。① 而对于这些领域中所涉及问题的研究恰好弥补了进化生物学哲学研究的死角，或者说它们是在完成有关进化问题研究的基础部分，只涉及分散的具体问题而不关注宏观的进化理论探讨（或者仅仅是在一定程度上用进化理论作为论点合理性的依据）。但是在生物学哲学发展迅猛的当代，该领域很可能脱颖而出成为最耀眼的子领域。第二，生物学哲学中的生态领域可能是最让人头疼的话题，进化论诞生以来，它就一直伴随生物学哲学左右，甚至分子进化领域也涉及生态问题，如有关外成机制的问题。应该说它与生物学哲学研究是一种伴生关系。② 第三，进化发育生物学以及最近兴起的环境发育生物学实际上还属于相当前卫的领域，该领域仍处于不断发展的状态，它们与传统进化生物学哲学研究关注自然选择的特点并不符合，至少自然选择并不是它们所要讨论的核心议题，这些领域实际上更关注个体特征及其内成与外成因素，而非种群。③ 第四，生物学

---

① 萨卡尔（S. Sarkar. Molecular Models of Life：Philosophical Papers on Molecular Biology. Cambridge：MIT Press，2005.）和伯里安（R. Burian. The Epistemology of Development，Evolution，and Genetics：Selected Essays. Cambridge：Cambridge University Press，2005.）为这方面研究的代表性人物。

② 迈克尔森（G. M. Mikkelson. Ecology//D. Hull，M. Ruse，eds. The Cambridge Companion to the Philosophy of Biology. Cambridge：Cambridge University Press，2008：372-387.）和普拉蒂斯基（A. Plutynski. Ecology and the Environment//M. Ruse，ed. The Oxford Handbook of Philosophy of Biology. Oxford：Oxford University Press，2008：504-524.）都是这方面研究的代表性人物。

③ 吉尔伯特（S. F. Gilbert Ecological developmental biology：developmental biology meets the real world. Dev Biol，2001，233（1）：1-12；S. F. Gilbert，D. Epel. Ecological Developmental Biology：Integrating Epigenetics，Medicine，and Evolution. Sinauer Associates，2009.）是该方面研究的代表人物。

哲学研究的触角实际上早已经渗透到了人文社会学科，威尔逊所建立的社会生物学就是一个明显的讯号。尤其是近几年，生物学哲学研究越来越多的将视野扩展到行为、社会架构、道德等领域。在这里我想强调的是，生物学哲学表现出“人类中心论”的两面性：一方面，在所有科学哲学领域中，无疑生物学哲学是最容易涉及人类话题的，因此这也为它突破一些敏感话题创造了条件。因而这一点也常被用来区别于传统的科学哲学，例如物理学哲学，迈尔和赫尔都曾经提到过生物学哲学是具有历史建构性质的。另一方面，这些研究范畴已经不再是社会学或其他人文学科，因为其研究方式又明显摆脱了人文学科一贯的人类中心立场，而将之作为普通的生物物种来进行考察，其中包括人类能力、社会制度以及伦理价值在内的生物学研究给思想界带来了不小的冲击，这一领域十分诱人，主要研究生物复杂性的丹尼尔·麦克谢伊（Daniel W. McShea）曾指出，人类应当意识到自身处于进化导致的复杂性增长的顶端。[9]从这一角度将，人类自身无疑在生物学研究中占有举足轻重的作用，但是这方面的研究却极易误导，多数学者同时也对其抱以谨慎的态度。总之，是否全部生物学哲学的分析适用于人类研究还有待论证，毕竟生物学哲学对于生命的探讨方式并不一定同样适用于人类。不过达尔文主义的范式必然包含着关于人类的研究，因此对于关乎人类的话题给出达尔文式的解释也成为许多生物学哲学家从事这项研究的原动力。[10]卡罗拉·斯特茨与格里菲斯更是主张将哲学的与历史的研究综合起来，建构一种“生物人类学”研究。他们认为，基于对基因以及先天性两个概念的“经验哲学”研究成果可以帮助他们实现这一思想，在科学与社会之间一直存在着复杂性以及各种困扰，而科学哲学结合科学史的研究无疑能够厘清这种关系。[11]

所以，在总结以上学科现状的基础上可以认为，目前的生物学哲学研究不乏分化的创新角度，它们大多以进化理论为基础，在不同的层面上展现生物世界的理论化图景。在这些趋势中，如何通过进化机制来呈现各自的理论模型无疑是研究的核心。另一方面，作为基础，一些基本的概念如适应、目标指向性、功能、生物学程序等依然是分析研究的核心，伴随着经验研究的进行不断改良和调整，这些都是理论化的基础工作，并且是由生物学哲学家们来完成的。

四、生物学哲学研究的展望

从前面的论证可以看出，生物学哲学的研究域是远远大于生物学的，而生物学哲学在未来依然会延续的一些问题领域可以通过方法论、认识论以及本体论三个方面来概括。

在本体论方面，生物学哲学面临的问题十分复杂。主要可以归结为概念定义的多元论与一元论的争论。其中最具代表性的就是关于物种与分类问题的争论。

其中涉及物种是个体还是本质主义的自然类的争论；从对自然类的角度出发产生的改良理论，包括自稳态属性群组理论[12]、种群结构理论[13]；到最终由物种分类而引发的多元论与一元论的争论。本质上，这些涉及：生物学本体论的问题实际上依然是关于我们应以何种方式来看待有机世界的问题。对于这些问题的回答实际上多数的学者还是希望立足于多元论的角度。例如对于物种的概念来说，就存在生物学物种概念；系统发生的物种概念；以及生态学的物种概念。并且多数学者也认为生物学中的物种以及分类并不是本体论意义上的自然单位，而是我们组织和条理化自然面貌的工具。在这个问题的基础上进一步拓展，问题就直接上升到如何定义生命的话题，实际上这一话题依然是本体论的一个核心，只不过在探讨它的时候还是容易受到认识论方面的限制。但是，我们也可以将对生命形式定义的问题看作是追寻生物学普遍性议题的一种途径，而这种途径在涉及进化理论的研究中表现得尤为明显。总之，无论我们采取何种手段，无不需要通过对研究对象进行分析来明确我们所面对的概念本体为何。而且，本质主义的一元论对于生物学家以及哲学家来说都是难以操作的，而多元论在目前来看已经渐成主流，关键的问题在于源于本体论的多元论观点如何与普遍性生物学理论的追求相一致，如何认识和理解多元理论的不同本体论暗示对于生物学哲学来说依然是一个要长期面对的问题。

认识论方面是生物学哲学领域中面临问题最多的领域。简单来划分的可以概括为两个方面：一方面是理论间冲突，无可争议，生物学理论是基于并且遵守物理、化学法则，但是这些法则扩展至进化理论的层面上之后，物理世界的机制视角对于自然中的生命机制来说在解释上显得十分蹩脚，从而诱发了严重的认识论问题，迫使我们不得不去面对自然选择机制以及理论中的问题，如漂变、概率等因素的影响。物理层面与生态层面上展现出的机制差异导致我们在审视进化理论时往往会陷入各种各样的争论。同样的问题也出现在人类科学上，以物理为代表的传统自然科学与人类科学并无交集，不能阐释后者的任何问题。但是生物学却同时与它们两者产生交集。没有人会怀疑生物学，尤其是进化理论对于所有涉及人类的学科所产生的影响，如心理学、伦理、政治、经济等。在生物科学与物理科学之间，生物科学与人类科学之间，无不体现着认识论方面的碰撞。因此，不同学科层面间所产生的理论冲突许多表现为认识论上的议题，而发生在其间的对比与还原都是进行探讨的有效途径。另一方面是理论内冲突，生物学哲学所关注的问题大多涉及理论以及法则问题，并且这些认识论上的争论大多是围绕如何理解进化机制并建立相应理论而引发的。例如，罗森伯格提出，由于认识上的局限导致我们对于自然选择的理解带有工具主义的性质，并且构造的理论是决定性的。[14]围绕他的观点引发了以认识论为根源的工具主义与实在论，决定性与非决定性的大讨论。从这一争论进一步延伸，会涉及生物学法则及其性质的问题，在这一层面上会涉及进化理论的三个“技术问题”：一是生物学适应的性质与范围，以及在塑造各种有机体设计形式中的限制作用。适应与限制经常被认为在进化解释中是替代性存在的，但实际上它们对于特定问题的解释来说是同时必不可少的。二是统计与概率在生物学中的地位。对于达尔文学说思想必不可少的客观机遇概念目前还不能被很好理解，依然存在较多问题。三是功能解释与描述的建立。第三点中关键问题在于分析和改进物学中存在的不同功能概念，解决功能是如何出现并被解答的问题，这一点对于生物学与社会科学同等重要。[15]总之，从认识论议题中这两个大的方面可以看出，生物学哲学中认识论问题的主要还是围绕自然选择机制而展开。自然选择提供了一种无与伦比的理论结构，并且它还是一个可验证的机制，由它所产生的认识问题以及如何认识它本身的问题共同构成了生物学哲学中认识论研究主轴。

生物学哲学的方法论议题主要表现在两个层面上。一是理论化的方法论讨论。生物学理论的革新总是离不开新兴领域与传统领域的综合，这样的一种交融方式促使我们在看待生命起源与演化问题时应注意不同理论表征之间在概念意义以及用法上差别。从目前的方法维度来看，主要还是从信息以及发育系统的角度来诠释生命演化[16]，而对于这两种维度的应用实际上又会因具体的理论产生不同理论实体定义，这会涉及理论的本体论问题。二是表现在生物学哲学研究的方法论上。以目前主流的概念分析方法来看，无疑是存在局限的，因为这种方法往往太过专注一些概念在语义上的差异和联系，却比较容易忽视概念在表征过程中的用法以及在一个表征系统中各种概念的组织形式。造成这一现象的其中一点原因就是缺乏概念所在语境的分析。并且，生物学哲学中许多难题的根源便是生物学理论的语境性。其中最为著名的要数围绕还原论展开的争论，在尝试解决这一问题的过程中，概念分析方法充分暴露了它的弱点。[17]因此，将语境分析方法作为对理论模型进行分析的基本方法或许可以为目前的还原论困局提供一条方法论出路。例如在国外生物学哲学研究中已经开始注意到生物学理论的语境敏感性问题就是一个证明。[18]总之，关于生物学理论的语境化过程与形式问题在未来可能会逐渐成为一项重要的方法论议题，它无论对于生物学的理论化研究还是生物学哲学研究的途径来说，都具有重要的意义。

总而言之，生物学是历史性与经验性相结合的研究。其中历史性特征体现在一些基本概念判定的语境依赖性，因为生命的多样性是在漫长进化历史所构筑的连续时空环境内形成的，导致了生物学理论必须对这些连续时空环境进行必要的分解，以获取我们对于生命起源与演化问题的直观认识。所以在这种条件下，我们所获得的生物学理论只能是建筑在连续时空被分解之后所形成的认识语境之中；经验性特征表现在其宏观机制表现出的稳定性和内稳态（比如群体层面的自然选择循环，食物链规模、性别比例的自然平衡），以及微观机制体现出的在遵守物理、化学规则同时又在理论模型上呈现出的相对独立性（比如分子遗传理论）。这些机制都是可以经验证明的，符合科学的规范。这种双重性构成了生物学理论的基本特征。从未来展望来看，在目前热衷的生物学异质性、理论多元化以及理论化范畴扩散的趋势背后，研究的重点可能会重回到生物学理论体系的“黏性”问题上，即理论中的本体论、认识论与方法论共性。毕竟生物学哲学并不是一个成熟学科，没有任何一个生物学哲学家能够并且有意对它做出明确的定义，在未来它可能会经历更多的变数，但是涉及它的“黏性”研究也是绝对必要的，因为这涉及生物学哲学作为一种包容性的研究领域及其必要学科向心力的问题。

参考文献

[1] Smocovitis V B. Unifying Biology: The Evolutionary Synthesis and Evolutionary Biology. Princeton, NJ: Princeton University Press, 1996: 105.

[2] Grene M. Depew D. The Philosophyof Biology: An Episodic History. New York: Cambridge University Press, 2004.

[3] Byron J M. Whence Philosophy of Biology? Brit J Phil Sci, 2007, (58): 418-419.

[4] Smart J J C. Philosophy and Scientific Realism. London: Routledge & Kegan Paul, 1963: 60-61.

[5] Reynolds C W. Flocks, Herds, and Schools: A Distributed Behavioral Model. Publication in the Proceeding of SIGGRAPH'87. Computer Graphics, 1987, 21 (4): 25-34.

[6] Stotz K, Griffiths P E. Biohumanities: Rethinking the Relationship Between Biosciences. Philosophy and History of Science, and Society. The Quarterly Review of Biology, 2008, (83): 37-45.

[7] Callebaut W. Taking the Naturalistic Turn: Or, How Real Philosophy of Science Is Done. Chicago: University of Chicago Press, 1993: 73-74.

[8] Griffiths P E. Philosophy of Biology//Sarkar S, Pfeiffer J, eds. The Philosophy of Science: An Encyclopedia. New York: Routledge, 2006: 68-75.

[9] McShea D W. Complexity and evolution: What everybody knows. Biol Philos, 1991, (6): 318-320.

[10] Sterelny K. The adapted mind. Biol Philos, 1995, (10): 365-380.

[11] 同 [6] .

[12] Boyd R. Homeostasis, species, and higher taxa//Wilson R, ed. Species: New Interdisciplinary Essays. Cambridge: The MIT Press, 1999: 141-185.

[13] Ereshefsky M, Matthen M. Taxonomy, polymorphism and history: an introduction to population structure theory. Philosophy of Science, 2005, (72): 1-21.

[14] Rosenberg A. Instrumental Biology or the Disunity of Science. Chicago: University of Chicago Press, 1994: 59.

[15] Rosenberg A, McShea D W. Philosophy of Biology: A Contemporary Introduction. New York: Routledge, 2008: 9.

[16] 赵斌，郭贵春．生物学哲学的两种理论维度．哲学研究，2011，(11)：110-117.
[17] 赵斌．遗传与还原的语境解读．哲学研究，2010，(8)：96-101.
[18] 赵斌．进化理论的语境分析．科学技术哲学研究，2011，(2)：48-49.

生物学中的功能定义问题研究*

赵　斌

对于物理以及化学等科学来说，生物学使用功能概念进行解释，使得它相比其他自然科学显得十分另类。比如，在达尔文的性选择理论中，孔雀开屏是为了吸引异性，从而有利于交配进行，最终完成增殖。在这里，这一解释在一定程度上提供了孔雀为何会拥有这一习性的原因，这与化学以及物理学中偶尔会使用的功能说明不同，因为在后两者中，功能仅仅作为辅助性的描述，其说明形式并不会在整个原因链上发挥主导作用，但在生物学中，功能解释几乎是作为具体的原因说明在使用，它支撑起了原因性解释的重任。对于生物学中的功能解释来说，从一般意义上可以分为四种态度：第一种态度是，生物学家根本不应使用“重度功能解释”，或许对于功能解释的使用仅仅是为了普及他们的工作，但认为这些解释在科学实践中发挥作用的观点明显带有夸大成分。第二种态度是，承认生物学家们对于“强功能解释”的使用犯了一个小小的错误，但这一类的话题并不会对学科成长带来影响。第三种态度是，“强功能解释”是合理的，更是有用的，但这并不是出于官能系统的事实，而是关于功能的话题，是隐喻性质的；或者说，它的使用依赖于官能系统与其他系统（人工制品或行为）之间的类比。在这一层面上，“强功能解释”可以被定义为是正确的。第四种态度是，“强功能解释”在生物学中是合理的，并且凭借可被例证的纯粹生物学属性，这种合理性在生物学系统中是真正可断言的。[1]在这其中，无疑第四种态度受到了普遍的拥护，而为了论证这种态度的合理性，许多有关功能解释的理论都是基于这种倾向而展开。因此，有必要就生物学中功能解释的合理性问题进行一番探讨。

一、具有代表性的三种生物学功能定义理论

作为一个特征所表征的功能通常是通过一些其他相似特征类型的（过去、现在或是将来所使用的）表征属性作为定义。但是，这种定义方式无疑存在着重大的问题，因为这会导致解释循环。这一问题的存在逐渐导致许多人开始思考将功能解释应用于生物学的合理性。因此，要探讨功能解释的问题，就必须先就功能

---

* 教育部人文社会科学研究基金项目（09YJC720028）、山西大学人文社科研究项目（1009027）。
赵斌，山西大学科学技术哲学研究中心讲师、哲学博士，主要研究方向为科学哲学、生物学哲学。

解释的类型与不足进行探讨。

对于生物学来说，功能可以粗略地分为两种类型：一种是人工功能（artifact），比如酒瓶起子可以开瓶盖或螺丝刀可以拧螺丝；另一种是生物学功能，比如心脏可以通过跳动产生的泵压将血液泵至全身各处的毛细血管。要对两者之间做出区分，最直接的判断标准是，前者存在设计者，而后者不存在任何设计因素。但是，这种区分仅仅是概念上的，任何解释上的评判标准在生物学案例中都不能发挥作用。也就是说，在实际的生物学功能解释中，设计者问题是不好排除的，至少是在概念上我们依然会使用人工功能的概念定义。正如前面提到的，这就会导致解释循环，从而使得生物学中的功能解释无法满足科学解释的基本要求。

那么，对于合理的功能解释理论来说，其所需的必要条件是什么？针对这一问题，纳奈（Bence Nanay）提出了三方面：首先，一个特征可以拥有两个或更多的功能，就像人的嘴既能吃饭又能说话一样。因此，对于一个功能理论来说，其应当容许一个特征存在两个或者更多功能的可能性。其次，对于功能的归因应当依赖于正在处理的解释项。比如我的左眼的功能是眨眼，但是其功能还包括保持左眼湿润。我们将会选择哪项功能归因依赖于正在处理的解释项。设想我们关注对眼睑的解剖，而不关心它与眼睛的关系，那么，在这个解释项里，功能归因将会与眼睛是否湿润无关。在这里，眼睑的功能通过特定的方式进行约定和拓展，这种特定方式就是眨眼。不过，在其他的解释项中，我们分析眼睛的湿润程度而不关注眼睑的解剖，那么在这一解释尺度中，眼睑的功能将会是保持眼睛湿润。因此，认为对于功能的归因应当依赖于正在处理的解释项的观点同时也主张一个特征的功能解释了这一特征为什么是这种方式。不过，当解释被看作是针对为什么的问题以及它们由此依赖于解释项的回应时，作为我们对于特征归因的功能也同样依赖于解释项。最后，任何功能理论都必须能够对功能障碍提供解释。即一个特征拥有某一功能却无法行使这一功能。如果心脏少跳了一下，它仍然会发挥泵血的功能，但是在那一刻它没能行使它的功能，即功能障碍。[2]从纳奈的总结中可以发现，最重要的是第二点，实际上对于纳奈在这里提到的解释项依赖，我们直接将之理解为语境依赖更为贴切，即功能归因最终依赖的问题语境。第一个问题实际上是一个基本前提，也就是说存在多个功能说明项，而关于功能说明项的选择实际上依赖于语境。第三点则是关于功能说明项的解释的合理性条件，即能够为功能反常提供必要的说明。

1. 病因学的（etiological）功能理论

在布勒（David J. Buller）看来，关于功能的哲学分析的主要目标是通过不涉及反向原因关系或神的设计的方式来对生物学中功能概念的全貌进行理解。[3]针对这些诉求，目前比较流行的功能解释框架是病因学的功能理论。这一理论弥合了生物学的功能与人工功能之间的裂痕。比如说，酒瓶起子可以被用来开酒瓶是因为它就是被设计来开酒瓶的，而心脏能够泵血是因为它是被选择来进行泵血的。这种理论形式通过与自然选择模型的结合，似乎巧妙地消弭了生物功能与人工功能间的障碍。但另一方面，病因学的功能理论对于功能的定义也发生了变化，也就是说，过去的设计或过去的选择构成了对功能的定义。戈弗雷-史密斯（Peter Godfrey-Smith）将这种功能解释理论类型称为“功能的现代历史理论”，按照这种理论，如果一个特征具有某项功能，那么这一特征必须在最近的历史中对拥有它的有机体祖先的存活具有贡献。[4]按照这种定义，如果一个特征在久远的过去对于有机体祖先的存活具有贡献，但在那之后距今的时期内，其不再对该有机体具有贡献，那么这一特征就不具有功能。比方说人类的阑尾就对人类来说不再具有功能①，因为在最近的历史时期内它对于人类的存活来说不发生任何作用。总之，在病因学的功能观点看来，一个特征的功能是通过其最近的历史来决定的。

2. 倾向性（propensity）的功能理论

尽管流行，但是病因学的功能定义无疑也存在着致命的缺陷。对于这种定义来说，对一个特征的功能产生决定影响的是它的过去而不是现在。最为著名的反例是戴维森（Donald Davidson）的“沼泽人”（swampman）② 假设。在不考虑戴维森原先所想表达思想的前提下，按照这个假设，如果一个有机体与我在分子上是完全同一的，是由于机遇事件而形成的，那么它的器官将不会拥有任何功能，因为它缺少能为其器官提供定义的进化历史。这种依赖于过去的功能定义显然不符合实际情况，因此，作为备选方案，比奇洛（J. Bigelow）等很早就提出了倾向性的功能理论的方案，与病因学的功能理论相反，他们认为，一个特征的功能并不是通过过去的历史来决定的，而是通过拥有该特征的有机体的未来决定。[5]也

① 当然，最近也有研究显示，人类的阑尾依然对人体发挥着某些作用。但就这里的议题而言，仅仅将之作为一个例子而不去探讨这一案例的真假。

② 该假设出自戴维森 1987 年的论文“Knowing One’s Own Mind”。他假设自己走入一片沼泽，由于被什么东西迷惑，一道闪电将他杀死。与此同时，附近的沼泽中另一束闪电自发的通过分子构建形成一个与之前戴维森肉身完全同一的物体，并且这一事件完全出自偶然，发生于真正的戴维森死亡的同一时刻。这一人体就是以戴维森形式出现的“沼泽人”，它的大脑构造也与真正的戴维森的完全一致，并且可能因此拥有与戴维森完全一样的行为。它将会返回戴维森在伯克利的办公室，并撰写着真正戴维森也会撰写的文章，他也会与戴维森的朋友以及家人友好相处下去。戴维森认为这里（沼泽人与真实的自己之间）依然会存在差别，只不过没人会注意到这点。沼泽人似乎能够认出戴维森的朋友，但是它从来没有见过他们（戴维森的朋友），因此，他不可能真正的认识他们。正如戴维森自己所指出的：“它无法认出任何东西，因为他从一开始就没有认出任何东西。”

就是说，一个特征的功能应归因于拥有它的有机体在未来（可能）的生存。按照比奇洛所给出的定义，当一个特征赋予了拥有它的生物体以生存能力加强的倾向，这个特征才被定义为具有功能。当我们谈论一个特征的功能时，这就意味着这一特征能够对拥有它的生物在其所栖息的自然环境中产生生存能力加强的效果。[6]也就是说，比奇洛通过这一表述，将功能与拥有它们的生物体的适合度联系在了一起，在这一意义上，那些对于适合度增加具有贡献倾向的特征才能被定义为功能。

3. 关系的（relational）功能理论

当然，倾向性的功能理论也遭到了一些反驳，格弗雷-史密斯[7]、尼安德[8]、密立根[9]、沃尔什[10]都加入反对者的行列。虽然反对的理由各式各样，但是，关键的问题集中于一点，倾向性的功能理论对于功能特化的说明同样存在问题。正如格弗雷-史密斯所指出的，倾向性理论的问题在于，比奇洛的特征表征的倾向性与特征类型之间的倾向性定义不够明确，但唯一可能的解释无疑是后者。[11]也就是说，一个特征具有做 F 的功能当且仅当所有与事实上之相同类型的特征都将会做 F 并且都会对该有机体的祖先的存活具有贡献。当然，沃尔什也提出了一种功能理论，即关系的功能理论。他认为，只有当一个特征是针对于一个特定的选择尺度（selective regime）时，我们才能谈论这一特征的功能。同时，他对于选择尺度的定义是，其包罗了特征所在环境中一切对于拥有这一特征的个体的适合度具有潜在影响的非生物的、生物的（包括社会的、发育的、心理学的）因素。[12]对此，沃尔什给出的定义可表述为，X 类型表征的功能针对于 m 时与选择尺度 R 相关，当且仅当 X 做 m 时能明确（并显著）对拥有与 R 相关的 X 的个体的平均适合度产生贡献。当然，这一定义意味着一种个体特征类型特化的独立方式。关系的功能理论问题在于。其“选择尺度”的判定实际上还是离不开病因学的功能理论所依赖的“最近的选择历史”。

总之，这三种理论表现为一个奇妙的轮回，而共通点是它们所关注的焦点都在于特征类型特化的说明方式，即先在的特征类型定义，那么这些功能理论所依赖的特征类型特化的说明方式究竟包括哪些，这一问题便是接下来着重讨论的议题。

二、特征类型定义的标准

目前的特征类型特化大概可以分为三种形式，即功能的标准、形态学的标准以及同源的标准。[13]在这里将一一进行介绍。

首先来看功能的标准。这一标准可以说是目前被普遍接受的特征类型的特化标准，而其要点在于，一个特定特征类型中的所有表征必须拥有相同的功能。比方说，对于一个属于特征类型 T 的表征对象来说，当且仅当其拥有特定的功能属性。就前面的例子来说，拥有泵血功能的物体就是心脏，不具有这一功能的就不是心脏。应当说，大部分的生物类别都可以通过功能来定义。[14]并且，在生物学哲学中，一般接受的也是这种类型的特征类别特化说明。不过，这种特化形式应用于病因学的功能定义便会出现解释循环的情况。也就是说按照这种观点，当对一个功能 F 进行解释时，即宣告拥有 F 的特征 x 是过去被选择了的特征类型 X 中的一个表征，进而按照这种说法，作为解释项的 F 便成为了“为什么 x 是 X 中的一个表征”的解释。这也可表述为，功能 F 成为了特征类型特化的解释要素之一，而特征类型的特化标准又是对功能进行定义的必要条件，这无疑会造成解释循环。[15]因此，实际情况是，如果要使用病因学的功能定义，我们就不能使用功能标准作为特征类型的特化标准。这便造成了一个困境，即最被广泛接受的功能标准无法与最为流行的病因学功能理论相兼容。

其次来看形态学的标准。顾名思义，这一标准的主要意图在于使用形态上的标准划分作为特征类型特化的依据，这是一种相对简单的标准。也就是说，一个表征对象属于特征类型 T 当且仅当其具有特定形态学上的属性。还使用心脏作为例子，一个物体是心脏的前提是，它必须具有特定的形状、尺寸以及颜色等属性，否则它就不是心脏。当然，这种划分固然简单，但是缺陷也很明显。尼安德就曾指出，特征类型需要覆盖不同的物种，但是不同物种中扮演相同功能角色（如心脏）的某一特征却不太可能都具有相同的形态学属性。[16]并且即便在同一物种中，还有可能存在功能正常的畸形器官，按照形态学的标准，这些畸形器官尽管功能正常，但是却因不符合标准而不属于该器官类别，这明显让人无法接受。不过，也有人希望在此基础上对该标准进行修正，使用相同的形式，仅仅是将条件项有所替换。即用因果的解释作为确定特征类别的标准。还是拿心脏来说，扮演特定原因角色（泵血）的实体就是心脏，而不扮演这一原因角色的就不是心脏。[17]不过，这一方案同样面临着相似的问题，也就是说它无法解决功能障碍的难题。对于一个器官来讲，尽管它无法正常地履行功能，即无法扮演相应的原因角色，但是从发育上看，我们依然还是将之定义为该器官类别。总是，无论是形态的还是原因性的，这些简单的判定标准无疑都太过简单，无法胜任一般意义上的特征类别特化标准。

最后来看同源的标准。按照这种标准，是否同源成为了判定两种特征表征属于同一特征类型的依据。本质上讲，这一依据主要来自于遗传学上的定义，也就是说，这两个特征必须来自于相同的世系，即“已确立的生殖族系”[18]。当然，这里也要先对同源的概念进行一番明确，即同源并不是指共同由某一基因编码，事实上基因编码某一特征的说法存在很多误导，涉及许多基因调控与发育系统影响的争论。不可否认基因因素在某一特征的形成中扮演了原因的角色，但是这仅仅是部分原因而不能将基因作为特征的全部表征。因此，至少在这里，基因并不作为特化的依据，其中必然还应包括发育过程的影响。正是由于这些悬而未决的问题，同源的特征类型特化说明面临着一些质疑。特别是在所有生物的长期进化历史中，我们对于同源的界定实际上必须依赖于一定的标准。比方说，许多考古生物学家相信鸟类起源自它们的祖先两栖爬行类动物，前者的翅膀也自然起源自后者的前肢。但是，地面脊椎动物（鸟类也属于脊椎动物）的前肢实际上也起源于两栖爬行类动物的前肢，在这个意义上，鸟类的翅膀与地面脊椎动物的前肢属于相同的已确立的生殖族系。按照前面提到的同源标准，那么两者自然也就属于相同的特征类型。但是，事实并非如此，鸟类的翅膀与地面脊椎动物的前肢在功能上明显存在差别。虽然从解剖学来看，它们同属于前肢，并且也大体上可以归为一类，但是，这样的归类是笼统的，并不符合特征类别的要求，即能够在特征表征上做到足够细节的区分。所以，笼统的同源标准并不太符合这一要求。不过，可能也会有人提出，通过时间对同源标准进行限定可以解决这一问题。就拿前面的例子来说，虽然鸟类的翅膀与地面脊椎动物的前肢不属于同一特征类别，但这并不代表它们各自的祖先在完全分化出明确的特征表征（翅膀和前肢）前也不属于相同的特征类别，尽管那时二者已经在特征上已经表现出明显的差异。基于这样理由，似乎可以将“最近时期内”作为同源标准的限定，即已确立的生殖族系的最近成员。虽然这一限定解决了之前的问题，但是又引入了另一个问题，还是延续之前的例子，虽然通过最近的历史约束，我们可以将鸟类的翅膀和地面脊椎动物的前肢区分开来，但是，特征表征对象要是换作它们的眼睛呢？恐怕两者还是属于同一特征类别而不依赖于最近历史的限定。因此，所有的症结表现在我们究竟应当如何定义“最近”。在病因学的功能理论中，两个案例的区别主要在于，在关于前肢的案例中，选择压力发挥了作用，其在两种物种中表现出选择类型的差异，使得特征类型发生了分化，形成前肢与翅膀的差别；而在眼睛的案例中，选择压力虽然也发生了作用，但事实上它并没有表现出选择类型的差异，选择实际上针对的是相同的事情，因而二者的特征表征（眼睛）并没有表现出特征类型的差异。因此，在病因学的功能理论中，我们很难就“最近”做出明晰的定义。在这一理论中，对于最近概念的判定只能依赖于选择究竟在何时对于某一特征类型的选择形式会发生分化，使得该类型中的一部分特征表征做原有的事情，而另一部分则开始从事新的工作。对于从事新工作的新特征类型来说，针对其的“最近”度量便开始与此。换句话说，特征 x_1 和 x_2 同属于特征类型 X 当且仅当 x_1 和 x_2 都做 F，并且做 F 受到选择。在 t 时，x_2 由于选择压力不再做 F 而改做 F'，便形成以 F' 定义的特征类型 X'。作为 X' 成立的限定条件“最近”便是指时刻 t 之后的历史时期。总之，按照这种推理，使得某一特征成为特定特征类型中的表征的依据是，它是否是被选择来做与这一特征类型中表征所做的相同事情的同族体，也就是说，这一特征是否与该特征类型拥有相同的病因学功能。这便回到了第一点，即功能标准会导致解释循环，而同源标准最终又依赖于功能标准，因此，同源标准自然在病因学的框架内也无法成立。

这里介绍的三种实际上是目前最为流行和主要的特征类型特化标准，虽然也存在其他的标准，但是基本上也都能从形式上对应于这三种划分中的一种，因为这三种在划分方式上最具代表性。此外，由于前一节中提到的三种功能理论都预设了这些类型定义标准，而这些类型定义标准又成为了它们自身问题的根源。因此，要想解决功能定义问题，这里无疑成为了突破口。

三、模态的功能理论

前面提到的功能理论所面临的困境在于，目前所依赖的病因学的功能理论都依赖于先在的特征类型的特化，而特征类型定义的标准（之前提到的三种形式）又无法与已经提到的三种功能理论框架兼容，无论怎样，这些特化形式要么会将功能理论推向解释循环的困境，要么就是作为限定标准的概念模糊不清使得功能理论很难做到功能定义的细化。因此，纳奈提出了一种彻底的解决方案，建立一种完全不依赖于先在的特征类型特化的功能理论，即一种模态的功能理论。[19]下面先来讨论具体的构想。

如果一个功能理论完全不依赖于先在的特征类型特化，那么一个表征特征的功能就必定完全通过这一特征表征的属性来决定，而不是这一特征所在特征类型中的其他特征表征来决定的。但是，如果这样，无疑就会面临我们前面曾提到的问题，即功能障碍。因为在这种情况中，特征的功能是通过其自身属性定义的，这就相当于其功能等同于该特征表征正在进行的工作，例如，某一特征的功能本应是 F，但在其遇到功能障碍的前提下，这一特征无法做 F，因此，在功能障碍的情况下这一特征也的功能就不再是 F。所以，这就是问题的症结所在，即在不依赖特征类型特化的前提下，用特征自身属性作为其功能定义无法解决功能障碍的问题。正是基于这一问题，模态被引入来解决这一难题。

按照模态的功能表述，特征 x 可能无法进行 F，但如果它过去曾经能进行 F，从而 x 对于拥有它有机体的存活做出了贡献。那么，在最初的层面上，进行 F 是 x 的功能当且仅当 x 进行 F 是事实，并进而导致对拥有 x 的有机体的存活做出贡献。通过这一表述可以发现，在对功能进行定义的过程中，“贡献”的时态成为了关键因素。这里的“贡献”并不是病因学的功能理论中的过去时，也不是倾向性的功能理论中的未来时，更不是关系的功能理论中所描绘的现在时。按照纳奈的方案，使用“将会做出贡献”（would contribute）来替代前面三种时态下的

“贡献”含义，进而将功能归因为模态影响。

当然，这样的功能归因还需要对一些基本的观点进行进一步的澄清。首先也是最重要的一点，那就是涉及对有机体存活的贡献的话题，贡献度对于功能的定义来说至关重要，但同时又是一个模糊不清的概念。多数人认为贡献度应当与自然选择理论中的适合度相联系。不过，在实际的自然选择机制中，适合度并不关乎存活与否，而只是代表了有机体相对于生存环境的适应程度。因此，纳奈认为应当将生存贡献等同于适合度贡献。特征进行 F 对于拥有该特征的有机体的存活具有贡献，在 t 时刻该特征进行 F，但是该特征对于有机体的存活构成贡献是在 t' 时刻。$t \sim t'$ 可能会发生一些情况，但为了对问题简化而不需要引入其他的限定性条款，可以认为在这一时段内的情况是均一的。因此，将生存贡献度替换为适合度便可以将 t 时刻该特征的功能定义为 t 时刻的某些（模态）事实。其次，纳奈还通过一些反事实案例作为辅助来定义功能，比如刘易斯理论。其方案如下：执行 F 是 x 的功能当且仅当存在 x 执行 F 的某些可能领域（world），并且其对于有机体存活的贡献相比于任何 x 进行 F，但却没有对 O 的存活构成贡献的可能领域来说，更贴近于现实领域。其中，x 进行 F 的可能领域包括了许多看起来似乎不贴合实际的情况，因此有必要对这一类的可能领域进行排除而只保留“相对接近”的可能领域。通过这一番排除，最终的功能定义表现为：

进行 F 是有机体 O 所拥有的特征 x 在 t 时刻的功能当且仅当在某些“相对接近”的可能领域中，x 在 t 时刻进行 F 并对 O 的广义适合度构成贡献，相较于其他任何在 t 时刻 x 进行 F 但没有对 O 的广义适合度构成贡献的可能领域来说，前者更贴合实际领域。[20]

在这种定义中，如果 x 在实际领域中并不进行 F，或者不能进行 F，但是在“相对接近”的可能领域中，x 进行 F 并且对于有机体的广义适合度构成贡献，那么我们依然可以将 x 的功能归因为 F。通过这一形式，实际上成功的避免了前面提到的功能障碍困境，也就是说，即便 x 不能进行 F，F 也可以作为 x 的功能。当然，通过反事实理论建立的模态功能理论在解决了功能障碍问题的同时又引入了一些棘手的问题。

首先，就是各种潜在功能的激增。因为在那些“相对接近”的可能领域中，每一领域内都可能存在一种潜在功能，这些潜在功能都能对 O 在适合度构成贡献。在一个侧面，我们也不得不面对各种可能领域下的功能可能性。这无疑会造成功能理论的膨胀，并继而对于功能的定义产生阻碍。对于这一问题，纳奈实际上还是诉诸“相对接近”的可能领域的表述。在他看来，最接近于实际领域的可能领域只有一个，可以通过实际的判断而获得，并且，这一判断并不能保证这一领域中的功能模态就是实际领域中的功能。应该说，对于这一点纳奈并没有给出很好的解释，而仅仅是将与实际“相对接近”的可能领域作为最终的评判。

如果是这样，纳奈的评判依然是有问题的。虽然他强调“相对接近”的概念，但这却依赖于对实际情况的分析，即对于实际领域中的适合度构成贡献。在这种情况下，即便对于相同的一类个体来说，它们彼此之间的功能定义也可能存在差异，因此这样无疑会带来复杂的模态分析比较过程。因为模态的功能理论将功能归因于特征表征而不是特征类型。一个特征表征的功能是以关于这一特征表征模态事实的形式定义的，其并不能保证两个个体的相同特征会具有相同的功能，而仅仅与各自特征表征相对接近的功能模态有关。

其次，既然引入了对于“相对接近”的可能领域的评判，那么自然就会涉及功能模态的选择。在模态功能理论中，所有的功能体现为一种可能领域中的模态，而对于一个解释项来说，其功能则是“相对接近”的可能领域中的模态。对此，纳奈举了一个例子。[21]当两个雄性狒狒发生争斗，有时它们中的一个会捡起幼仔（这种行为首次发现在巴巴里猕猴身上）。这种行为的功能存在至少两种选项。选项之一是，这只狒狒捡起这只幼仔是为了保护自己免受其他狒狒的攻击，而其他的狒狒也并不想因此冒险使得该幼仔受伤，因为这样只会招来全体雌性狒狒对其群起攻之。这种行为称为“缓冲对抗假说”[22]。选项之二是，这一狒狒行为的功能是亲本养育。经观察发现，幼仔最常被那些长期定居的雄性狒狒所捡起，而此时这些雄性狒狒是在与最近迁徙而来的雄性狒狒争斗，换句话说，幼仔持有者很可能是幼仔的父亲，它是在保护幼仔免受其他可能危害该幼仔的雄性的侵害。[23]对于两种可能的功能模态该如何进行选择？首先应明确，按照模态的功能理论，两种功能模态都能对于有机体的广义适合度做出贡献，因此，我们不应采用这样的发问，即哪种模态才是这一行为的功能，因为两种都是。取而代之，这一发问应修正为，两种功能模态中的哪一种与该行为的功能更加相关。在这一发问基础上，我们需要针对那些模态事实进行评估。还是回到之前有关狒狒的案例中，如果一个雄性狒狒 A 在与另一雄性狒狒 B 争斗期间捡起其雄性子代 C。为了确定这一行为（主要的或最为相关）的功能，我们就需要对可能领域中 A 捡起不是它后代的幼仔 D 的行为进行分析，如果在这一可能领域中，这一行为能够对 A 的广义适合度构成贡献，那么我们便有理由相信这一行为的主要功能是自卫；如果这一行为没有对 A 的广义适合度构成贡献，那么这一行为的主要功能则可能是亲本养育。通过这些分析，可以进一步的对纳奈的观点进行深化，也就是说，在对实际领域功能的定义过程中，我们仅仅是选择最为接近的可能领域中的功能模态，对于一个特征表征的功能判定实际上是依赖于最为可能语境的甄别，而不是特征本身的属性。因此在这个基础上就需要引申出第三点，那就是与语境相关的解释项判定。

最后，实际上涉及了功能模态评估的最终依据，即解释项的判定。不同的解释项实际上针对于不同的可能领域或者说是功能的语境。我们对于最为相关的可能领域判定往往便来源于此。对于功能的定义实际上最终依赖于对解释项的分析。举例来说，在一个完全漆黑的环境中，要确定眼睛的功能便首先要对眼睛所处的环境展开分析。虽然这一可能领域（漆黑环境）与在白天或有充足光源的可能领域中的其他情况完全一致，但是，仅仅是由于缺乏光源，那么解释项就会发生改变，并进而影响到对功能的定义。从这里可以看出，对于解释项的分析实际上等同于应用环境的分析。同样，对于一个特征来说，处于不同的环境就可能意味着会有不同的“相对接近”的可能领域，而这种环境的依赖性表现与之前曾论述过的关系的功能理论有几分相似。模态的功能理论与关系的功能理论的最重要区别在于，前者主张功能是以可能领域中的模态的形式存在，而不依赖于具体的特征表征，也就是说，其功能是先于解释项的；后者则强调功能定义随环境的变化，但仅涉及特征与实际领域的关系，也就是说，其功能建构于解释项之后。不过，至少是在解释项的分析上，可以认为两种功能理论是相同的。

到这里为止，关于模态的功能理论架构已经完全的展现出来。如果回顾之前纳奈对于功能理论所需条件的定义，即一个特征可以拥有两个或更多的功能；对于功能的归因应当依赖于正在处理的解释项；任何功能理论都必须能够对功能障碍提供解释。这些无疑都已经满足。此外，对于病因学的功能理论所面临的沼泽人假设的难题，即依赖历史决定的功能定义所面临的困境，由于模态的功能理论仅仅涉及的是对于最为接近的功能模态的选择，所以，即便作为与真人完全同一的沼泽人不曾拥有真人所经历过的历史，但是由于身体结构同一性所自然继承的功能模态依然有效，那么沼泽人身上的器官功能在模态的功能理论框架内依然是成立的。然而，这一理论虽然看似无懈可击，但是将生物学功能与人工功能统一在一个尺度之下会否为带来什么问题？在自然主义者占主流的生物学家以及生物学哲学家那里是否站得住脚？由于篇幅所限，这方面的议题本人将另文探讨。

参考文献

[1] Lewens T. Function//Matthen M, Stephens C, eds. Philosophy of Biology. Elsevier B V, 2007: 525.

[2] Nanay B. A Modal Theory of Function. Journal of Philosophy, 2011, (8): 413-414.

[3] Buller D J. Function, Selection and Design. New York: SUNY Press, 1999: 1-28.

[4] Godfrey-Smith P. A Modern History Theory of Functions. Nous, 1994, 28: 344-362.

[5] Bigelow J, Pargetter R. Functions. Journal of Philosophy, 1987, 84: 181-197.

[6] 同 [5]: 192.

[7] 同 [4].

[8] Neander K. The Teleological Notion of ‘Function’. Australasian Journal of Philosophy, 1991, 69: 454-468.

[9] Millikan R. G. White Queen Psychology and Other Tales for Alice. Cambridge, MA: The MIT

Press, 1993: 13-29.

[10] Walsh D M. Fitness and Function. British Journal for the Philosophy of Science, 1996, 47: 553-574.

[11] 同 [4]: 360.

[12] 同 [10]: 564.

[13] 同 [2].

[14] Lewens T. Organisms and Artifacts. Cambridge: The MIT Press, 2004: 99.

[15] Neander K. Types of Traits: Function, Structure, and Homology in the Classification of Traits// Ariew A, Cummins R, Perlman M, eds. Functions. Oxford University Press, 2002: 403.

[16] Neander K. Functions as Selected Effects. Philosophy of Science, 1991, 58: 180.

[17] Cummins R. Neo-Teleology//Ariew A, Cummins R, Perlman M, eds. Functions. Oxford: Oxford University Press, 2002: 157-173.

[18] 同 [14]: 99-100.

[19] 同 [2]: 420-426.

[20] 同 [2]: 422.

[21] 同 [2]: 424-425.

[22] Deag J M, Crook J H. Social behaviour and "agonistic buffering" in the wild *Barbary macaque*, *Macaca sylvana* L. Folia Primatologica, 1971, 15: 183-200.

[23] Busse C, Hamilton W J. Infant Carrying by Male Chacma Baboons. Science, 1981, 212: 1281-1283.

数学语境及其特征*

刘 杰

伴随着哲学中实在论与反实在论之间的争论，关于数学本质的探讨也由这两种立场的解释得以展开。数学实在论者，或称柏拉图主义者，认为数学对象如数字、函数、集合等独立于人脑而客观存在。这种解释无疑会坚定人类追寻数学真理的信念，同时也会为数学在其他学科中的广泛应用提供佐证。然而，数学实在论面临着一些难以克服的难题。贝纳赛拉夫（P. Benacerraf）在其两篇重要的论文（《数字不可能是什么》”（What Numbers Could Not Be）[1]、《数学真理》（Mathematical Truth）[2]）中对此进行了精辟总结。在《数字不可能是什么》中，他向集合论柏拉图主义者提出了何为数学基础的难题。在《数学真理》中，他向数学实在论发起了认识论挑战，即人类如何获知超出其感知范围的抽象的数学对象？可以说，认识论挑战对于数学实在论更具普遍性，迄今为止它几乎已经成为数学实在论的致命伤。近年来，以规避认识论挑战为宗旨，各种反实在论的数学哲学逐渐兴起并发展起来。语境论数学哲学就是其中具有极强发展潜力的一支。而居于语境论的视角，来解读数学的本质，数学知识产生和发展的过程，其首要任务就是要探明数学语境的构成及其本质特征。

以语境论为阐释基底来理解数学，离不开对数学语境的分析。对数学对象的研究，就是对语境中数学对象的研究。因此，在语境论的视角下，数学的本质就是数学的语境。只有阐明了数学语境的基本结构及其本质特征，才能揭示出数学的本质。

一、数学语境的结构

数学语境不是一个单纯的、孤立的概念，而是一个具有复杂结构的系统。具体来看，数学语境由语形表征、语义解释及语用约定三个要素构成。语形表征研究数学符号之间的形式关联，语义解释研究数学符号的意义，语用表征则研究认识主体、数学符号及其意义三者之间的关系。语境是三者相互作用的统一有机整

---

* 国家社会科学基金青年基金项目（11CZX022）、教育部重点研究基地重大项目（11JJD720011）、山西省回国留学人员科研资助项目（2012-028）。

刘杰，山西大学科学技术哲学研究中心副教授，主要研究方向为数学哲学。

体，并通过它们有序的结构呈现出认识主体与数学对象之间的联系。

希尔伯特在《几何基础》中所建立的公理化体系，可谓为数学语言确立之典范。众所周知，《几何基础》的基本思想是首先对初始符号、概念的形成规则、公设以及推理规则做出预设，继而把这些要素结合起来形成一个形式化系统，通过在该系统中进行演绎推理，得出各个数学定理。洞悉其整个形成过程，不难发现，都是与语境相关的。第一，对初始符号的预设就是语境中的语用约定，它对数学对象进行抽象，将之表示为特定的数学符号。第二，概念的形成规则、公设、公理也都是特定语境中语用约定的结果。不同数学符号遵照形成规则构成合式公式，相互独立的合式公式被约定为公设和公理，以这些公设和公理为前提，依据逻辑推理规则，得出不同的结论，即不同的定理。以这些定理与公理为前提可进一步推演出新的定理。公设、公理与不同定理之间的逻辑推演关系构成了一个纯形式化体系，由此数学语言经过符号化之后只涉及数学符号与符号之间的逻辑关联，这在本质上就是数学的语形表征。第三，对形式化数学公式意义的把握，同样是与语境相关的。认识主体依据不同语境的特定语用目的，为数学公式赋予不同的意义，从而在不同的语境中得到不同的语义解释。一方面，形式数学系统经解释形成各种不同的数学结构，得到不同分支的数学理论；另一方面，它与经验语境结合，被直接解释为各种科学定律。总之，“数学语言的确立→数学系统的形成→数学模型的解释”[3]，本质上就是一个“语用约定→语形表征→语义解释”的数学语境结构模型，如图1所示。[4]

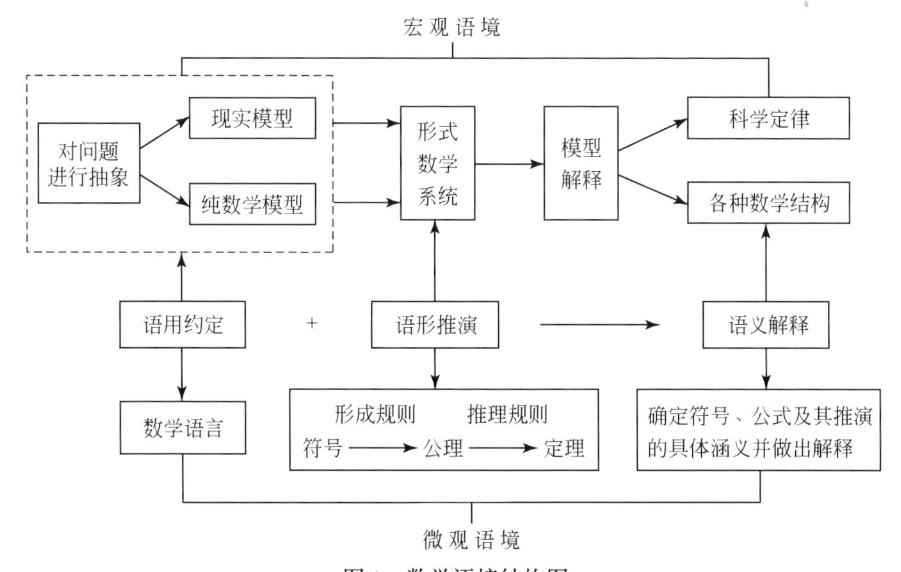

图1 数学语境结构图

具体来看：

首先，数学体系的语形表征与数学的形式推演过程都与语境中的语用约定相关。数学的形式推演过程包括前提公设和推理规则。对于所有的数学形式系统来说，它们都遵循同样的推理规则。即如果令 Γ 是数学形式系统 S 中的公式组成的一个集合，并且 A 是 S 中的一个公式，若 $\Gamma \vdash A$，则 A 是 Γ 的逻辑后承。因此，数学推演过程的语境相关性就体现在前提公设的语境相关性上。例如命题“过线外一点有且只有一条直线与已知直线平行”在欧氏几何中被看成是第五公设，在欧氏几何的语境中该命题作为公理使用，而如果保持欧氏几何的其他公设不变，只把平行公设替换为它的否命题“过线外一点没有直线与已知直线平行”或“过线外一点有不只一条直线与已知直线平行”则分别可以过渡到罗巴切夫斯基几何和黎曼几何的语境。因此，不同的数学语境规定着不同的前提公设，以此为基础的整个数学推演过程都在语境之中。总之，在数学形式系统中，语用约定了数学符号和数学形式系统的推演过程，它们都是具有语境相关性的，数学语境刻画着数学系统的整体建构。

其次，数学命题的语义构成也是与语境的语形表征以及语用约定紧密相关的。可以说，语义的构成性（compositional）问题是语境结构的核心问题。这是因为，语义的构成性是表征语言能够系统化的最关键的特征，尤其是：“命题在句形上表现出的时间和空间序列性，或者语用上所表现的意义的具体性以及它们之间的关联，都必须通过语义的构成性来沟通，并使它们联结起来。”[5]在具体的数学语境中，语义的构成性取决于数学语境的语用约定以及认识主体对数学命题在语境中的形式可判定性的证实。第一，对数学的语义解释是认识主体基于不同语用目的由语用约定给出的。在不同语境中，基于不同的语用目的，相同特征的语形表征可以有完全不同的语义解释。例如，符号序列：x_1，x_2，…，a，f_1，f_2，=，(，)，→，~。在群论形式系统中，个体常项 a 表示单位元，函数符号 f_1 表示逆、f_2 表示乘；在算术形式系统中，个体常项 a 代表0，函数符号 f_1 表示后继，f_2 表示和，等等。显然在这两个系统的个体常项和函数符号具有不同的语义解释。又如，公式 $P(x_1)(x_2)(A(x_1, x_2) \to A(x_2, x_1))$，在形式算术中，被约定为对任意自然数 x_1，x_2，如果 $x_1 = x_2$ 则 $x_2 = x_1$，谓词 A 被约定为“ = ”。在形式群论中，这个公式却被约定为对集合 A 中任意元素 x_1，x_2，若 $x_1x_2 = e$ 则 $x_2x_1 = e$，谓词 A 被约定为：“x_1 和 x_2 互为可逆关系。”第二，要使数学得到恰当的语义解释，语用约定绝不是任意的，数学语境的语用约定必须与主体来源于背景语境的真信念一致。背景语境由认识主体的理论背景、社会文化背景、历史背景汇集而成，它们集中体现为认识主体在特定语境中真信念。任何有悖于主体在背景语境真信念的任意约定都不会为数学知识的进步发挥任何有益的作用。比如，把 $1=5$ 作为语用约定来考察 $1+1=2$ 在弗雷克尔-皮亚诺算术公理系统中的语义解释，显然是不成功的。第三，语义的构成性在本质上是与恰当的语用约定的来源问题紧密相关的。具体地看，语用约定是认识主体的语用目的与主体来源于背景语境的真信念相融合、相统一的结果。比如，对以弗雷克尔-皮亚诺算术公理系统为背景语境的任一特定语境而言，考虑约定“3 = 3”，其中等号左边的“3”是一个实数，等号右边的“3”是一个自然数。由于“3 = 3”这一约定与背景语境的真信念是一致的，因而“3 = 3”在当前语境中可以看成是一个合法的语用约定。因此，语义解释的前提依赖于语境的存在，而数学形式体系和相应的解释理论之间的内在关联又是形成语境的必要条件，只有在语境各要素相互关联的整体中才能找到恰当的数学解释。

总之，语境是语形表征、语义解释和语用约定统一的基底，是语形表征、语义解释与语用约定的结合，这三者之间若没有相互关联同样也构不成“语境”。数学家们基于不同语用目的构建数学的形式系统，即语形表征，同时，形式系统中的推演蕴涵了语形表征的指称对象，即语义的变更。其次，语义解释的实现以语形的符号表征为载体，通过语用约定而得到具体实现。在特定的语境下，只有语用约定才能使语义解释的选择成为可能。没有语用约定的限定和约束，语义解释的多样性就无法得以呈现。总而言之：“没有语形语境，就没有数学的表征；没有语义语境，就没有数学的解释、说明和评价；没有语用语境，就没有数学的发明。”[6]因此，数学语境本质上就是语形表征、语义解释和语用约定的统一。

二、数学语境的特征

1. 数学语境的整体性

数学语境是语形表征、语义解释和语用约定相互作用的统一的有机整体。它作为一种特定的关联形式，包含了一切数学理论的、社会的和历史的背景要素。从语境的意义上讲，所有数学对象都可体现在一种整体性关联中。在特定语境中，研究对象、主体及其语境因素都是某种程度的整体关联，而不再是单独存在的个体，从而消除了传统认识中的绝对主义。

在语境论看来，任何数字只有在一个数学语句中才有意义。数字意义的实现是与它所在的语境相关的。当然，这里的语境并不是指数字出现的数学语句本身，而是指一种非语言层面的语境。数字语境的实在性由语形、语义以及语用的整体交互作用呈现出来。也就是说，数字本身没有任何意义，数字只有出现在语句中才具有获得意义的可能，而真正决定其意义实现的是数学语境的语用约定。数字的语义解释由数学语境中特定的语用目的和语用域面及其出现的语句的语形表征共同决定。只有在语境中，数字的含义才能具体化。将语境作为意义的基础，并不意味着数学语境自身就是传统哲学意义上所谓的数学本体，而只是就意义的生成变化和理解过程而言具有本体论的性质或意义，表明的是语境对意义的最高约定。因此，任何数学理论的意义都是由它所在的数学语境确定的，认识主体和被认识对象都是同一语境中的要素，认识主体是语境化了的主体，认识对象是语境化了的对象，认识对象的存在性及其属性能够在语境所表现出的认识主体与认识对象之间的整体关联中得到呈现。如果把数学理论理解成命题的集合，命题与概念的指称和意义是由语境化了的对象决定的，它们的集合构成了对对象的完备描述。在这个意义上，语境论以数学语境的整体性呈现了数学的实在性本质。

比如考虑将自然数向集合论的各种可能的化归路径，自然数的序列

$$0, 1, 2, 3, \cdots$$

被认为可以等同于以下两种集合序列：

$$\varnothing, \{\varnothing\}, \{\{\varnothing\}\}, \{\{\{\varnothing\}\}\}, \cdots \text{（策梅罗序数）}$$

或

$$\varnothing, \{\varnothing\}, \{\varnothing, \{\varnothing\}\}, \{\varnothing, \{\varnothing\}, \{\varnothing, \{\varnothing\}\}\}, \cdots \text{（冯·诺伊曼序数）}$$

反数学实在论者会对数学实在论提出质疑：我们似乎没有关于任何先于自然数的概念能够回答 $2=\{\{\varnothing\}\}$ 还是 $\{\varnothing, \{\varnothing\}\}$。事实上，这种质疑是针对坚持基础主义的柏拉图式实在论者的，而语境论可以化解这类问题。首先，数学理论不再被认为是试图断言某些特定对象的真值，而是在语境中用它来定义高阶概念，其中对象的不同系统都可能以此为基础。比如，皮亚诺算术公理可被认为是定义一个“自然数序列”的概念。由于策梅罗序数和冯·诺伊曼序数都满足皮亚诺公理，那么它们都是自然数序列的范例。对于自然数 $2=\{\{\varnothing\}\}$ 还是 $\{\varnothing, \{\varnothing\}\}$ 的问题，在不同的语境有不同的回答。在语境论者看来，关于 2 是否指涉任何独一无二的对象的预设，本身是没有意义的。“自然数 2”只是依赖于在不同语境中认识主体所使用的是哪一种皮亚诺公理的范例，许多不同的对象都可以扮演数字 2 的角色，因而数字 2 无需被特殊对待。我们必须在语境中考察认识主体与发挥 2 的作用的对象之间的整体关联性，这样才能澄清 2 的真正含义。

2. 数学语境的确定边界性

语境作为理解科学活动的一个平台，是有边界的。语境的边界是由问题域决定的，或者说语境边界的大小由研究对象的边界大小来决定；语境的边界决定了语言的延伸度。具体而言，如果研究对象是一句话，那么，语境的边界就是这个语句；如果研究对象是一个特殊的问题，那么，语境边界就是这个问题域；如果研究对象是一段特定的历史，那么，语境的边界就是这段历史进程。因此，语境的边界与语境的结构与内容现实地联系在一起。

数学语境边界的确定：首先，在于语形边界的确定。特定的数学解释语境，

绝不可能超越给定语言的语形边界，尤其是像数学这样形式化的研究对象，它的语境必然存在着相关的逻辑语法或形式算法语形边界的限制。在数学中，任何一个难题都是给定边界条件下的难题。给定了边界条件，就是给定了求解相关难题的语境。因此，给定条件下的解，就意味着给定语境下的意义。求一个给定条件的解，就是探索给定语境下的意义，这完全是同一的。离开了特定的语境及其语形边界的约束，数学的演算功能就失去了意义。其次，在确定了语形边界的前提下，相关语境的内在的系统价值趋势也就必然地规定了特定表征的语义边界。因为，只要超越了这一已规定的语义边界，也就超越了该相关语境本身，就会导致语境的更迭。所以语义边界就是语境边界的意义规定，就是语境的语义洞察与价值洞察的统一。正是语义的构成性原则，规定了在特定语境下语义解释的张力范围，确立了语义解释的伸缩度，实现了特定理论表征的语词和命题与相关指称对象和指称世界之间的内在关联。最后，数学的语用也是有边界的。数学对象的意义及其表征系统正是在语用的结构关联中被确定的。在这个意义上，语境并不是不证自明的，它需要解释；解释也不是任意的，它需要语境的约束。这就是语境的语用边界所发挥的功能。在这个基点上讲，语用边界就是语境边界的使用范围，是语用洞察和背景洞察的统一。正如郭贵春教授所说："语境的语形、语义和语用边界是一致的，语用给定了语形和语义的边界和趋向，而语形和语义则表征和显现了语用的价值和确定边界的目的要求。"[7]一个数学命题和理论的现实的语用方式及其求解难题的使用过程，就是一个具有自主性的语境的实现和完成，它确立了"语境的自主性原则"（context independence principle），从而也就决定了相关语境的语用边界。同时，在这个确定的语用范围内相关语境的价值取向的实现，就是该语境的系统目标及其形式体系的实现，它从语形、语义和语用的结合上体现了"语境的一致性原则"（context unanimity principle）。无论是"语境的自主性原则"还是"语境的一致性原则"，都是以特定语境的语用边界确定性为前提的。[8]

我们不妨以具体的数学语境为例，进一步说明数学语境的边界性。考虑时标上的动力方程

$$y^{\Delta}(t)=f(t,\ y(t)),\qquad t\in T$$

其中，时标 T 是实数集 $\mathbf{R}$ 的非空闭子集，f：$T\times\mathbf{R}\to\mathbf{R}$，且 f 是一个连续函数，$y^{\Delta}(t)$ 为 f 在 t 处的 Δ 导数。函数 Δ 导数的定义为：给定函数 f：$T\times\mathbf{R}\to\mathbf{R}$，$t\in T^{k}$。如果存在 $\alpha\in\mathbf{R}$，对每个 $\varepsilon>0$，存在 t 的领域 U，当 $s\in U$ 时有

$$|f(\sigma(t)-f(s))-\alpha(\sigma(t)-s)|\leqslant\varepsilon|\sigma(t)-s|,$$

则称函数 f 在 t 点 Δ 可导，并称 α 为 f 在点 t 的 Δ 导数，记为 $f^{\Delta}(t)$。

若 $T=\mathbf{R}$ 时，则上述动力方程即微分方程

$$y'(t)=f(t,\ y(t))$$

若 $T=\mathbf{Z}$ 时，则上述动力方程即为差分方程

$$y(t+1)-y(t)=f(t, y(t))$$

若 $T=[0, 1]\cup\mathbf{N}$ 时，上述动力方程为时标下的动力方程

$$y^{\Delta}(t)=f(t, y(t))$$

在数学语境中，当认识主体出于不同的语用目的对 T 赋予不同的意义时，就为语境划定了不同的边界。当 T 为实数域时，上述导函数的形式为一个微分方程，它刻画连续情况；当 T 为整数域时，上述导函数的形式为一个差分方程，它刻画离散情况；当 T 为一个既包含离散集又包含连续集的集合时，上述动力方程刻画了连续与离散统一的情况。事实上，正是这种语用边界的不断变化和更迭，导致了数学解释的"再语境化"（recontextualization）过程，形成了数学语境的相对确定性与普遍连续性的统一。

3. 数学语境的不断再语境化

数学语境是动态的，而不是静止的。而且，语境在深度和广度上的变化越大，新语境的意义就越深厚，它的丰富的多样性就越具有时代性。一个新语境可以是一个新的目标集合、一个新的理论，甚至一种新的方法……总之，"这种可能性是无限的"[9]。可以说，语境的运动、变化与发展的过程，就是一种"再语境化"的过程。

数学语境是不断再语境化的，不断更迭的。库恩的范式理论强调科学革命，科学的进步在范式的转变中发生，范式之间不可通约。这样，科学理论以及科学进步的合理性在本质上依赖于科学家共同体的约定。在库恩范式研究纲领的导引下，科学哲学被推向了非理性主义，从而取消了科学理论与实在之间的关联。与库恩的范式相比，数学语境是连续的，数学语境之间有着本质的关联，它们都是对实在对象的认识、理解与把握。在这个意义上，数学理论的发展既有累积和连续的因素，也有革命的成分。

下面不妨以数学分析中关于函数可积性条件的认识为例，进一步具体说明我们对数学的认识如何随着语用目的的改变而处于一种不断语境化的过程之中。黎曼（G. Riemann）在研究三角级数时，具体讨论了函数的可积性问题，并给出了积分的定义。[10]设函数 $f(x)$ 在 $[a, b]$ 有界，在 $[a, b]$ 中任意插入若干个分点

$$a=x_0<x_1<x_2<\cdots<x_{n-1}<x_n=b$$

把区间 $[a, b]$ 分成 n 个小区间

$$[x_0, x_1], [x_1, x_2], \cdots, [x_{n-1}, x_n]$$

各个小区间的长度依次为

$$\Delta x_1=x_1-x_0, \Delta x_2=x_2-x_1, \cdots, \Delta x_n=x_n-x_{n-1}$$

在每个小区间 $[x_{i-1}, x_i]$ 上任取一点 $\xi_i(x_{i-1}\leqslant\xi_i\leqslant x_i)$，作函数值 $f(\xi_i)$ 与小区间

长度 Δx_i 的乘积 $f(\xi_i)\Delta x_i(i=1, 2, \cdots, n)$，并作和

$$S=\sum_{i=1}^{n} f(\xi_i)\Delta x_i$$

记 $\lambda=\max\{\Delta x_1, \Delta x_2, \cdots, \Delta x_n\}$，如果不论对 $[a, b]$ 怎样分法，也不论在小区间 $[x_{i-1}, x_i]$ 上的点 ξ_i 怎样去发，只要当 $\lambda\to 0$ 时，和 S 总趋于确定的极限 I，这时我们称这个极限 I 为函数 $f(x)$ 在区间 $[a, b]$ 上的定积分，记作 $\int_a^b f(x)\mathrm{d}x$，即

$$\int_a^b f(x)\mathrm{d}x=I=\lim_{\lambda\to 0}\sum_{i=1}^{n} f(\xi_i)\Delta x_i$$

从上述定义中我们不难发现，黎曼积分的理论所要求的条件迫使函数的不连续点可用长度总和为任意小的区间所包围，这就是说，可积函数必须是差不多连续的。它只适用于函数至多有有限个不连续点的情形。于是，对于具有无穷多个不连续点的函数的积分存在性问题出现了。这需要数学家建立一个新的语境，在该语境中函数的可积性条件不仅要满足连续函数，而且应该适用于具有无穷多个不连续点的函数。随着人们对数学分析各种课题的不断深入探讨，积分理论的研究工作也进一步展开。特别是约当（P. Jordan）和波莱尔（F. Borel）等关于点集测度理论的研究成果，揭示出了测度与积分的联系。现代应用最广泛的测度与积分系统是勒贝格（H. Lebesgue）完成的。勒贝格积分理论不仅蕴涵了黎曼积分所取得的成果，而且还在较大程度上克服了其局限性。对于定义在 $[a, b]$ 上的正值函数，为使 $f(x)$ 在 $[a, b]$ 上可积，按照黎曼积分思想，必须使得在划分 $[a, b]$ 后，$f(x)$ 在多数小区间 Δx_i 上的振幅能足够小，这迫使具有较多振动的函数被排除在可积函数类外。对此，勒贝格提出，不从分割区间入手，而是从分割函数值域着手，即 $\forall\delta>0$，作

$$m=y_0<y_1<\cdots<y_{i-1}<y_i<\cdots<y_n=M$$

其中，$y_{i-1}-y_i<\delta$，$i=1, 2, \cdots, n$。m 与 M 分别是 $f(x)$ 在 $[a, b]$ 的下界与上界，并作点集

$$E_i=\{x: y_{i-1}\leqslant f(x)\leqslant y_i\},\quad i=1, 2, \cdots, n.$$

这样，在 E_i 上，$f(x)$ 的振幅就不会大于 δ。再计算

$$|I_i|=y_{i-1}\times|E_i|$$

并作和

$$S=\sum_{i=1}^{n} y_{i-1}|I_i|$$

它是 $f(x)$ 在［a，b］上积分的近似值。当 $\delta\to 0$ 时，若 S 的极限存在，不妨设为 I，则称 $f(x)$ 在［a，b］上是勒贝格可积的，且称 I 为 $f(x)$ 在［a，b］上的勒贝格积分：

$$\int_{[a,\ b]} f(x)\,\mathrm{d}x = I = \lim_{\delta \to 0} \sum_{i=1}^{n} y_{i-1} \left| I_i \right|$$

当然，要使勒贝格的积分思想得以实现，必须要求分割得出的点集即 $E_i(i = 1, 2, \cdots, n)$ 是可测集。显然，$f(x)$ 是否勒贝格可积取决于函数 $y = f(x)$ 的性质。事实上，要求对任意 $t \in R^1$，点集

$$E = \{x: f(x) > t\}$$

均为可测集，即 $f(x)$ 为可测函数时，$f(x)$ 是勒贝格可积的。这就是说，积分的对象必须属于可测函数范围。于是在关于函数可积性条件的新语境中，可积函数的条件不仅局限于“基本上”连续函数，而且适用于那些具有无穷多个不连续点的可测函数。我们知道，连续函数一定是可测的，可测函数一定是勒贝格可积的，因此，对于黎曼可积的函数来说，它一定也是勒贝格可积的。黎曼积分是勒贝格积分的一种特殊情况。由此，我们不难看出，正是基于不同的语用目的，数学家对函数可积性条件的探讨始终处于不断的认识过程，而这种认识过程本身依赖于不同语境之间的动态更迭。语境之间的关联显然是不能割裂的。在我们对数学的认识继续向前推进过程中遇到新的问题时，数学家们在新的语境中便会根据不同的语用目的做出新的初始预设，使数学的域面不断得到扩大，使新的问题在新的语境中找到答案。

总之，在语境的认识活动中，“超语境”与“前语境”的东西没有直接的认识论意义，任何东西都只有在“再语境化”的过程中融入新的语境之中，才具有生动的和现实的意义。

三、数学语境论进路的意义

在语境论的视角下，研究数学就是研究数学语境。数学语境的本质特征能够反映数学知识产生和发展的整个过程，从而揭示出数学的本质。语境的基本结构表明了对对象的语形抽象、语义解释及语用施行都是具有语境相关性的。数学的语形表征是由数学家们基于语境中的语用目的而构建；形式系统中公式之间的不断推演隐含了语形所指的变化，即语义的变化；语义解释的实现依赖于语形符号的表征以及语用目的和语用域面的规定，语义解释的选择只有在语用的指引和限定下才能成为可能。因而，语境论为数学所提供的语义解释是一种语境化的语义解释。

语境化的语义解释具有相对的确定性，这种相对的确定性是由数学语境的确定边界性以及数学语境的不断再语境化过程所共同决定的。数学语境的确定边界性表明了语义解释是有边界的，即在特定的数学语境中，语义解释是具有确定性的。随着语用目的的改变和语用域面的不断扩大，语境边界会随之不断变化。语

境边界的不断变化和更迭，导致了语义边界的改变。在语境的再语境化过程中，语义解释也处于一种动态变化之中，从而具有一定的相对性。但是，语境化的语义解释不同于任意形式的意义约定，其相对的确定性是以数学语境的再语境化过程的普遍连续性为前提的。数学语境的不断再语境化过程表明数学语境是连续的，数学语境之间有着本质的关联，它们都是对实在对象的认识、理解与把握。数学语境的整体性特征表明，数学对象在特定语境中是一种语境化了的对象，它与认识主体作为语境要素都处于一种整体性关联之中，这种整体关联性就决定了对象是语境化了的对象，语境是对象化了的语境。因此，语境论把认识主体与认识对象作为构成语境的要素统一在同一语境中，不再把数学知识理解为绝对的、终极的真理，而把它看成是语境化的概念，为我们认识数学知识提供了合理的语境论解释。这一根本性的转变，无疑认识论以及方法论层面都具有重要的意义，更符合数学实践本身。

首先，语境论进路能够为数学提供更合理的认识论解释。语境论的本质是一种关系实在论，它用普遍的关系实在论取代了柏拉图式的实体实在论。语境论用语境化的认识论取代了经验主义的认识论，主张用语境化真理论取代真理符合论。它强调认识主体与认识对象之间关系的语境相关性，语境化真理论与语境论相契合，无疑可以为我们认识数学真理提供合理的说明，且这种说明同样适用于对科学真理的认识。语境化的认识论解释构建了一种动态的交流理性标准。它通过语境的功能来形成和强化概念和理论的意义，在语言的语境化当中、在主体间性的基础上，对理论进行新的意义重建。应当说，语境化的认识论解释可以使认识疆域获得有目的的扩张，脱离给定边界的狭义束缚，获得以问题为中心的重新组合，趋向于从一个视点上来透视整个哲学的所有基本问题。可以说，在阐释数学和科学知识的产生、理解和评价过程上，语境论无不展示出其在认识论解释上所特有的优越性。

其次，语境论提供的语境化真理观能使我们更好地解释数学和科学真理的本质、更好地说明人类对数学和科学认识的动态发展过程。语境论的真理观把真理理解为认识的理想化目标，而不是个别研究的单一结果，突出了真理的语境性。数学真理和科学真理的本质既不是经验事实的真理，也不是纯粹逻辑的真理，而是一种语境化的真理，即真理是语境化的概念。这种真理观不仅可以为数学和科学研究提供可靠的信念支持，同时可以合理地说明数学和科学知识动态的发展、变化、累积与革新的过程。在数学和科学实践中，语境的不断变迁与运动通常向着纵横两个方向同时发展。语境的横向运动是通过学科间的交叉与融合体现出来的，是对已有认识的扩展与检验；语境的纵向运动表现为学科自身的演进。语境论的真理观可以更合理地说明相互竞争理论如何能够并存，能够为不同的数学分支和不同的科学竞争理论提供生长的空间。比如欧氏几何与罗巴切夫斯基几何以及黎曼几何的同时成立，只有在语境论的视角下才能得到最佳诠释。真理不再具有任何独立于语境的意义，只有在动态的语境中才能展示真理的存在。我们现实关注的只能是“语境化”了的真理，它展现了具体的、结构的、语用的、有意义的人类认识的趋向。事实上，语境化真理观所要倡导的便是在“语境”的既非还原论也非扩展论的意义上，现实地展示出真理发展的未来走向，而非任何绝对抽象的形而上学真理，这无疑是对传统真理符合论的超越。

结　语

我们相信，在数学中提出语境论的解释路径既是数学哲学自身构建的需要，更是调和数学哲学与一般科学哲学的迫切要求。语境论不仅为数学实在论与反数学实在论的论争提供交流、对话的平台，而且它已经成为沟通数学哲学与科学哲学的关键环节。纵观当今包括数学、物理学、生物学、哲学、社会学、人类学、心理学等在内的各个学科，无论是在理论的定位、知识的构造还是方法的使用上，都无不体现着相互间的交叉和融通，只有以语境论为分析基底，才能更好地理解这些学科知识的内在联系。“所有的经验和知识都是相对于各种语境的，无论物理的、历史的、文化的和语言的，都是随着语境而变化的。”[11]可以说，语境论已经深刻地嵌入所有学科的哲学探讨。总而言之，语境论超越了逻辑经验主义所奠定的僵化的科学哲学研究进路，架起了科学主义与人文主义、理性主义与非理性主义、绝对主义与相对主义沟通的桥梁，因而是一种更有前途且更富有辩护力的新视阈，值得我们进一步关注和深入研究。

参 考 文 献

[1] Benacerraf P. What Numbers Could Not Be. The Philosophical Review，1965，(74)：47-73.
[2] Benacerraf P. Mathematical Truth. The Journal of Philosophy，1973，70 (19)：661-679.
[3] 郭贵春，康仕慧．当代数学哲学的语境选择及其意义．哲学研究，2006，(3)：77.
[4] 同 [3]：76.
[5] 郭贵春．论语境．哲学研究，1997，(4)：50-51.
[6] 同 [3]．
[7] 郭贵春．语境的边界及其意义．哲学研究，2009，(2)：98.
[8] 同 [7]．
[9] Rorty R. Objectivity，Relativism and Truth. Cambridge：Cambridge University Press，1991：94.
[10] 周民强．实变函数．北京：北京大学出版社，1998：7-8.
[11] Schlagel R H. Contextual Realism. New York：Paragon House Publishers，1986：xxxi.

认知与心理学哲学

费泽尔认知规律的哲学意蕴*

魏屹东　薛　平

从宽泛的意义讲，人类所有活动都可以被看作是认知过程。这个过程涉及记忆、推理、判断、决策等活动，对这些认知活动的进一步探究，就延伸出了许多与认知结合在一起的研究趋向，比如，认知心理学和人工智能、人工智能与脑科学、人工智能与心理语言学，不同领域的交叉研究过程就是探索、概括认知科学内在规律的过程。认知科学充分利用了计算机科学、人工智能、认知语言学、认知心理学、发展心理学和进化心理学，以及社会生物学相整合的资源。那么，它广纳了如此多的学科，能否像其他的经验科学一样概括出普遍适用的认知规律？就认知规则或是认知规律方面的研究来看，美国哲学家詹姆士·费泽尔[①]（James Henry Fetzer）概括的形式化认知规律值得我们关注。

一、"认知规律"的内涵

我们知道，经验科学通过观察自然现象发现其背后的规律，包括可能系统性地预见人的行为，从而通过解释人的行为发现普遍原理。这些普遍原理都有自然律的特征。这些自然律是自然界中的客观秩序或规律性，它们是不以人的意志为转移的，是人类合理预见的基础。随着经验科学内部详细分工的出现，物理学家就会尝试在经验科学中发现物理定律，化学家发现化学原理，生物学家发现基因、进化规律等。那么，基于各类学科综合基础之上的认知科学，它的研究者——认知科学家也会尝试发现另外一种自然律，即认知规律。但是恰好在这一点上，认知科学和其他的科学之间似乎出现了某些差别。显然，我们很少怀疑物理、化学等定律的存在，而与认知相关的规律是否存在是否就是另一回事呢？也就是说，认知科学是否也像其他的具体科学一样有着自身的认知规律？

---

* 本文发表于《科学技术哲学研究》2012 年第 3 期。

山西省留学基金项目"科学认知的机制与表征模型研究"（0905502）成果之一。

魏屹东，山西大学科学技术哲学研究中心、哲学社会学学院教授、博导、哲学博士；薛平，哲学博士，山西省社会科学院哲学研究所，主要研究方向为认知科学哲学。

① 詹姆士·费泽尔（James Henry Fetzer 1940～），美国哲学家，明尼苏达大学德鲁斯分校荣誉教授，在科学哲学、计算机科学、人工智能和认知科学方面颇有建树，发表了100 多篇论文，出版了20 多部相关领域的著作。

费泽尔认为认知科学存在着认知规律。他通过分析心身之间的区别，得出了存在认知规律的看法。他认为："'大脑'和'心灵'之间的一般区别，好像是我们应该期待什么，即，大脑关注神经病理学结构，心灵关注认知功能。一方面是'大脑'和'心灵'之间特殊的差别；另一方面是'心灵'和'心灵状态'之间的差别。一方面，需要反映出神经病理学方面的倾向性和意向之间的不同；另一方面，是认知的倾向性和意向之间的差别。"[1]我们认为费泽尔分析并得出这些区别是很重要的。他把心灵和大脑、心灵状态和大脑状态的关系用二维关系表现出来，使人们更容易理解其差别。

	倾向性	意向性
认知功能的	心灵	心灵状态
神经病理学结构的	大脑	大脑状态

该表说明，心灵和心灵状态都是具有认知功能方面的内容；心灵具有某种倾向性，心灵状态表现为意向性的特征。大脑和大脑状态都属于神经病理学结构范围内的物质结构。为了获得心灵状态的倾向性心灵，人们就会在维持那种心灵的学习、条件这种模式的基础上，预设它们的发现。例如，心灵操作映像时，可以在相似关系的基础上预设获得不同颜色、形状、大小等实例辨别的能力，心灵操作符号方面的内容时，通过使用凸显条件的方法，来预设获得区分不同原因或结果（如烟和火）事例的能力。

大脑状态为了获得大脑的倾向性，在相关条件的基础上，就会在大脑和大脑状态中引发预设各种具体大脑状态的所获之物（不仅包括治疗的步骤和其他的条件，还包括引发那些变化的个人条件作用的经历）。对于大脑和大脑状态最重要的是具体的认知功能（倾向性和意向性），它们会通过各种关系与特殊的神经结构相联系。因此，正是由于心灵和心灵状态中存在着这样的认知功能，脑和大脑状态似乎才有意义。

这样看来，自然规律确实不同于认知规律。前者是不以人的意志为转移的客观性，人类不能任意改变、创造或消灭它们，尽管它们也是有意识的人在发现和利用它们；认知规律是通过对人脑这种未知而复杂事物及其功能及关系的探究得出的，这种研究对象显然不同于自然现象。自然规律可以离开人的实践活动而发生作用，如日蚀、地震等，人们可以借助自然规律来发现认知的产生与发展，以及认知过程中各个因素之间的内在的联系；认知规律的作用则是通过人的有意识的活动表现出来的。因此，认知规律虽然也是自然规律，但是它们是负载了心理现象的规律，由于心理现象的不可观察性和隐藏性，其复杂性和神秘性强于自然规律。这也是人们为什么怀疑是否存在认知规律的原因所在。

二、认知规律的不同形式

费泽尔在明确大脑和心灵之间、大脑状态和心灵状态之间所存在的基本问题的基础上，提出了六条认知规律。我们将这些规则概括为：心脑同一律、心灵状态因果律、心灵认知刺激反应律、心脑隐射同一律、脑认知刺激反应律和脑状态因果律。接下来我们将逐一进行分析。

1. 心脑状态同一律

费泽尔认为，人们应该首先思考一种可能的认知规律，这种规律应该是获得大脑状态 B^* 倾向性的大脑与获得心灵状态 M^* 倾向性的心灵的相关联的规律。假定这样的心灵是这样的大脑的永恒性是合理的，那么，永恒性的关系可以通过虚拟条件“… = = > ——”来表示，当心灵与大脑相关时，这种规律称为第一种认知规律（LC-1）。它基本的形式表达式为

$$(z)\ (t)\ (B^*zt = = > M^*zt)$$

其中，t 代表时间，z 代表事物，B^* 为脑状态，M^* 为心灵状态。LC-1 主要说明的是：在时间 t 内成为大脑 B^* 实例的任何事物 z 必须同时是 M^* 的实例。换句话说，恰好是具有大脑状态 B^* 的大脑的事物也必须是具有心灵状态 M^* 的心灵，因为心灵 M 的状态可能就是 B 类大脑状态的永恒性。

我们将这种形式化的表达式概括为心脑状态同一律。也就是说，心灵的状态同一于大脑中的物理状态。“所谓的同一论或许可以被大致描述为这样一个理论：心即脑，或更为具体地说，心的事件、状态和过程就是大脑的事件、状态和过程。”[2] 这等于说，心脑状态同一律承认任何类型的心理状态等同于某种类型的神经状态。

这种观点可以追溯到哲学史早期的一些发现与争论，特别是围绕心灵和大脑，或心智与大脑之间的讨论似乎更显得模糊。例如，唯物主义质疑主观和客观、心智和大脑的区分，坚持认为表象的背后存在着一个实体，试图把心智和大脑统一起来。但是这两者的差别似乎都是很大的，不同时代的哲学家有着不同的看法。我们知道，早在 300 年前法国哲学家笛卡儿就把心灵说成是通过松果腺来表达的实体。松果腺是位于脑中部的一个器官，它是人类所独有的。笛卡儿认为，松果腺是灵魂的所在地，心灵在松果腺中产生各种运动，这些运动转而又在神经中而后在身体上产生运动，给身心的相互作用指定一个地点。尽管笛卡儿关于松果腺的这种说法从当代脑科学的研究成果来看是错误的，但他有关心身之间关系的争论影响到后来理论的形成。例如，对松果腺的放弃，斯宾诺莎提出了平行论，马勒伯朗士提出偶因论，莱布尼茨提出前定和谐论。马赫认为心理的东西

和物理的东西的吻合或差异才能确定实在。这种心智框架下的认知形式，使得我们在认识的过程中，必须把一些意识、观念、直觉、映像等的东西加在被认识的事物之中。尽管他肯定了心智的作用，却是基于心智框架下的认识形式。从本体论意义上讲，人的心智应该是独立存在的。主客观的分离并不能很好地认识事物本身，因为人立于其中，不可避免地夹杂了认识上的偏差。普罗泰戈拉的名言“人是万物的尺度”就蕴涵了认识事物从主观出发，肯定了事物的存在，但事物的对错、是非及本质也由人而定，这样往往会导致相对主义。笛卡儿的“我思故我在”，使人开始从心智的角度去思考外在世界怎样存在于人的认识之中，怎样来表征外部的世界。洛克立足于经验，使用人的心灵直觉来解释各种观念及其形成。莱布尼茨更是认为人的心灵中自然存在着一些天赋的原则和观念，通过这些原则和观念把握事物的内涵和外延。贝克莱的“存在就是被感知”尽管取消了笛卡儿二元论所面临的难题，但夸大了心智的范围，从而容易导致主观与客观、心与身的对立。虽然关于大脑与心灵的理论层出不穷，都未能像费泽尔那样形式化地表达出非常清晰的说明。

2. 心灵状态因果律

费泽尔认为：“如果 LC-1 为真，那么它就具有支持其他规律的可能性。”[3] 这充分说明，如果认知规律成立，就可推出其他的认知规律。正如他分析的那样，心灵有三种类型：使用映像的心灵、使用指示的心灵和使用符号的心灵。使用符号的心灵在某些可能值的限定范围内获得符号能力（symbolic abilities, SA），而这样的符号能力会限定在一定的范围内（SA_1 可能是英语，SA_2 可能是法语，…），心灵会相应地在这样一个限定的范围内获得符号的能力 SA（SA_1，SA_2，…）趋于降低的倾向。这里的界限很难详细地进行说明。但是我们通过分析得知，在一定的值域范围内恰好要得到的某个值会依赖环境并随着环境因素（environmental factors, EF）而发生变化，这些环境因素既包含社会的也包含生理的，它们可能是在更大的值域范围内下降的因素（EF_1 可能是讲英语的父母，EF_2 可能参加了一所讲英语语法的学校……）。于是，在特殊社会和生理环境范围内，也能够形成心灵状态 M^* 这样的心灵与具体符号能力处理相关的规律。

这样，就出现了与第一种认知规律不同的认知规律。如果我们探究普遍强度 u（“$\cdots = u = >$——”）的和或然强度 p（“$\cdots = p = >$——”）的因果条件，分别用来表征决定的和或然的因果过程，通过把心灵状态 M^* 与具体符号能力的所获之物相联系起来，就能形成第二种认知规律（LC-2）：心灵状态因果律。它的形式表达式为：

$(1)(z)(t)[M^* zt = = > (\mathrm{EF}zt = u = > \mathrm{SA}zt')]$；

$(2)(z)(t)[M^* zt = = > (\mathrm{EF}zt = p = > \mathrm{SA}zt')]$。

其中，时间 t 代表了大概的时间范围，时间 t' 则指的是具体的或分散组合后的时间，心灵状态所获得的两种不同的倾向性，即普遍强度和或然强度。换句话说，SA 受到 EF 影响而表现出两种趋向，继而进一步影响到心灵状态所获得倾向性的程度。这里的普遍强度和或然强度都是心灵倾向的两个特征。普遍强度指事物作用于心灵，心灵状态所表现出的稳定的，具有代表性的倾向。或然强度指事物作用于心灵，心灵状态所表现的或然的、可能的倾向。

因此，这种认知规律表征了决定性的因果联系。毫不例外，心灵状态 M^* 的心灵会获得符号能力 SA，这种符号能力 SA 会受到环境要素 EF 的限制。同时它也表征了或然性的因果联系，伴有或然性 p 的心灵状态 M^* 的心灵获得的那些符号的能力会受到相应过程的限制。心灵状态展现的这种倾向性特征，正如赖尔所言："具有一个倾向性特征并非处于一个特别的状态或发生一个特别的变化；它是当某一特定条件得以实现时，必定或易处于一个特定状态或发生某一特定变化。"[4]

形式化的表达式展示了这种心灵状态因果律主要受到的影响和限制，或者说，由于各种因果关系的存在反过来又作用于心灵状态和大脑状态，无论是大脑意在获得的倾向性还是心灵意在获得的意向性，首先承认的是心的状态与大脑状态的同一，基于这样的根基，认知会在各种环境因果条件的限定下，做出相应的变化和调节。

3. 心灵认知刺激反应律

正如我们已经发现的那样，当符号系统出现的行为是具体的动机、信念、伦理、才能、能力和机会组成的复杂因果系统的结果（依赖于世界的状态）时，就会关系到人的行为。各种变化说明了某些具体限定范围内的人会处于 M（M_1，M_2，…）这样的完整的心灵状态中。具有 M 这样的心灵会在映像、指示或符号的影响下做出回应 R（要么伴有普遍的强度，要么伴有或然性的强度）。这种认知规律是第三种认知规律（LC-3）。它的形式表达式为：

$(1)(z)(t)[Mzt == > (Szt = u = > Rzt')]$；

$(2)(z)(t)[Mzt == > (Szt = p = > Rzt')]$。

其中，M 代表心灵（mind），S 代表刺激物（stimulus），R 代表反应（response）。当人的行为在某一时间段受到某些刺激物刺激或限制时表现出的反应，同时心灵所表现出的普遍强度和或然强度的倾向。这种规律把作为结果的具体行为反应与作为原因的具体刺激物同心灵状态联系起来。这种认知规律（1）表征了普遍性 u 的因果联系，无疑体现了反应 R 这样行为的 M 这样的心灵受到了 S 这样刺激物的限制。认知规律（2）表征了或然性的因果联系，伴有或然性 p 的 M 这样的心灵体现了这些刺激之下的反应。纵观 LC-3，我们会发现，它实际凸显了"心理-

行为”原则。这一原则主张：“任何个体外显行为的肇因是他所具有的内心状态，而且这种‘心理—行为’之间的因果关系具有规律性与普遍性。”[5]依据这个原则我们会推知一个人的某种行为与他的心灵状态有关。例如，你看到有人把你的书弄脏了，你的心理肯定会发生变化，心灵的表现就会是强度的问题，只不过表现在行为上可能是程度的问题。

4. 心脑隐射同一律

费泽尔认为，由于心灵这种系统可以通过认知的各种变化的情况加以描述，因此我们就会更好地思考大脑的潜在神经生理学状态，而这些神经生理学状态就是具有大脑的状态。心灵状态 M^* 的心灵是大脑状态 B^* 的大脑的永恒性。由此推出了他的第四种认知规律（LC-4），其表达式为

$$(z)(t)(Bzt == > Mzt)$$

首先，从这种规律的表达式来看，在任何大脑 B 这样的系统的基础上，可以得到更好的心灵这样的系统。其次，这一认知规律好像又回到了 LC-1，但它们是有差异的。认知规律（LC-4）强调的是大脑就是心智，而 LC-1 意在说明脑的状态体现了心的状态。看似又回到了认为心智的运作等同于大脑的运作，任何心理状态其实等同于某种神经状态，心和脑没有什么不同这样的同一论。或许在一般人看来，存在心灵和大脑两个实体。心的世界泛指我们的感官经验、情感、情绪，我们的喜怒哀乐，爱恨情仇，我们的信念、欲望、想象、判断、思考、规划等心智活动。各种各样的心理现象、心理事件、心理状态及心理机能都构成了心的世界。大脑就是依据这些心理的变化发生变化的。LC-4 恰好说明了大脑所表现出的各种状态就是心灵要表现的状态。

5. 脑认知刺激反应律

大脑 B 这样的系统受到刺激物的影响会产生各种反应，即普遍的倾向或者或然的倾向。费泽尔认为，如果把作为结果的具体行为反应与作为原因的具体刺激物的大脑联系起来，就可以假定下列的形式是成立的，即第五种认知规律（LC-5）。

（1）(z) (t) $[Bzt == > (Szt = u = > Rzt')]$；

（2）(z) (t) $[Bzt == > (Szt = p = > Rzt')]$。

LC-5 中的（1）表明了一种普遍性 u 的因果联系，毫无疑问，大脑 B 状态中的大脑体现了行为反应 R 受到了刺激物 S 的限制。认知规律（2）表明了或然性的因果联系，伴有或然性 p 的大脑 B 状态中的大脑体现了那些刺激之下的行为反应。

从 LC-5 来看，我们会发现这里体现了众所周知的一个心物原则，即“心物

差异原则”。大多数人都相信心与物有相当大的差别。一般的物理现象能观察到，但心理现象无法观察到。比如，一个人获得了诺贝尔奖，你可能看到他面带微笑，但你看不到他的内心已经是欣喜不已的状态。外表沉默不语，内心却波涛翻滚。或者说，行为的表现不完全与心理的表现一致，二者是有差异的。这恰好回应了 LC-5 的两种或然的和必然的因果联系。

6. 脑状态因果反应律

费泽尔认为如果把大脑状态 B 与符号能力 SA 联系起来，可以得到第六种认知规律（LC–6）的表达式：

(1) $(z)(t)[B^*zt ==> (\mathrm{EF}zt = u => \mathrm{SA}zt')]$；

(2) $(z)(t)[B^*zt ==> (\mathrm{EF}zt = p => \mathrm{SA}zt')]$。

这个表达式说明：在时间 t 的事物 z 的大脑状态 B^* 蕴涵了环境因素 EF 映射的普遍性（1）和或然性（2）的符号能力。这意味着，事物 z 拥有符号能力 SA，但这并不意味着事物 z 会在 M 这样的心灵状态中，因为事物 z 可能表现出特殊的信念、动机、伦理、才能等因素，毕竟符号能力的处理只是组成心灵状态出现的一部分元素而不是全部。

因此，像心灵状态特性所表现出的对应符号的能力必须与在动机、信念等完整特殊固定范围内的心灵状态做出区分。从宽泛意义上来理解，符号能力 SA（例如，使用英语的能力）仅仅是心灵状态的一个方面。由此可见，当影响行为的全部相关因素的结果（包括动机、信念、道德、才能和能力）出现时，对刺激物的反应会就必然会发生。因为在特定心灵状态中引起的行为会受到超出符号使用能力之外的其他因素的影响。例如，你的心里想着要在晚上人少的时候乘公交车到超市购物，你就会耐心等到晚上，准备好钱和购物袋，乘车去。在车上你还会想买些什么样的东西，以便节约时间。这似乎说明了心理世界中的状态也会导致必然的与或然的物理世界的现象产生。反过来，当你回来时手里拿着许多东西，有人看见了，会认为你去购物了，你心理又会有其他的反应，可能会自问，是不是自己太奢侈了等问题。这表明：心与物之间会产生因果交互作用。

三、分析与讨论

通过上面的分析我们发现，这六条认知规律之间具有内在联系。LC-1 反映了事物在具体的时间段所具有的特性，成为大脑状态的事物也一定是心灵状态的事物。如果第一条认知规律（心脑状态同一律）成立，就会推知第二条认知规律（心灵状态因果律）为真。LC-2 反映了从时间 t 最初的心灵状态受到环境因素影响到符号能力时 t'时间上心灵状态的变化。这种变化呈现出普遍倾向和或然倾向的特点。承认 LC-2 为真就意味着第三条规律（心灵认知刺激反应律）也成立，因为符号能力受到环境或生理因素的影响，继而影响到心灵的状态，不管心灵状态是呈现出普遍的还是或然的倾向，都会把心灵和行为纳入其中。这样，就出现了把作为结果的具体行为反应与作为原因的具体刺激物的心灵联系在一起的情况。

与此相对应，从这三个规律又演推出后面的三个认知规律。LC-1 和 LC-4、LC-2 和 LC-6、LC-3 和 LC-5 之间相对应的是因果条件的一个交替形式。换句话说，这样的认知规律表明：大脑 B 的系统和心灵 M 的系统，大脑状态与心灵状态，刺激物和行为反应，环境因素和生理因素，普遍倾向性和或然倾向性之间具有相互作用关系。简单地讲，心灵 M 与大脑 B 这样的系统及心灵状态和大脑状态在刺激物 S 的作用下引发了行为反应 R（普遍的或然性的强度），而认知的变化会受到动机、信念、伦理、才能等方面环境因素的影响，继而影响到心灵状态和大脑状态，影响到人们对心灵和大脑的描述。从这种意义上说，认知是依赖环境的，或者说是依赖语境的，不存在单纯的认知。

这些形式化的认知规律试图以清晰简洁的方式揭示心灵与大脑、心灵状态与大脑状态之间呈现出的各种关系，旨在通过类似规律一样的形式化的表达进行更加细化的分类。然而，每一个公式化的表达暗示了无尽的特殊事例，每一个事例又确定了它们变化的范围。同时，这些公式化的表达式重在对相应现象的出现，构建了充分解释所需要的各种信息。例如，某种行为反应的实例可以用发现 M 这样的心灵状态与某种刺激物的影响是否为普遍的和或然的强度之间的因果关系进行解释；使用符号能力的实例可以通过发现引发普遍性和或然性结果等这样的 M^* 心灵和环境因素 EF 进行解释。同样，当遇到需要说明的事物时，我们可以把实例归入这些认知的规律之下，在构想科学的解释中解决遇到的特殊困难。费泽尔概括的认知规律虽然还不能涵盖所有规律，但它们至少在某种程度上和某些方面说明了当今认知神经科学研究的范围。我们知道人脑是由上千亿个神经元组成的复杂巨系统，这个复杂巨系统已经超过了单纯的医学或心理学研究的概念范畴，它实际上也是一个信息科学的概念，因为大脑为人类提供了知觉、运动、注意、思维、语言、情感、意识等重要的高级功能的认知行为。

过去人们一直认为人的认知活动是在“心”或大脑里面。最早的脑科学研究可追溯到 19 世纪中叶，当时一位名叫布罗卡的法国科学家在进行脑的解剖研究后，发现在额叶前面的一个区域，如果将其破坏，人就会产生运动性失语症。此后，布鲁德曼将人脑按照功能划分了 50 多个区来描述脑成像的范围，分析行为同大脑的区域形成的反应[6]。20 世纪生命科学最伟大的发现莫过于 DNA 双螺旋结构的发现，由此揭开了生命的奥秘，而沃森和克里克也预言了脑科学研究的重要意义。比如克里克从 20 世纪 70 年代后期便开始将自己的研究方向转移到脑科学研究方面。著名的裂脑研究专家、诺贝尔奖获得者斯佩里指出：精神和意识是大脑的整体性质的一部分。在大脑活动的因果链中，意识经验以不可还原的突现形式出现在大脑过程的较高层次（认知层次）上。这些突现的心灵实体不仅在认知水平上相互作用，而且对作为组成成分的神经元的活动实施自上而下的控制。这充分说明认知规律与脑科学的研究有着密切的关系。

目前，脑的认知与行为的关系问题是人类在认知过程中必须解决的核心问题。认知神经科学是一门多学科、崭新的、发展迅速的新兴学科，其目的主要是阐明人类认知活动的心理过程和脑的机制，揭示出人类的行为，即人类所表现出来的活动与认知过程之间的关系，如，思维、语言、情感等的脑机制及生物学的基础。在哲学界普特南对缸中之脑的论证体现了心理学与脑科学研究相结合的这种趋势。在认知过程中，神经元事件可被看成是嵌入更高层次的因果现象之中。这充分说明，关于大脑状态不再是对应心灵状态出现的相关解释是很困难的事情，无疑，那些心灵状态就是那些大脑状态的永恒性。然而，费泽尔在这种公式化的表达中，出现了一种模糊的暗示，即只要保留了大脑状态的暂时性，心灵状态就是脑的状态的永恒性；而且有时会存在有关心灵状态与大脑状态对应的部分说明，但有时没有。费泽尔认为：“如果没有认知规律，当然就不会有认知科学。因此，对这种科学的展望会随着与这一活动相应的可能规律的发现而得到加强。”[7]

结　语

从对费泽尔认知规律的分析开始，到发现这些认知规律所包含的哲学思想，我们实际上又回到了重新审视心身问题和意识来源的问题，尽管这方面的讨论很多，但并没有像费泽尔那样以形式化的表达式呈现出来。费泽尔有关认知规律的讨论为我们提供了存在这种认知规律非常有力的证明。事实上，似乎还存在几种不同的认知规律，包括作为结果的行为与行为反应的刺激物及心灵状态的因果相关的规律，心与脑相关联的其他规律。费泽尔揭示的认知规律说明，认知科学是有规律的。然而，费泽尔的认知规律仅仅体现了心脑之间的逻辑性，反映了人的心灵潜在的认知规律，但还没有揭示出认知科学更本质的东西。比如，意识是怎样形成的？心灵怎样表征信息？思维的本质是什么？……这些问题至今还未得到解决，还有待于认知科学家与哲学家联起手来，共同作进一步探究，从而揭示更深刻的认知规律。

参考文献

[1] Fetzer J H. Philosophy and Cognitive Science. Paragon Issues in Philosophy. New York：Paragon，

1997：86-87.

[2] 斯马特．形而上学文集//尼克拉斯·布宁，余纪元编著．西方哲学英汉对照词典．北京：人民出版社，2001：469.

[3] 同 [1]：88.

[4] 吉尔伯特·赖尔．心的概念．徐大建译．北京：商务印书馆，1992：43.

[5] 彭孟尧．人心难测：心与认知的哲学问题．北京：生活·读书·新知三联书店，2006：48.

[6] 罗姆·哈瑞．认知科学导论．魏屹东译．上海：上海科技教育出版社，2006：199-201.

[7] 同 [1]：93.

分析传统中的意向性理论及其发展*

王姝彦

在当代哲学研究的境遇下，意向性问题已日益成为一个备受关注的焦点性问题，不同研究领域的众多哲学家都在此问题上有过耕耘。追溯其历史，与其相关的追问和探讨古已有之，从古希腊哲学到中世纪的经院哲学都有初步的涉猎。但意向性问题在真正意义上开始成为一个哲学问题还是缘于托马斯·阿奎那（Thomas Aquinas）的使用和表述，而其理论体系的系统化建构则要归功于布伦塔诺（Franz Brentano）。由于胡塞尔（Edmund Husserl）以及弗雷格（F. L. G. Frege）、罗素（Bertrand Russell）等的工作，形成了意向性问题的现象学与分析哲学两大研究传统。进入20世纪后期，分析哲学传统下的意向性研究进展令人瞩目，当语言哲学逐渐失去往日辉煌之时，作为分析哲学重要新生力量的心灵哲学飞速崛起，加之科学心理学、神经科学、认知科学的迅猛发展，为意向性理论的发展提供了新的土壤和生长点。意向性的自然化和社会化认识取向成为以心灵哲学为主流的分析哲学时代意向性理论的两大重要特征。

一、意向性问题理论嬗变及其研究传统的分野

在“意向性”一词起源于中世纪拉丁语“*intentio*”之前，一些学者的研究就已经触及意向性的相关问题。这些研究可以追溯到古希腊时期甚至更早。例如，柏拉图将信念与思想等心理状态比喻为“射箭”的论述以及亚里士多德的知觉理论在根本上都隐含了对意向性问题的初步涉猎。在中世纪时期，一些经院哲学家对“*intentio*”一词的描述和引用，不仅使其理解从字面上的“伸张”或“伸出”意思扩展到了“意向”的含义，而且为后来意向性理论的产生与发展奠定了必要的思想渊源和理论基础。无论是圣·安瑟伦（St. Anselm）对思想中的意向对象与实在中存在的完善性的比较，还是皮埃尔·阿伯拉尔（Pierre

---

* 本文得到国家社会科学基金项目（08CZX016）、教育部人文社科重点研究基地重大项目（10JJD720005）、中国博士后科学基金（200902175、20080440489）、高等学校哲学社科研究基地项目（2010302）以及山西省回国留学人员科研资助项目（1005502）资助。

王姝彦，山西大学科学技术哲学研究中心教授、中国社会科学院哲学研究所博士后流动站在站博士后，主要研究方向为科学哲学、心灵哲学。

Abalard）的概念论对思想中意向对象的阐述，抑或奥古斯丁（Augustine）在其《论三位一体》中将意向作为其认知分析主要对象的有关讨论，尤其是托马斯·阿奎那将意向性问题搬上西方哲学舞台的集大成研究，无疑都在更深远是意义上影响了意向性理论的构建与推展。

1. 意向性问题的理论缘起

虽然在“*intentio*”一词出现在哲学领域之前，哲学史上已经出现了不少与其意义相近的理论探讨，但这一概念开始逐渐成为一个常用的哲学术语，意向性问题在真正意义上开始成为一个哲学问题还是缘于托马斯·阿奎那的使用和表述。托马斯·阿奎那使用这一概念对心理意识现象的特征进行了说明，在他看来，心灵就是一个意向活动的发生场所。心灵如何认识和把握外在的事物，便是凭借心灵在自己内部构建与外在对象相类似的意向对象的活动来实现的。简言之，这是一个心灵通过自身意向活动对意向对象进行内部建构的过程。然而，按照托马斯的观点，当心灵拥有某一意向对象时，在外部世界中并不一定存在与之相应的实在对象。也就是说，心灵只能将事物的形式以一种肖像（similitudo）的方式接受到自身当中，这种肖像以一种意向的（intentional）方式存在，所反映的也只能事物的形式本性，而非外部实存对象。由此可见：“在他看来，关于某个对象的思想成为关于这个对象的思想的东西显然不是存在于外部世界中的实在对象，而是心灵本身的意向动。”[1]

基于上述思想，托马斯进一步将心灵的这种内在对象依循思维发展的不同阶段划分为以下五种表现形式：感性的印象（species *impressa sensilis*）、映像或心象（phantasma）、可理解的形式（species *intelligibilis*）、理性的印象（species *impressa intelligibilis*）以及理智的意向（intentio intellecta）。并且认为，上述各形式在思维发展过程中的关系是动态、递进的，后者的产生总以前者为基础。其中，“理智的意向”在本质上触及了意向性的基本特性，即“关于性”或“指向性”，因其能够指向它自己的对象，因此只有“理智的意向”才是真正意义上适合于理智的现实的意向对象。不难看出，托马斯将心理现象在“意向”层次上的独特性纳入他的心灵研究，正因为他的努力，才使得意向性问题的哲学研究逐渐形成一个较完整、稳定的问题域，并且为布伦塔诺在全新的意义上构建起意向性学说提供了启迪性的视阈。

2. 意向性理论的系统化建构

现代西方哲学对意向性问题研究体系的建构要归功于哲学家布伦塔诺，基于区分心理现象与物理现象这一问题的考虑，布伦塔诺开始了对意向性问题的探讨。他反对近代哲学划界心理现象与物理现象的广延性标准，而将有无意向性作为区分二者的重要标志。在他看来，意向性是心之为心的一个积极标准，心理现象是一种在心灵中以意向的方式关涉到对象的独特现象，正因为具有意向性特征，心理现象才有别于物理现象。在《从经验的观点看心理学》一书中，布伦塔诺对意向性做出明确的阐述："每一种心理现象都是以中世纪经院哲学家称为对象在意向上的（或心理的）内在存在和我们（以并不十分清晰的术语）称为对内容的指称、对对象（这个对象在此语境中不应被理解为是某种真实的对象）的指向或一种内在的对象性为特征的。每一种心理现象都将一些东西作为对象包含在自身之中，尽管其方式各不相同。在表象中，总有某种东西被肯定或被否定；在爱中，总有某种东西被爱了；在恨中，总有某种东西被恨了；在愿望中，总有某种东西被期望；如此等等。意向的这种内在存在性是心理现象独有的特征。因此，我们可以这样给心理现象下定义，即心理现象是那种在自身中以意向的方式涉及对象的现象。"[2]

上述经典性陈述表明："布伦塔诺提出了纯粹物理的事物或状态如何能够具有'关于'或'指向'并不存在的事态或对象的属性的问题；这不是普通的、纯物理的对象可以拥有的性质。"[3]基于此说明，布伦塔诺还进一步对心灵的意向活动指向意向对象的方式进行了分类，三种类型分别是表象、判断和情感活动。通过表象活动，人们可以想象对象；通过判断活动，人们可以肯定或者否定对象；通过情感活动，人们可以喜爱或憎恨对象。在三种类型中，表象是理解意向性的关键所在。因为任何心理现象都要依赖于表象，任何心理活动都是由表象所引起。

通过以上的分析，不难看到，依据布伦塔诺将意向性描述为一种属性，是一种指向，一种涉与，它必然地指向相关对象，无论其是否真实存在。至此，意向性概念得到了得到了较为明确的规范与界定，也因此获得了其在现代哲学中所具有的准确和单一的含义。也正由于布伦塔诺站在全新视角对意向性的全面阐述与细致考察，才使得意向性问题在现代哲学的意义上建构为较为系统的意向性理论。之后，不仅是意向性问题日益受到更多的关注，而由此所引发的问题与争论也为许多重大哲学问题的探讨提供了新的出发点与思路，其理论体系也在之后不同的哲学境遇下不断得到了深化和拓展。

3. 意向性研究传统的分野

布伦塔诺之后，由于胡塞尔等以及弗雷格、罗素等从不同哲学理路出发就意向性问题所做的工作，形成了意向性问题的现象学与分析哲学两大研究传统。这两种传统也反映了西方哲学在其演进过程中形成的欧洲大陆哲学与英美分析哲学两大阵营的分化与对垒。

就现象学这一进路而言，虽然其思想渊源来自于布伦塔诺，但现象学意向性理论体系的奠基还是由胡塞尔完成的。胡塞尔接受了布伦塔诺关于意向性的基本理论，也认为意识总是指向某个对象的。如其所言："我们首先在明确的我思中遇到这个令人惊异的特性，一切理性理论的和形而上学的谜团都归因于此特性：一个知觉是对某物的，比如说对一个物体的知觉；一个判断是对某事态的判断；一个评价是对某一价值事态的评价；一个愿望是对某一愿望事态的愿望，如此等等。行为动作与行为有关，做事与举动有关，爱与被爱有关，高兴与高兴之物有关，如此等等。在每一活动的我思中，一种从纯粹自我放射出的目光指向该意识相关物的'对象'，指向物体，指向事态，等等，而且实行着极其不同的对它的意识。"[4]胡塞尔同样坚持意向性就是心理意识活动的根本特征。然而，根据胡塞尔的意向性理论，意向性所反映的并不是心理活动与实存对象之间的关系，它所指向的对象既没有实在地存在于意识之内，也不可能真实地存在于意识之外，因而意识是自己建构其对象的，也就是说，当意识与存在没有关系时，它仍是自身完整的。因此，意识能够拥有纯粹的活动和纯粹的意向性。意向性也这里也就成为意识的一个纯粹本质。胡塞尔的意向性理论在一定程度上改变了西方哲学的研究传统，为后来海德格尔（M. Heidegger）、萨特（J. P. Sartre）、梅洛－庞蒂（M. Merleau-Ponty）等学者对意向性理论的现象学改造与重铸提供了崭新的思维方式和方法。意向性理论在现象学运动的整个过程中得到了很大的拓展，从这个意义上讲，意向性理论成为贯穿整个现象学运动的一个核心线索。

至于分析哲学的研究进路，其开端始于弗雷格、罗素。弗雷格对含义和指称的区分，使其在运用于具体句子时，与意向性问题关联起来。"弗雷格的有关思想蕴涵着当代分析传统意向性研究中的一系列前沿问题，如心理内容如何自然化、个体化的问题以及个体主义反个体主义、内在主义与外在主义之间的争论等。"[5]罗素开创了分析哲学，对分析哲学意向性研究传统的形成起到了进一步推动作用。此后，沿着这一传统，意向性论题在语言哲学与心灵哲学两大领域占据了愈来愈重要的支配地位，正如张志林教授所言："意向性问题甚至可以起到统摄语言–心灵–世界这个分析哲学中著名的语义三角关系的作用，进而可以揭示分析哲学传统中语言哲学、心灵哲学和形而上学的关系。"[6]

分析哲学传统在面对意向性这一相同的论题时，展现出了不同的概念方法、研究理路和理论风格。如果现象学的意向性理论集中反映"意识如何具有超越性"这一现象学理论要旨，那么分析哲学传统则主要关注意向性的本体论地位及其相关问题。总之，在分析哲学自身演变中，意向性得到了语言哲学的全新诠释以及心灵哲学的重新建构。

二、意向性理论的语言哲学诠释及其发展

意向性理论不仅后期语言哲学的重要论题之一，也是其最有成就的理论之

一。一方面，由于意向性理论不可避免地触及人类心灵的域面，因而为求解各种语言哲学难题使其摆脱理论困境提供了启迪性的视阈。另一方面，从语言哲学的角度解读人类的心灵，探讨心理现象的本质与特征，从而反过来可为心灵哲学所开辟新的研究视角，从而为其众多问题的解决提供的独特而有效的尝试。正是在这个意义上，无论是哲学家按照语言去解释意向性，还是从意向性的角度去阐释语言，都充分说明了语言与意向性之间所具有的密切联系和不解之缘，也都在很大程度上繁荣了意向性的研究成果。事实也正是如此，伴随着维特根斯坦（Ludwig Wittgenstein）、奥斯汀（John Langshaw Austin）、塞尔等各具特色的语言哲学理论的深入和展开，意向性理论的内容及意义也在语言分析的层面上得到了进一步的充实、丰富与拓展。

1. 维特根斯坦语用论的意向性理论

在对意向性的基本特征的认识上，维特根斯坦与胡塞尔以及上述等的观点相类似，他也认为意向活动总是指向一定的对象，具有一定的方向性，意向性是基本的特征为指向性。但他的意向性理论与胡塞尔等的理论有根本不同，其独特性就在于维特根斯坦主要是在“语言的使用”这一层面上来阐述意向活动、意向内容以及对意向对象的把握等问题的。例如，在如何把握意向对象这一问题上，如果说胡塞尔是依据“概念化”的方式通过概念把握某一对象，那么维特根斯坦则强调意向对象是通过语言的用法使其显示出来，而不是依赖于概念。“因为语言的用法不是表明某种普遍的概念，而只是表明在使用中所意向的内容。……所以在维特根斯坦看来，意向的对象并不是某种概念的内容，也不是人们通常认为的某种对象，而只是语言使用者在某个语境中所意向的东西。这种东西可能是，但也不一定是某个现实的对象。”[7]

可见，根据维特根斯坦的观点，是我们日常使用的语言表达了意向性，这与抽象化的、符号化的、概念化的、逻辑的语言有根本的区别，后者是不可能具有意向性的。“意向性应当与意志相联系，但意志并不是纯粹的意识活动，而只是想要使用语言表达意向的一种意愿，它是在使用语言之前就出现的，而且只能是在语言活动中才得到证实的。”[8]正是在语言的使用中，意向性逐渐呈现并充满于语言的形式当中，而在此过程中，语言的各种意义形态也显现出来。从这个意义来讲，语词意义的获得是在特定的语言游戏中给定的。换言之，语词的意义就在于它在语言游戏中扮演的角色，在于它在语言中的用法，而不是由其所指称的对象来决定。在语言游戏中，意向性的意义充分表达了语词之意义扩张的情景性。在生活形式中，在语言游戏的实践之中，意向与其实现之间的联系在心灵之外也得以建立。因此，意向活动与意向对象之间的联系也“存在于一系列游戏规则之中，存在于对这些规则的教导之中，存在于游戏的日常实践之中”[9]。

可以说，“生活形式”与“语言游戏”在这里成为维特根斯坦刻画其意向性理论的一个重要范畴。在他看来，语言游戏作为最后的东西，它由语言及我们的活动交织在一起所构成。相信、想望、意欲、理解意向活动等都借助于语言活动外化为生活形式。也正因为如此，所有的意向性问题都应当在语言应用（即语言在语言游戏中的实际应用）的层面上得到说明，通过语言我们无疑可以把握各种意向状态作为人类生活形式的本质。因此，在这个意义上，“意向是植根于情境中的，植根于人类习惯和制度中的”，也就成为维特根斯坦意向性哲学的一个集中写照。总之，维特根斯坦关于意向性的思想及其在这一方面提出的论题已成为后来语言哲学发展的一个重要研究领域，并成为之后意向性问题研究的一条主要方法论原则。

2. 言语行为论的意向性理论

作为日常语言哲学最重要的代表人物之一，奥斯汀创立的言语行为理论（speech act theory）对语言哲学的发展在整体上产生了深远的影响。奥斯汀在维特根斯坦的意义用法论、生活形式论、语言游戏论的基础上，也认为语言在人的活动中具有多种多样功能的思想，并据此提出了“语言也是人的行为”这一独创性论断，以“说话就是做事”为切入点探讨了语言、人以及世界之间的关系，试图证明进行语言分析是为了进一步说明我们使用语言谈论的世界。但与维特根斯坦所不同的是，奥斯汀并不赞成语言游戏就是最后的东西的看法，他坚持支配语言使用的人类心灵是比语言更为根本的东西，就人类行为而言：“我们需要认识到，甚至是那些‘最简单的’有名称的行为也不是那么简单的——它们的确不是仅仅做一些身体的运动，然后，我们问，还有什么东西在里面（有一些意向在里面吗？有一些常规在里面吗？），什么东西没有在里面（没有运动吗？），以及在一个行动中，我们使用的复杂的内在机能的详细内容是什么——理智的作用，对情况的估量，援引了一些规则、计划，并对执行加以控制，等等。”[10] 从奥斯汀的陈述中可以看出，他的思想已经直接打开了语言哲学通向人类心灵的研究进路。虽然，这只是初步论及了言语行为与心理意向的关系，也没有从真正意义上探讨心理意向问题以及言语行为与心理意向的关系，但他的思想无疑为后来言语行为论的意向性理论的建立，奠定了重要的基础。

美国当代著名语言哲学家约翰·塞尔沿着奥斯汀的路线，进一步补充、发展和完善了言语行为理论。他仍然从语言哲学的角度出发，但将重心深入人类的心灵层面，全面探讨了言语行为与心理意向二者间的相互关系。那么，塞尔又是如何将言语行为理论同意向性理论直接联系起来，并以此来考察意向性与语言二者之间关系？简言之，塞尔是从对言语行为结构进行分析为起点来构建其言语行为意向性理论的。在他看来，意向状态与言语行为之间的密切联系不仅表现在后者根源于前者，前者决定并表现于后者之上，而且两者对事物和事态的表达还具有很高的相似性。因此，通过揭示言语行为的结构及特征，也能在结构层次上进一步表明意向性与语言的关系。具体而言：首先，言语行为和意向性的逻辑结构都包括内容和形式两个方面，无论何种形式的意向心理状态都有特定的命题内容（propositional content），而言语行为能表达一定的语义内容也总是通过特定的语言或言语形式实现的。其次，言语行为语句和意向性语句都有特定的适合方向。言语行为有"从世界到言语"（如"承诺"、"命令"等）和"从言语到世界"（如描述某一外在事态）的适合方向，而意向状态也有类似的"从世界到心"（如"想望"、"意欲"等）和"从心到世界"（如"相信"、"感知"等）的适合方向。再次，意向状态构成了言语行为的真诚性条件。"言语行为的完成必然是相应的意向状态的表达。"[11]最后，在存在着适合方向的情况下，言语行为和意向活动都可使用满足条件这个概念来说明，二者有相同的满足条件。

通过以上对意向状态与言语行为之间四种联系的分析，塞尔阐明了意向性在语言层面上的一个基本结构特性，即每一种意向状态都是由某种心理模式和对内容的描述组成。虽然是通过不同的方式和手段，但言语行为与意向状态同样都表达了对象和事态。正是由于这种结构相似性的存在，我们可以按语言的行为去解释意向性，既然说话者的内在意向可通过言语行为来表达，那么揭示了言语行为的特性便可间接揭示意向性的特性。虽然其思想在一定程度上带有行为主义的倾向，但在事实上，塞尔认为可以通过言语行为来解释意向性，并不意味着可以将意向性结构还原为言语行为结构。在他看来，二者虽然存在一定的可比性，但通过类比来研究意向性只是一种方法、一种手段，这并不表明意向性在本质上必然是语言的。二者的关系恰恰相反，应当是语言源于意向性。

显然，塞尔的意向性理论较奥斯汀的理论更为全面、系统、深刻、独到，这是因为他将意向性的分析置于一个更广泛关联的背景之中，即把意向性与其他有关事件、现象、状态、属性联系起来进行考察，探求其意义、结构关联，这无疑在更宽的意义上推展、完善了言语行为的意向理论。当然，这里有必要说明的是，言语行为论的意向论只是塞尔意向性理论的一个部分。事实上，塞尔还从其他角度与层面，如意义与意向性、意识与意向性、意向性的性质、分类及其在自然界中的地位等方面对意向性进行了细致而深入的探讨。此外，更为重要的是，他还将意向性的研究置于社会视角之下，在集体意向性的层面给予语言、心灵与社会三者关系以独特的分析，并提出了制度性实在的相关理论，其独创性可谓不言而喻。

除上述意向性理论之外，仍有许多学者从不同的视角出发在语言分析的基地上对意向性进行了大量的研究，如齐硕姆（R. M. Chisholm）对意向性逻辑特征的语言哲学论证等。这些理论都从语言分析的角度对意向性本质及其特征的探讨做出了一定说明。毋庸置疑，正是由于语言哲学对意向性问题的关注以及语言分析方法的运用，意向性理论取得了前所未有的突破与进展。

三、意向性理论的心灵哲学重建及其特征

1. 分析哲学的新生力量：心灵哲学的当代崛起

“当代心灵哲学通常被看作是继逻辑实证主义之后在分析哲学中占主导地位的哲学。”[12] 在20世纪后期，分析哲学内部发生了鲜明的认知转向，这直接导致了分析哲学的重心由语言哲学转向了心灵哲学。正如江怡教授所言：“分析哲学家的兴趣在20世纪最后25年的显著变化是从意义和指称问题转向了人类心灵问题。”[13] 促成这一转向的原因包括以下两个方面：其一，是语言哲学内在发展的压力。如何消解语言哲学指称、意义等理论的自身困境这一基本诉求，促使分析哲学家们在意向性的层面找到了新的切入点。不难看到：“语言哲学在其发展后期的理论中已融入了诸如意向性等鲜明而深刻的心理成分。”[14] 因此可以说，语言哲学内部发展的压力最终导致关于语句意义、指称等问题的研究皆愈来愈指向关于信念、欲望等命题态度的心灵哲学问题。[15] 其二，当代自然科学的成就，特别是科学心理学、神经科学、计算机科学、认知科学的日新月异使人们更多地关注人的认知、心灵、意向性等问题，这在本质上也与心灵哲学的核心论域不谋而合。“可以说，当代心灵哲学的兴起，正是现代科学发展的直接结果，也是分析哲学家放弃原有的分析传统，拓宽研究视野的产物。”[16] 在上述科学与哲学双重背景下，意向性问题自然成为相关领域必须面对的一个焦点性问题。正是在这个意义上，心灵哲学在当代的崛起无疑为意向性理论在分析哲学传统中的进一步推展提供了新的理论平台和方法支撑，意向性问题的研究也在当代心灵哲学中找到了新的理论生长点。

2. 意向性理论的自然化认识取向

当代心灵哲学与分析哲学中传统的一些早期理论以及语言哲学之间有着重要的区别。“这主要体现在心灵哲学基本上是根据认知科学的基本假设，即通过与计算机的功能类比中去观察和说明心灵的活动。”[17] 这一假设前提直接导致了当代心灵哲学发展的自然主义特征，而在自然主义认识取向下，意向性问题有了新的含义和内容，归结起来，其核心便成为心身关系基点上的意向性在自然界中的地位和作用问题。具体而言，即意向心理状态与物理状态的关系如何，意向心理状态是否能还原为物理状态，意向心理内容的是宽内容还是窄内容，意向性在自然界中有无因果作用，等等。

大体而言，当代心灵哲学的主流理论都可以统摄于以物理主义为基底的自然主义理论框架之内，主要有心身同一论（mind-body identity theory）、功能主义（functionalism）、取消主义（eliminativism）以及工具主义（instrumentalism）等。心身同一论认为："思想、情感、愿望等心理现象与身体的状态和过程（也许更确切地说是神经系统或只是大脑的状态和过程）是同一的，它们是同一个事物。"[18]功能主义极力主张，心理的属性在某种意义上要依赖于物理的属性，因为与心理属性同一的功能属性是通过物理—化学的方式实现的，意向属性也是如此。按照取消主义的观点："心理性质既不能还原为物理性质，也不能附随于物理性质上。因为根据其主张，信念、愿望和其他为我们所熟悉的意向状态本身是不存在的。"[19]至于工具主义，则没有取消主义那样极端，它承认意向性术语在日常心理解释中的有用性，但其否认意向心理状态的实在性。在上述流派的争锋与对决过程中，意向性的本体论地位及其自然化问题也就成为整个心灵哲学诉求心灵自然化的一个理论难题与关键。

3. 意向性理论的社会化认识抉择

当代认识论经历了深刻的变革，沿着自然化、语言化、社会化等方向形成了多元化的发展趋势。尽管自然化是这一发展进程中的主流趋向，但其他的，尤其是社会化的发展趋向也是不容忽视的。事实上，几乎是在与自然主义产生的同时，科学与哲学的研究中就已出现了社会化认识的思潮。具体到心灵哲学领域内，情况也是如此。虽然在意向性问题上，当代心灵哲学认识论的主流是自然主义的，但哲学家们却难以对意向心理现象形成及发挥作用过程中的社会因素视而不见。如果仅仅从纯自然的角度来考察意向性问题，而忽视了其与社会因素的密切相关性，势必也会有碍于我们全面地把握意向性的本质。因此，在对意向性认识过程中采取自然化研究方式的同时，运用社会化的研究方式也是必不可少的。从这个意义上来讲，社会化的抉择也成为未来意向性问题研究的一个重要取向。

总体而言，意向性与社会因素之间的相互关联是双向性的。一方面，从社会至意向性这一角度看：社会环境对于人类种种意向形式的形成具有重要的作用。在此意义上，意向性的各种形式都具有一定的社会属性。人类的意向理解力并不是天生就完全具备的，其发展是先天与后天、遗传与环境等诸因素相互作用的产物。婴儿必须通过与成人的社会相互作用才能习得常识心理学，从而产生特定的意向理解力。此外，意向性要发挥其指向对象的作用只有在一定的社会中才能实现。常识心理学凭借信念、欲望等意向心理状态的归与从而完成对他心的归属、对他人行为的理解、预言、解释和评价，这在本质上也是一种社会实践、一种社会的认知过程，都是适应社会文化规范（enculturate）的产物。[20]

另一方面，从意向性至社会这一角度看：首先，作为心灵的运作方式，意向性在一定意义上构筑了我们的社会实在。这一过程充分体现了集体意向性的作用与功能。“社会的和制度性的实在并不是凭借其物理特性来执行其功能，而是凭借集体的接受、承认或相信某种事物具有某种功能，这种功能被称为地位功能。……人类通过集体意向性赋予事物以地位功能，从而创造了社会的和制度性的实在。”[21]正是在这个意义上，“一个物种有了集体的意向性自动地具有了社会的事实和社会的实在性”[22]。其次，意向理解力构成了社会认知必要的心智基础。社会认知是个体行为的基础，它是个人对他人的心理状态、行为动机、意向态度等做出推测与判断的过程。个体的社会行为就是在此社会认知过程中做出各种裁决的结果。作为社会认知的心智基础，意向性概念“是我们认识外部世界的条件和枢纽，是行为的内在动力，从而是人们相互理解、解释、预言和社会联系得以可能的主要根据，是对行为进行道德、法律评价的重要参照系”[23]。正是在意向分析的基础上，人们可以觉察他人的思想与态度，推断他人的情感与意图，了解自己与他人的社会角色定位，从而较准确地解释与评价他人的社会行为，进而为自己选择和执行某种更为合理、恰当的社会交往及行为策略。所以，意向性在社会认知中的关键性地位正是体现于行为理解、行为解释、行为评价等过程当中。

总之，意向性具有一定的社会属性已然是一个不争的事实。意向不仅存在于个体的心灵中，而且还存在于人与人之间相互作用的集体过程中，由动态的社会过程所形成。反之，意向性一旦形成又作用于社会，参与社会制度的构建，并在社会认知过程中发挥心智基础作用。正因为如此，意向性认识的社会化抉择无疑是必要的研究路径之一。

结 语

综前所述，无论是从语言哲学的角度，还是从心灵哲学的进路去探讨意向性问题，这些都使得意向性理论的内容、方法等方面在分析哲学的研究传统之中得到了充分的发展。当然这里有必要说明的是，由于意向性问题的涉及面很广，且意向性又是一种相当复杂的属性，仅从分析哲学一种视角出发探讨意向性问题是不可能得到较全面的说明的。必须综合考虑多方面的因素，充分汲取各学派、学者的合理成果，才更有利于问题的解决。事实上，当代心灵哲学对于意向性问题也在一定程度上关注并借鉴了现象学研究传统的优势及其理论成果。正是在此意义上，从多角度、多层面，立体地、多元地架构其理论体系才是最优的选择，不言而喻，认识论的渗透以及方法论的融合已成为当代意向性问题研究的一个必然趋势。

参考文献

[1] 徐弢．试论托马斯·阿奎那的意向性学说．学术论坛，2001，(1)：5-8.

[2] Brentano F. Psychology from an Empirical Standpoint . Routledge, 1993: 24.
[3] Lycan W G. Mind and Cognition: An Anthology. Oxford; Malden. M A Blackwell Publishers, 1990: 10.
[4] 胡塞尔．纯粹现象学通论，纯粹现象学和现象学哲学的观念．舒曼编．李幼蒸译．北京：商务印书馆，1992：210-211.
[5] 高新民．现当代意向性研究的走向及特点．科学技术与辩证法，2008，(4)：9-13.
[6] 张志林．分析哲学中的意向性问题．学术月刊，2006，(6)：50-53.
[7] 江怡．现代英美分析哲学//叶秀山，王树人．西方哲学史：第八卷．南京：凤凰出版社，江苏人民出版社，2005：484.
[8] 同 [7]：485.
[9] Wittgenstein L. Remarks on the Foundations of Mathematics. Oxford: Blackweu. 1956: 40.
[10] Austin J. Philosophical Papers. Oxford University Press, 1979: 180.
[11] Searle J. Intentionality: An Essay in the Philosophy of Mind. Cambridge University Press, 1983: 9.
[12] 王姝彦，郭贵春．试论科学哲学的"心理转向"．自然辩证法研究，2005，(4)：32-36.
[13] 江怡．当代分析哲学的最新发展．厦门大学学报（哲学社会科学版），2004，(2)：5-12.
[14] 同12.
[15] Burge T. Philosophy of Language and Mind: 1950 – 1990. The Philosophical Review, 1992: (1) .
[16] 同 [13] .
[17] 同 [13] .
[18] Shaffor J A. Philosophy of Mind. Prentice Hall, 1968: 39.
[19] Stephen P. Stich. Deconstructing the Mind. Oxford: Oxford University Press, 1996: 116.
[20] Eckardt B A. The Empirical Naivete of the Current Philosophical Conception of Folk Psychology//Carrier M, Machamer P K, eds. Mindscapes. Pittsburgh, PA: The Pittsburgh Press, 1997: 23-51.
[21] 约翰·塞尔．心灵，语言和社会——实在世界中的哲学．李步楼译．上海：上海译文出版社，2001：6.
[22] 同 [21]：128.
[23] 刘占峰．论社会认知中的意向性．华中师范大学学报（人文社会科学版），2002：(6) .

意向内容的外在论解读及其理论意义*

王姝彦

对心灵本质的探讨一直就是心灵哲学中一个最传统、最基本的问题，也是最具争议、最难解决的问题之一。而这一问题的核心又在一定程度上可转化为心身关系问题（the mind-body problem）。在当代心灵哲学中，几乎所有问题都是围绕这一核心或在其基础上衍生而出的。心灵在本体论上是否依赖于身体这一问题，至少可以追溯至古希腊时代。当然，使这一问题得到明确阐述还是要归功于笛卡儿（Descartes）。笛卡儿之后，不乏哲学家倾向于坚持心理状态与物理状态之间的彼此独立性。然而，“当代物理科学的进展已经清晰地证实了心理状态与神经生理状态之间的紧密联系，以至于现在一般都认为心灵在本体论上是依赖于身体的”[1]。就目前状况而言，自然主义思潮已成为当代心灵哲学的主流，而占据其主导地位的种种物理主义理论也都强调心理状态与神经生理状态之间的依赖关系，只是在依赖的方式和程度问题上还存在一定争议。在此背景下，人们关注的问题也就不只聚焦在心身关系上，而是将对心灵本质的探讨扩展至了心、身以及外部环境世界之间关系这一更宽的视阈。换言之，心理状态除了相关于神经生理状态之外，是否也在本质上依赖于我们所处的外部环境世界（包括物理环境与社会环境）。这样，有关心灵的内在论（internalism）与外在论（externalism）之争也就在此凸显出来。而有关意向内容关系性质的思考也在此语境中形成内在论与外在论两大理论派别。

一、心灵哲学中的内在论与外在论之争

内在论与外在论的分歧主要体现在对心灵与外部世界关系的看法上。内在论者往往认为心灵所具有什么样的属性是不以其持有者所处外部环境为条件的，即心灵是独立于外部世界的。与此相反，外在论者则极力主张心灵所具有的属性是

---

* 本文得到国家社会科学基金项目（08CZX016）、教育部“新世纪优秀人才支持计划”资助项目（NCET-11-1035）、教育部人文社科重点研究基地重大项目（10JJD720005）、教育部人文社科规划项目（JA720015）、山西省高等学校哲学社科研究基地项目（2010302）以及山西省回国留学人员科研资助项目（1005502）资助。

王姝彦，山西大学科学技术哲学研究中心教授、中国社会科学院哲学研究所博士后流动站在站博士后，主要研究方向为科学哲学、心灵哲学。

由其持有者与所处的历时性、共时性条件共同决定的，也就是说，需要诉诸环境以及心灵与环境之间的关系才能对心灵做出说明。相较而言，在哲学发展史上，可以说内在论有着更深的理论渊源。在笛卡儿、贝克莱（G. Berkeley）、莱布尼茨（G. W. Leibniz）和休谟（D. Hume）等的思想中无不渗透着内在论的内涵。当代心灵哲学中的各种唯物主义理论，如心身同一论（mind-body identity theory）以及功能主义（functionalism），也都贯穿着内在论的主张。伯奇（T. Burge）曾经对内在论给出过明确的定义："依据内在论关于心灵的看法，所有人或动物的心理状态（和事件）都有着这样的心理本质，即个体在这些种类心理状态下的存在与个体的物理及社会环境的本质之间没有必然或深层的个体化关系。"[2]从这个意义上来讲，虽然上述各学者以及各流派所持观点在根本上有着很大分歧，但他们都一致否认主体心理性质的决定对主体所处的物理和社会环境具有依赖性。例如，笛卡儿的身心二元论在强调心灵作为独立实体的同时，也就蕴涵了心灵与外在环境之间的非依赖关系。再如，当代心身统一论认为心理状态等同于神经生理状态的同时，同样意味着心理状态或心理性质只需要通过其持有者自身的性质就能得到解释。总之，内在论思想在哲学中的影响之深、之广不言而喻。

然而，随着当代心理学哲学、认知科学、神经心理学等学科的发展以及人们对心理性质认识的不断深化，环境的要素逐渐突显出来。外在环境，包括心理状态持有者所处的物理环境与社会环境，对于心理现象的发生、发展所具有的作用日益受到关注与讨论。内在论与外在论之争也在此背景下愈演愈烈。根据外在论的心灵理论，外部环境对于身处此环境中的主体心理状态的确定具有重要的意义，至少具有部分的决定作用。举例来说，两个在分子水平上完全相同的复制品，即其作为基础的大脑神经生理结构与状态是相同的，那么当其相关外部环境不同时，他们此时的心理状态和心理内容相同吗？如果认为不同，即是外在论的支持者。结合之前的分析可见，外在论的心灵理论既不同于心身二元论等传统的哲学思想，也不同于现代心灵哲学中一些主要流派的基本观点，因此它对以往种种心灵理论带来的挑战是不容忽视的。

外在论思想在当代心灵哲学中的奠定离不开普特南（H. Putnam）、麦金（C. MacGinn）与伯奇等的工作。普特南在其著名的孪地球（Twin Earth）思想实验的基础上，提出了一种语义的外在论（semantic externalism）思想，即"意义不在头脑之中"[3]。具体而言，它是指：当一个人使用某个自然类术语（a natural kind term）时，虽然这里所涉及的是这个人的内部心理状态，但这个自然类术语的意义却不在这个人的头脑之中，而是与这个人所处的世界具体相关。[4]麦金将这一思想扩展至了对心理内容（mental content）的理解当中，形成了外在论的心理内容理论，即某些信念不能完全依赖由这些信念持有者内部的物理性质所决定，其内容也是外在的。[5]而伯奇的"反个体主义"（anti-individualism）思想，倡导了一种社会的外在论（social externalism）主张。他进一步延伸至社会环境视角，强调了社会情境对于理解个体心理状态的重要性。[6] 此外，迈克道威尔（J. McDowell）、皮考克（C. Peacocke）等对维特根斯坦反私人语言论证的进一步探讨，也在从另一角度支持了外在论的基本看法。因为根据他们对维特斯根斯坦的解读，"单个的认知（或一般地说，心理学）主体必须被看作是以其某个社会的关系为构成成分的"[7]。显然，这与外在论的思想不谋而合。值得注意的是，20 世纪末，克拉克（Andy Clark）和查尔默斯（David Chalmers）提出的延展心灵论题（extended mind thesis）倡导了一种积极的外在论思想，更加推进了心灵哲学中的外在论理论取向。总之，从普特南到伯奇再到后来延展心灵概念的提出，心灵哲学有关外在论的研究在回应内在论的争论中逐渐被推至高潮。在此视阈中，关涉心灵本质特征的意向性问题也在其内容理论上展开了相关的内在论与外在论之争。

二、意向内容理论的外在论解读及其特征

具有特定的意向内容是意向性的一个重要特征。根本上，我们所具有的意向心理状态，如信念、愿望等命题态度之所以能够指向一个实在或非实在的对象，与其都具有特定的内容密切相关。正因为如此，要对命题态度这样的意向心理现象进行深入研究，意向内容是其必要的前提和切入点。然而，意向内容的本质是什么？它在命题态度中又是怎样被确定的？是完全内在于命题态度持有者的头脑之中，还是达及外部的世界？事实上，这正是外在论在意向性问题上对内在论质疑的核心问题之所在。具体而言，相对于内在论，外在论的意向内容理论主要包括以下几方面的特征：

首先，意向内容外在论的主张是一种对宽内容的主张。

如果我们将单纯由意向心理状态持有者头脑中的神经生理状态和性质所确定的内容看作是一种窄内容（narrow content），那么意向内容外在论所持的就是一种对宽内容（wide content）的主张。因为依据其基本思想：心灵与外部世界的关系对于心理意向内容的确定具有决定性或实质性的意义。换言之，当涉及信念、欲望等具有特定内容的命题态度时，外在论者通常坚持这些命题态度的内容在实质上是延伸到人的头脑之外而达及命题态度持有者所处的环境，并受其影响和决定。而这种与命题态度（意向状态）持有者所处环境相关的内容也就是一种宽内容。

质言之，外在论持宽内容的观点，就是认为意向状态持有者有没有心理意向内容一定要从它们与外部世界的关系层面来考察，而不能一味地停留在大脑的内部状态上。因为只注意大脑的内部状态是不足以确定其意向内容的。由于环境的

不同，即使是两个在分子水平上完全一样的人在使用同一自然术语时，其关于或指向的对象也是不同的，因而其表征的内容也是有所差别的。在这里，特别要注意的是，“关于性”或“指向性”恰恰是意向性的本质所在，因此，关于或指向不同的对象的思想在实质上也就意味着表征了不同的内容，更进一步讲，也就意味着具有不同的意向状态内容（或思想内容）。由之，“具有相同的大脑状态，却有不同的思想内容”在外在论者眼中也就成为一种完全可能发生的情况。

总之，在外在论者看来，意向心理状态的内容应当是宽的，意向心理状态也应当是一种宽状态。其内容的确定必须要提及、考虑意向状态（命题态度）持有者所处的环境因素。一句话，世界上或者说环境中的各种事物、状态、性质、关系等等对于信念、欲望等意向状态的内容来说具有明确的、决定性的确定作用。

其次，意向内容外在论对宽内容的主张不仅重视物理环境的作用，它更强调社会环境的意义。

谈及社会环境，在广义上包括了各种社会因素和文化背景，语言共同体的语言实践活动在其中至关重要。在外在论者的眼中，与物理环境相比，社会环境对于主体心理意向的内容作用具有同等甚至是更重要的意义。根据其主张，不仅是物理环境，社会环境也可以决定主体心理意向的内容。举例来说，在分子水平上完全一致，且具有完全相同物理环境中的两个主体，如果处于不同的社会语境之中，则他们的心理意向内容也会存在不同。因此，某一主体无论是否能够完全理解他所拥有的意向心理状态，其意向内容在本质上都无法独立于该主体的社会环境因素。在此意义上，我们可以进一步认为：“心理状态与事件在原则上随着环境的变化而变化，甚至在非意向的和个体论的规定的个体的物理的（功能的、现象学的）历史保持不变的情况下也是如此。”[8]

在对社会环境及其意义进行分析时，伯奇进一步阐明了社会环境作用于意向内容的方式。按照他的理解，在构成意向内容要素的过程中，社会环境起着中介性的作用。换言之，物理环境对某一主体意向内容的决定作用离不开一定的社会环境因素。从某种意义上讲，一定的社会环境在实质上也包括语言共同体的集体心理状态以及他们约定俗成的各种术语，而物理环境在确定作用心理意向状态的内容时，通常都以此为基底上。由之，信念、欲望等意向状态的内容与其持有者相关的社会语境是无法分开的。

最后，意向内容的外在论主张归根结底是对心身附随原则的彻底否弃。

附随性（supervenience）概念早先出现在摩尔（G. E. Moore）和海尔（R. M. Hare）等的道德理论中，随后才进入心灵哲学的视野。当心身同一论由于其过强的主张而广受争议且步履维艰时，附随性及心身附随原则的提出无疑为有关心灵的研究开启了一个新的范式。福多（J. Fodor）对心身随附关系有过这样的描述，即“X 类型的状态附随于 Y 类型的状态之上，当且仅当没有 Y 状态之间的相应的差别，X 状态之间也不会有差别”[9]。按照心身附随原则，“……心理性质在某种意义上依赖于或附随于物理性质。这种附随性可以被看作是指不可能有两个事件在所有物理的方面完全一样，而在一些心理的方面有所不同，或者说，一个对象不可能在心理方面有所变化而在物理方面没有变化”[10]。事实上，这一原则为心灵哲学解决心身问题提供的是一个崭新的非还原思路和路径。在心灵的自然化运动中，同心身同一论相比，附随性思路既可以在一定程度上维护心理的自主性，同时又能坚持自然主义和物理主义的立场。因此，附随关系对于当代的心灵哲学研究具有重要的意义和价值。所以福多进一步说：“（任何）在科学上关于心理状态的有用的观念都应遵从附随性；心脑附随性毕竟是迄今为止我们所具有的关于心理原因如何可能的最好观念。”[11]

不难看出，心身随附原则在本质上蕴涵了内在论对窄内容的主张。因为根据其要义，如果在物理方面无任何差别，也就在心理方面无任何差别。这样，主体之外的环境对于主体心理状态而言就没有任何决定性的意义了。因此，如果坚持外在论对宽内容的主张，就必然在根本上否弃心身附随原则。正如金在权所言，外在论的观点否定了心身附随理论两个最为基本的论题：一个是我们所使用的术语的意义附随于我们内部的物理/心理状态之上；另一个是我们的信念和其他意向状态的内容附随于我们内部的物理/心理状态之上。[12]因此，站在外在论的立场进一步来看，即使是物理方面的结构、性质、状态完全相同的认知主体，也依然有可能存在心理方面的差异。

三、意向内容外在论的理论意义及其对当代心灵哲学的挑战

就其理论意义而言，意向内容的外在论主张不仅仅是在一定程度上克服了内在论的某些片面性，较好地说明了意向性的指向性问题，更重要的是，它从根本上颠覆了一些恒久以来就一直根深蒂固地存在于人们认识当中的传统的心灵观念，在本体论、认识论、方法论层面对当代心灵哲学提出了挑战，从而进一步为解决心、身、世界的关系问题提供了新的启迪性视阈。具体而言：

在本体论层面，外在论的意向内容理论摆脱了笛卡儿以来就占据人类关于心灵本质认识的一个基本看法，即心灵及其内容在本体论方面自主地独立于外在环境，从而表明，信念等意向心理状态并不仅仅局限于信念持有者的大脑之中，而是已经延展到了世界。这就是说，认知主体的（意向）心理内容不仅仅由大脑和身体的物理构成所决定，外部的环境，包括物理环境和社会环境，也是其重要的构成要素。

显然，以外在论的视阈为阐释基底，可以将大脑、身体、世界作为彼此相互

关联的复合要素，它们之间的因果交互被精密地耦合，这样，认知主体与外在环境构成一个动态的、整体的耦合系统（coupled system），心灵就是在这个系统中，在内在要素与外在环境的互相交错的过程中完成了一次又一次的重构，从而实现其进化和发展。进一步讲，心灵的内在要素与外在要素以一定的目的论机制结合在一起（即在自然选择中，远端的环境的因素与近端的自身内部因素结合在一起）共同构成心理状态所表征的内容。正是在此意义上，心灵可以被看作是在统一于内外物理与社会环境系统的认知网络当中，由内部资源、过程与外部工具、过程不断互补、重新整合的产物。在这里，内在结构构成了心灵进化的基点，而外在环境构成了心灵进化的途径。心灵与世界的界限也就在其过程中逐渐变得模糊起来。

由上可知，外在论的意向内容理论对心理内容与环境关系的说明已经不仅仅局限于二者之间相互作用、彼此影响这样的因果作用的角度。在本质上，外在论已将外部的世界纳入心灵的逻辑构成，即世界的一部分已然也是心灵的一部分，世界是心灵的自然的构成要素。

在认识论层面，外在论的意向内容理论最具威胁性的便是对自我知识的权威性或者说第一人称知识的优先性的挑战，而这一观念也是至少自笛卡儿的时代以来就已受到广泛认可。以下是戴维森关于此问题的一个表述：“因为我们通常不需要或者不使用证据（虽然有可用的证据）就知道我们相信（以及想望、怀疑、意图）什么，所以，我们关于自己当下心理状态的真诚的声明不会遭遇那种基于证据的结论的失败。因此，真诚的第一人称现在时思想陈述，尽管并非是不可错的或者不可纠正的，却拥有一种第二或第三人称陈述、或者第一人称其他时态陈述所不可能拥有的权威性。”[13]这种权威性在实质上是指，我们可以不通过对我们自身外在行为的观察，就能对我们自己的心理意向状态及其内容直接地进行当下的了解。也就是说，此时不需要借助外在环境也同样能够明白我们关于自己的意向心理状态或获得我们自己的心理知识。因而，“一个人拥有任何其他人都不可能拥有的通达他自己思想的特许方式。我们通过内省获得关于自己思想的知识，这种知识的获取和辩护都不需要经验的证据。因此，自我知识和关于外部世界的知识以及关于他心的知识之间的一个重要区别，就是前者具有直接性和权威性，而后者不具有这样的性质”[14]。

显然，意向内容的外在论主张直接颠覆了上述传统的、直觉的自我知识理论。因为，在外在论者看来，我们各种心理意向状态的内容的确是不能孤立于外在环境的，无论是物理环境还是社会环境。而且，在环境面前，没有所谓的第一人称权威性。换句话讲，我们自己与其他人在环境面前是平等的。因此，要想了解我们的心理意向状态毫无疑问地必须诉诸环境。也就是说，既然认知主体的意向心理内容及其变化受外部因素影响，那么就不能仅仅通过内省或内部反观达至一种全面的认识。因此从这一点来看，意向内容的外在论观点必然蕴涵对传统观点中自我知识及第一人称直接性、权威性的反叛。

在方法论层面，外在论的意向内容理论在根本上动摇了长期以来都受到很多哲学家拥护的方法论上的个体主义倾向。在本质上，方法论上的个体主义要求心理状态必须依其因果效力而进行分类。也就是说，只要某些意向心理状态具有的内容即使由于环境而有所不同，但只要其因果效力一致，那么这些意向心理状态就是一致的。比如说，一个地球人与“水”有关的意向内容同一个孪地球人与“水”有关的意向内容可以具有相同的因果效力与因果性质。那么，如果从因果效力的角度来进行分类，这两种意向内容就应该也是相同的，即便地球“水”和孪地球“水”也许并不是同一种物质。可见，方法论上的个体主义在本质上是一种内在论的思想。

因此显而易见，外在论的意向内容理论与上述方法论上的个体主义主张无法相容。因为在外在论的理论范畴内，上述例子中的关于两种“水”的心理状态应该具有不同的意向内容。事实上，虽然方法论的个体主义在操作层面有利于解释的进行，但在根本上，它与我们日常的心理学解释性质不甚相符。这是因为，在通常状况下，我们日常的心理学解释在本质上要诉诸一种意向概括，即意向性解释。而意向性解释显然是与外在语境密切相关的，它不受严格的因果关系法则所限制。心理学解释的对象也不只是身体的运动，而是关于事件或对象的关系事实，因而必然涉及了环境因素。一个人的心理表征及其外在行为不可能完全孤立于这个人成长与习得的语境中物理和社会的关系，这一点是毋庸置疑的。所以在心理学解释实践不可能不与外在环境相关。由此可见，只有以外在论对宽内容的主张为基础的解释才能满足此类心理解释的基本要求，进而将环境要素纳入解释实践。就此来看，外在论的意向内容思想在心理学解释实践中所具有的方法论意义是不容忽视的。

结　语

最后这里要说明的是，上述对外在论的意向内容理论优势的强调并不意味着有关意向内容的外在论主张就是一个最优的选择，尽管外在论的提出在一定程度上克服了内在论的片面性，阐明了心理与环境的某种相关性，为说明心理意向性问题及其内容问题提供了新的模式与方法。但事实上，它在很多时候是成问题的。例如，外在论对环境作用的过分强调从而使得宽内容的分类由于过于模糊、对语境过于敏感、过于不稳定，反而在另一极端阻碍了意向性在心理学解释中的运用。当前理论界所提出的“外在论威胁”也正是对此问题的担忧。然而无论如何，通过前文对意向内容外在论主张的解读以及对它给当代心灵哲学所带来的挑战所进行的分析，其理论意义是不容忽视的。毫无疑问，这一全新的诠释对于我们重审心理现象的本质，扩展对心灵的认识，在此基础上进一步厘清心-身-世界问题，进而更深入地重考心灵哲学中的基本论题都具有重要的理论意义和价值。

参考文献

[1] Edwards S D. Externalism in the Philosophy of Mind. Brookfield：Ashgate Publishing Company，1994：viii.

[2] Burge T. Individualism and Psychology. Philosophical Review，1986，95：3-4.

[3] Putnam H. The Meaning of ‘Meaning’ //Putnam H. Philosophical Papers. Volume 2：Mind，Language，and Reality. Cambridge：Cambridge University Press，1975：223-227.

[4] 田平．自然化的心灵．长沙：湖南教育出版社，2000：165.

[5] MacGinn C. Charity，Interpretation，and Belief. Journal of Philosophy，1977，74：521-535.

[6] Burge T. Individualism and the Mental//Uehling F，Wettstein，eds. Midwest Studies in Philosophy IV. Minneapolis：University of Minnesota Press，1979：73-121.

[7] McDowell J. Mind and World. Cambridge，MA：Harvard University Press，1994：11.

[8] Burge T. Individulism and Psychology//MacDonald C，MacDonald G，eds. Philosophy of Psychology. Oxford：Blackwell，1995：175.

[9] Fodor J A. Psychosemantics：The Problem of Meaning in the Philosophy of Mind. Cambridge，MA：The MIT Press，1987：30.

[10] Davidson D. Mental Events//Beakley B，Ludlow P，eds. The Philosophy of Mind：Classical Problems/ Contemporary Issues. Cambridge，MA：The MIT Press，1992：141.

[11] 同 [9]．

[12] Kim J. Philosophy of Mind. Boulder，Col.：Westview Press，1996：196.

[13] Davidson D. Knowing One's Own Mind//Ludlow P，Martin N. Externalism and Self-knowledge. Stanford：CSLI Publications，1988：88

[14] 田平．外在论与自我知识的权威性．华中师范大学学报（人文社会科学版），2008，47（1）:49-54.

当代认知神经科学哲学研究及其发展趋势*

尤　洋

认知神经科学是一个对认知的生物学基础进行科学研究的新兴学术领域，其主旨在于："阐明认知活动的脑机制，即人类大脑如何调用其各层次上的组件，包括分子、细胞、脑组织区和全脑去实现各种认知活动。"[1] 20世纪末，认知神经科学研究取得了令人瞩目的进展，传统的心理学研究亦让位于认知神经科学研究，其发展速度之快和趋势之明显，使得21世纪被公认为"脑的世纪"。

正如20世纪的物理学，特别是量子力学引发的物理学哲学研究热潮一样，当代蓬勃兴起的认知神经科学和脑认知研究也为哲学特别是科学哲学提供了更多的研究素材。造成这一情况的主要原因在于，一方面，传统的认识论问题求解能力困境不足以揭示人类的认识之谜，因此就需要从认知科学内部以一种经验的方式、以一种自然主义的方式对人类认识机制、模型以及原因做出讨论和建构；另一方面，认知神经科学本身越来越多地涉及传统哲学问题，比如意识解释、记忆原理以及语言本质，类似"如何理解心—脑的关系研究"、"如何看待脑处理中的计算和表征分析"、"如何解释神经科学中的意识与现象"这样的问题就吸引了越来越多的哲学家，特别是科学哲学家投身其内，由此衍生出来的认知神经科学哲学就成为当前最热门的科学哲学研究领域。

一、认知神经科学哲学的研究范式

"认知神经科学的发展趋势，是从关注大脑神经生物活动到关注大脑的高级认知功能，从关注部分层面到关注全脑层面，从关注脑活动与行为的关系开始到关注动态考察脑结构和功能的发育，从关注脑和外在行为开始到关注'基因和环境—脑—行为'。"[2]因此，由于认知神经科学本身所具有的研究复杂性，使得对其的哲学研究也从一开始表现出差异。神经哲学（neurophilosophy）和神经科学哲学（philosophy of neuroscience）就成为当代认知神经科学哲学研究的两类不同

---

* 本文为国家社会科学基金重点项目"语境论的社会科学哲学研究"（12AZX004）、山西省教育厅重点研究基地项目"当代社会科学哲学中的知识论研究"（2012301）、山西省回国留学人员科研资助项目"当代社会认识论的元理论研究"（2012-026）阶段研究成果。

尤洋，山西大学科学技术哲学研究中心副教授、硕导，哲学博士，主要研究方向为科学哲学。

称谓，或者说是神经科学与哲学的交叉研究的不同表述形式，而这个领域中的工作也常常因为关注焦点和研究兴趣不同而被划分至两个不同的研究范式之中。

神经哲学，顾名思义，它是以哲学的视野来审视神经科学学科内部的概念和主题，或者说对神经科学的研究内容给予哲学式的解读和讨论。按照这样的理解，传统的哲学研究方法和问题就自然而然地渗透进这种研究范式之中。比如，一方面，它尝试使用来自神经科学中的信息来探讨宽泛的哲学问题，包括传统上属于心灵哲学研究视阈的身心（mind-body）问题等研究主题。另一方面，神经哲学研究范式的出现也从客观上深化了哲学与神经科学二者研究之间的关联。

基于神经哲学中的理论往往建立在神经科学的发现基础上，这些理论往往内在的表现出唯物的特征，也就是诉诸大脑的结构和功能去解释感觉、知觉、记忆等精神现象以及语言的脑机制问题。通过肯定身体与行为的联系就将思想、情感等精神现象与物理性质的身体连接起来，与此同时，功能性磁共振成像（functional magnetic resonance imaging，fMRI）和正电子发射断层扫描（positron emission tomography，PET）以及脑损伤研究方法等实证研究进一步将认识论中的传统问题（如感觉、直觉、记忆、推理等）脑认知化，从而使神经哲学显现出自然主义的研究态度。这样一来，在研究基点上包括在观点和立场上自然地对立于试图依据心灵和思想去解释精神的唯心论、二元论以及功能论中的部分理论。当然，神经哲学的关注点仍然在于传统的主流哲学问题上，比如什么是情感、什么是愿望的本质、什么是道德认知的神经基础，类似这样的问题依然构成了神经哲学的主要内容，但是毫无疑问，这些传统的哲学问题被赋予了更多的有关神经科学的经验发现，而且对这些问题的回答也受到了相关神经系统研究成果的支持与限制。

神经科学哲学是科学哲学的新兴研究领域，它更多地使用了源自于科学哲学的严格概念和研究方法去分析和解释神经科学的内容和成果，也因此在研究主题和研究内容上相比神经哲学来说要更加集中和收敛。随着神经科学最近20年来获取了越来越多的关注和成就，特别是受到最近有关脑认知发现的显著增长的鼓励，神经科学哲学开始作为一个正在兴起的研究领域在整个科学哲学研究当中凸显出来，并受到越来越多的科学哲学家的关注和介入。这一情景出现的主要原因就在于：一方面，“过去的30年当中科学哲学表现出越来越强烈的局域性，关注点从科学行为的一般特征转换到具体的特定学科的概念、问题和难点上”[3]。另一方面，“认知和计算神经科学持续地关涉和影响了人文学科传统上所强调的问题，包括意识的本质、行为、知识和规范性，特别是有关大脑结构和功能的经验发现表明自然主义的方法可以在传统的哲学命题上得到详细地应用，而不仅仅是抽象的哲学思考”[4]，这就为神经科学哲学的出现打开了大门。由此，尽管传统的哲学包括心灵哲学的分析方法，相当程度上仍然停留在对精神和主体自我存在的抽象思考之上，但新兴的神经科学哲学则更多地借鉴了来自于神经科学的实证研究，从而表征出了自然主义的研究特征，或者说是一种自然化的哲学研究。

从另一个角度来看，“神经科学哲学”与“神经哲学”之间的区分还可以由两个范式内探讨的问题加以区分。“如果说神经科学哲学关注了神经科学中的基本问题，那么神经哲学则关注了神经科学的概念对传统哲学问题的应用。这样，探索神经科学理论中使用的不同的表征概念就是前者的适用范围，而检查神经逻辑综合征的应用就是后者的例子。”[5] 具体来看，与神经哲学主要关注什么是情感、什么是愿望、什么是道德认知的神经基础相比，神经科学哲学则主要倾向于从有关神经科学内部提问传统的哲学问题，并就这些问题进行形而上学的回答。这样的问题就包括：什么是神经科学的发现与解释？什么是神经科学的表征和解释机制？对此，既可以用描述的方式加以回答又可以用规范的方式给予分析。依照前者，神经科学哲学就演化为一种对认识机制的自然主义的说明，它将对传统的心理学研究给予支撑；依照后者，神经科学哲学就过渡为一种认识论的替代，尽管并非所有的认识机理都能够获得有效的建构。

综上所述，当代神经科学与脑认知研究的蓬勃兴起在回答和解决人类认知功能机制的同时也从客观上充实和支持了认知神经科学哲学的研究内容，以神经元和脑组织结构为研究对象的神经科学就与哲学特别是科学哲学联系起来，成为当代科学哲学发展的前沿领域。认知神经科学哲学的两种范式尽管在研究方法和关注问题上存在差异，但是其研究的出发点和理论基点毫无疑问是相同的。从哲学特别是认识论的角度来看，认知神经科学哲学的出现很大程度上是一种探讨人类认识机制的必然过程，毕竟相较于传统的拷问内心的心灵反思，认知神经科学哲学“使得我们在人类历史上第一次能够直接看到大脑的认知活动，即大脑在进行各种认知加工时的功能定位和动态过程”[6]，而这显然就成为认知神经科学出现在哲学领域的直接推动力。这样，以心理加工的神经机制研究为基础、以思维和大脑结合的神经研究为目标、以心理和认知功能在大脑中实现为核心问题，认知神经科学哲学的出现和繁盛就成为当代科学哲学发展的一种必然趋势。

二、认知神经科学哲学的关注问题

当代认知神经科学哲学的出现明显受到了认知神经科学的鼓励和支持，而后者的出现则源于认知科学和神经科学的成功，正是在二者共同作用的基础上，人类探索认知活动的脑机制成为可能。随着人类社会发展对智能信息系统越来越高的需求和遇到的技术难题愈发明显，认知科学的诸多核心学科分支，如认知心理学、人工智能和人工神经网络的研究，都意识到各自研究领域出现的难点需要在统一的脑认知平台上加以解决。由此诞生出的认知神经科学在充分汲取认知科学营养的同时，也开始形成自己的独特问题和理论，而对这些理论的形而上学思考就构筑起当代认知神经科学哲学思考的主要问题。

（1）认知功能定位。认知功能定位理论在认知神经科学哲学研究中的凸显源自于最近20年来的神经影像技术的突飞猛进，这其中最有代表性的手段和方法就是fMRI和PET技术。但是与此前的脑损伤研究相类似，神经影像研究同样遇到了挑战和质疑。其中最主要的就是大脑皮层中有许多不同的细胞群负责和控制不同的肌体，然而无论是脑损伤还是神经影像研究都暗含一种假设，即存在着单一的皮层区域和细胞结构控制和负责了有机体的某一种构成性功能。但这一假设受到了诸多神经科学哲学家的质疑，认为其过分依赖于单一区域控制前提。他们认为脑处理过程行为应该是一个整体过程，大脑的绝大多数区域都涉及认知行为过程本身，而绝不仅仅只是局部区域，此前的定位理论不过是将功能与效果相混淆。应该说，这一解释实际上是符合复杂论和整体论原则的，大脑的复杂认知过程绝不仅仅是各部位的简单堆积和组合，因此从这一观点来看，定位理论确实先在地表现出了还原论和物理主义的思想，但是鉴于大脑研究的特殊性，在实际研究中确实又需要将大脑进行适当的还原和拆分，因此有关认知功能定位理论的争论也将在认知神经科学哲学中长期存在下去。

（2）意识解释。意识问题是心灵哲学的一个重要研究议题，但最近开始频繁出现在认知神经科学哲学和脑认知研究中，特别是有关意识的本质以及意识等同理论。一些哲学家认为意识经验是主观的，永远不可能等同于客观的科学理解。但是这样一来，意识就成为一种无法得到解释的主观现象，而这显然就脱离了科学的讨论范围，甚至是哲学的。更多的哲学家则主张一种等同理论，即意识等同于一种可解释的神经物理属性，而心理状态可以被视为特殊的物理状态。但如此一来意识的大脑处理解释将在大脑处理和意识经验之间留下“解释鸿沟”（explanatory gap）。也就是说，尽管心物相互作用问题得到解释，但是将意识等同于物理状态，并不能让人理解为什么大脑皮层的处理过程能够产生人的意识复杂性与意识经验问题。由此，如何看待意识的本质？是否意识来源于大脑中细胞分子的神经机制？意识仅仅是人的心灵产物还是一种综合神经反馈？类似这样的问题就成为有关意识研究的重要议题并受到越来越多哲学家的关注。比如塞尔就指出：“意识问题研究首先需要探索与意识相关的神经活动，并去证实意识活动与神经事件间的必然因果关系，最后需要发展出包含若干法则的理论来说明神经活动与意识之间的因果转化。”[7]

（3）大脑的计算与表征。有关将大脑与计算机对比联系的思想实际上在神经科学研究当中早有出处。20世纪30年代起，计算神经科学就与人工智能研究紧密地联系在一起。以沃尔特·皮茨（Walter Pitts）和沃伦·麦卡洛克（Warren McCulloch）为代表的研究人员则发展出了最初的人工智能神经网络。皮茨和麦卡洛克的工作建立在神经元可以执行解释认知的逻辑计算的假设基础上，并使用神经元发展出用于计算的逻辑门（logic gate）。其后，人工智能的认知主义和联结主义范式成为科学哲学家研究和反思的对象。最近，认知神经科学哲学对神经计算与表征的研究方式大多采纳了根据表征转换来假定计算定义的方式。因此，大多数关注计算与表征的问题实际上都是有关表征分析与看待的问题。尽管在谈论问题上有所区别，但是可以将这些问题的关涉内容划分为三类：关注表征结构的问题、关注表征句法的问题以及关注表征语义的问题。具体来看："关注表征结构的问题就是指一个具有句法和语义学的神经系统如何得到建构？关注表征句法的问题就是指该系统中表征的形式是什么或应该是什么，以其形式为基础，各种表征如何相互作用？关注表征语义的问题就是指表征如何能够表征，表征如何具有内容及意义？"[8]

（4）神经科学的解释机制。有关神经科学的解释机制问题目前在认知神经科学哲学的研究中逐渐引发了争议。通常来说，这一解释机制主要分为两类：机械论与还原论。神经科学的机械论解释往往具有因果性，其目的在于论述构成部分及其行为如何因果性地解释了某一特定现象。与机械论的解释机制相比，还原论的解释机制就是神经科学中的另一个主要解释模式。神经科学中的还原论主要体现在高低层次间的理论与实体解释上，例如，用低层次理论解释高层次理论，主张高层次的"实体"只不过是低层次实体的组合等等。与机械论的因果性相比，还原论则更加强调了层次性，特别是强调了在高层次与低层次之间的转换与递归。但无论是机械论抑或是还原论，本质上都具有无法回避的缺陷，前者过分地强调了因果关系，因而忽视了导致行为的其他事实上的复杂性与非决定性，而后者则突出了层次性和决定性，忽视了高层次与低层次理论之间的互动关系，特别是还原过程中的遗失现象，因此如何理解当代神经科学的解释机制，如何定位机械论、还原论以及新兴的动态系统理论，就成为认知神经科学哲学亟待解决的一个重要论题。

综上所述，当代认知神经科学哲学对认知功能定位、意识解释、大脑的计算与表征以及解释机制等问题进行了较为充分的讨论，重点关注了包括感觉、知觉、记忆、语言、意识、学习、情绪在内的一系列神经科学中的核心概念，相继运用了诸多来自认知心理学、计算建模、动物实验技术、脑损伤定位、神经病学中的实证方法，深入地分析了传统认识论所回避的"大脑-心灵"的关系问题，因而在当代科学哲学研究中获取了巨大的成功。当然，除了上面提到的关注问题之外，事实上还存在着其他的研究议题。比如，有关"解释"所引发的问题(即什么样的现象可以在神经科学中得到解释？什么构成了神经科学的充分解释？)，有关"理论结构"所引发的问题（神经科学理论的结构是什么？神经科学理论如何表征？)，有关计算、模拟与神经网络问题（计算机多大程度上可以模拟大脑？模拟和解释之间的区别是什么？)，类似这样的问题实际上在认知神经科学哲学的讨论中不绝于耳，它们在丰富该学科的理论议题的同时也对学科的建构和发展起到了巨大的推动作用。

三、认知神经科学哲学的发展趋势

当代认知神经科学哲学的发展建立在神经科学的成果基础之上，致力于理解认知神经科学作为一门学科所承载的目标，分析它所使用的研究方法与技术，解读它建构理论所使用的推理与假设，思考它在应用过程中面临的限制和隐患，探索它在解读心脑问题中使用的理论概念与背景。因此，认知神经科学哲学就是对认知神经科学研究的哲学分析和思考，它的出现和发展就与神经科学紧密地联系在一起，并为后者的发展提供了巨大的精神支持和智力引导。当然这里有必要指出的是，哲学思考并不能取代神经科学研究，为神经科学提出理论也并不是哲学的任务。“哲学只能在可以澄清心灵的概念以及与相关概念形成逻辑语法关联网络的意义上研究心灵的本质，这是哲学的领域。……神经科学只能在可以探究我们的心理和行为能力以及行使这些能力的神经基础的意义上研究心灵的性质。哲学事业和神经科学事业完全不同，而且后者以前者为前提，因为关于心灵的概念和相关心理概念的含糊和混淆会妨碍对神经科学的问题和解决方案的描述和理解。”[9]

具体来看，认知神经科学哲学的发展趋势主要表现在以下几个方面：

其一，认知神经科学哲学将关注个体意识与行为现象的整合。大量的研究表明，个体在认知、情感上的差异将导致其意识与行为现象整合的差异，这些差异会反映在神经活动的功能—结构的关系解读上。因此，在个体水平上揭示不同层次活动之间的意识与行为的对应和相互作用关系，将有助于认知神经科学哲学的整体发展。具体来看，这种整合可以表现为：在意识层面分析相关情境中的行为；在认知层面上分析行为的信息加工机制；在神经层面上解释信息加工的脑机制，从而最终构成认知神经科学哲学的研究主题。

其二，认知神经科学哲学将关注伦理与道德的研究。对神经伦理的思考目前已经出现在神经科学哲学研究领域内，并展现出独特的研究视角和方法。总体来看，神经伦理研究既涉及借助神经科学的数据来理解道德认知，也存在使用道德伦理来规范神经科学的应用。比如，神经伦理学关注了神经逻辑损伤患者的治疗和对待，关注了“读心术”技术对心灵内容的解读和伤害，关注了神经科学研究中动物实验的伦理现状。另一方面，神经伦理学则试图扩大研究范围，将研究对象扩展到儿童和老年人身上，试图解读儿童神经发育以及老年人神经衰退现象，试图解释遗传与环境如何相互作用共同决定大脑的活动模式。

其三，认知神经科学哲学与传统社会科学的交叉。近来的认知成果表明，对大脑活动的研究决不能是孤立地处于密闭容器中的缸中之脑式的研究，因此必须要将研究对象放置于处于各种社会关系交织的社会环境中，只有这样研究成果才是有意义和符合认知结果的。而处于社会环境中的人就受到了经济、政治、法律、社会规范的约束和限制，而对这些规范的认同和执行就建立在人的心理与意识基础之上。很显然，认知神经科学哲学显现出的与传统社会科学的交叉有助于我们在脑层面机制上认识人的社会特征及其本质。

其四，认知神经科学哲学与计算神经科学的交叉。计算神经科学旨在探讨心理过程的神经机制，也就是大脑的运作如何造就心理或认知功能，因此有关计算模型的运用在计算神经科学的发展中起了重大的作用。目前，大脑计算与模拟问题开始广泛出现在认知神经科学哲学的研究论域中。根据认知理论和神经活动的相关知识来建立计算模型，通过对模型进行多数据的处理和分析，就有助于回答和解释单神经元的建模、感观处理以及行为网络等神经现象，从而有助于回答结构—功能间的本质关系。

综上所述，当代认知神经科学哲学的发展受到了神经科学的推动和支撑，同时也受到了心理学、社会科学、计算科学等相关学科的影响和关涉。因此，有关认知神经现象的实证研究和概念研究常常同时出现在该领域内。一方面，神经科学的实证需求就要求神经科学哲学能够确证相关神经系统结构和活动的事实，解释感知觉、记忆、运动控制、语言、学习、情绪等功能的可能条件，这样认知神经科学哲学就不可避免地充斥了大量的来自神经科学的概念、术语和实证方法，从而表现出强烈的自然主义的态度；另一方面，来自神经科学的概念研究就先在性地容纳了包括意识、解释以及心灵感受问题等哲学命题，从而为哲学的形而上学思考铺平了道路，并成为哲学的适宜领域，这样认知神经科学哲学就能够解释有关结构与功能、语言与思维等一系列传统的哲学问题，进而回答心脑的关系问题。当然，在这里我们有必要指出，无论认知神经科学哲学表征出的是自然主义的立场还是传统的形而上学思考，有一点是明确的，那就是它的出现为人类解决长久以来的认识困境、揭示心灵与大脑的关系提供了最合理和充分的认知理由，这显然就是当代认知神经科学哲学出现和繁盛的根由所在。

参考文献

[1] 熊哲宏．认知科学导论．武汉：华中师范大学出版社，2002：39.

[2] Baars B J，Gage N M. 认知、脑与意识：认知神经科学导论．原著第2版．北京：科学出版社，2012：1.

[3] Bickle J，Mandik P，Landreth A. The Philosophy of Neuroscience. http：//plato. stanford. edu/entries/neuroscience. ［2010-05-25］.

[4] 同 [3].
[5] 同 [3].
[6] Gazzaniga M, Ivry R, Mangun G. 认知神经科学：关于心智的生物学. 周晓林，高定国译. 北京：中国轻工业出版社. 2011：序 1.
[7] Seale J. Consciousness. Annual Review of Neuroscince, 2000, 23: 557-578.
[8] Brook A, Mandik P. The philosophy and neuroscience movement. Analyse & Kritik, 2004, (26): 392-393.
[9] 贝内特，哈克. 神经科学的哲学基础. 张立，高源厚，于爽，等译. 杭州：浙江大学出版社，2008：425.

社会科学哲学

当代女性主义认识论问题研究*

殷 杰 尤 洋

形而上学与认识论向来都与价值和性别无涉，然而20世纪后半叶开始，一种关注女性道德和政治地位的认识论出现在哲学中，这就是女性主义认识论（feminist epistemology）。女性主义认识论的产生跟社会领域中普遍进行的科学批判密切相关。这种批判之核心在于对传统认识论提出深刻质疑，既有从社会文化层面的外部批判，又有对科学本身所进行的内部批判。自启蒙时代以来，社会领域中就一直存在着一种张力。一方面，客观的科学知识的公认模型所处理的是客观可度量的现象，揭示了由数学规律所统治的世界，并作为一种标准模式为科学道德、价值、规律所广泛采纳；另一方面，信念在历史的和文化中的可变性，又坚持一种“立场”（standpoint）的观点，深信科学之外立场的存在，凸现了真理的相对性、知识的非中立性以及认知者偏好的存在性，用以规范科学的发展方向。①

以这样的思维特征为背景，女性主义认识论一经产生就凸显和放大了当代文化实践中的性别冲突，并将之扩展至科学中，使得科学由自足的理性体系转变成了基于社会历史所建构的文化人造物。通过将“性别”作为一个社会范畴，女性主义认识论成为了一种独特的认识论。它设定了人在性别差异、劳动的社会分工等方面的普遍性，并将之与社会-文化过程结合，从而产生出认识论的多样性和特异性。尽管女性主义认识论与传统认识论一样，承认外部世界和科学认识的客观性，但它更把激发社会运行中各种斗争的政治的和道德的价值，视为促进知识增长的根本性因素。

---

* 本文发表于《哲学研究》2012年第8期。

本文为国家社会科学基金重点项目“语境论的社会科学哲学研究”（12AZX004）、山西省回国留学人员科研资助项目“当代社会认识论的元理论研究”（2012-026）阶段研究成果。

殷杰，山西大学科学技术哲学研究中心教授、博导，哲学博士，主要研究方向为科学哲学；尤洋，山西大学科学技术哲学研究中心副教授、硕导，哲学博士，主要研究方向为科学哲学。

① 殷杰. 当代西方的社会科学哲学研究现状、趋势和意义. 中国社会科学，2006，(3)：35.

一、女性主义认识论的关注论题

作为一种对科学进行的反思性实践活动，女性主义认识论本身的关注论题和理论定位一直处在不断的变化中。实证主义的终结，尤其是与库恩的范式理论相关而发展起来的后经验主义，将历史、社会与文化的观念纳入至当代认识论的研究领域内，这为以“性别”作为研究范畴的女性主义认识论开启了研究的大门。这种独特视角对科学实践的介入，批判了传统认识论抛弃价值判断、私人的或社会的身份跟科学无关等思想。总体来看，女性主义的目标就是要重建女性主义科学和认识论来替代传统的科学和认识论。在女性主义认识论指导下，可以揭示和解决科学研究中的男性中心主义，恢复和解放受压迫妇女的合理地位和主张。尽管不同时期女性主义认识论的关注重心有所差异，但总体来看，它始终关注性别、压迫同知识的关联，并就此提出了下述两个重要的相关论题。

1. 经验差异导致认识差异

如果对女性主义认识论的不同时期进行总结，可以发现有关“经验差异导致认识差异”的思想始终保留在其研究核心内容之中。这个观点可以表述为：人们的不同经验将导致认识差异并最终形成不同的认识结果，引发经验差异的因素显然就包括了性别这一范畴。可以认为，经验差异导致认识差异的观点具有重要的认识论意义。从经验论的视角来看，日常生活之中人们获取知识主要来自于经验，不同的经验将导致不同的知识基础，但是女性主义认识论的独特之处在于，它着重强调的是认识者的性别身份决定了获取知识的形式和数量。

女性主义认识论一直致力于批判传统认识论的性别无涉，相应地重新建构了认识论主体，主张正是获取知识的主体的身份和社会地位的差异，导致了其认识差异，并将其称为获取知识的社会境况。重构的认识主体就是具有不同社会境况的认识者。当然，女性主义对认识者差异的关注并不是随机的或特殊的，而是系统的和结构性的，也就是说这里的“性别”，实际上是一个对有关社会地位进行认识论分析的统称范畴。

另一方面，“经验差异导致认识差异”将得出一个独特的结论，即如果经验的差异导致社会境况的差异，并进而决定了人们对世界的不同观点，那么经验在塑造的同时也限定了特定社会境况下个体对知识的获取。按照这一方式，女性主义认识论就紧密地将社会境况与认识差异联系起来，其重要之处在于社会境况不仅仅是有差别且是发生变化的，其中一些社会境况明显要比另一些在认识论上更加可靠。比如妇女处于被压迫的地位，因此她们的认识境况显然要比男性更加可靠，也更能形成良好认识论的根基，而这就为女性主义认识论的理论优位打下了深厚的根基。

由此，横亘在认识论理论前的将会是两种不同的认知方式和两类知识，即男性的认识论和男性知识以及女性的认识论和女性知识。在将认识论和知识形式二元划分之后，一个更重要的问题就是：我们该如何选择有利于获取知识的认识形式？女性主义认识论可以推广并成为普遍的认识形式吗？尽管女性主义认识论对此持肯定的回答，但实际上，女性主义认识论本质上仍然在坚持一种认识论的两分法，即将知识过程还原为一种立场选择和价值判断，因而它仍只是一种立场论的新变体。"立场论的认识论要求认识历史的、社会学的和文化的相对主义，而不是判断的和知识上的相对论主义。她（他）们认为，凡是人类信念，均受社会环境的制约，但她（他）们也要求能批判地评估何种社会环境才能产生最为客观的知识陈述。"① 正因此，科学研究中社会性别的介入以及用价值观来评判科学理论，就不可避免地落入了它所反对的"性别决定知识"的陷阱之中。实际上，透视女性主义认识论的核心就可发现，它更多地用性别隐喻作为联结点，把科学和性别连在了一起，它认识到了性别隐喻的创造和发展是科学理论创造中所包含着的合理过程，而没有这些过程，就不会有知识主张的存在。

2. 知识是否具有客观性

在"知识是否具有客观性"这一重要论题上，女性主义认识论始终持否定意见。实证主义传统带来了知识的客观形象，客观的科学知识模型一直处于"优位"状态，它坚持科学知识和方法的客观性和普遍性，并形成了独特的科学认识论规范，包括：①科学概念跨时空的普遍有效性；②科学研究的客观性；③研究者的个性与知识主张的评价无关；④观察和实验是理论评价最普遍诉诸的标准。② 上述认识特征保证了知识的客观形象。但随着后经验主义的兴起，历史、社会和文化观念逐渐渗入并影响了传统认识论的这些规范，为女性主义认识论的出现提供了理论依据。

女性主义认为，传统的认识论不能反映出知识获取的真实途径和方法，甚至于在这一进程之中，从根本上歪曲和掩盖了知识和科学背后的实际影像。传统认识论的目标就是要追求知识的普遍性、客观性，进而获得知识的泛权威性，因此它必然排斥主观的、情景的、价值的、个体的因素，忽视语境下的知识主体的差异，宣称普遍有效的方法准则探究世界的真实面貌。按照这一理解，在传统知识论的二元框架下，与客观性对应的必然是男性，男性气质也与理性、客观性、中

① Sandra Harding. Whose Science? Whose Knowledge? Thinking from Women's Lives. Ithaca, London: Cornell University Press, 1991: 142.

② Ted Benton, Ian Craib. Philosophy of Social Science. Palgrave, 2001: 140.

立性等同起来，女性和女性气质则被描绘为是感性的、情绪化的，是与客观性相悖的。但是，女性主义认识论认为所有知识进程和认知者都是具体的和语境中的，我们关于世界的知识只是认知者依据自己的经验选择性地纳入真实世界的一部分。因此，根本就不存在价值无涉的普遍性和客观性，知识的客观性只是用来掩饰知识生成过程中与权力的结盟。

女性主义认识论集中探讨了知识客观性问题，并在批判中始终抓住知识与权力的关系。它宣称所谓客观性只是男性的客观性，是用来维护男性统治者利益的掩护工具。尽管围绕对客观性的批判出现了所谓的“强客观性”以及“弱客观性”的提法，但是需要意识到在认识论领域，女性主义是要“力图理解既有的社会秩序，同时力争发明有效的策略去改变它”①。它从性别立场出发揭开了知识生产中的真实面纱，促使人们意识到科学活动与知识生产中实际存在的男性中心主义，意识到不打破后者的统治地位，所得到的知识就无法做到真正的普遍和客观。

由此，女性主义认识论以及相关的对科学的社会解释，揭示出了其核心思想，那就是：知识的创造是一个彻底的社会过程。价值中立、普遍、非私人以及可检验等传统认识论的主张，忽视了性别等要素在知识创造中的积极作用。女性主义认识论坚持，知识的获取必然涉及具体的情境，知识的获取必然是以主体的价值选择为依据的，孤立地看待知识的客观性只能是一种理想化的情景。为此，女性主义认识论从社会-历史的层面上，对知识创造中性别的作用给予了解释。在这一意义上，女性主义认识论突出了知识获取过程中的平等话语权，对理解和改进知识的创造具有重要的意义。

二、女性主义认识论的批判核心

女性主义浪潮最初出现在伦理学和政治哲学中。“大部分被承认为女性主义认识论的早期工作，实际上都是由女性主义社会科学家和政治理论家完成的，她们需要不同的知识和辩护的解释，以推翻其学科中阻碍必要变化的预设。”② 但很快这一认识观念就蔓延至更广的社会科学中，女性主义者开始批判其所在相关学科内的特定内容，指出这些理论的接受和产生都蕴涵强烈的性别偏见，以各自学科的方法论为基础并不能够解释其主张，必须建立一种统一的认识论立场以表

---

① Kathleen Lennon. Knowing the Difference：Feminist Perspective in Epistemology. London：Routledge，1994：1.

② Helen Longino. Feminist Epistemology//J. Greco，E. Sosa，eds. A Blackwell Guide to Epistemology. Cambridge，MA：Blackwell，1999：330.

达其理论诉求。以特定学科及特定理论的女性主义批判，很快就发展为更为全面的批判理论，形成了特定的对“接受式知识观”的批判性解释，形成了对“与性别偏见相关联的学科规范”的批判性解释，而这就构成了女性主义认识论的批判核心。

与对“权力”的研究相类似，女性主义的论题往往集中到“性别”及其相关问题，比如：

（1）女性总是有意无意间被排除在科学研究活动之外；

（2）以生物决定论的“科学”立场为依据，否定她们的科学能力并进而怀疑她们的认知权威；

（3）将女性刻画为一种附属于男性的能力不足的群体，并进而衍生出相关理论；

（4）现代西方社会那些享有合法地位的知识，实际上是在性别等级制度中被男性构建成的，它们几乎从来就与女性的生存感受和对世界的看法无关；

（5）女性及其相关属性处于受压迫的、边缘的和附庸的位置；

（6）制造出各种不利于妇女及其他弱势群体改变自己处境的知识。

以这些论题为基础，20世纪的女性主义理论围绕科学生产以及知识生成的实际过程展开了对科学知识的多层次与多角度的批判。这样的批判理论本身，在女性主义认识论的发展过程中，随着认识的加深发生了更大的变化，特别是当其认识到知识作为科学和实践活动的产物本身就拥有着更大的社会维度之后。

1. 早期女性主义认识论的批判

20世纪70年代起，女性主义认识论开始对整个科学领域中的性别不平等现象，尤其是男性中心主义的偏见进行了深刻揭示，试图恢复传统上被从欧洲中心主义的科学中排除出去的那些东西。同时，当女性主义者开始重新构建一个新的认识论研究时，她们的一个重要任务就是解释女性主义运动和性别主义、男性主义之间的联系，并对此试图给出女性自身的视角。为了对此进行回答，“女性主义者很明显需要发展出一种认识论，她们需要表达的不仅是女性主义的视野如何促进知识生产，而且是这样的工作如何能够提供出得到改善的知识生产。女性主义认识论的代表人物哈丁（Sandra Harding），为未来的女性主义讨论搭建了平台，并促使更多的女性主义认识论者进行了更大规模的讨论”①。

具体来说，哈丁提出了三条主要的研究路径。② ①女性主义经验论。把女性

---

① Heidi Grasswick. Feminist Social Epistemology. Stanford Encyclopedia of Philosophy. http://plato.stanford.edu/entries/feminist-social-epistemology.［2006-11-09］.

② Sandra Harding. The Science Question in Feminism. Cornell University Press，1986：24-28.

的经验作为出发点，只有女性才能具有关于女性的知识，女性进入社会的或自然的科学研究。②女性主义立场认识论。所有知识的探求都定位于社会环境中，知识总是跟社会力量和权力相关的，不同的政治力量会对知识的产生形成不同的影响，世界上的某些事情只有从某些立场或“主观地位”来看才能得到真正理解。③后现代女性主义。女性主义所强调的女性身份本身，因生活环境和文化传统而有很大不同，不存在统一的女性经验和立场。后现代女性主义拒绝认识论，甚至抛弃了做出知识主张的可能以及独立实在的观念。由此，我们可以看出，哈丁对传统认识论和科学本身的批判，预设了一种未加论证的前提：男性中心主义的偏见，普遍存在于各种理论、观点的核心地带中。

2. 中后期的女性主义认识论批判

早期女性主义认识论的研究方法更多是批评了主流认识论，但自此之后，女性主义意识到需要形成自己的认识方法。因此她们开始关注后库恩式科学哲学的历史研究方法以及自然化的认识论，并将其作为一种重要的方法论研究。“一方面，许多女性主义者意识到，尽管科学是社会中的统治性力量，但是科学可以很容易地进行社会性分析。尽管这样的社会分析在分析认识论中是不明显的，它更多是关注知识的一般条件，而不是科学的具体方法论和行为，但是在历史研究方法中，知识的历史性的动态本质就极大地方便了社会性的分析，从而为女性主义者提供了一种全新的研究方法和策略。另一方面，自然化认识论就被证明在获取知识的性别作用分析中是非常有用的，它更多关注经验的应该知道，而不是先验地如何知道。因此分析认识论往往会排除性别在知识生产中的经验作用，而自然化认识论则坚持这样的发现有助于我们更加准确的获取实际的知识生产过程。也因此，自然主义对经验证据的重视，那些被分析认识论排除的性别在获取知识作用的发现，就在自然主义那里被坚持下来。最后表现为女性主义认识论抛弃了自然化认识论的个体主义，而保留了自然主义的研究方法。”①

以这样的研究思路为指导，在整个20世纪八九十年代，女性主义认识论都得到了持续的发展，新的研究方法抛弃了哈丁的划分女性主义标准的三分法。例如，女性主义经验论不再将性别主义和男性主义视为简单的坏科学，也不再将科学的传统规范视为纠正依据，甚至是哈丁本人也发展出一种混合理论，将女性立场认识论和后现代女性主义相结合。后现代女性主义的研究，既有像哈拉维（Donna Haraway）这样的英美学者的促进，同时也在法国女性主义以及像福柯这样的后现代主义理论家的影响下得到了发展。也因此，在20世纪90年代的早

① Heidi Grasswick. Feminist Social Epistemology. Stanford Encyclopedia of Philosophy. http：//plato. stanford. edu/entries/feminist-social-epistemology. ［2006-11-09］.

期，有关女性主义认识论的讨论，在相关哲学杂志和出版社中变得更加流行和火热，大量的女性主义认识论文章，开始出现在主流的分析哲学杂志中。

20世纪90年代后期，女性主义认识论研究逐渐衰弱，但是它的研究视角却变得更加宽广，更多的问题被纳入进来，这一情况也使得对女性主义认识论的研究变得更加复杂。比如，对性别的关注就逐渐扩大到对肤色的关注，是否白人妇女足以从其自身的经历推断出性别的意义，并能够代表女性受到的性别歧视？是否其他的压迫范畴比如种族和阶级，能够影响到每一个妇女的实际受压迫情况？类似这样的问题开始逐渐渗透并深入女性主义认识论的研究体系。在面对这些挑战时，女性主义认识论者的回答开始变得犹豫和混乱，表现出来的直接后果，就是研究视角和焦点开始变得模糊或者说研究的概念开始松散，以至于很难界定是否女性主义认识论依然主要关注“性别”这一批判核心。

很明显，后期的女性主义认识论已经不再单纯地将“性别”视为需要探讨的唯一标准，她们意识到人们可以同时是不同压迫阶级的成员，在一种情况下被压迫的人，可能在另一个情况下就成为压迫者，比如白人妇女尽管从性别上是被压迫的女性，但从种族来看又作为白人阶级的压迫者而存在。因此她们有意识地扩大了研究主题，开始将压迫的综合互动，作为研究主线进行反映和解释，而这种情况直接地反映出：“女性主义的研究并不是单纯为了女性和关于女性，而是通过女性和符合女性。在目前的女性主义的用法中，它试图使压迫的网络消失并重新编织一个生活的网络。”① 需要指出地是，当女性主义者将不同的范畴纳入女性主义认识论的研究体系时，这一研究工作就开始具有了多个维度，而不再是单纯的性别压迫研究。这种转变也意味着女性主义认识论致力于将性别理解为一个彻底的社会范畴，等同于其他的社会范畴，而不再是将性别作为一个独特的抽象存在加以抽离。“因为性别作为一个抽象的分析范畴，并且因为研究揭示了知识生产工作中的多重压迫，女性主义认识论就作为具有多维度的研究纲领而出现。女性主义认识论并不应该被看作是将性别作为主要的压迫，这里的‘主要’是指性别是一个有别于其他压迫范畴的理论变量并且应该使用独特的分析。”②

综上，女性主义认识论抨击了传统认识论的性别无涉，指出了当代科学活动与知识生产中预设的男性中心主义，阐述了价值负载的客观性仅仅是一种虚无的理想化的情景，女性追求和生产知识的合理诉求，必须建立在克服男性生活和经验的过分依赖以及正确运用女性独特的气质以及经验、立场作为知识建构的来源和基础。尽管将女性认识立场和男性认识立场严格地区分和隔离开来，带来了形而上学的绝对区分，甚至恰恰陷入了女性主义所批判的二分法陷阱，但是无可否

---

① L. Alcoff, E. Potter. Feminist Epistemologies. New York: Routledge, 1993: 4.

② L. Alcoff, E. Potter. Feminist Epistemologies. New York: Routledge, 1993: 3-4.

认，女性主义认识论以“性别”为突破视角，打破了传统的哲学思维观念，特别是引入文化实践中的冲突并扩展至科学之中，将科学理解为社会和历史所建构的文化人造物，并在这一过程中，合理表达了主体的不同活动能力与主观诉求差异，积极探讨科学哲学内部所经历的认识论转变及其后果，重新定位本质和关系的要求，这一点无疑具有积极的意义。

三、女性主义认识论的发展趋势

当代女性主义认识论发展的新趋势，表现为女性主义认识论与社会认识论研究的融合。社会认识论（social epistemology）是20世纪80年代末开始出现在主流认识论研究之中。与传统认识论相比，社会认识论是一种规范的研究领域，是一套关注知识产生及传递的研究方法，是一种针对认知主义的社会学批判。它试图重新理解人类知识的本质特征，重新建构认识论的哲学问题，重新解读真理及知识辩护的生成意义。因此，当主流的认识论学者开始对知识问题重新审视的时候，意识到了女性主义认识论与社会认识论之间的融合趋势。“社会认识论与女性主义认识论都反对传统认识论的个体主义以及超规范性的分析，它们的研究都试图表明有更多的认识论研究方法，表明它们在哲学学科内或者更为准确地说在认识论学科内部，都能具有自己的独特地位……社会认识论与女性主义认识论具有相似的认识论境况，特别是二者都遭遇到几乎相同的挑战与问题，因此有理由认为，女性主义认识论可以被看作是社会认识论的一个子集。”① 具体来看，这种融合趋势表征为下述方面：

其一，女性主义认识论的工作集中于重新界定性别的认识性质，并发问于获取知识上造成差异的原因，她们将性别视为一种社会范畴，由此必然使其成为一种知识的社会分析。一方面，女性主义认识论将社会认识论中的观点视为一种有用的资源，并试图发展出丰富的理解，即诸多社会范畴如何在知识追求领域当中发挥作用。另一方面，女性主义认识论者的理论特征包括研究方法对社会认识论来说也被证明是非常有用的。当然，将所有的女性主义认识论都纳入社会认识论研究领域的观念可能过于强烈，不仅在于二者之间的研究方法尚不完全相同，还在于部分获取知识的方法也许只属于女性，而不是社会性的分析。但总体来看，“女性主义认识论之所以对社会认识论具有更多的贡献就在于，它们致力于发展出一种规范的认识论解释。社会认识论将其自身区别于知识社会学，是因它的目的在于提供一种规范的知识分析，不仅仅描述出我们目前的知识生产的社会实

---

① Heidie Grasswick, Mark Webb. Feminist Epistemology as Social Epistemology. Social Epistemology, 2002, 16 (3): 186.

践，更多的是要理解我们如何获取知识，我们如何改善我们的知识实践。尽管在社会认识论者当中，对于这样的规范性的形式和范围众说纷纭，缺乏统一的意见，但是在女性主义社会认识论这里却得到了很好的共识”①。

其二，女性主义认识论的诉求始终致力于女性主义目标的坚定承诺，始终关注性别压迫和知识追求二者之间的关系。作为女性主义认识论者，她们的目标就是要理解这样两种追求之间的关联。女性主义认识论在获取知识方法上进行了严格的性别区分，并试图使女性的获取知识的方法独特而生效。通过将知识获取与改善女性生活的社会和政治目标相联系，就在社会认识论研究当中确立了其地位。尽管女性主义这个词包含了宽泛的方法、理论和实践，然而女性主义认识论者始终具有理解知识追求、改善知识追求的认识论兴趣，具有理解性别压迫和消除性别压迫的政治与社会兴趣。与之类似，社会认识论的研究视阈同样地聚焦于知识获取过程的社会实践及其与之相关的社会因素，所表现出来的实践取向就扩大了认识论的研究范围，特别是引入了历史-文化视野中的社会因素，来看待知识的生产、创造、发明和传递。因此，可以认为：“女性主义认识论的诉求就在于探究性别的社会建构的概念和规范，以及与性别相关的知识生产中的利益和经验，而这样的女性主义认识论就是社会认识论的一个分支。”②

其三，女性主义认识论目标在于拓展知识追求的分析，这样的知识追求分析能够规范准确地描述人类实际进行知识追求的实践，进而在这个过程中展示出性别的作用。“女性主义认识论将规范性结合进她们的社会分析中：消除压迫的女性主义政治诉求在道德意义上是规范的，并从认识论上也依赖于辩护的规范性主张。因此它们有能力在好的知识主张和坏的知识主张之间做出区分，它们所给予的不仅仅是简单的描述方法，更以强烈的理由从知识生产的权力性理解中，发展出丰富的知识实践和认识规范的解释。”③ 社会认识论将自身从知识社会学中区分出来，其原因就在于它的目的是要提供一种规范性的知识分析，所要做的不仅仅是描述我们目前的知识生产的社会实践，或对共同体进行社会结构的经验调查，更为重要的是理解我们如何知道乃至我们如何改善我们的知识实践。这样来看，在认识论的规范性维度上，很显然二者拥有相同的立场和基础，并进而表征出相互融合的趋势。“女性主义认识论有助于我们理解为什么女性主义特别关注结合规范性目标和描述性目标。它们试图批判地论述我们如何更好获取知识，因

---

① Heidi Grasswick. Feminist Social Epistemology. Stanford Encyclopedia of Philosophy. http：//plato. stanford. edu/entries/feminist-social-epistemology. ［2006-11-09］.

② Elizabeth Anderson. Feminist Epistemology：An Interpretation and a Defense. Hypatia，1995，10（3）：54.

③ Heidi Grasswick. Feminist Social Epistemology. Stanford Encyclopedia of Philosophy. http：//plato. stanford. edu/entries/feminist-social-epistemology. ［2006-11-09］.

此它们的理论具有规范性的要旨。它们拒斥理想化的知识解释，部分原因在于，它们认为这样的理想化解释，其目的是隐藏实际获取知识过程中的性别偏见，而这样的性别偏见，正是女性主义试图解释出来的。”①

由此，女性主义认识论的理论特征表征出了与社会认识论研究的融合，而这一趋势在拓宽女性主义认识论研究视阈的同时，也赋予了它更大的理论背景和研究借鉴。当代社会科学哲学呈现出的历史、社会与文化的观念，为以“性别”作为研究范畴的女性主义认识论开启了研究大门。与社会认识论的融合借鉴，则更进一步地将女性主义认识论纳入至主流的认识论领域之中。应该看到，在这一过程中，女性主义认识论者的工作，在认识论的发展上标示出了自己的理解方式和研究价值，形成了独特的研究问题而不是简单的反驳与批判。她们试图理解的不仅仅是性别关系如何塑造知识实践，而且包括这些关系如何能够更好在获取知识的过程中发挥作用。从这一视角来看，女性主义认识论所表征的，不仅是社会认识论的一个小的子集，而且为理解知识的社会维度提供了一种新的理论资源。

当然，这里必须指出，女性主义认识论的发展也无可避免地内含了一些局限性，伴随着女性主义的发展，这些局限集中地表现为下述几个方面：其一，在将研究视阈集中于女性视角的同时，忽视了认识主体具有的共同特征和认识模式，而这就使得其研究视阈过分集中和收敛，表征为彰显女性生命个体认知体验的同时，无形中遮蔽了男性的认识话语，这种分解的认识模式其本质也脱离不了“立场论”的变体嫌疑。其二，过分地强调知识负载价值、认识选择性别这样的观点将无可避免走向文化的相对主义。尽管通过使用性别、种族这样的人类学范畴有助于哲学家审视知识的地方性特征，进而挖掘出隐藏于人们观念之下的知识的社会维度，显现出隐藏于传统认识论背后的认识特征，但是很显然，女性主义认识论的工作希冀达到的并不止于此，一定程度上她们试图发展出更好的认识论替代论题，而这终将发展为一种文化相对论。其三，过度地对经典科学范式的性别批判，特别是始终强调性别与权力的关系解读，引发了人们对当代科学合理性的深层次忧虑，一定程度上动摇了自启蒙时代以来的科学正统观念，加剧了后现代知识观的张力批判，而新的知识两分法的性别隐喻也将无可避免地传递至人们的认识观念之中。

综上所述，通过对当代女性主义认识论的关注论题、批判核心以及发展趋势的考察，可以发现隐藏在女性主义认识论背后的，是对主流男性话语科学的批判，是对实证主义科学及其标准科学模式和规范的不满。女性主义认识论凸显出性别本身标示着的历史-文化特征，它们深刻影响到了几乎所有的科学知识的创

① Heidie Grasswick, Mark Webb. Feminist Epistemology as Social Epistemology. Social Epistemology, 2002, 16 (3): 187.

造和发展，由此也就形成了反映特定“立场”和体验的女性主义的科学观念。与此同时，女性主义认识论以及相关的对科学的社会解释，所表达的核心思想就在于，知识的创造是一个负载有价值判断和选择的社会过程。女性主义认识论的这样一种理论和解释，对于理解和改进知识创造来说具有重要的意义。

复杂性视角下的社会科学规律问题*

殷　杰　王亚男

通常对社会科学的哲学反思有两种进路：一是认为社会科学不是真正的科学。因为只有能发现规律的科学，才是真正的科学。然而社会科学不能创立像自然科学规律一样的规律。二是通过坚持规律与社会说明和预测无关，即反对规律在普遍意义上具有说明和预测的功能，从侧面保护了社会科学不被边缘化或被划定为非科学。这两种观点虽然角度不同，但都认为社会科学中不存在规律。[1]复杂性科学在此提供了一种新的认识论，强调异质主体和基于主体的模型的作用。同时，复杂性科学的出现开创了一种新的方法论视角，即正视社会现象的非均匀性、非恒定性及价值负载性，并把它当作一种真实的方法论优点，建立在系统复杂性和非线性的辩证动力学基础上，探寻一种特殊的分析和处理复杂性的深度。[2]本文试图从复杂性视角对社会科学规律问题进行分析以阐明这一观点：社会科学中不仅存在规律，而且其研究主题与自然科学规律一样丰富，应用也同样广泛；社会科学规律不仅可能，而且发现社会科学规律的方法同自然科学规律并无多大差异。

一、社会科学规律存在的合理性

一方面，在几乎每个对社会科学规律的怀疑说明中，总有一个原因是普遍认可的，即社会科学主题的复杂性。以下将从社会科学与物理学、生物学和化学等经典自然科学的具体类比中，澄清这一问题。

（1）社会科学与物理学的类比。通常认为，数值计算和自然科学紧密联系，科学家相信通过观察和实验得出的数据，在对数据进行计算分析的基础上得出的结论是真实可信的。在社会科学中，一些社会因素并不能像风力、风向、温度或气压等变量一样可观察和检验。因此在社会科学研究中，不能通过对社会要素的统计分析得出可靠结论，更不可能在此基础上抽象出一般的社会科学规律。

---

* 本文发表于《理论探索》2012年第4期（第26～31页）。

国家社会科学基金重点项目“语境论的社会科学哲学研究”（12AZX004）负责人殷杰。

殷杰，山西大学科学技术哲学研究中心教授、博导，哲学博士，主要研究方向为科学哲学；王亚男，山西大学科学技术哲学研究中心博士研究生，主要研究方向为科学哲学。

虽然在经典物理学中，以牛顿力学为例，使用近似和收敛方法是普遍存在且无伤大雅的。对哈雷彗星周期运转的预测就是一个比较成功的例子。但是，1961年气象学家洛伦茨使用一台旧计算机对描述天气的简化方程进行模拟仿真，以期实现天气预报的计算机化时得出的意外结论，恰恰挑战了我们这种认识。为了考察的简便，洛伦茨在实验中直接把上一次四舍五入后的结果作为其后的计算初值进行输入，但令人意外的是，从几乎相同的出发点开始，计算机模拟出的天气模型差别越来越大，以致最后毫无相同之处。这种做法的前提假设很明显是受到牛顿时空观和拉普拉斯决定论的影响。因为科学家们普遍相信，只要近似地知道一个系统的初始条件及其运行规律，就会得出近似准确的结果。在物理定律的作用下，世界只要运转起来就会按照牛顿定律按部就班地运行。正因为如此，洛伦茨实际的计算结果如此意外，以致他自己都不敢相信。

这就说明了自然科学中的变量并不像传统认为的那样“可靠”，初始变量的微小差异都会引起结果的大相径庭，而不是在一定的初始条件和规律基础上按照固定模式运行。同样，这种现象在社会科学中普遍存在。数次席卷全球的金融风暴就是一个明显且残酷的例子。当然这并不是说数值计算是不可靠的，而是有一定的作用域，因为数值计算现在也逐渐发展成复杂性科学不可或缺的重要研究方法之一。在此基础上产生的分形理论和混沌理论，可以描述和计算那些隐藏在复杂组织中的确定结构，这一方法对于理解社会行为的非线性特征，发现指导特定社会行为的普遍规律而言至关重要。

（2）社会科学与生物学的类比。格兰特在其1986年出版的《生态学和达尔文雀的进化》一书中指出，社会科学面临的很多问题和处理问题的方式与生物学极为类似。

格兰特通过对加拉帕戈斯群岛的达尔文雀进行为期十年的观察，深入研究并记录了这些达尔文雀的演化变化。这些雀鸟几乎是同样的体形，不同种间最大的差异是鸟喙的尺寸和形状，因为它们是对食物来源的适应结果。这一结论是在格兰特区分并排除了各种复杂要素后得出的。如从雀鸟规模的宏观层面看，漂变的作用力是很小的；从包含在微小的基因累积性变化过程中的鸟喙大小进化的微观层面上看，达尔文雀内部的约束力也是不重要的。他将这些因素排除在了自然选择的过程之外，认为这些雀鸟就是在对不同食物来源的适应过程中直接被选择出来的。

事实上，突变率和基因流等复杂要素，雨季、大规模的采种、采种时间以及其他食物来源等都会影响食物在多大程度上发挥着限制达尔文雀的规模和选择动力学的作用。还有掠夺、疾病和竞争等额外要素，在他的研究中也没有给予考虑，至多只是给出了这些要素相对不重要的理由。然而，当自然选择明显地挑选出鸟喙的各种大小时，这一作用机制仍然是不清晰的。因此，他的大多数结论是定性的而不是定量的，他赞成选择的方向而不是力度。最后格兰特的大部分结论在加拉帕戈斯群岛上发现了反例，这些结论必须在特定的情况下予以说明。

当然，在此我们的目的不是抨击格兰特研究的合理性，而是想要得出这样一种结论，即通常受到以定量研究为主导的自然科学批判的大部分社会科学的定性研究，其所面临的问题与生物学中面临的问题是一样的，CP（没有阻碍条件或干扰条件）规则即设限规则，虽然限制了一些额外的干扰要素，但并没有因此为社会科学带来比自然科学更多的假定前提。自然科学规律同社会科学规律一样，都有其适用范围，而且必须允许反例的存在。因为 CP 规则在同一事物的不同层次中会有一个变化域，我们所要做的，就是把规律的实效性控制在这一变化域内部。

（3）社会科学与化学的类比。如果我们认为科学研究的任务是发现具有先验合理性的自然现象之间的，并用联系这一观点来反对社会科学的科学性以及社会科学规律存在的合理性，那么在这种情况下，即使在化学这一严谨的自然科学中，我们也不可能找到任何规律，以下就是一例。

在从“燃素说”向“氧气说”转变的过程中，如果我们坚持认为“燃素说”反映了燃素和燃烧之间的先验关系，并且坚持认为。即使面临越来越多的反常，燃素说也恰当地表达了一种真实的自然规律，而且如果我们不能发现一个把这个规律作为指示对象的理论，我们就应该放弃规律说明，那么显然可能导致的结果就是说明力的缺乏。因为这种方法对于发现隐藏在现象内部以及现象之间的表面多样性背后的规律性而言是有价值的。但是很多人错误地以为自然科学成功发现规律的原因是因为类似简单性。

因此，从“燃素说”向“氧气说”转变的过程，恰恰说明在自然科学中同在社会科学中一样，“重新描述”在发现真理过程中的作用及其灵活性。“重新描述”这一工具可以帮助我们克服所选择主题带来的困难。例如在上述例子中，经验事实证明，我们先前认可的变量之间的关系并不是必然的，重新描述就会告诉我们，它们事实上是什么以及如何相互作用。总之，规律是一定描述层次上现象之间的关系的表示，在某一层次上复杂性可能会限制它们的公式化，这时重新描述的作用就会发挥出来。

从以上三个具体自然科学与社会科学的类比中可以看出，在复杂性方法论的基础上，支持社会科学和自然科学规律的一致性论点，都普遍借助于隐喻，而不考虑社会科学和自然科学之间是否存在真正的同源关系。这种分析和综合、定量和定性相结合的整体研究方法，体现了复杂性研究的精髓。

另一方面，社会科学的研究方法与自然科学之间具有一致性，体现了社会科学规律存在的合理性。大部分科学家承认社会科学与自然科学研究对象和方法的差异，但并不认为二者是完全不可通约的。通过某种特定的方法论的统一，有可能实现社会科学与自然科学的一致性，彰显社会科学的规律性。

戈登在其《社会科学的历史和哲学》[3]一书中，列举了社会科学发展过程中一些重要人物关于社会科学与自然科学之间方法论一致性的观点。这些观点代表了在社会科学内部，把自然科学方法应用于社会科学理论和实践，以寻求社会科学一般规律的各种尝试。例如，霍布斯在《利维坦》中讲道："政治学在方法上应采用伽利略的分解-组合方法，通过把现象分解为构成它的简单要素然后通过重新组合这些要素来分析现象。他认为，所有恰当的推理都应当包括应用数学和基本实体。因此，应该建立这样一种政治学理论：它建立在现象与几何学和代数学构成的数学体系的基础上。"哈奇森在将社会科学概念化时使用了牛顿的定量法和类推法，甚至建议完全遵循牛顿的具体计算方法。傅里叶则认为社会规律只不过是牛顿力学定律在社会现象中的副本而已，体现了对牛顿世界观的普遍接受。圣西门同样赞成牛顿力学定律，并将其视为"一元论原则"，通过把社会科学称作社会物理学来最终实现二者方法论上的统一。到20世纪，对这种一致性的追求，强化了社会科学中行为科学的实证主义。凯特林甚至认为只有政治统一才能形成政治学，普遍存在的行为常量允许规律的公式化，而且这些规律像机械规律一样永恒，人们在他们所遵循的规律范围内永恒的运动，就像原子在化合作用中一样，社会科学所寻求的正是这些规律。到实证主义的鼎盛期，亨廷顿指出在维持政治稳定的前提下，政治参与和政治制度的复杂性、自主性及一致性正相关，其思想中牛顿机械论和在政治现象中采用牛顿方法论的特征是显而易见的。上述这种简单的历史回顾已经明确地展示了对自然科学和社会科学之间方法论转化的各种努力，也表达了社会科学家想在自己的学科中采用自然科学方法论的倾向。此外，戴维森认为随着文化因子（一种自我复制的文化行为单位）模拟基因运行（一种自我复制的生物-生理信息传递），进化遗传学中的几乎所有现象都可以在文化史中找到同功异质体。马斯特尔斯与戴维森的主要社会生物学观点一致，他把政治文化和进化生物学联系起来，认为政策作为一种直接的人类现象应该与进化生物学规律一致，并进而指出生物学，而不是物理学或科学哲学，应该为社会科学提供范式。同样，詹奇概述了进化生物学和社会学之间根本的隐喻性平行，因为生物系统和社会系统都面临着大量自组织现象。

这些都是跨越学科边界寻求统一规律的实证主义思想，然而，这并不足以说明社会科学一旦采用自然科学的模型和方法就可以取得实质进步，同时，随着复杂性研究的兴起，寻求一种跨越学科边界的方法论，对于社会科学规律存在的证明而言是必要且及时的。因此，自从实证主义在20世纪70年代衰落以来，哲学家们开始把他们的注意力转向了科学实在论、进化认识论和理论的语义概念等方面。

与此同时，到20世纪末以经典物理学为代表建立在线性决定论基础上的自然科学，走向了非线性的计算形式主义，后现代主义的视角使复杂性科学家意识到了异质社会主体行为的真实性，而一直通过遵循旧有的常规科学认识论来获得制度上的合法性的社会科学，也开始肯定异质主体的真实性。因此，尽管当代自然科学方法论仍占据统治地位，在此基础上自然科学也一如既往地快速发展，但必须承认的是，复杂性科学方法论的形成对于寻求社会科学和自然科学方法论的一致性来说是大有裨益的，从方法论层面证明社会科学规律的合理性。

二、对两种反面理论的分析辩驳

当然，社会科学规律存在的合理性受到来自多方面的诟病。罗伯茨的反自然主义立场和戴维森的认识论主张是典型代表。我们将把社会科学作为复杂系统来看待，以规律的实在性来确立其普遍性，对社会科学规律存在的合理性予以论证。

(1) 对罗伯茨主张的批驳。反自然主义者通常认为社会科学中根本不存在规律，因为价值和意义在社会科学中是不可或缺的，这就使得社会科学方法不同于自然科学方法，应该使用“诠释论”方法，而诠释根本无需规律。简单地说，就是认为社会科学因为人的主观意向性的介入，使得其规律缺少客观性和普遍性，因而无意义。

反自然主义的代表人物罗伯茨主张，意向性是社会科学规律不可能存在的根本原因。他认为，人的主观意向性导致了社会系统内部的多重可实现性和复杂性，这就要求我们在描述社会科学规律时，必须要引入CP规则，罗伯茨将之理解为“没有阻碍条件或干扰条件”。他称这种规则为设限规则（hedged regularities），主要体现在两个层面：①如果存在社会规律，它们必定是设限规律，事实上不存在设限规律，因此不存在社会规律。②规律的主要特征是全局性和普遍性，而社会科学的研究对象是特定系统，即使为了说明和预测，也不需要预先假设规律。总之，社会科学不仅没有规律，而且不需要规律。[4]

针对罗伯茨的这种规律观，我们认为，社会科学中存在规律，而且社会科学的发展需要规律：

第一，虽然罗伯茨坚决抵制科学的本质目标是发现规律这种科学观，但他仍认为发现规律是一门学科成为科学的必要条件之一。这里要注意的是，这个划界标准是模糊的，到底是指一系列包含“规律”一词的科学理论，还是指在科学发展过程中发挥了“规律”本该发挥作用的科学理论。如果是前者，那么新近一些物理学原理的名称则不再习惯使用“规律”一词，如爱因斯坦的场方程和薛定谔方程，但它们同样发挥着相对论规律和量子力学基本规律的作用；如果是后者，那么社会科学中存在的很多罗伯茨称为设限规则的理论同样发挥着说明和预测社会现象的作用，它们对于指导社会科学理论和实践而言也是有重大意义的。事实上，罗伯茨已经认识到这一问题，他指出：一方面，一些被科学家称为规律或名称中含有“规律”一词的理论，并不必然就是规律；另一方面，一些科学规律实际上是先验的数学真理，而不是自然规律。[5]这样的结果是我们必须根据一种特定的科学理论来决定规律是什么和不是什么，但他把这个问题留给了哲学解释来予以回答。事实上这正是他的犹豫之处。

第二，社会科学不需要规律这一观点也存在两个重要的缺陷。首先，具有主观意向性的社会个体并不是阻碍规律存在的充分条件。诚然，人类活动在某种程度上是独立自存的，但独立性并不意味着完全的自由主义，虽然对人类自由的概念的争议使得表面上看来社会科学中即使存在一定的规律也是相当不可控的，但在人类理性的基础上，这种独立性和对其活动的因果作用是可以共存的。而且，罗伯茨的规律观预先假定了社会科学本质上是关于个体行为的。事实上，个体的活动必须存在于一定的可能性空间中，而在这种可能性空间中，个体的组合行为模式必然会出现。而且，社会科学的研究经验表明，比起个体的特征和作用而言，社会科学更倾向于研究作为一个复杂系统的社会系统的结构及其动力学模式。因此，从这点看罗伯茨的这一观点的前提假定就是错误的。

（2）对戴维森主张的批驳。科学实在论者一般认为规律既有语言方面的问题，又有事实方面的问题。前者关乎规律的语言表达，后者关乎规律对外部事实的指称和反映。不同的是，戴维森认为规律只是语言问题，不是事实问题；规律不是指自然界的必然性关系，不是事物内在的、本质的联系，规律只涉及语言描述。这一观点的问题在于：

第一，表面上看来，戴维森将对规律的探讨只局限于认识论层面。事实上，在《论行动和事件》一书中 戴维森把“事件”作为其规律观的本体论范畴，只不过是把“事件本身”与“事件描述”区分开来，即“外延事件”和“内涵事件”。内涵事件与一定的描述方式相关，同一外延事件，不同的描述方式会得到不同的内涵事件。戴维森关注的是对事件的描述，而不是事件本身。因此，在这个意义上，规律不是由事件本身给予例证的，我们只能通过描述来例证规律。正是在这个基础上，戴维森得出规律是语言问题而不是事实问题的结论。这样，他就把社会科学中普遍存在且发挥重要作用的因果关系从规律中排除出来。因为因果关系指的是原因事件和结果事件之间的一种引起和被引起的关系，而原因事件和结果事件作为两个外延事件只是特定时空下的两个特定事件，它们之间的因果关系是不可重复的，不具有普适性的。规律所蕴涵的事件必须是内涵事件或对事件的描述。因此，原因事件和结果事件只能通过一定的描述才能例证规律，甚至很多时候只能例证规律的某一方面。显然，戴维森把语言视为理解规律的一个必要的前提条件。然而这就又产生了一个问题，即如果语言从未存在，那么是否还存在规律。这个问题在自然科学中很容易得到回答。因为支配整个世界运转的自然规律早在远古时代就存在，不会因为人们没有发现它们或没有用语言表达出它们就不存在。同样，社会现象中的规律不依赖于社会科学家发现和陈述这些规律的能力。这点可以从规律在科学中发挥的作用来理解，自然科学规律的作用是说明和预测现象，那么在社会科学中是否也存在这样一类理论，它们的发现或发明对于说明和预测社会现象而言是有益的，答案当然是肯定的。

第二，戴维森认为，一个真正的规律必然涉及一个闭合系统，即一个可以在自身内部只使用该系统的词汇通过规律来解释事件。事实上社会科学不能闭合，因为外部的、非社会因素不可避免会介入。这一观点也同样存在问题："闭合系统"的要求本身就是模糊不清的。何谓"闭合"，是研究的系统还是理论本身？[6]假如所研究的系统被认为是闭合的，那么，在以普遍规律为指导的生物学和生态学等学科中，其主要的研究主题生物有机体这种开放系统，通过内部的调节机制和环境进行物质能量的交换来维持其自身的温度、新陈代谢的速度和氢离子浓度等的动态平衡，这种现象将如何解释。同时，戴维森的观点在物理学的很多研究领域，也消解了规律存在的可能性。例如，开普勒定律可能完全不对，因为太阳系不能免于外部因素的影响。相反，如果理论本身是闭合的，即一个可以在自己的词汇范围内就能完全控制外部影响的理论，那么我们如何检验它与客观实在的相互作用以及与其他理论的相互关联，如何保证它的不断进步？闭合理论是一种理想的科学状态。如果按照戴维森规定的严格界限，作为自然科学规律存在的强有力例证的物理学事件域也是开域，因为事实上至少有一部分物理事件与化学的、生物的或心理的事件发生因果联系。因此，他的观点在绝大多数情况下只适用于理论和实验层面的研究，而不适用于实际的科学实践。当然，科学认识的目标之一就是不断消除这种不确定性，使科学理论不断朝着闭合理论的方向发展，但必须意识到这不是一蹴而就的。

戴维森上述两个观点的共同点是：先验地规定规律的指称对象及其特征，即规律是一种语言描述且必须包含一个闭合理论，在这种简单的基本概念限制下，把很多其他陈述从规律中分离出来，这对于发现现象之间的因果关联而言是一种极大的限制，对社会科学而言更是如此。显然，这种认识忽视了科学哲学自奎因批判分析-综合以来真正的进步—科学的任何合理叙述都必须与真正的科学实践相结合。[7]因此，对社会科学中规律的任何合理的评价，必定依赖社会科学事实上如何运用规律，以及社会科学研究中发现规律的具体进程这一事实。除此之外，不能依赖或使用其他简单的概念论证。

三、复杂性视角下社会科学规律的特征及其表现

基于上述分析，我们认为社会科学具有规律，并体现为以下特征：

（1）CP规则和特定领域的概括主导着这种规律。社会系统因其内部复杂性包含着各种特殊的变量群，因此在发现规律的过程中，对CP规则的需要可能比某些自然科学更甚。但这并不能证明社会科学规律在面对具体经验时，带来不便性或主观性。任何规律的产生都包含某种程度的抽象，这种抽象为系统内的变量及其之间的关系，提供了一个基本的框架。在这一框架内，规律得到很好的应用。同时，用复杂性来证明社会科学规律不可能和不现实，其依据是不充分的。事实上，在发现规律的过程中，复杂性的确对自然科学和社会科学都造成了一定的障碍，如果我们放弃描述主义者①的立场，就会发现自然科学同社会科学一样，面临相同的问题——主题的复杂性，但是它们使用相同的方法论技巧。同时，自然科学的实践证明，重新描述在寻求规律的过程中，不仅不会导致自明之理，而且有助于发现规律。因此我们不能悲观地认为，二者都不能发现任何规律，而应基于这种方法论类比，为社会科学规律的发现提供充分的论据。

（2）在复杂性视角下对社会科学规律的分析关键在于数学和物理学方法的使用。但物理学和数学的传统模型并不适用于其本身，我们可以运用复杂性路径的有力工具——元胞自动机[8]来通约二者。在这种模型中，一种元素的双态与个人的观点（例如对或错的观点）、选择（例如合作或竞争）或者行为相适应。个体的二元表示被排列成诸如元胞自动机的晶格结构一样的网络，以描述社会群体或社会活动之间相互作用的结构。个体的这些特征例如观点等依赖于“邻元素”：一个晶格中的相邻元素或一个网络中的子节点。统计物理学的这些工具，特别是平均场方法，可以被用来分析这些系统的动力学。这些方法有助于说明合作为何出现在以自我为中心的个体中以及社会阶层如何形成等典型的社会科学问题。

（3）计算机模拟是分析社会科学的基本工具。这种模型允许人们根据模型的复杂性及其之间交互作用的非线性，去发现模型的动态属性。大多数计算机模拟都基于主体的模型。在这些模型中，个体被表示成依据模型规定的规则与其他主体进行相互作用的主体。社会组织和社会群体的活动则充分依赖于这些结构。人类相互作用和关系的结构可能会被描述成一个复杂的网络，在这个网络中，个体对应着每个节点，被链接到社会环境或社会关系中。

（4）复杂性模型允许我们把对心理和社会现象的深入理解与形式科学的精确性结合起来。它为整合自然科学和社会科学提供了一个平台。把发生在高度真实层面上的现象，描述成低层次因素相互作用的自然结果。因此，它允许描述心理和社会真实性的各种层次，从知觉层次到高度社会化层次，例如经济、城市和

① 描述主义者认为，只存在单一的社会科学现象的描述层次是合理的，它能获得我们想要了解的东西是什么的答案。因此，如果没有规律连接这些术语，那么这里就真不存在社会科学规律。

社会。除了这个意义之外，它还为各种社会科学的不同研究方法之间的高度整合提供了辩护。

以上分析证明，复杂性科学的建立和发展，为社会科学规律存在的合理性提供了理论和实践支撑。在复杂性视阈下，社会科学规律表现为以下几个方面：

（1）社会科学规律的经验适当性。卡特赖特早在 20 世纪 80 年代末就已经发现，我们所寻求的规律越一般，它们就越远离真实的实际行为的复杂表现，将它们的作用与所有其他因素区分开来，所需要的建模假定就越极端，越理想化。[9] 这种情况在社会科学中尤为突出。上文提到的 CP 规则是在一定层次和范围内，对其他不可控因素的简单处理，但是对 CP 规则的使用不能过度，否则其结果就是它的说明力处在与现象学的经验适当性的张力中，一个越多另一个就越少，最终受到经验不相关性的威胁，因为经验适当性不能再证实它们。[10]

（2）社会科学规律的条件依赖性。在传统观点看来，规律是解释的基础，解释就是从规律和初始条件推论出被解释的现象，这种解释至少在表面上看来是独立的。与之相比，社会科学中规律的结构和功能是条件依赖的，因此还需要对其结构和功能的条件依赖进行解释。社会科学对复杂系统的行为解释，包括三个方面：真正普遍的规律、约束条件和初始条件。其科学解释是这三个方面的合成。不同的是，在如经典物理学那样的自然科学中，约束条件是一个次要因素，主要以基本的普遍规律为基础，所有的科学解释都可以实现。但在社会科学中，约束条件在科学解释中发挥着至关重要的作用。它的存在对于自组织，自主性等核心概念的形成来说是一个必要条件。

（3）社会科学规律的可变性。因为主体的自主性和社会环境的非线性发展，社会科学规律常常是多变的。这需要考虑社会科学中组织系统的构成。对社会科学中任何复杂组织规律的发现及其解释，都是依靠分解这一方法（目前来说可能是唯一有效的方法）来实现的。因为整体性约束条件的存在，支配整个组织系统的规律，这种规律是部分的相互作用规律的一种条件依赖的合成。因此部分的任何微小的变化，都会造成其组织近乎于指数形式的巨变。社会科学规律在特定条件下和特定范围内是可变的，而且是应该变化的。

（4）社会科学规律的动力学基础。一般而言，规律的动力学基础为因果关系在复杂系统中的位置提供了一个合理的支撑。它支持传统的概念分解，但用一种更恰当的动力学相关性概念，来代替一般的因果关系。正如上文所提到的，因果关系的概念本质上是两个实体之间的特定关系，原因 A 引起结果 B，A 在逻辑上对 B 而言是充分且必要的。这种简单形式在实际中常常遇到困难，在反馈环路，整体性约束和突现等的背景下，夹带和嵌套关系、突现和还原的缠绕等等，都加剧了社会科学中动力学相互作用的多重可实现性。这样因果关系就失效了，它的功能被动力学相关性延续了下来。

参考文献

[1] Kincaid H. Confirmation, Complexing and Social Laws. The University of Chicago Press, 1988: 299-307.

[2] Henrickson L, McKelvey B. Foundations of "New" Social Science: Institutional Legitimacy from Philosophy, Complexity Science, Postmodernism, and Agent-Based Modeling. Proceedings of the National Academy of Sciences of the United States of America, 2002, 99 (10), Supp. 3: 7288-7295.

[3] Gordon S. The History and Philosophy of Social Science. New York: Routledge, 1991: 71, 72, 118, 166, 280, 326.

[4] Roberts J T. There Are no Laws of the Social Sciences. Contemporary Debates in Philosophy of Science. Blackwell Publishing , 2004: 154, 159.

[5] 同 [4]: 155.

[6] Kincaid H. Confirmation, Complexity and Social Laws. The University of Chicago Press, 1988: 299-307.

[7] 同 [6]: 299-307.

[8] Nowak A, Strawińska U. Applications of Physics and Mathematics to Social Science. Introduction to Encyclopedia of Complexity and Systems Science. New York: Springer, 2009: 322-326.

[9] Cartwright N. Nature's Capacities and Their Measurement. Oxford: Oxford University Press, 1989: 190-195.

[10] Rueger A, Sharp W D. Simple theories of a messy world: Theory and explanatory power in nonlinear dynamics. British Journal for the Philosophy of Science, 1996, 47: 93-112

社会科学与贝叶斯方法*

殷 杰 赵 雷

当代社会科学研究，总体上是在自然主义与反自然主义二元对立框架下进行的，这种对立的主要方面就是社会科学的方法论问题。自然主义者认为社会科学应该仿效自然科学的实证方法，寻求社会科学潜在的普遍规律，强调"说明"(explanation）是对研究对象本质、属性和规律的揭示，研究者应尽可能避免说明的主观性。他们认为："不仅在物质世界有如此的自然规律，在人类社会的发展中，也应该有类似的规律。只要掌握了社会发展的规律，人们就可以掌握自己的命运。"① 反自然主义者则试图从社会行为的角度来理解社会科学中的一切现象，主张使用"理解"的方法，而不是绝对关注事物间的因果关系。反自然主义者坚持人文科学的方法诠释学才是社会科学的研究方法，即在"理解"（understanding）的基础上探求研究对象的意义、价值。他们认为寻找普遍规律对于理解人性、情感、意志以及人的行动是没有意义的，社会科学研究的社会世界是由有意识的人的行动构成的，是有意义的，人根据意义去观察、理解和体验自己的世界。

如果自然主义的社会科学研究模式的特点较多偏向客观性，那么，反自然主义的社会科学研究模式则更多地趋向于主观性。自然主义研究模式将客观和主观割裂开来，反自然主义的研究模式则将客观主观化。但"社会科学具有两方面的特征：一方面，社会科学是社会的，它所研究的现象是意向性现象，故必须根据它们的意义来识别；另一方面，社会科学是科学的，它试图发展系统的理论去解释隐含于不同现象之间的因果关系。自然主义和反自然主义分别只强调了其中的一面"②。

自然主义与反自然主义的社会科学由于研究方法的差异，形成了实证主义的社会科学、解释主义的社会科学等流派，各流派在寻求社会科学学科制度化、研究对象客观化等方面，一直面临复杂社会现象由于研究主体主观性的介入而无法

---

* 本文发表于《理论月刊》2012 年第 12 期。

本文为国家社会科学基金重点项目"语境论的社会科学哲学研究"（12AZX004）阶段研究成果。

殷杰，山西大学科学技术哲学研究中心教授、博导，哲学博士，主要研究方向为科学哲学；赵雷，山西大学科学技术哲学研究中心研究生，主要研究方向为科学哲学。

① 吴国盛. 科学的历程. 北京：北京大学出版社，2007：226.

② 袁继红. 社会科学解释研究. 北京：中国社会科学出版社，2009：7.

客观化的方法论难题。“随着自然科学在人类社会生活领域占据主导地位以后，社会科学的学科制度化受到了自然科学的强烈影响，并以自然科学为楷模来构造自己的学科体系和研究方法。”① 本文正是在这一思路下，尝试将自然科学研究中的一种数学方法——贝叶斯方法引入社会科学研究，通过阐明贝叶斯方法之于社会科学研究的可行性及意义，旨在为社会科学研究提供一种新视角、新途径。这一方法的引入为社会科学客观性的凸显提供了可能，对提升社会科学的学科地位具有重要的方法论意义，同时也为自然主义和反自然主义提供一个新的对话平台。

一、客观主义概率及其局限

社会科学中的大多数社会现象缺乏充分的可观察性和可验证性，再加上现实世界的复杂性状况，具有普遍性的社会科学研究结论往往遭受质疑。因此，“社会科学的概括通常是以或然性为特征的”②。概率是表达或然性程度的最为恰当的语言形式。概率论中有两个竞争较为激烈的观点：客观主义和主观主义。哈金（Ian Hacking）认为：“客观主义是统计的，它本身是关于机会过程的随机法则，主观主义是认识论的，在命题中用于估计合理的置信度。”③

客观主义与主观主义分歧的核心在于概率概念的不同解释，由于这一分歧直接导致两种不同的方法论原则。在本部分中，我们主要分析客观主义概率统计方法自身的局限性，目的在于指出只有主观主义概率统计方法——即贝叶斯方法，才能为社会科学研究中主观性的客观化提供有效的方法论工具，为社会科学的客观性做出合理的辩护。

1. 客观主义概率解释

概率的频率解释（frequency interpretation）又称客观主义解释或经验主义解释。在经典统计中，频率论者主张概率即频率，把概率理解为研究对象所具有的性质。例如，抛掷一枚硬币，出现正面的概率是这枚硬币的一个特征。因此，在确定的条件下多次投掷这枚硬币，观察每次投掷的结果，就能估计出正面出现的概率，随着投掷次数的增多这种估计也越来越精确。频率论者把概率定义为：如果 A 是研究者感兴趣的事件（比如，硬币正面朝上），那么

---

① 殷杰. 当代西方的社会科学哲学研究现状、趋势和意义. 中国社会科学，2006，3：26-38.

② R. S. 鲁德纳. 社会科学哲学. 曲跃厚，林金城译. 北京：生活 · 读书 · 新知三联书店，1988：136.

③ I. Hacking. The Emergence of Probability. Cambridge：Cambridge University Press，2001：12.

$$P(A) = \lim_{n \to \infty} \frac{m}{n}$$

是事件 A 的概率，m 是我们观察到的事件 A 发生的次数，n 是试验重复的次数。

为了强调频率的合理性，频率论者理查德·冯·米塞斯（Richard von Mises）认为："直到现在（1928 年），除了在长序列中依靠相对频率来介绍概率外，任何人在发展概率的完整理论方面都未获得成功。更进一步说，概率合理的概念仅仅是概率演算的基础，仅仅应用在事件本身能反复重复的问题中，或者大量相同元素被包含在相同的时间点上……为了运用概率论，我们必须有一个实际无限观察值序列。"① 然而，冯·米塞斯的论述遭到诸多学者的抨击，其中贝叶斯学派创始人之一德菲内蒂（B. de Finetti）在其著作《概率论》中指出："如果概率被认为是赋予了某种客观存在，那么概率不亚于一个误导的错误概念，不亚于一次具体化或者物质化我们真实的概率信念的虚假的尝试。在不确定之下，在研究我们自己思想和行为模型的合理性中，我们所需要的，更进一步说，是被我们合理授予权力的是一种一致性，一种在这些信念中的一致性；一种在这些信念与任何一种相关的客观数据的合理关系中的一致性，（'相关的'说的是主观上认为的那样）。这就是概率理论。"② 在德菲内蒂看来，如果把概率看作是一枚硬币、一个骰子或者其他研究物体本身的性质，那么这种观点便是一种形而上学的无稽之谈。

可以看出，频率学派确定概率的方法本质上是经验主义的。"经验主义概率论对于基本概率的确定是以人们的经验为依据的，此经验就是人们对某一事件出现的观察频率。"③ 但是，在社会科学研究中以经验为基础的观察频率是无法给单个事件赋予概率值的，社会科学中的许多统计分析是无法建立在"实际无限"观察值序列之上的。

2. 客观主义方法在社会科学中的局限性

客观主义者的概率是以频率解释为基础的，其"概率陈述一方面是从在过去观察到的频率中推导出来的，另一方面包括同样频率，在未来之中将近似地发生这个假设。它们是通过归纳推论的手段而建成的"④。然而，社会科学中的大多数现象是不能重复出现的，根本无法谈论频率，更不能通过归纳推论的手段赋予事件于精确的概率值。例如：某人当选为国家领导人的概率，明天是晴天的概率

---

① V. Barnett. Comparative Statistical Inference. 3rd ed. Chichester：John Wiley & Sons Ltd，1999：76.

② B. de Finetti. Theory of Probability. Volume. 1&2. Chichester：John Wiley & Sons Ltd，1974，1975：x.

③ 陈晓平．贝叶斯方法与科学合理性——对休谟问题的思考．北京：人民出版社，2010：129.

④ H. 赖欣巴哈．科学哲学的兴起．北京，商务印书馆，2004：182.

等等。那么，如何将概率概念用于单个事件？经验主义者在回答这一问题时，频率概率立场的困难出现了，单个事件是指只发生一次的事件，在时间上不具有可重复性，因此也就没有频率可言，频率学派无法给这类现象赋予概率值。

为此，萨尔蒙（W. Salmon）提出了最大同质（homogeneous）参照类（“参照类”在萨尔蒙那里即“事件序列”）来解决单个事件的概率。“最大同质参照类”指的是：没有任何一种性质能使一个单个事件具有的某一特征相对于同质参照类的概率受到影响，例如，抛掷一枚均匀的骰子就是骰子六点朝上的同质参照类，因为这一参照类没有一种性质能够改变骰子出现六点朝上的概率 1/6。但是，“对于最大同质参照类的确定在很大程度上带有主观性和私人性，从而使单个事件的概率也具有很大程度的主观性和私人性”①。这与经验主义的客观概率相矛盾。“对于频率解释来说，概率程度是一个经验问题，而不是理性问题。”②根据经验主义的意义标准，关于概率的命题都是无意义的，因为它们既不能被经验所证实也不能被经验所证伪，因而关于概率的定义也是无意义的。可以看出经验主义的概率解释在理论上是失败的。

由于社会科学自身的独特性和复杂性，其研究缺乏自然科学那样的实验性、精确性，研究活动也不具有可重复性。研究主体与研究对象之间有着千丝万缕的联系，研究者无法摆脱其主观性和价值判断的影响。人类社会本身是一个极其复杂的系统，这使得人类社会系统包含的参数、变量甚多，因此研究结果也无法达到自然科学那样的客观性。“客观性”这一科学评判标准致使社会科学的科学地位历来遭受质疑。客观主义者的概率以频率极限为基础，把概率理解为研究对象所具有的性质，将主观与客观割裂开来，形成主客对立的二元论局面，这必然导致社会科学研究结论是不完整的、表层的、机械的。那么如何在社会科学中将主观与客观统一起来，这成为客观主义方法论所面临的又一个困境。

综上所述，客观主义者的概率解释之于社会科学，有两个本质性的困难：其一是概率的频率解释；其二是主观性如何实现客观化。然而，“在实践中，当没有频率方面的知识可以利用的时候，人们关于实践对象的其他方面的知识、信息、经验可以表现在主观概率之中”③。正是在这个意义上，贝叶斯学派对概率的解释采用的主观主义解释，这一另辟蹊径的概率解释为社会科学的研究开辟了一条全新的路径。

---

① 陈晓平. 贝叶斯方法与科学合理性——对休谟问题的思考. 北京，人民出版社，2010：134.

② H. 赖欣巴哈. 科学哲学的兴起. 北京，商务印书馆，2004：182.

③ 熊立文. 现代归纳逻辑的发展. 北京：人民出版社，2004：141.

二、社会科学中贝叶斯方法的引入

社会科学中的大多数社会现象具有强烈的主观性、难以验证性和不可重复性等特点，客观主义者对其方法论方面的缺陷难以做出合理的辩护，而对于主观性的形式化、客观化，客观主义者更是无所适从。然而，主观主义者主观概率的提出完满地解决了这一方法论难题，并将社会科学研究提高到一个可量化的层面上来。主观概率存在于人们的主观世界中，它反映了人们对某些事物的相信程度，是对不确定性的主观判断，与个人的、心理的等各种因素有关。贝叶斯学派所采纳的是主观主义概率思想，其统计的目的是通过贝叶斯公式依据证据来更新主观概率。贝叶斯论者把概率建立在研究者的背景知识或个体经验基础之上，对事件发生或命题为真的可能性给出的个人信念，具有认识论的性质。贝叶斯学派与频率学派最大的区别是是否使用先验信息即人们做实验之前由背景知识或个体经验所提供的信息。贝叶斯论者将先验信息转化为先验概率，将研究者的背景知识加入分析，并且根据经验证据，通过贝叶斯公式对先验概率不断加以修正，最终获得的后验概率将趋向于一致，先验概率即研究者关于不确定性的先验信息的概率陈述，后验概率可以看做是经验证据对先验概率做出修正后的概率陈述。这一方法论独到之处使得社会科学中主观性的客观化问题迎刃而解了。

1. 主观主义概率解释

自 17 世纪产生概率论到提出贝叶斯主义（Bayesianism）的 20 世纪二三十年代之前，一直是频率学派占据统治地位。贝叶斯主义到 20 世纪 80 年代才成为主导性的流派。“贝叶斯主义又叫做‘主观主义’（subjectivism）或‘私人主义’（personalism）。其理论特征主要是：其一，把概率解释为一个人的‘置信度’（degree of belief）；其二，把贝叶斯公式看做根据经验改变置信度的方式。”① 它所改变的置信度是研究者的主观概率。比如在硬币投掷试验中，观察者通过贝叶斯公式改变的主观概率即为硬币正面朝上或朝下的信念度。因此，“贝叶斯概率陈述是关于世界在思想中的主观陈述，而不是关于世界本身的陈述”②。其概率陈述是一种主观主义概率解释，但在贝叶斯方法中主观概率是根据经验证据，通过贝叶斯定理不断加以修正的，这样就消除了主观概率的赋予者由于背景知识的差异性而导致的主观性和随意性。

关于单个事件或尚未发生的事件的概率，涉及主体的置信度，正是这种主体

① 陈晓平．贝叶斯条件化原则及其辩护．哲学研究，2011，5：84-91.

② Simon Jackman. Bayesian Analysis for the Social Sciences. John Wiley & Sons Ltd，2009：7.

置信度的现象引发了主观主义。置信度的含义即某人对某一事件发生或者某个命题为真的相信程度。主观主义者把概率看做是置信度，在贝叶斯统计学中称为信念度。将概率视为研究主体的信念度已有很长的历史。约翰·洛克（John Locke）在《人类理解论》（1698 年）一书中曾写道："信念亦有各种等级，从接近于解证和确信的起步起，可以一直降到不可保和不可靠的地步，甚至于降到不可能的边境上。"① 对于洛克而言："概率是接近于为真的可能性，频率学派的重复机制在这个定义中是无意义的。"② 雅格布·伯努利（Jakob Bernoulli）在其遗作《猜想的艺术》（1713 年）中断言："概率是确信度（degree of certainty），但不同于绝对确信，就像部分不同于整体一样，'确信'是一种思想的状态，它有两个特点：①因人而异（依赖于一个人的知识和经验）；②它是可计量的。"③

贝叶斯学派认为："一个事件的概率是根据经验对该事件发生的可能性所给出的个人信念。"④ 信念作为一种精神实体或内省感觉在主观主义者拉姆齐（F. P. Ramsey）和德菲内蒂那里是可以测量的。拉姆齐说："为了使我们的信念正确地对应于概率，我们必须能够测度我们的信念。"⑤ 他在其著作《真理与概率》一文中，开宗明义地谈道："日常语言和许多大思想家都使我们有充分的理由在概率这个标题之下讨论一个看起来和频率很不相同的主题，及部分信念逻辑（logic of partial belief）。"⑥ 信念逻辑又可称相信逻辑，而"相信"这一行为具有较大的主观性，拉姆齐将主观性置于概率论的范畴中来考察，他试图给主观性赋予精确的概率值，并建立主观概率合理的逻辑基础。德菲内蒂在其《预见：其逻辑规律与主观根源》一文中也说到："人们可以对于一个给定的人给予一个特定事件的似然性程度给出一个直接的、定量的、用数字表示的定义，使得整个概率论可以从一种具有明显意义的非常自然的条件中直接地引出。"⑦

在主观主义者拉姆齐和德菲内蒂那里，主观概率是符合概率之公理的信念。这一观点得到著名的拉姆齐—德菲内蒂定理的有力支持，这一定理的内容是："如果 p_1，p_2，…是关于假设 h_1，h_2，…的一组赌商（betting quotients），那么，如果 p_j 不能满足概率公理，便存在一个赌博策略和一组赌注，以至于无论谁跟随

① 洛克．人类理解论．北京：商务印书馆，2009：703.
② Simon Jackman. Bayesian Analysis for the Social Sciences. John Wiley & Sons Ltd，2009：6.
③ Simon Jackman. Bayesian Analysis for the Social Sciences. John Wiley & Sons Ltd，2009：5.
④ 茆诗松．贝叶斯统计．北京：中国统计出版社，1999：76.
⑤ 江天骥．科学哲学名著选读．武汉：湖北人民出版社，1988：48.
⑥ 江天骥．科学哲学名著选读．武汉：湖北人民出版社，1988：41.
⑦ 江天骥．科学哲学名著选读．武汉：湖北人民出版社，1988：84.

这个赌博策略都将输掉有限的金额，无论这个假设真值的结果是什么。”① 赌商即赌者所愿下的赌注与全部赌注的比值。这个理论也被人们称为大弃赌定理（theorem of Dutch Book），大弃赌是这样一种赌博：在一次打赌（或者一连串打赌）中无论所赌的命题是真是假赌者都将输钱。主观主义者用打赌的形式来测量一个人的信念，拉姆齐说：“测度一个人信念的传统方法是提议打赌，看他愿意接受的赌注与付款的最低差额（the lowest odds）是什么。”② 德菲内蒂曾独立地给出大弃赌定理的证明，他认为未能符合概率公理的主观概率是不连贯的（incoherent）或不一致的（inconsistent）。因此，只有在满足概率公理条件下，主观概率所表示的某人对于某事物或命题的相信程度才具有逻辑上的合理性。如果将大弃赌的结论放置于条件概率的背景下，所体现的核心内容便是：如果依据新信息而没有及时更新主观信念，与概率公理保持一致，那么参赌者就会处于必输的境地。贝叶斯方法在这里所显示出的强大生命力就在于，当概率是主观的时候，贝叶斯定理则支配人们应该如何合理地更新主观信念。

2. 贝叶斯方法在社会科学中的可行性

贝叶斯方法是基于贝叶斯定理而发展起来用于系统地阐述和解决统计问题的方法，在社会科学的具体应用中，其方法论的优势主要体现在两个方面。

其一，解决了单个事件赋予概率值的问题。传统社会科学的概率统计方法主要依赖于经典统计（也称频率学派或经典学派），其实质是一种客观主义的概率统计方法。客观主义者将概率建立在无限可重复的事件序列之上，但社会事件大多数不具有可重复性，因此，客观主义概率对于单个事件是无意义的。例如：“安德鲁·杰克逊当选为美国第八任总统的概率是多少？”这一社会事件仅仅是一次相关实验，不具有可重复性，从频率学派的观点来看，如果杰克逊当选，这个概率就是1，否则便为0。这种回答似乎有悖于我们的日常经验，关于这个问题我们是想得知杰克逊当选为总统的可能性有多大，或者对“杰克逊是第八任总统”这一命题为真的相信程度是多少，这就涉及主体的置信度问题，同时反映了研究者的信念程度。

在贝叶斯方法中，关于单个事件的发生或者命题为真的概率，我们可以基于研究主体的先验信息给出精确的概率值。“在贝叶斯理论框架内，先验信息被形式化了，并且先验信息可以是主观的，就这个意义而言，它包括研究者的经验、直觉和理论观点。”③ 通过研究主体的先验信息给出的概率便是主观主义概率，

① C. Howson，P. Urbach. Scientific Reasoning：The Bayesian Approach. 2nd ed. Chicago：Open Court，1993：79.

② 江天骥. 科学哲学名著选读. 武汉，湖北人民出版社，1988：53.

③ J Gill. Bayesian Methods：A Social and Behavioral Sciences Approach. The CRC Press，2002：5.

主观概率的使用也意味着贝叶斯主义者可以给出没有观察值的“实际无穷”序列的概率，这对于解释和预测单个复杂社会现象是极其便利且有效的。贝叶斯统计学中的主观概率从认识论的角度把社会科学难以量化的社会现象提高到一个可量化的层面上来。它的合理性在于：“主观主义概率并不是一成不变的，而是根据经验证据不断加以修正的，修正的逻辑依据是概率演算的一个定理即贝叶斯定理。”① 也就是说，人类的经验知识具有可修正性，通过经验证据的不断修正，最初研究主体之间彼此各异的主观置信度最终趋于一致，从而使这种概率达到公共性和客观性，这与人们的实践活动是相一致的。这就使得不具有可重复性的随机现象也可谈及概率，同时也使人们积累的丰富经验得以概括和应用。

其二，解决了研究主体主观性如何客观化的问题。客观主义者将社会中的人“物化”于自然，忽略了研究主体主观性的一面，将人的主观性排斥在研究范围之外，而社会科学中无论是社会现象、政治现象还是经济现象都包含着众多相异的个体，不同的个体间由于经验、信念、偏好的差异所表现出的行动也不尽相同。因此，主观性在社会科学的研究中断然不可忽略。因此，主观性的客观化问题业已成为当代社会科学家的重要议题。自然主义的社会科学认为自然科学与社会科学性质上具有共同性，强调以自然科学的原则、理论、方法来研究社会科学，力求建立一种基于自然科学方法论基础之上的统一科学，形成社会科学“实证化”的倾向；反自然主义的社会科学则主张社会科学无论是研究对象还是研究方法都具有独立性，社会科学应该采用“理解”的方法，自然科学方法不适用于社会科学，也不可能应用自然科学的方法。这两种社会科学方法论要么忽略了社会科学的主体性，以“实证化”达到研究的客观性，要么一味追求主体性而舍弃社会科学本身客观性的研究。贝叶斯方法从两方面入手，兼顾主观与客观，并且通过贝叶斯定理使研究中的主观逐步趋向于客观，使主观与客观达到有效的融合。“主观主义概率论的‘意见收敛定理’表明，随着证据逐渐地增加，最初人们对某一命题所具有的彼此不同的主观置信度最终将趋于一致，从而显示出这种概率的公共性和客观性来。”② “这个定理使得主观主义概率论具有客观性，把频率理论的诱人之处包含进来但却避免了它的困境，显示出主观理论强大的解释力和生命力。”③ 贝叶斯方法之于社会科学研究中，依据研究主体过去的经验、个人直觉或者专家意见给出相关事件发生的主观概率即先验概率，虽然先验概率具有主观性和私人性，但这一概率是随着经验证据的获取不断加以修正的，修正

---

① 陈晓平．贝叶斯方法与科学合理性——对休谟问题的思考．北京：人民出版社，2010：146.

② 陈晓平．贝叶斯方法与科学合理性——对休谟问题的思考．北京：人民出版社，2010：146.

③ 陈晓平．事件的独立性和可交换性——评德菲内蒂的主观主义概率理论．科学技术哲学研究，2011，3：1-7.

的逻辑依据便是贝叶斯定理。这种修正过程即主观性通向客观化的行驶路线。

综上所述，主观概率是符合概率公理的，贝叶斯学派所采纳的是主观主义的概率思想，把概率解释为一个人的置信度，贝叶斯定理成为根据经验改变置信度的方式。主观概率解释的提出成功地解决了频率理论所面临的诸多困境，尤其在社会科学中主观概率显示出强大的解释力和生命力。贝叶斯方法作为一种严格的数学方法，将其引入到社会科学中，能够对社会现象给出更加合理的说明，对社会科学的研究是一个可选择的视角、基底、方式，具有重要的方法论意义。

三、社会科学中引入贝叶斯方法的意义

传统社会科学在达到其客观性以及寻求社会现象的因果机制时，模仿自然科学的建模方法，但在处理复杂社会现象和社会行为时却很难使用自然科学的传统模型。自然现象是独立于人的客观实在，然而任何一种社会现象或者社会行为都渗透着人的意向性因素，比如信念、偏好等等。研究主体由于经验、知识的不同，因而具有不同的信念、偏好，不同的主体针对同一社会事实会采取不同的行动。因此，自然科学所假设的主体的同质性对于社会科学来说显然是不适用的。

在具体的社会科学研究中，由于社会主体的异质性，现象的复杂性，研究结论往往无法达到主体际的有效性，通常只能通过抽象化或者形式化的方式对变量间的关系进行描述，然而社会科学欲求取得与自然科学同等的学科地位，以定量化的形式达到自然科学那样的精确化、客观化无疑是一个严峻的挑战。“在贝叶斯方法中，公认的主观性是通往客观性的路线。”① 它首先是基于异质社会主体的意向性因素或者经验信息，以先验概率的形式将异质主体的主观性融入分析，并且伴随着证据的增加，通过贝叶斯公式对先验概率做出修正，得到的后验概率将趋于一致，从而使主观性和客观性得到统一，进而达到对社会现象的量化式地说明，为社会科学的客观性、合法性提供了有力的辩护。因此，贝叶斯方法在社会科学研究中，对于提高社会科学的客观性、精确性具有重要的方法论意义。

1. 贝叶斯方法是主观性和客观性的统一

社会科学在其制度化诉求过程中，认识到社会科学要达到摆脱哲学的形而上学的学科特征，无论是在方法上还是研究范围上，都要求其保持认识的客观性和结果的精确性，必须效仿成功的自然科学。自然主义者在寻求社会科学的客观性及因果机制中，完全模仿自然科学所取得的成功方法，而将社会主体的主观性彻

① Bruce Western，Simon Jackman. Bayesian Inference Comparative Research. The American Political Science Review，1994，88（2）：412-423.

底排除在外，然而，研究者与社会现象有着千丝万缕的关系，研究者根本无法摆脱自身的主观因素，使得社会科学比自然科学带有更强的主观性。反自然主义的社会科学把行动者的意向（信念、期望、目标等）作为研究对象，认为社会科学跟有意义的行为相关联，那么，如何把行动者的信念、期望等这类主观性的因素通过定量化、客观化的形式显示出来？这一问题成为反自然主义者在社会科学研究中前进的桎梏。贝叶斯方法介入于社会科学研究，对自然主义和反自然主义各自方法论的缺陷是一次有效补充，为两者提供了一个可融合的平台。贝叶斯方法强大的方法论功能之一便是主观性和客观性的统一。

贝叶斯方法一方面强调认识主体的背景知识或者经验信息的重要性，另一方面强调客观抽样的重要性，重视理性的作用，通过贝叶斯定理把两者进行了有效的结合，在这个意义上贝叶斯方法是一种主观和客观的统一。在社会科学的实际研究中，“一个研究人员总是关注数据中信息是怎样去调整他对经验现象的信念。在贝叶斯方法用于推断时，研究人员有了运算的技术，可以决定数据中的信息怎样去修正他的信念；也就是原来的初始信念用先验概率表示，然后运用贝叶斯定理将它与融入似然函数中的数据信息综合在一起，产生与参数或假设有关的后验概率。在基本的意义上，改变初始信念的贝叶斯方法是有着巨大价值的学习模型，很好地达到了科学的主要目标——从经验中学习”①。这对于无法进行大量实验研究的社会科学家来说，是一种可行的研究方式。

贝叶斯主义由于其“主观性”和“私人性”受到一些学者的批评，许多科学家认为，科学研究应尽可能地客观，个人感觉和信念不应渗入科学，因此，这些人倾向于拒绝打着科学旗号的主观主义方法论。但事实上，许多科学推理都具有主观性，而且普遍存在于科学研究中。“观察渗透理论”即便是自然科学的研究也存在主观性的介入，只不过社会科学的主观性比自然科学更多罢了。当科学家做一个实验或者发现一条重大科学定律时，通常也是由于他具有了科学发现的预感，科学家用实验试图证实或证伪他个人的主观预感。贝叶斯理论在面对其由于主观性的批评时，最有力的回答是“意见收敛定理”，无论每个个体的先验概率区别有多大，但随着证据的不断增加，通过贝叶斯定理得到的后验概率将趋向于一致。“在这个意义上，贝叶斯方法体现了主观性和客观性的统一，私人性和公共性的统一。这也正是贝叶斯方法的优越性所在。”② 贝叶斯方法的这些独特的方法论优势对于提高社会科学的客观性、因果分析的可能性是一种可行的方式。

---

① 阿诺德·泽尔纳．计量经济学：贝叶斯推断引论．张尧庭译．上海：上海财经大学出版社，2005：322.

② 陈晓平．贝叶斯方法与科学合理性——对休谟问题的思考．北京：人民出版社，2010：81.

2. 辩护社会科学客观性

韦伯认为客观性是科学的标志之一。在划清社会科学与自然科学的界限这一问题上，他强调必须证明社会科学自身的客观性，韦伯在建立使社会科学保证其客观性的方法中，为了使社会科学研究排除研究者个人的主观偏见和价值评价的干涉，创立了他方法论中最基本、也最为重要的方法“理想类型”（ideal type），后来又演变成模型抽象化的方法，并且广泛而有效地运用于现代社会科学研究中。“理想类型”之所以成立的根据是价值关联，但是由于社会中每个个体背景知识的差异性，价值关联也不尽相同，因而价值关联使“理想类型”具有很大的主观性，所以每个人可以构造出个各种各样的“理想类型”，因此，它无法也不可能达到主体际的有效性，而主体际的有效性是客观性的一个重要标志。这样一来，韦伯就违背了他创建“理想类型”的初衷。也就是说，“理想类型”的创立并没有使社会科学保证其应有的客观性。由此可见，韦伯的“理想类型”在理论上是失败的。

在社会科学中，由于社会中人的“自由意志”的干预，使社会现象变得极为复杂，即使对短期内发展的社会现象，也不可能做出比较准确的预言，因此，社会现象是偶然的、相对的、非决定性的，也只能做出概率性的判断和统计性的预测，才能达到像自然科学一样的客观性和精确性。任何社会事实和社会现象都是在具有主观性的人的行为、意识的参与下形成的，可以说，离开了人的意识、人的价值观念，就不可能对社会现象做出正确的理解。如果把社会世界纯粹看做是意义的世界，把社会事实完全归纳为主观，那么，也就是说社会科学只能是主观的，达不到对其客观的认识，这无异于否定了社会科学存在的可能性和必要性。

社会科学之所以能成为科学，其前提是承认社会科学对象是客观存在的，那么如何使社会科学的客观性得以呈现？如何使其达到自然科学那样的客观性、精确性说明？对于这些问题的解答，社会科学研究必须诉求于定量化。问题是人的主观作为一种“心理内省”该如何量化？贝叶斯方法能很好地解决这一难题，它强大的方法论功能为社会科学的客观性问题进行了有力的辩护，它将客观证据和主观经验都进行了量化，并且随着证据的增加，无论个人最初的经验差别有多大，通过贝叶斯公式计算后得到的后验概率殊途同归，是客观性和主观性的统一、私人性和共性的统一，这就使得社会科学达到了主体际的有效性，实现了主观性的客观化，成为体现社会科学客观性的有效工具。“贝叶斯方法依赖于主观概率概念，但是它要求主观信念符合概率法则。换句话说，在贝叶斯方法中，科学家的主观被承认，但是同时强调主观是理性的，在这种意义下，当面对证据时，主观信念被理性地更新，与概率的公理是一致的。”① 贝叶斯方法的优势就在于：将研究者的主观经验转化为先验概率的形式，融入分析，把研究主体的主观性进行了定量化，并通过客观抽样运用贝叶斯公式反复修正，最终得到的后验概率将趋于一致，实现了从主观到客观的过渡，这一修正过程是一种逼近真理、实现客观的过程。贝叶斯方法把人类的意向性因素（信念、期望、偏好等等）通过先验概率的形式定量化地表示了出来，研究主体的主观性得到了更加合理的说明。当研究者面对复杂系统或不确定现象来采取自己的行动时，有时没有可参考的数据或数据很少，研究者可以根据自己的经验信息，与有限的数据结合做出合理的判断，使人类的经验信息与系统数据相协调，协调之后得到的信息作为采取行动的依据。在贝叶斯方法中先验信息（经验信息）在人类的行动中起着决定性的作用，正确提取先验信息，使我们的行动适合这种信息，是研究者行动好坏的准则之一，也就是说，人类行为完全可以像自然现象那样，通过发现适当的规律得到有效说明。

综上所述，贝叶斯方法是一种主观性和客观性的统一，它的引入为社会科学的客观性做出了有效的辩护，把复杂的社会现象提高到一个数据化和可操作的层面，从而提高了社会科学的客观性及精确性，同时为社会科学研究活动和过程的规范化、实证化、精确化以及确定社会科学的结构和功能提供强有力的理论依据。

① Simon Jackman. Bayesian Analysis for the Social Sciences. John Wiley & Sons Ltd，2009：xxxiv.